家庭养花实用宝典

养花是现代人修身养性的最佳选择

家庭养花
实用宝典

○孙静 张永生 编著

中国华侨出版社

图书在版编目（CIP）数据

家庭养花实用宝典 / 孙静，张永生编著. — 北京:中国华侨出版社，2013.4 （2014.9重印）

ISBN 978-7-5113-3484-8

I.①家… Ⅱ.①孙… ②张… Ⅲ.①花卉—观赏园艺 Ⅳ.①S68

中国版本图书馆CIP数据核字（2013）第070639号

家庭养花实用宝典

编　　著：孙　静　张永生

出 版 人：方　鸣

责任编辑：王亚丹

封面设计：李艾红

文字编辑：张爱萍

美术编辑：玲　玲

经　　销：新华书店

开　　本：1020毫米×1200毫米　　1/10　　印张：36　　字数：653千字

印　　刷：北京德富泰印务有限公司

版　　次：2013年5月第1版　2018年9月第3次印刷

书　　号：ISBN 978-7-5113-3484-8

定　　价：59.80 元

中国华侨出版社　北京市朝阳区静安里26号通成达大厦三层　　邮编：100028

法律顾问：陈鹰律师事务所

发 行 部：（010）88866079　　传　真：（010）88877396

网　　址：www.oveaschin.com

E - m a i l：oveaschin@sina.com

如发现印装质量问题，影响阅读，请与印刷厂联系调换。

前言

花卉葱绿的枝叶、美丽的花朵给人清新、柔和、惬意之感，在繁忙的工作之余，欣赏一番，令人赏心悦目。浪漫的玫瑰、艳丽的月季、淡雅的兰花、高贵的牡丹、宁静的百合，用它们装点我们的居室或庭院，可以让生活充满春意和生机。花是大自然中最奇妙的植物，因为它们的存在，我们的生活更加丰富多彩。

现代社会学会养花已经成为居家生活的必修课。随着社会的进步，经济的发展，我们的居住环境空气质量的日渐恶化，如室内装饰材料、家具所释放的致癌物，烹调油烟所含有的大量有毒物，各种电器所释放的病毒、细菌及无所不在的辐射都在悄无声息地侵害着自己及家人的健康。而养花可以降低室内空气污染指数，让我们每天都能呼吸到新鲜空气，所以养花是改善居住环境、提高人体健康的有效途径。花卉能够吸收二氧化碳、放出氧气来净化空气，还可阻滞灰尘、消减各种电器带来的辐射，并能吸收其他有害气体，具有消除污染、净化空气、保护环境的作用。比如吊兰能释放杀菌素，可以杀死居室空间里的细菌。如果将一定数量的吊兰放在居室内，24小时之后，80%的有害物质会被杀死。另外，常春藤能消灭90%的苯，一盆小小的仙人掌就能大大减少电磁辐射给人体带来的伤害。紫茉莉、金鱼草、半支莲、蜀葵对氟化氢的抗性最强，万寿菊、矮牵牛也能吸收大气中的氟化物。盆栽的栀子花、石榴花、米兰可吸收室内的二氧化硫。因此，专家们称这些花草是"便宜有效的室内空气净化器"和"家居卫士"。

花卉不光是我们居住环境的卫士，更能装饰美化家园。我们只需多花点心思，就可以利用花卉来装点和美化家居环境。例如，在玄关，我们可以摆放黄金葛、发财树等；在客厅可以摆放棕竹、苏铁或凤尾竹；而绿萝、斑马叶、观赏凤梨则是装饰卧室的首选花卉；在书房，可以摆放一些观叶植物，如小型花叶常春藤、金边吊兰等，以便我们在阅读或思考之余缓解疲劳，放松心情；在卫浴间可以摆放冷水花、网纹草等，可以用来改善卫浴空间内的空气质量；在餐厅可以摆放非洲紫罗兰、风信子、金盏菊等，在观赏的同时还能改善食欲；在阳台可以摆放茉莉、月季、含笑、蟹爪兰、仙人掌、金银花等，既美观又得体。

虽然养花益处颇多，但是要养好花还需要很多学问。如果你是一个入门级别的养花爱好者，可以选择一些上盆时间长，对土壤、温度、光照、水分等条件要求不高、适应性较强的易养花卉来养。而对那些资深养花者，选择花卉的余地就很大了，除了有毒花卉以外，只要自己喜欢都可以进行种养。养花功夫的深浅全体现在一个"养"字上。从宏观角度来说，养花首先要给花卉提供良好的生长环境。花卉生长的五大要素是：土壤、温度、光照、水分、肥料。一般家庭养花，只要提供适于花卉生长的这五个方面的环境因子即可。

本书精选出几百种适合家庭种养的花卉，全面介绍了花卉的种养方法和技巧，包括花卉的生活习性及日常养护，如浇水、施肥、常见病虫害的防治、繁殖及花期的控制等方面。书中科学实用的家庭养花方法，让你一看就懂，一学就会，手把手教你养花种草，轻松帮你打造自己的居家小花园。同时本书还总结了不同空间的花卉摆放建议，以更专业的角度从温度、湿度、光照、花卉之间的相生相克、美学及养生等多方面综合考虑花卉的摆放，本书还对特殊人群的花卉种养宜忌，花卉对一些疾病的辅助治疗作用，病人房间的花卉摆放，花卉的保健作用及花卉的内涵、花语、送花礼仪等做了全面的介绍，让你全方位了解养花之道，成为一个爱花、懂花，更能成功培育出自己喜欢的植物的养花达人。

本书内容全面、图文并茂、语言通俗易懂，既能作为普通养花爱好者的入门指南，又是资深养花者的必备工具书，愿花成为你提高生活品质，增添生活情趣和快乐的美丽帮手。

目录

第一篇　走进花卉的芬芳世界

第一章　花，你了解多少

第一节 初识花卉 ················ 2

花的结构············ 2

花的"五官"············ 2

花卉的一生············ 4

花色与花香的形成············ 5

花卉的价值············ 6

第二节 花卉的分类 ············ 8

按照形态特征分类············ 8

按照观赏部位分类············ 10

按照对日照强度的要求分类············ 10

按照对水分的要求分类············ 11

按照花卉的栽培目的和用途分类············ 12

按照原产地分类············ 12

按照季节分类············ 14

第二章　自然环境与花卉

第一节 光照 ············ 15

光照对花卉的影响············ 15

室内光照的特点············ 15

喜阴花卉与喜阳花卉············ 16

花卉养植对光照的要求············ 16

判断花卉是否缺少光照的方法············ 17

第二节 水分 ············ 18

水分对花卉生长的影响············ 18

花卉对湿度的要求············ 18

养花，如何控制水分············ 19

好花还需好水浇——水质对花卉的影响············ 20

第三节 温度 ············ 20

温度对花卉生长的影响············ 20

不同品种花卉对温度的耐受度············ 21

温度会影响花卉的开花状况············ 21

高温与低温对花卉的伤害············ 21

第四节 土壤 ············ 23

土壤的营养与花卉的成长············ 23

如何选择适宜的养植土············ 23

防止土壤板结和碱化············ 24

第五节 空气 ············ 25

空气中的有益气体············ 25

空气中的有害气体············ 26

花卉对通风的要求············ 26

第一章　养花经要

第一节 花卉的挑选与准备 …… 28

买花要选对时间和地点…………… 28

观察备选花卉的六个要素………… 29

花卉选择要"因家制宜"………… 30

根据人群选择花卉………………… 30

常见花卉的选购技巧……………… 32

好花需用好盆栽——选择花盆…… 34

家庭养花常用工具与设施………… 35

第二节 上盆、换盆、松盆 …… 37

花卉上盆的技巧…………………… 37

上盆时机的选择…………………… 37

花卉换盆的养护…………………… 38

换盆时机的选择…………………… 38

松盆的具体方法…………………… 39

第三节 花卉培养土的配制 …… 39

选择适当的原料土………………… 39

培养土消毒………………………… 41

花卉营养液的配制和使用………… 42

第四节 如何浇水、施肥 …… 42

给花浇水的基本技巧……………… 42

掌握浇水的基本原则……………… 42

哪些水适合浇花…………………… 43

如何挽救萎蔫的花卉……………… 43

一年四季如何给花浇水…………… 44

老花匠的浇花经验………………… 45

肥料的选择与施用………………… 46

家庭养花常用施肥方法…………… 47

从生活中收集肥料………………… 48

第五节 花卉的繁殖方法 ……… 49

花卉繁殖的种类…………………… 49

播种繁殖…………………………… 49

压条繁殖…………………………… 51

嫁接繁殖…………………………… 53

分生繁殖…………………………… 55

扦插繁殖…………………………… 56

组织培养法………………………… 58

孢子繁殖…………………………… 60

第六节 花卉的清洗与修剪 …… 61

清洗叶面的妙招…………………… 61

不宜喷水清洁的花卉……………… 62

花卉的修剪与整形………………… 62

花卉修剪时应遵守的原则………… 63

花卉修剪后的水肥管理…………… 64

盆栽花卉的矮化整形……………… 64

第七节 花卉的花期调控 ……… 65

利用光照控制花期………………… 65

通过调节温度控制花期…………… 65

通过生长剂控制花期……………… 66

播种控制花期……………………… 66

修剪、施肥花期控制法…………… 67

第八节 花卉的水培方法 ……… 67

什么是水培………………………… 67

水培的好处………………………… 67

适合水培的花卉…………………… 68

水培的方法………………………… 69

花卉水培的器具选择……………… 70

水培花卉的日常养护……………… 71

水培花卉的施肥管理……………… 71

家庭养花 实用宝典

第二章　花卉病虫害防治与健检

第一节　花卉病虫害防治 ……… 73

花卉病害的概念及影响 ………………… 73

花卉生病的几大常见原因 …………… 73

花卉虫害的起因与识别 …………… 75

花卉病害的防治 …………………… 75

花卉虫害的防治 …………………… 76

除虫治病的常用药剂 ……………… 77

科学使用农药，以防中毒 ………… 78

家庭无污染防病虫害 ……………… 79

第二节　常见的花卉病虫害与防治80

褐斑病 ……………………………… 80

白粉病 ……………………………… 81

根腐病 ……………………………… 81

叶霉病 ……………………………… 81

黄叶病 ……………………………… 81

炭疽病 ……………………………… 82

煤污病 ……………………………… 82

灰霉病 ……………………………… 83

枯焦病 ……………………………… 83

茎腐病 ……………………………… 83

锈病 ………………………………… 84

介壳虫 ……………………………… 84

潜叶虫 ……………………………… 84

卷叶蛾 ……………………………… 85

第三节　花卉的健检与对策 …… 85

状况一：整株枯萎 ………………… 85

状况二：整株叶面变黄 …………… 86

状况三：花卉发生落叶 …………… 87

状况四：全株长不大 ……………… 88

状况五：叶子的周边变黑 ………… 88

状况六：叶子颜色变淡，叶间距变长 … 88

状况七：叶片出现斑点 …………… 89

状况八：花茎变软、变脆、易断 … 90

状况九：置于室内叶片褪色或暗淡无光 … 90

状况十：叶尖或叶缘枯焦 ………… 91

状况十一：落蕾、落花、落果 …… 92

第三章　花卉的季节养护

第一节　春季花卉的养护要点 … 94

春季换盆注意事项 ………………… 94

春初乍暖，晚几天再搬花 ………… 94

浇花：不干不要浇，浇则浇透 …… 95

施肥：两字关键"薄""淡" ……… 95

春季修剪，七分靠管 ……………… 96

立春后的花卉养护 ………………… 96

春季花卉常见病虫害 ……………… 96

清明节时管养盆花的方法 ………… 97

春季养花疑问小结 ………………… 97

第二节　夏季花卉的养护要点 … 99

花儿爱美，炎炎夏日也要防晒 …… 99

降温增湿，注意通风 ……………… 99

施肥：薄肥勤施 …………………… 100

修剪：五步骤呈现优美花形 ……… 100

休眠花卉，安全度夏 ……………… 101

花卉夏季常见病虫害 ……………… 102

夏季养花疑问小结 ………………… 102

第三节　秋季花卉的养护要点 …104

凉爽秋季，适时入花房 …………… 104

施肥：适量水肥，区别对待 ……… 105

修剪：保留养分是关键 …………… 105

播种：适时采播 …………………… 105

秋季花卉病虫害的防治 …………… 106

秋季养花疑问小结 ………………… 106

第四节　冬季花卉的养护要点 …107

寒冬腊月，防冻保温 ……………… 107

适宜光照，通风换气 ……………… 108

施肥、浇水都要节制 ……………… 108

格外留心增湿、防尘 ……………… 108

冬季花卉常见病虫害 ……………… 109

冬季养花疑问小结 ………………… 109

第四章　名贵花卉品种的养护

第一节 国内名花养护 ………… **111**

牡丹 ……………………………… 111
君子兰 …………………………… 113
兰花 ……………………………… 115
山茶花 …………………………… 118
梅花 ……………………………… 120
月季 ……………………………… 123
杜鹃 ……………………………… 125
桂花 ……………………………… 128
菊花 ……………………………… 130
水仙 ……………………………… 133
荷花 ……………………………… 134

第二节 国外名花养护 ………… **136**

薰衣草 …………………………… 136
郁金香 …………………………… 137
大花蕙兰 ………………………… 140
扶郎花 …………………………… 141
大丽花 …………………………… 143
紫罗兰 …………………………… 144
南美水仙 ………………………… 146
风信子 …………………………… 147
矢车菊 …………………………… 149

第三篇　花卉的应用：美化家居，健康养生

第一章　家居花卉养植与装饰

第一节 花卉装饰基本原则 …… **152**

花卉选择要符合空间风格 ……… 152
室内花卉装饰的基本要素 ……… 153
室内花卉装饰的基本原则 ……… 154
选择最适摆放的位置 …………… 157
花卉之间的相生相克 …………… 158
家居花卉搭配诀窍：活用花器 … 158
学习简易花艺技巧很有必要 …… 159

第二节 家居花卉装饰主要形式 **161**

摆放式 …………………………… 161
水养式 …………………………… 162
瓶景式 …………………………… 162
悬垂式 …………………………… 163
壁挂式 …………………………… 164
镶嵌式 …………………………… 164
攀缘式 …………………………… 165

第三节 不同家居空间的花卉摆放 **165**

玄关 ……………………………… 165
客厅 ……………………………… 165

餐厅 ……………………………… 166
厨房 ……………………………… 166
卧室 ……………………………… 167
书房 ……………………………… 168
阳台 ……………………………… 168
卫生间 …………………………… 168
楼梯 ……………………………… 169
走廊 ……………………………… 169
居室角落 ………………………… 170
庭院 ……………………………… 170

第四节 家居内不宜摆放的花卉 **170**

一品红 …………………………… 170
洋绣球 …………………………… 171
石蒜 ……………………………… 171
夜来香 …………………………… 171
紫荆花 …………………………… 172
五色梅 …………………………… 172
曼陀罗花 ………………………… 173
黄花杜鹃 ………………………… 173
石楠 ……………………………… 173

朱顶红 ·················· 174
凤仙花 ·················· 174
虞美人 ·················· 175
夹竹桃 ·················· 175

第二章 花卉养植的保健功效

第一节 花卉养植保健作用 ······176

养花对人体健康的作用·········· 176
居家花卉的绿化作用·········· 177
养对地方，治病疗疾显奇效·········· 177
赏花悦目，减压又安神·········· 178
调节湿度，净化空气减少污染·········· 178

第二节 适合老人养植的花卉 ···180

老人居室花卉选择原则·········· 180
佛手 ·················· 180
金橘 ·················· 182
万寿菊 ·················· 183
石斛 ·················· 184
金银花 ·················· 186
榕树 ·················· 187

第三节 病房花卉养植与摆放 ···188

病房花卉养植要谨慎·········· 188
哪些病人的房间不宜摆放花卉·········· 188
花卉的辅助治疗作用·········· 189

第四节 有毒花卉，室内谨慎养 189

毛地黄 ·················· 189
黄蝉 ·················· 190
马蹄莲 ·················· 190
含羞草 ·················· 191
羊角拗 ·················· 191
鸡蛋花 ·················· 192
香豌豆 ·················· 192
飞燕草 ·················· 193
乌头 ·················· 193
嘉兰 ·················· 194

第四篇 花卉档案簿：繁花似锦，各有所长

第一章 观叶类花卉

万年青 ·················· 196
滴水观音 ·················· 197
蒲葵 ·················· 198
孔雀竹芋 ·················· 199
棕榈 ·················· 200
菜豆树 ·················· 201
鸡爪槭 ·················· 202
紫杉 ·················· 204
红花蕉 ·················· 204
红背桂 ·················· 205
十大功劳 ·················· 206
鸭跖草 ·················· 207
彩叶草 ·················· 208
紫叶酢浆草 ·················· 210
银脉爵床 ·················· 211
罗汉松 ·················· 213
鱼尾葵 ·················· 214
花叶芋 ·················· 215

第二章 观花类花卉

芍药 ·················· 217
白玉兰 ·················· 219
翠菊 ·················· 220
百合 ·················· 221
报春花 ·················· 223
网球花 ·················· 225
六出花 ·················· 226
球根海棠 ·················· 227

茉莉·······················228
栀子花·····················231
瓜叶菊·····················232
蔷薇······················233
龙吐珠·····················234
樱花······················236
玫瑰······················237
波斯菊·····················238
鸡冠花·····················239
金鱼草·····················241

鼠尾草·····················242
一串红·····················243
矮牵牛·····················244
紫花满天星··················245
含笑······················246
玉簪······················248
凌霄花·····················250
五角星花···················252
紫藤······················253
瑞香······················254

第三章　观果类花卉

樱桃······················256
观赏葫芦···················257
南天竹·····················258
石榴······················259
无花果·····················261
草莓······················262
五色椒·····················264
气球果·····················265
观赏苦瓜···················266
代代······················267
朱砂根·····················268

番石榴·····················269
火龙果·····················270
观赏番茄···················272
山楂······················273
香瓜茄·····················275
薄柱草·····················276
观赏南瓜···················278
巴西红果···················279
柚子······················280
火棘······················282
观赏小辣椒··················283

第四章　仙人掌类花卉

金琥······················285
仙人掌·····················286
绯牡丹·····················288
松霞······················289
量天尺·····················290
鸟羽王·····················291
水晶掌·····················292
巴西龙骨···················293

昙花······················294
蟹爪兰·····················295
令箭荷花···················297
秘鲁天轮柱··················298
多棱球·····················299
彩云球·····················300
山吹······················301
山影拳·····················302

第五章　多肉类花卉

大苍角殿···················304
马齿苋树···················305
沙漠玫瑰···················306
龟甲龙·····················307
麒麟掌·····················308
佛肚树·····················309

仙人笔·····················310
翡翠珠·····················311
王玉珠帘···················312
落地生根···················313
趣蝶莲·····················314
鬼脚草·····················315

第五篇　花言花语：每种花都有自己的内涵

第一章　花卉轶趣与赏花

关于牡丹的故事……………318

牡丹姚黄、魏紫名字的由来……318

关于兰花的故事……………320

关于莲花的传说……………320

关于水仙花的故事…………321

关于桂花的故事……………321

关于琼花的故事……………322

茉莉花的故事………………323

丁香花的传说………………324

苏铁名字的由来……………325

天女木兰的传说……………325

枸杞名字的由来……………326

金银花的传说………………327

含羞草名字的由来…………329

第二章　花意花语与送花礼仪

血型与花卉…………………330

花卉的花意花语……………330

送花原则……………………333

花与中外节日习俗…………334

第三章　温暖的亲情

康乃馨………………………337

菊花…………………………337

满天星………………………337

鲁冰花………………………338

忘忧草………………………338

红橘…………………………338

杜鹃花………………………338

石斛…………………………339

富贵竹………………………339

鹤望兰………………………339

第四章　浪漫的爱情

水仙…………………………340

玫瑰…………………………340

牵牛花………………………341

百合…………………………341

蔷薇…………………………342

蝴蝶兰………………………342

郁金香………………………342

紫罗兰………………………343

千日红………………………343

三色堇………………………343

第五章　真挚的友情

君子兰………………………344

万寿菊………………………344

常春藤………………………345

桂花…………………………345

南天竹………………………345

栀子花………………………346

蒲包花………………………346

卡特兰………………………346

第一篇

走进花卉的芬芳世界

第一章
花，你了解多少

第一节 初识花卉

花的结构

花是美丽的化身。那么，对于花我们究竟了解多少呢？

从定义上来说花是植物的繁殖器官，卉是百草的总称。从结构上来看，花又可以分为完全花和不完全花两种类型。如果花是由花梗、花托、花被、花蕊四部分组成，就叫完全花；缺少其中的任何一部分或几部分，就叫不完全花。下面来了解一下完整的花的基本构成：

花梗

花梗是指生长在茎上的短柄，它是茎和花相连的通道，有支持和输送水分、营养的作用。花梗的长短因花卉品种不同而不同。

花托

花梗顶端膨大的部分叫花托。花萼、花冠、雄蕊、雌蕊各部分依次由外至内呈轮状排列于花托上，花托有各种各样的形状。

花被

花被包括花萼和花冠。花萼通常为绿色，由若干萼片组成，位于花的最外轮。花冠在花萼的内轮，由花瓣组成。花的花萼和花瓣的颜色、形状、大小及层次的差别很大，是花的主要观赏部分。

花蕊

花蕊分为雄蕊和雌蕊。雌蕊位于花的中央部分，由柱头、花柱和子房三部分组成。柱头在雌蕊的前端，是接受花粉的部位。柱头分泌黏液，具有黏着花粉粒和促进花粉粒萌发的作用。雄蕊由花丝和花药两部分组成，位于花冠的内轮。花丝细长呈柄状，起着支持花药的作用；花药呈囊状或双唇状，长在花丝的顶端，能产生花粉粒。

在以上的四大部分中，花梗和花托相当于枝的部分，其余相当于枝上的变态叶，也就是我们常说的花部。

花的"五官"

花和人一样也是有"器官"的，而且花的器官之间在生理和结构上虽然有明显的差异，但彼此又密切联系、相互协调。花的主要器官被人们称为花的"五官"，一般是由根、茎、叶、花、果实等器官组成。花的根、茎和叶称为花卉的营养器官，花、果实和种子称为花卉的生殖器官。

根

根据发生的部位不同，根可以分为主根、侧根和不定根三种。根的主要功能是固定植株，并且起着吸收水分和营养元素供植物生长的作用。

对于大部分的植物来说，无论根有多长，通常在其末端的根尖处有一段长有许多白色小毛（即根毛）的地方，称为根毛区。根毛是植物吸收水肥的重要部位，根毛的状况很大程度上影响了植物的生长状况。为了适应不同的环境，其形态结构会发生变异，经历时代的变迁后，变异越为明显，就成为该种植物的遗传特性。

花卉根的变态有两种类型：

块根：如大丽花植株地下就有块根，它是由不定根或侧根经过增粗生长而成的肉质贮藏根。

气生根：气生根是指露出地面暴露于空气中的根。如绿萝、蔓绿绒类等花卉的气生根主要起固定作用，让植株能附生于树干或其他物体上。榕树茎上的不定根，也属气生根。

花朵

下面我们来了解一下植物"五官"中最引人注目的花朵部分。这部分有花萼、花冠两大构成。花萼是花朵的最外一轮，由若干萼片组成，常呈绿色。花冠则位于花萼的内轮，通常可分裂成片状，称为花瓣。

花冠常有一种或多种颜色，不同植物花瓣的大小和形状不同。

由于花瓣的离合、花冠筒的长短、花冠裂片的形状和深浅等不同，形成了各种类型的花冠，如筒状、漏斗状、钟状、轮状、唇形、舌状、蝶形、十字形等。

不同花卉的花瓣层数也有差异。只有单一层花瓣的花称为单瓣花；最少具有两层完整花瓣的称为重花瓣；花瓣超过一层但又不及两层的称为半重花瓣。一个花茎上只有一朵花时，称为单生花。一个花茎上不止一朵花时，其各朵花在花轴上的排列情况，称为花序。常见的花序有总状花序、穗状花序、肉穗花序、圆锥花序、伞房花序、伞形花序、头状花序、聚伞花序等。

茎

从结构上讲，花的茎可分为节和节间两部分。茎上生叶的部位，叫作节，相邻两个节之间的部分，叫作节间。当叶子脱落后，节上留有痕迹叫作叶痕。大多数植物的茎是辐射状的圆柱体，有些植物的茎则呈三棱形或四棱形等。

多数花卉具有坚强直立生长的茎，但有些花卉的茎不能自己直立，需借助其他物体攀附或缘绕生长，或者蔓生匍匐于地面，这一类植物叫作攀援植物、藤本植物，其茎又常称为蔓或藤，比较常见的有绿萝、蔓绿绒类等。

此外，有些花卉的茎生长于土壤中且变成特殊形态和结构，这样的茎称为地下茎。地下茎的形态结构有多种，可分为块茎、根茎、鳞茎、球茎四大类：

块茎：块茎的外形肥大呈块状，不整齐。食物中的马铃薯、地瓜和芋头都是块茎类植物。具有块茎类的花卉有大岩桐、仙客来等。

根茎：地下茎肥大而粗长，像根一样横卧在地下。我们吃的莲藕就是典型的根茎类植物，而在花卉中具有根茎的花卉有美人蕉、荷花、睡莲等。

鳞茎：鳞茎很短，呈扁平的盘状，俗称鳞茎盘；鳞茎盘上面生长着肥厚多肉的鳞片状叶变形体，特称为鳞片叶或鳞片。鳞茎又分有皮鳞茎和无皮鳞茎，具有皮鳞茎的花卉有水仙、郁金香、朱顶红、葱兰等，具无皮鳞茎的花卉有百合等。

球茎：变态部分膨大成球形、扁圆形或长圆形实体，有明显的节和节间，有较大的顶芽。我们吃的慈姑就是典型的球茎。具有球茎的花卉有唐菖蒲、小苍兰等。

走茎：走茎又叫长匍匐茎，是一种自叶丛抽生出来的节间较长的特化茎，它由植株根茎处的叶腋生出，节间较长但不贴地面，在茎顶或节上会长出新的小植株。具有走茎的常见植物有吊兰、趣蝶莲、虎耳草等。

叶状茎：茎扁化成叶状、绿色，有明显的节和节间，而叶片退化，如天门冬、竹节蓼、昙花等。

肉质茎和肉质叶：肉质茎绿色、肥大多肉，贮藏水分多，并能进行光合作用，叶片退化或呈刺状，如仙人掌、仙人球等。不少多肉植物种类，叶子形成肥厚肉质。此外，茎和叶的变态形式还有刺、卷须、食虫植物的捕虫叶等。

叶

花卉叶子的生长一般都具有明显的规律性，并且担负着植物生活中最重要的光合作用的工作。一片典型的叶，可分为叶片、叶柄和托叶3部分，但并不是所有植物的叶都具有这3个部分。

在这3部分中，叶片是最重要的部分，一般为绿而薄的扁平体，是植物与外界环境之间气体交换的通道。不同植物之间叶的形态表现差异很大，这也是辨识植物种类的重要依据。尤其是对于同一科属的植物而言，叶子的具体形状和纹路往往作为分辨植物种类的依据。叶片的常见形状有全叶、叶缘、叶尖、叶基以及叶脉的分布等。就全叶形来说，可分为圆形、三角形、掌形、心形、菱形、披针形、箭形、戟形、卵形、倒卵形、盾状等。

接下来是叶柄。叶柄是叶片与茎的联接部分，其上端与叶片相连，下端着生在茎上，通常叶柄位于叶片的基部。少数植物的叶柄着生于叶片中央或略偏下方，称为盾状着生，如莲、千金藤。叶柄通常呈细圆柱形、扁平形。如果叶柄上只生一片叶，不论其是完整的还是分裂的，都叫单叶；相对应地，如果在叶柄上着生2个以上完全独立的小叶片，则叫作复叶。

最后来看托叶。托叶是叶柄基部、两侧或腋部所着生的细小绿色或膜质片状物。托叶通常先于叶片长出，并于早期起着保护幼叶和芽的作用。

果实

通常，大部分的植物开花后就会结果，而种子包在果实之中，这称为被子植物。幼嫩的果实呈深绿色，成熟的果实呈各种鲜艳的颜色。常见的果实有肉质果、干果等。肉质果肉质多汁，又有浆果、瓠果、核果等。干果成熟时果皮干燥，又有荚果、菁葖果、角果、蒴果、瘦果之分。

种子

众所周知，不同种类植物的种子，大小、形状和颜色都不同。草花的种子一般较小或者很小。无论什么花卉的种子，其内部结构都差不多，种子外为种皮，里面有胚，有的植物种子还有胚乳。胚是构成种子最重要的部分，由胚芽、胚根、胚轴和子叶所组成。

花卉的一生

了解花卉生长发育的过程是养好花卉的第一步。简单地说，养花卉就是保护花卉生理活动的过程。养花之前必须要了解花卉的三大生理活动，因为这三种活动将伴随花卉的一生。这三大生理活动分别是：呼吸作用、光合作用和蒸腾作用。

呼吸作用

花卉的呼吸作用是指花卉把体内贮藏的有机物质氧化，转化为能量、二氧化碳和水的过程，其产物用于制造新细胞和组织，以及维持正常的生命活动。植物与我们人一样，都需要呼吸。如果停止了呼吸，就意味着死亡。植物所有活的细胞，都会呼吸。根系也需要呼吸，养花时经常进行松土，就是为了保证其根系能够进行正常的呼吸以便根毛细胞吸收水肥。

光合作用

俗话说得好，万物生长靠太阳。绿色植物利用自然光能，把自身吸收的二氧化碳和水分经过反应合成为有机物并释放出氧气的过程，就是光合作用。此过程中最为重要的条件就是光，所以光合作用都是在白天进行的。植物只有通过光合作用制造出有机物才能够维持生命。通常植物制造的有机物越多，生长和发育就越好。对于花卉来说，科学有效的管理与栽培，实质上就是在促进花卉的光合作用，使其尽量制造出更多的有机物质。

蒸腾作用

植物体内的组成物质大部分是水。植物吸收水分的量是很大的，但是在所吸收的全部水分中，仅仅有极少的部分用于植物体的组成代谢，其余的都是通过蒸腾作用而散失掉。蒸腾作用是指植物体内水分以气体状态，通过植物体表面的气孔，从体内散失到体外的过程。大部分植物的蒸腾作用是通过叶片进行的。

与一般水分蒸发的道理一样，通常空气相对湿度越大，植物的蒸腾失水就越少；空气相对湿度越低，植物的蒸腾失水就越多。而空气相对湿度又受光照、温度和风等因素影响，在干燥炎热、阳光强烈、有风的情况下，植物的蒸腾作用就会相对强很多。

花卉除了不停进行以上三大生理活动之外，大部分花卉还会经过生长期和休眠期。

在植物的生长期内，其体积和重量都会逐渐增加。在测量花卉生长时，常以植株高度、叶数、重量等作为指标。例如一年生草花的一生都在生长，如果播种后间隔一定的时间来对植株进行生长量的测定，就会发现在单位时间里生长量是会变化的，也就说植株生长的速度并不是保持不变的，而表现出慢—快—慢的基本规律，即开始时生长缓慢，以后逐渐加快，达到最高点，然后生长速度又逐渐减缓，最后停止。

花卉的休眠是指暂时停止生长。这里需要注意的是，生长停止只是暂时的，如果是永久的则意味着死亡。例如梅花、紫薇等落叶木本花卉，冬季落叶就是处于休眠状态，待春季温度回升后又重新萌芽生长。那么，花卉为什么会形成休眠习性呢？原来它们的原产地冬季严寒，如果处于生长状态，就会被冻死，而让自己落叶，进入休眠状态，并形成不透水不透气的芽，就能够安全度过寒冬。

一些宿根草花在冬季同样具有明显的休眠期，表现出地上部分枯萎，留下休眠的芽，如菊花、芍药等。

球根花卉是通过球根来进行休眠的。对于春植球根花卉，在冬季进入休眠来度过寒冷的气候。对于秋植球根花卉来说，则是由于原产地夏季干旱，如果让自己处于生长状态，就会因缺水而死，所以形成了球根在夏季进入休眠状态，以此来度过旱季。

🌿 花色与花香的形成

花是美丽的使者，给人以舒适、愉悦的享受。但是，你了解花吗？花儿为什么那么艳丽？花的颜色是怎么形成的呢？花儿为什么有醉人的香气呢？下面我们就介绍一下关于花色与花香的由来。

其实，花色的形成是大自然选择的结果。自然世界中，白色花最多，其次是黄、红、蓝、紫、绿、橙和茶色的花，而黑色花最为稀少。这是花卉在生物进化过程中自然选择的结果。黑色能吸收光波，易受到光波的伤害，因而逐渐被自然界淘汰。

一般花朵的花瓣细胞液里含有花青素、类胡萝卜素、叶黄素和黄酮等物质。含有大量花青素的花瓣，它们的颜色都在红、紫、蓝三色之间变化，含有大量叶黄素的花瓣呈黄色或淡黄色，含有大量类胡萝卜素的花瓣则会呈现出深黄和橘红色，而其他颜色则是由各种黄酮化合物显示出来的。花青素是水溶性物质，分布于细胞液中，这类色素的颜色随细胞液的酸碱度变化而变化。一般而言，在碱性溶液中呈蓝色，在酸性溶液中呈红色，而在中性溶液中则呈紫色。类胡萝卜素的种类很多，约有80余种，是脂溶性物质，分布在细胞内的杂色体内，能导致颜色上的差别。比如，郁金香、黄玫瑰、菊花等均含有类胡萝卜素，因此大多呈现出黄色。

有一个小方法可以让我们观察到花瓣细胞液引发颜色的变化过程。你可以把一朵红色的花分别浸泡在碱性的肥皂水和酸性的醋中，看花色由红变蓝，再变成红色的过程。虽然只是一个小小的实验却能发现大自然的神奇。此外，还可以通过处理将原本红色或粉色的花朵变成橙黄色或橘黄色。具体方法是：将煮熟的胡萝卜放在水中沤制20～30天，令其充分腐烂腐熟，加水25～30倍，浇在花盆里。每月浇1次水，连续浇5～6次，花色就会发生神奇的变化了。另外，黄酮色素或黄色油滴同样能使花瓣呈现黄色，均分布在植物的细胞体内。

那么白色的花朵又是怎么回事呢？原因是白色花朵不含上面这些色素。其实，白色是由于花瓣细胞间隙藏着许多由空气组成的微小气泡把光线全部反射出来而形成的。

花的颜色并不是一成不变的，许多花卉从初花期到末花期，花瓣的颜色始终在变化，有的由浅变深，有的由深变浅，但以由浅变深者居多。如牵牛花初开时为红色，衰败时变成紫色；杏花含苞时是红色，开放时逐渐变淡，最后接近白色。这种变化是由花瓣细胞液的酸碱度因温度变化而引起的。

说完花色再来看花香。

生活中，我们所闻到的香气常常是由多种具有香气的化合物组成的，有的花卉含有几十种化学物质，有的还会达到上百种。

花瓣里含有一种特殊的物质叫油细胞，这种物质能分泌出各种芳香精油，芳香精油经过挥发分散在空气中，我们就能闻到花的香味了。

据统计，浅色系的花朵大多有花香，其中白色花中香花所占的比例最大，其次是红色，而蓝色花中香花最少。其实花香也有不同的类型，有的闻起来令人感到惬意和愉悦，有的则令人反感，甚至恶心。这是因为，不同花卉的花瓣里所含精油的化学成分不同，挥发在空气中就产生了不同的味道，比如：白百合和茉莉香气浓郁；芍药及栀子花的花香清香四溢；玫瑰、桂花的花香浓烈；米兰、晚香玉的花香浑厚；马蹄莲、水仙的花香淡雅。

多彩的花色和怡人的花香让我们不得不感叹大自然的神奇造物。而我们每个人都可以利用大自然的神奇，通过科学正确地种植花卉，为生活增添一份美丽与健康。

🌿 花卉的价值

养花已经作为一种时尚、高雅的爱好而走进千家万户的生活。花卉种植男女老少皆宜，不仅可以丰富多姿多彩的生活，还能让人身心受益，使生活更加健康。如果你是一个热爱生活的人，不妨尝试养盆花，相信它会给你的生活带来无穷的乐趣。现在养花的人不断增加，越来越多的人从养花中受益。花卉种植业也已成为规模大、经济效益高的产业。养花的许多好处，可以从花卉的自身价值及与人们日常生活密不可分的关系中去分析。

花卉的价值是多方面的，主要表现在食用价值、药用保健价值、经济价值这3个方面。

食用价值

据史书记载，从唐代开始，就有花卉入膳的记载。清代《餐芳谱》中曾详细记载了20多种鲜花食品的制作方法，这些都证实了花卉的食用价值早已被古人所认识。对人体确实有益无害的可食用花卉有：桂花、玫瑰、梅花、月季、牡丹、玉兰、白兰、萱草、菊花、栀子、丁香、杏花、海棠花、茉莉、米兰、紫藤、莲花、兰花、桃花、梨花、凤仙花、山茶等。

另外，其中多种花卉皆可作为花草茶的材料入茶饮用，比如较为常见的花草茶有：茉莉、白兰、代代、桂花、玫瑰、柚子花、荷花、梅花、兰花、蜡梅等。随着现代科技的进步与发展，近年来以花卉为原料制成的保健饮料也是屡见不鲜，常见的有玫瑰花茶、草决明茶、金银花茶等清凉饮料。虽然这些饮品大多经过了加工，无法和单纯质地的花草茶相媲美，但因为其出色的口感和淡雅的香气仍旧受到不少年轻人的喜爱。这也从一个侧面表现出花草的食用价值。

经济价值

花卉的多种功用，为花卉形成成熟的产业并且创造可观的经济效益奠定了基础。20世纪30年代以后，花卉园艺突飞猛进，成为农业生产的一个重要组成部分。许多国家都把出口花卉作为换取外汇、增加国家收入的重要途径。如世界花卉王国荷兰，花卉已成为它在国际市场上销路稳定的大宗商品。时至今日，荷兰已成为全球第一大花卉出口国，控制着70%的欧洲花卉市场。

此外，哥伦比亚也是全球最大的花卉出口国之一，而且花卉是该国继香蕉之后的第二大出口产品，鲜切花年出口额达7亿美元。法国的切花经营已超过重要农作物甜菜，成为十分庞大的产业。

同样有着规模不小的花卉经济版块的还有泰国、意大利、厄瓜多尔、智利、突尼斯、菲律宾、新西兰、多米尼加等国。这其中，泰国是全球最大的热带兰出口国，兰花对于泰国人有着极其特殊的意义。意大利则是世界上第二大花卉消费国。我国的花卉业虽然起步较晚，但近年来也取得了突飞猛进的成绩，正以前所未有的速度发展壮大起来。

药用价值

花卉中有许多我国传统中药的重要药用植物资源。不仅养花的行为本身有益健康，而且花可食可药，有的花卉具有食用价值，有的花卉具有药用价值，从这个意义上讲，花卉确实是健康的保护神。在《全国中草药汇编》中列举的2200多种中药材中，以花卉入药的占1/3以上，且多是具有观赏价值的常见花卉。如牡丹、芍药、菊花、兰花、梅花、月季、桂花、凤仙花、百合花、月见草、玉簪、桔梗、莲花、金银花、枸杞、茉莉、木芙蓉、栀子、辛夷、木槿、紫荆、迎春、蜡梅、山茶、杜鹃、鸡冠花、石榴、水仙、白兰、扶桑、无花果、蜀葵、天竺葵、萱草、芦荟、万年青、鸭跖草、天门冬、一叶兰、仙人掌等。这些药用花卉中都含有重要的药物化学成分，具有独特的药理功效，可防治多种常见病。如菊花对消炎杀菌、扩张冠状动脉、疏风清热、清肝明目等有很好的疗效；金银花是防治流感、上呼吸道感染的重要广谱性抗菌中药；丹皮（牡丹根皮）具有调经活血、清热凉血功效；芍药可解痉、镇痛、抗菌、解热、治疗诸痛；莲花活血止血，去热消风，性凉无毒；百合清润心肺，止咳安神。

前面我们已经了解了花卉的食用价值、经济价值和药用价值，下面我们来看养花对我们的个人生活有哪些切实的好处。

现代人越来越关注自己的健康，服用保健补品、瘦身、跳舞、运动、旅游等，忙得不亦乐乎。其实养花也是一项有益健康的活动，而且花费很少，还能美化居室，让自己和家人受益匪浅。

在社会中，竞争日益激烈。繁忙了一天，回到家里，看着花朵鲜艳盛开，芳香阵阵扑鼻而来，人的劳累和烦闷会顿时消失殆尽。

花卉是大自然的造化，当今世界有花的植物大约有27万种，它们以其艳丽夺目的色彩、千姿百态的花形、葱翠浓郁的叶片、秀丽独特的风韵，组成了一个生机盎然的自然世界，为人们创造了优美、舒适的环境。尤其是有些花卉形、色、味三者有机结合，既可赏心悦目，又能陶冶性情。菊花变化万千的造型；月季丰富多样的色彩；桂花沁人心脾的馨香，都让人惊叹不已。毋庸置疑的是，这些作用都会在潜移默化之中淡化人的悲伤和不快，会使人感到世界的美好，不良情绪自然得到缓解。

花卉对人体健康的益处，不仅表现在精神上，还反映在身体健康上。人们通过赏花色、闻花香，以花为食，以花为药，甚至通过养花弄草的适度运动，都能起到防病治病、强体健身的作用。养花需要付出一定的体力，比如松土、浇水、剪枝，有时还要搬动花盆，这些体力活是中老年人力所能及的，也是有益健康的。我国古代著名的医药学家和养生学家孙思邈有一句健身名言："人欲劳于形，百病不能成。"人如果经常从事适度的体育锻炼或体力劳动，能提高身体免疫力，从而得病的机会也大大减少。养花就是一种很好的锻炼方法，不受时间、场所、天气变化等因素的限制。

现代医学认为，人的精神是维护人体健康的重要因素，生活充实、精神愉快是保持健康长寿的重要途径，而赏花可以转移人的注意力，冲淡不良情绪，摆脱不良情绪的干扰。

此外，花卉还可以净化环境。它通过吸收二氧化碳，放出氧气来净化空气，还可吸附灰尘，并能吸收其他有害气体，有极为显著的消除污染、洁净空气、保护环境的作用。尤其在现代居室中，集中了多种污染源，这些有毒物质可以通过人体的皮肤和呼吸道侵入人体血液，降低人体的免疫力，有些挥发性物质还有致癌作用。所以绿色植物堪称是居室污染的克星。就以芦荟为例，在24小时照明的条件下，芦荟可以消灭1立方米空气中所含的90%的甲醛，常春藤能消灭90%的苯。

花卉是大自然的净化器。它们美丽地绽放着，同时也在默默地改变人们的生活，使我们免受有毒气体的伤害。在应对有毒物上，山茶、石榴、广玉兰、米兰等都有超强的吸收能力。像花叶芋、仙人掌类植物、兰花、桂花、蜡梅等均有较强的吸收有害气体或吸附烟尘的作用。柠檬油，不但芬芳宜人，还具有杀菌作用，而且多种香花都能释放抗菌灭菌物质。花香能够抑制结核杆菌、肺炎球菌、葡萄球菌的生长繁殖。居室养花，可大大减少空气中的含菌量。

总之，养花的价值与好处真是太多了。还等什么呢？快来切身体会一下，于芬芳中享受健康的生活吧。

第二节 花卉的分类

按照形态特征分类

在花卉的世界中，从外部形态来划分，基本可以分为以下几种类型：

草本类花卉

草本花卉的最显著特点是茎和木质部不发达，支持力较弱，被称为草质茎。草本花卉按照生长期的时长，可分为一年生、二年生和多年生几种；另外还可分为宿根花卉、球根花卉、水生花卉、多肉类花卉以及地被和草坪植物。

1. 一年生、二年生草本花卉

这种花卉的生命周期在一年之内，春季播种、秋季采种，或于秋季播种至第二年春末采种，如百日草、凤仙花、三色堇、金盏菊等。另外，还有些多年生草本花卉，如雏菊、金鱼草、石竹等，也常作一年生、二年生栽培。

2. 多年生草本花卉

其特征为无明显的休眠期，四季常青，地下为肉质须根系，南方多露天栽培，在北方均作为温室花卉培养，如吊兰、万年青、君子兰、文竹等。

3. 宿根花卉

本类包括冬季地上部分枯死，根系在土壤中宿存，来年春暖后重新萌发生长的多年生落叶草本花卉，如菊花、芍药、蜀葵、楼斗菜、落新妇等。

4. 球根花卉

本类植物包括地下部分肥大呈球状或块状的多年生草本花卉。按形态特征又将其分为球茎类、鳞茎类、块茎类、根茎类、块根类几个类型。

5. 水生花卉

水生花卉属多年生宿根草本植物，地下部分多肥大呈块状，除王莲外，均为落叶植物。它们都生长在浅水或沼泽地上，在栽培技术上有明显的独特性，如荷花、睡莲、石菖蒲、凤眼莲等。

6. 多肉类花卉

多肉类花卉一般原产于热带半荒漠地区，其茎部多变态成扇状、片状、球状或多形柱状，叶则变态成针刺状，茎内多汁并能贮存大量水分，以适应干旱的环境条件。本类花卉按照植物学的分类方法，大致可分为以下两种：

仙人掌类：均属于仙人掌科植物，用于花卉栽培的主要有仙人柱属、仙人掌属、昙花属、蟹爪属等21个属的植物。

多肉植物类：是除仙人掌之外的其他科的多肉植物的统称，分别属于十几个科。

7. 蕨类植物

蕨类植物属多年生草本植物，多为常绿植物，不开花，也不产生种子，依靠孢子进行繁殖，如肾蕨、铁线草等。

木本类花卉

木本花卉的茎，木质部较发达，称木质茎。木本花卉主要包括乔木、灌木、藤本、竹类四种类型。乔木的主干与枝干区分明显，有常绿乔木和落叶乔木两种。灌木没有主干与枝干之分，且大多有聚生的特征，又分为常绿灌木及落叶灌木两种。

1. 落叶木本花卉

此类大多原产于暖温带、温带和亚寒带地区，按其性状又可分为以下三类：

落叶乔木类：地上有明显的主干，侧枝从主干上发出，植株直立、高大，如悬铃木、紫薇、樱花、海棠、鹅掌楸、梅花等。再分细一点儿，还可以根据其树体大小分为大乔木、中乔木和小乔木。

落叶灌木类：地上部无明显主干和侧枝，多呈丛状生长，如月季、牡丹、迎春、绣线菊类等。其也可按树体大小分为大灌木、中灌木和小灌木。

落叶藤本类：地上部分不能直立生长，茎蔓攀缘在其他物体上，如葡萄、紫藤、凌霄、木香等。

2. 常绿木本花卉

大多原产于热带和亚热带地区，也有一小部分原产于暖温带地区，有的呈半常绿状态。在我国华南、西南的部分地区可露天越冬，有的在华东、华中也能露天栽培。在长江流域以北地区则多数为温室栽培。

常绿木本花卉按其性状又可分为以下四类：

常绿乔木类：四季常青，树体高大。其又可分为阔叶常绿乔木和针叶常绿乔木。

阔叶类多为暖温带或亚热带树种，针叶类在温带及寒温带亦有广泛分布。前者如云南山茶、白兰花、橡皮树、棕榈、广玉兰、桂花等，后者有白皮松、华山松、雪松、五针松、柳杉等。

常绿灌木类：地上茎丛生，或无明显的主干，多数为热带及温带原产，不少还需酸性土壤，如杜鹃、山茶、含笑、栀子、茉莉、黄杨等。

常绿亚灌木类：地上主枝半木质化，髓部多中空，寿命较短，株形介于草本与灌木之间，如八仙花、天竺葵、倒挂金钟等。

常绿藤本植物：株丛多不能自然直立生长，茎蔓需攀缘在其他物体上或匍匐在地面上，如常春藤、络石、非洲凌霄、龙吐珠等。

3. 竹类

竹类是花卉中的特殊分支，它在形态特征、生长繁殖等方面与树木不同，其在美化环境中的地位及其在造园中的作用不可忽视。根据其地下茎的生长特性，又有丛生竹、散生竹、混生竹之分，比如佛肚竹、凤尾竹、孝顺竹、茶秆竹、紫竹、刚竹等都是此类花卉。

按照观赏部位分类

花卉是用来欣赏的，这是花卉价值的最集中体现。在花卉的世界里，不同的花卉都有不同的特征，根据花卉观赏的部位不同，可以把花卉分为以下几种类型：

1. 观株形类

该类是以观赏植株形态为主的一类花卉，如龙爪槐、龙柏等都属于观株类花卉。

2. 观果类

观果类花卉主要以观赏果实为主，比如金橘、佛手、南天竹、观赏椒等属于观果类花卉。

3. 观花类

蔷薇、百合、菊花、月季、牡丹、中国水仙、玫瑰等都属于观花类花卉。这些花卉的观赏重点在于花色、花形。生活中，人们种植的花卉大多属于观花类花卉。

4. 观根类

该类是以观赏花卉的根部形态为主的一类，比如金不换、露兜树等。

5. 观叶类

观叶类花卉观赏的重点是叶色、叶形。比如变叶木、花叶芋、旱伞草、龟背竹、橡皮树等都属于观叶类花卉。

6. 观茎类

观茎类花卉的观赏重点是枝茎，比如仙人球、仙人掌、佛肚竹、彩云球、竹节蓼、山影拳类等植物。

7. 观芽类

观芽类花卉的观赏重点在花卉的芽，比如银柳等。

按照对日照强度的要求分类

在自然界，光照是花卉生长的基本条件。由于花卉的类型与习性不同，对光照的要求也有差异。根据花卉对日照强度的要求标准，可以把花卉分为以下几种：

阳性花卉

阳性花卉喜光，必须在阳光充足的环境里才能生长茂盛，开花结果，如石榴、太阳花、月季等都是阳性花卉。

中性花卉

这一类花卉既受不了较长时间阳光的直接照射，又不能完全在荫蔽的条件下生活，而是喜欢在早、晚接受到阳光，中午则须庇荫，如白兰、扶桑都属于这种花卉。

阴性花卉

有一类花卉对光照的要求与阳性花卉相反，它们大都无须太多光照，即使长期得不到阳光的直接照射，只要有散射光或折射光也能生长，比如文竹、杜鹃、四季海棠等。

强阴性花卉

阳光是促进植物体内养分合成的一种能源，所以在阳光过于强烈的时候，花卉就会被灼伤，使花卉脱水或干枯，甚至导致花卉死亡，尤其是强阴性花卉更是如此，比如蕨类、天南星科等。

按照对水分的要求分类

除光照之外，水分是花卉生长不可缺少的又一重要条件。根据花卉对水分的需求不同，我们可以把花卉分为以下几类：

湿生类花卉

湿生花卉多产于热带雨林或山间溪边，这类花卉适宜在土壤潮湿或空气相对湿度较大的环境中生长。这类花卉有水仙、龟背竹、兰花、马蹄莲、鸭舌草、万年青、虎耳草等。湿生花卉的叶子大而薄，柔嫩多汁，根系浅且分枝较少。如果生长环境干燥、湿度小，花卉就会变得植株矮小，花色暗淡，严重的甚至死亡。对这类花，浇水要勤，使土壤始终保持湿润状态。

水生类花卉

水生类花卉，顾名思义是指生长在水中的花卉，较为常见的种类有荷花、睡莲、菖蒲、水竹等。这类植物在水面上的叶片较大，在水中的叶片较小，根系不发达。水生类花卉一旦失水，叶片立刻会变得焦边枯黄，花蕾萎蔫，如果不及时浇水很快就会死亡。

中生类花卉

绝大多数的花卉都属于中生花卉，这种类型的花卉对湿度有较严格的要求。过干或过湿条件都不适宜植物的生长。但因为花卉种类的不同，耐湿程度差异很大。比如桂花、白玉兰、绣球花、海棠花、迎春花、栀子、杜鹃、六月雪等都属于此类花卉。

旱生类花卉

旱生花卉原产于热带干旱地区、荒漠地带或雨季和旱季有明显区分的地带。比如仙人掌、仙人球、景天、石莲花等。这些花卉为了适应干燥的环境植株发生了很

空气干燥对花卉的影响
干燥的空气会影响多数蕨类植物的生长。图中的铁线蕨表现出环境干燥的症状。

多变异。它们拥有十分发达的根系，叶小、质硬、刺状。如果水分过多或空气相对湿度太高，会得腐烂病害。

半旱生类花卉

半旱生花卉的叶片都呈革质、蜡质、针状、片状或具有大量的茸毛，比如山茶、杜鹃、白兰、梅花以及常绿针叶植物都属于半旱生花卉。它们具有一定的抗旱能力，养这类花卉要掌握"浇则浇透"的原则。

按照花卉的栽培目的和用途分类

依据不同的用途和栽培目的可对花卉进行以下分类：

切花花卉

露地切花栽培。唐菖蒲、桔梗、各种地栽草花以及南方的桂花、蜡梅等。

低温温室切花栽培。香石竹、驳骨丹、香雪兰、月季、香豌豆、非洲菊等（包括温室催花枝条如丁香等）。

暖温室切花栽培。六出花、嘉兰、红鹤芋等。

花坛草花

此类花卉多用于布置花坛。常见的种类有扶桑、文竹、一品红、金桔等。

温室盆花

低温温室。保证室内不受冻害，夜间最低温度维持5℃即可，栽培报春花、藏报春、仙客来、香雪兰、金鱼草等亚热带花卉。

暖温室。室内夜间最低温度为10℃～15℃，日温为20℃以上，栽培大岩桐、玻璃翠、红鹤芋、扶桑、五星花及一般热带花卉。

干花栽培

一些花瓣为干膜质的草花如麦秆菊、海香花、千日红以及一些观赏草类等，干燥后作花束用。

荫棚花卉

生活小区及园林的设计中，不难看到亭台树荫下生长的花卉，比较常见的种类有麦冬草以及部分蕨类植物。

按照原产地分类

花卉也是有族源的。随着世界各地交流交往活动逐渐密切起来，不少本地花卉都被引种到外国，其中有些品种为了能适应大自然的变化而发生了一些改变。但从分类的角度而言，如果按照原产地气候来分类，花卉可以分为以下几种类型：

寒带气候花卉

此气候型地区包括阿拉斯加等地区。这些地方，冬季寒冷而漫长，夏季凉爽而短促。生存在这样条件中的植物生长期只有2～3个月。植株低矮，生长缓慢，常成垫状。此类花卉主要品种有细叶百合、绿绒蒿、龙胆、雪莲等。

家庭养花 实用宝典

热带气候花卉

亚洲南部、非洲、大洋洲、中美洲及南美洲的热带地区都属于热带气候地区。这些地区全年高温，温差较小，雨量丰富，但不均匀。该气候类型的花卉多为一年生花卉、温室宿根、春植球根及温室木本花卉。在温带需要温室内栽培，一年生草花可以在露地无霜期时栽培。

原产于中美洲和南美洲热带地区的花卉主要有紫茉莉、花烛、长春花、大岩桐、胡椒草、美人蕉、牵牛花、秋海棠、卡特兰、朱顶红等。

亚洲、非洲和大洋洲热带原产的主要花卉有鸡冠花、彩叶草、蝙蝠蕨、非洲紫罗兰、猪笼草、凤仙花等。

热带高原气候花卉

热带高原气候型常见于热带和亚热带高山地区，包括墨西哥高原、南美洲的安第斯山脉、非洲中部高山地区及中国云南省等地区。全年温度都在14℃～17℃，温差小，降雨量因地区而异，有些地区雨量充沛均匀，也有些地区降雨集中在夏季。原产于该气候地区的花卉称为热带高原气候花卉。该气候型花卉耐寒性较弱，喜夏季冷凉，多是一年生花卉、春植球根花卉及温室花木类花卉。著名的花卉有月季、万寿菊、球根秋海棠、旱金莲、大丽花、一品红、云南山茶、百日草等。

大陆东岸气候花卉

大陆东岸气候型地区有中国的华北及华东地区、日本、北美洲东部、巴西南部以及大洋洲东南部等地区。该地区的气候特点是冬季寒冷，夏季炎热，年温差较大。其中，中国和日本因受季风气候的影响夏季雨量较多，这一气候型因为冬季的气温高低不同，又分为冷凉型和温暖型：

冷凉型：这类主要处在高纬度地区。在这些地区花卉主要有菊花、芍药、牡丹等花卉。

温暖型：一般都在低纬度地区。这些地区主要生产中国水仙、中国石竹、山茶、杜鹃、百合等花卉。

大陆西岸气候花卉

欧洲大部分、北美洲西海岸中部、南美洲西南角及新西兰南部地区都属于大陆西岸型气候。此类型气候的特点主要有冬季温暖，夏季温度不高，一般不超过15℃～17℃。四季雨水均有，但北美洲西海岸地区雨量较少。比如雏菊、银白草、满天星、勿忘草、紫罗兰、羽衣甘蓝、剪秋罗、铃兰等花卉都属于大陆西岸气候型花卉。

地中海气候花卉

该类型气候以地中海沿岸气候为代表，另外还有南非好望角附近、大洋洲东南和西南部、南美洲智利中部、北美洲加利福尼亚等地区。这种气候的特征有从秋季到第二年的春末是降雨期；夏季属于干燥期，极少降雨；冬季最低温度6℃～7℃，夏季温度20℃～25℃。原产于这些地区的花卉称为地中海气候型花卉。因为夏季气候干燥，球根花卉较多。这种气候类型地区生产的花卉主要有鹤望兰、风信子、水仙、石竹、仙客来、小苍兰、蒲包花、君子兰、郁金香等。

沙漠气候花卉

属于这一气候型的地区有非洲、阿拉伯、黑海东北部、大洋洲中部、墨西哥西北部、秘鲁和阿根廷部分地区及我国西北部地区。这些地区全年降雨量很少，气候干旱，一般只有多浆植物分布。比如仙人掌科植物主要产于墨西哥东部和南美洲东部。

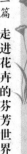

芦荟、十二卷、伽蓝菜等主要原产于南非。我国地区主要有仙人掌、光棍树、龙舌兰、霸王鞭等。

按照季节分类

不同的季节中，可以看到不同种类的花卉。在四季分明的地区，到了什么季节什么花卉开放，花卉在此时就不仅仅是装饰生活，也是季节的"通报员"。如果要按照开花的时间来划分，花卉可分为以下几种类型：

春花类花卉

春花类花卉是指在2~4月期间开花的花卉，如郁金香、虞美人、玉兰、金盏菊、海棠、山茶花、杜鹃花、丁香花、牡丹花、碧桃、迎春、梅花等都属于此类。

夏花类花卉

夏花类花卉是指在5~7月期间盛开的花卉，如凤仙花、荷花、杜鹃、石榴花等。

秋花类花卉

秋花类花卉是指在8~10月间开放的花卉，如大丽花、菊花、万寿菊、桂花等。

冬花类花卉

冬花类花卉是指在11月到第二年1月期间盛开的花卉，如水仙花、蜡梅花、一品红类。

第二章
自然环境与花卉

第一节 光照

🌿 光照对花卉的影响

绿色植物在接受光照后，通过光合作用才能把吸收的二氧化碳和水转化成富有能量的有机化合物。据测定，植物干重的90%左右直接来自光合作用，而根系从土壤中吸收的营养仅占6%左右。所以，没有了光照，花卉的一切生理活动就会停止。

光照影响花卉的生长发育，除光照的强度外，还有光照的长短。光周期是指一日之中，昼夜长度的周期性变化。许多花卉的开花时期与光周期关系密切，不能满足其对光周期的要求时，就不能开花。在自然条件下，花卉对日照时间长短的反应，称为光周期现象。

短日照类花卉

花芽分化需要一定的日照时间，在12小时以下时就能完成光照阶段的花卉植物有菊花、象牙红、一串红等。在日照超过临界光长时，对短日照花卉有抑制生殖生长和促使营养生长的作用。

在养花过程中，人们常用减少或增加光照时间的办法，来催前或延后花卉的开花。如晚菊于7月中下旬开始遮光处理，每天只给9小时左右的光照，遮光后20天即可现蕾，不到2个月开花。但是，如果在孕蕾初期，在日落后进行补光，使每天的光照不少于13小时，则可使花蕾的发育受到抑制，处于含苞不放的状态。

长日照类花卉

花芽分化需要日照的时间在12小时以上，才能完成光照阶段的花卉植物，如唐菖蒲、紫茉莉、米兰等。

生活中，人们常用增加光照时间的办法来促进长日照花卉的开花。如要让唐菖蒲冬季开花，除需冷藏处理和保暖外，还需在夜间10点至次晨2点加光，每天补日照4~5小时，可在种植后的45天左右孕蕾开花。

🌿 室内光照的特点

根据室内光照的不同情况，养植花卉也要进行不同的处理。另外，不同的室内环境和室内的不同区域，其光照强度相差很大。例如南面的窗和向南的阳台可直接透入阳光，窗内光照较强。北面的窗以散射光为主，光照较弱。东面的窗仅上午有3~4小时的时间会有阳光直接射入，其他时间为散射光。西面的窗在下午有3~4小时阳光直接射入。高层建筑不靠窗户的走廊、过道及朝向天井开窗的室内，其光照强度都会比较弱。一般而言，同一室内临窗的位置光照较强，偏离窗口越远的位置，光照越弱。还有，根据光照强度的不同，我们可以把室内或室内的不同区域划分为3个等级，这样才能为花卉选择合适的摆放位置：

高光区

阳台、天井等位置都属于高光区，在这些地方，我们可以摆放一些观花为主的月季、石榴、菊花，也可选种观叶为主的松、柏、杉树。

中光区

对于一般的家庭居室而言，南窗、阳面的房间都属于中光区。在这个区域中可以摆放一些喜阳耐阴的植物，如铁树、万年青、黄杨、常春藤等。

低光区

低光区的主要特点就是阴暗。阴面、朝东的房间、厨房、卫生间等都属于低光区。在这些地方，我们可以摆放一些喜阴的花卉，如龟背竹、棕竹、文竹、君子兰等。

养花时，如果花卉摆放不当，将喜光的植物放在低光区里，时间一长难免会生长不良，会使枝条细长、稀疏，叶片大而薄，生长瘦弱，严重时不能开花。喜阴的花卉，如果放在阳光充足处，叶片就会枯尖或焦边。

喜阴花卉与喜阳花卉

由于原产地的不同，花卉也有各自的习性。根据花卉对光线的需求与适应性，可分为喜阴花卉和喜阳花卉两大种类。

有一些花卉需要充足的阳光才能正常生长、开花结果，这类花卉统称为阳性花卉。主要包括一年、二年生草本花卉，宿根草本花卉，绝大部分球根类花卉（仙客来等除外）以及许多木本花卉，例如米兰、金盏菊、紫茉莉、金光菊、金鱼草、美人蕉、三色堇、一串红、月季、仙人球、仙人掌、半支莲、睡莲、紫罗兰、牵牛花、凤仙花、美女樱、荷兰菊、香石竹、晚香玉、荷花、凤尾兰、龙舌兰、石榴、香圆、无花果、牡丹、茉莉、玫瑰、蜡梅、梅花、苏铁、波斯菊、金橘、蜀葵、夹竹桃、变叶木等。

有一些花卉在背阴环境下也能够生长得很好，这种花卉对光线的需求不大，但生命力并不比向阳的花卉弱。这类花卉主要包括多数观叶植物，比如一叶兰、八角金盘、富贵竹、合果芋、海芋、棕竹、绿萝、常春藤、斑马竹芋、白粉藤、万年青、白鹤芋、吊竹梅、花叶竹芋、花叶万年青、文竹、肾蕨、广东万年青、发财树、孔雀木、鸭跖草、龟背竹、红宝石喜林芋、袖珍椰子、铁线蕨、天门冬等。

所以，我们在养花卉之前，要弄清花卉对光照的要求，再选择适合花卉生长的位置摆放。

日照引起的叶子灼伤
有些植物不适应强光，透过玻璃加强的阳光很可能会灼伤叶子。

花卉养植对光照的要求

光照是花卉生长的重要条件，养花时要根据花卉的习性调节光照，为花卉创造良好的生长环境，以促进花卉健康生长。以下是调节光照的几个方法与小技巧：

根据光照条件摆放花卉

一般情况下，南窗可直接透入阳光，室内光照较强；北窗以散射光为主，仅早晚有直射光，光照较弱；东窗仅上午有4～5个小时阳光直接射入，其他时间为散射光；西窗仅下午有4～5个小时阳光直接射入，其他时间为散射光。

所以，南窗可安排一些喜阳的花卉，如橡皮树、夹竹桃、苏铁、桂花、石榴、无花果等；而喜阴或者半阴的花木可放在这些花卉的后面或者光照较弱的地方，如杜鹃花、山茶花等。这样通过改变盆花的位置，即可达到调节光照的目的。

光周期调节

调节光周期主要有两种方法：一是遮光，另一种是加光。

遮光：要根据每种植物对光线的需要，每天遮光一定的时数，不可中断。具体方法是，对短日照花卉用黑布、黑纸或草帘等进行遮光；或在下午5点至第二天上午8点将其置于黑暗处，一般50～70天就能开花；并且在处理前停施氮肥，增施磷钾肥，以促进花芽分化。当然，不同品种间也略有差异。

加光：光的强度和增加的小时数，可根据花卉种类不同有所区别。具体方式主要是，日落后继续用白炽灯、日光灯等人工光源补光。

遮阴

遮阴是花木受到太阳光的强烈直射时，将喜阴花卉或不耐干旱的花卉放置于荫棚下或树荫下，置于背风避雨、空气湿度较高的环境中。

在调整花卉开花时间以及花朵开放数量时，常用到这种方式，比较适宜秋海棠类、大岩桐和倒挂金钟等花卉。

判断花卉是否缺少光照的方法

生活中，对自己不够了解的花卉种类，在种植之初我们总是不知道应该将其摆在哪里，让它接受多少光照才适宜。所以，科学判断花卉是否缺少光照是十分重要的。

在光照明显不足时，花的形态和生理都会发生一些变化，可以据此判断是否缺少光照。具体说来，凡是花卉植物出现叶子变黄，茎节间延长，枝条细弱下垂，花芽发黄早落，花形过小，香味淡，并易发生病虫害，或者根本不再开花等症状时，基本可以判断出其主要原因是缺少光照。

看枝叶疏密

枝叶小而密的多为半阴性花卉，如文竹、天门冬、南天竹等；枝叶大而稀疏的大多为阳性花卉，如一串红、彩叶草、夹竹桃等。

看叶子形态

叶子呈针状的针叶花木大多为阳性，如五针松、雪松等；叶子呈扁平鳞片状的大多为阴性，如侧柏、罗汉松等；常绿的阔叶花木大多属于阴性或半阴性，如万年青、山茶、白兰、龟背竹等；落叶的阔叶花木大多属于阳性，如荷花、桃花、梅花、菊花等。

看叶面革质

叶面革质较厚的大多属于耐阴的花卉，如一叶兰、橡皮树、兰花、君子兰等。
室内光照不足会导致喜光或耐半阴花卉徒长，影响了花卉的开花和株形的美观性。除了

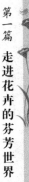

可以经常白天搬到室外以外，还可以采取灯光照明的方法来解决。常见的为荧光灯照明法，一般照明灯管装上反光器就能进行，有时也可利用镜子、锡纸等一些反光材料补充光照。

第二节 水分

水分对花卉生长的影响

水是生命之源，人不喝水生命会枯竭，花卉也是如此。一般而言，一株花体内含水量在80%以上。此外，水也是花卉进行光合作用的主要原料之一，土壤中的营养物质只有溶解在水中才能被花卉吸收。

另外，由于水的存在，花卉能依靠叶片的蒸腾作用来调节体内的温度。所以，花卉体内的各种生理活动必须在水的参与下才能完成。需要注意的是，自然界中花卉种类繁多，习性各异，不同的植物对水分的要求有明显的区别，有的只有在水中才能生长，有的能适应较长时间干旱，所以在栽培上必须考虑到各种花卉对水分要求的特殊性，不能一概而论，但总的来说，适当的供水是花卉正常生长发育的保证。

浇水过多对花卉的影响
植物下部叶子变黄通常是由浇水过多引起的，冬季低温也可能导致这一现象的发生。

土壤中长期水分过多，则使土壤中空气减少，这样会阻碍根部呼吸作用的进行而使其失去吸收水分的能力，致使根系窒息烂根，叶片发黄脱落，以致植株死亡。假如土壤中水分不足，根部所吸收的水分难以满足叶面水分的蒸发，叶片便会萎蔫，当花卉长期处于供水不足时，必须及时浇水灌溉，特别是一些盆栽花卉，盆的容积有限，干湿明显，要注意随时浇水，均衡供给。

还有，花卉生长对空气湿度也有一定的要求，空气湿度的大小影响植物的蒸腾作用。花卉在移栽、种植、嫁接、扦插时需要减少蒸腾作用，因为此时根系尚未长好或扦插、嫁接处尚未愈合，吸水能力差，需要80%以上的空气相对湿度，以提高成活率。一些原产热带、暖温带雨林中的花卉，在较高的空气湿度下才能生长良好，否则叶片常因干燥而表面粗糙，甚至叶缘枯黄。对一些喜阴花卉如玉簪、兰花、蕨类、龟背竹等，如果空气湿度不能保持在60%～80%，就会导致植株生长不良，在干旱环境中往往叶片发黄、变薄、卷曲或干焦。北方春秋两季空气湿度较低，不适宜南方花卉生长发育，冬季室内用火炉取暖，对喜湿花卉的生长更为不利。

为了能让自己种植的花卉茁壮成长，我们应当学习调节花卉所在的小环境里的空气湿度，将喜阴湿花卉放在树荫或小荫棚下，避免强光直射和干热风。还可经常在盆花的四周洒水或进行叶面喷水喷雾，以增加空气湿度，降低温度。

对大部分的中性及喜欢干旱的花卉来说，如果空气中的水分过大的话，易使枝叶徒长，花瓣霉烂，引起落花落蕾，并易滋生病虫害，影响开花结实。所以当空气湿度过大时，我们要注意及时给花卉通风，以降低空气的湿度。

花卉对湿度的要求

不同种类的花卉对湿度的要求也是不同的。所以，我们在种植的过程中，一定要学会根据不同花卉对空气湿度的不同要求，适时改变周围的空气湿度，以确保花卉的健康生长。

一般说来，气温在15℃~28℃时，相对湿度应保持在60%~70%之间。只要不低于50%，多数花卉还能正常生长。这在绿萝、巴西木、君子兰、花叶芋、茉莉、白兰花、扶桑、吊兰和中国兰花等花卉上表现得特别突出。

对于热带草本花卉，气温在20℃~25℃时，相对湿度应在70%~80%左右，如观叶秋海棠、虎耳草、凤梨类、网纹草、喜林芋、银王亮丝草等。

此外，蕨类植物的生长离不开高湿度环境，气温要在25℃~30℃，相对湿度应在80%~90%。如果湿度不及40%，植株的叶子就会出现焦边、枯黄的现象，此时应立即采取措施，以提高空气湿度。当然，空气湿度也不能过大，否则会出现枝叶徒长、花瓣霉烂、落花等现象，并易引起病虫蔓延。比如开花期湿度过大，有碍开花，影响结果；空气湿度过小，会使花期缩短，花色变淡。

养花，如何控制水分

浇花是一门学，不能过少也不能过多，否则会影响花卉的健康生长。生活中，很多人往往频繁给花浇水，结果引发烂根现象。为什么会出现这种结果呢？

花卉根系的主要作用是固定植株、支持花卉在地面上的部分，以及吸收土壤中的水分和养料。在吸收水分的同时，花根也进行呼吸作用，吸入氧气，呼出二氧化碳。

一旦浇水过多，很容易造成土壤排水不畅，水分取代了土壤中的空气而充满土壤间隙，使花卉的根系因缺氧而产生呼吸困难，会导致代谢功能降低，吸水吸肥能力减弱等状况，最终导致花卉窒息烂根，叶子发黄，甚至死亡。因此，浇花一定要合理，不能单纯随着自己的心情随意地给花浇水。要根据花卉的品种及对水分的需求，按需补给。

花根具有呼吸功能，如果土壤缺氧，就会抑制花卉根系的呼吸，进而影响整株的生理功能。另外，氧气含量低于10%时，由于使土壤具有分解有机物功能的氨化细菌、硝化细菌等微生物正常活动受阻，不能有效地分解土壤中的有机物，从而影响了矿物质营养的供应。同时，由于土中缺氧，丁酸菌等嫌气性微生物大量繁殖和活动，产生硫化氢、氨等一系列有毒的物质，直接毒害根部，也会引起根系中毒死亡。浇花时要严格控制次数与水量。

另外，在花卉的不同发育阶段，浇水也要有所变化。

比如，在花卉的种子萌发期，虽然各种花卉对水分的要求不同，但总的来说都需要吸收大量的水，以满足其发育的需要。因为种子内含的养料种类不同，所以含淀粉的种子需水量少于含蛋白质的种子。

花卉的营养生长期分为三个阶段，不同阶段需水量也有所不同。

一般情况下，花卉的幼苗期需水量较少，这是因为出苗后要防止徒长，所以要适当控制浇水量。

处于生长旺盛期的花卉需要充足的水分，以便使细胞迅速扩大，植株体积增加迅速。如果水分得不到满足，花卉生长就会缓慢得多，株形也随之变矮。

花卉的生殖生长期就是花芽分化的时候，水分供应是否合理十分重要。在此期间水分供应不足，就会影响花芽正常发育；水分过多，会抑制花芽形成。因而在一些花木的栽培中常用扣水的办法来促进花芽形成。

在花卉的花期，水分供应要掌握好尺度，水少了会导致花期缩短；水多了，则易引起花瓣早落、落蕾等现象。

到了花卉的结果初期，这个时候的主要任务是防止落果，必须控制浇水量。到了果实成长期，为结出丰满、硕大的果实，就要注意给以充足的水量。

在休眠期，花卉需水量较少，要减少浇水次数与浇水量，以确保花卉正常休眠。

好花还需好水浇——水质对花卉的影响

除了浇水量会对花卉的生长造成影响之外，水质也是影响花卉生长和发育的重要因素。首先，需要了解水的分类。水按照含钙、镁的可溶性盐的状况分为硬水和软水。

就养花用水而言，有条件的地方最好选用洁净、中性的软水浇花。在软水中又以雨水（雪水）最为理想，如能长期使用雨水浇花，不仅能加快花卉生长，使植株健壮、花叶繁茂，还可延长花卉栽培年限，有利于提高花卉的观赏价值。

为什么雨水适合浇花呢？因为雨水中不含矿物质，含有较多的空气，而且雨水接近中性。雨水对山茶、杜鹃、含笑等花卉有很大的好处，可使其茁壮成长。所以，我们要好好利用这一资源，雨季设法多贮存些雨水。

雪水也适合浇花。在北方寒冷地区，冬季如能用雪水浇花效果也很好，但应注意需将冰雪融化后搁置到水温接近室温时方可使用，否则易伤害花卉。

另外，河水、湖水或池塘水等都是水质比较温和的水，但在使用前要进行一些简易处理。对于含有泥沙和有机杂质的坑水、池塘水等，必须进行净化处理后方能使用。因为这类水中含有大量污物，浇花后易阻塞土壤，破坏土壤通透性，妨碍空气进入，影响根系正常呼吸，会影响花卉生长。

富含矿物质的水叫硬水，因为硬水中含有钙、镁、钠、钾等成分较多，用来浇花，常使花卉叶面产生褐斑，影响观赏价值。但当硬水软化后，便可以浇花了。具体做法是：将硬水放在一个较大的容器内，并加入少量明矾，同时用木棍充分搅动，待明矾溶解后放置一段时间，直到水中的各种杂物形成絮状沉淀物沉在桶底即可，浇花时要选用上层澄清液。

北方的井水大都属于偏碱性的水，如果用来浇花需要进行简单的处理，可用适量的硫酸铝或硫酸亚铁中和水中的碱分，或用少量硼酸或米醋等加入水中，配成酸性水后再浇花。

第三节 温度

温度对花卉生长的影响

除光照、水分之外，温度也是花卉生存的重要条件。在4℃~30℃的温度范围内，大多数的花卉都能生长。在此范围内，随着温度的升高，花卉的生长速度也逐步加快。

如果温度适宜，花的生理活动也会随之活跃起来。当温度低于或超过适宜温度的区域，温度继续降低或上升时，生长就会减慢，甚至停止生长而进入休眠期，如仙客来在10℃以下生长缓慢，15℃~25℃才是其生长最适宜的温度。

由于每种花卉的产地气候不同，它们各自所能适应的温度也有很大差异。这是客观环境条件决定的，同时也对花卉的生长形成了一种约束。甚至，即使是同一种花卉，在不同的生长发育阶段，对温度的要求也不一样，一般种子发芽时对温度的要求不高，但为了提高种子发芽率和培育健壮的幼苗，通常在播种后需保持较高的温度。若播种后长期处于低温、泥土过湿的环境中，种子发芽缓慢，并容易霉烂。

由此可知，花卉对温度的要求是严格的，除了环境温度之外，土壤温度也直接影响花卉的生长。花卉的温度管理应注意以下几点：

第一，要注意浇水的水温，不要用新放的自来水浇花，应在室内摆放几天，使水温与土温接近后再浇灌。

第二，确保花卉能够直接接受到阳光照射。

第三，要适当控制浇水次数，视具体情况在冬季减少浇水次数，尤其是木本花卉，冬季更要注意少浇水。

不同品种花卉对温度的耐受度

每种花卉都有自己所能承受的温度极限，只有在适宜的温度范围内，花卉才能正常生长、开花，否则花卉便可能会受到损伤或死亡。除了花卉的种类外，花卉的生长期不同对温度的要求也是不同的。

通常情况下，最适宜花卉生长的温度条件是昼夜温差在花卉生长的适宜温度范围内，而且其温度能使花卉在白天进行充分的光合作用，夜间，花卉能维持微弱的呼吸。其温度使花卉的养分消耗得很少。

根据对低温的承受能力高低，花卉可以分为以下几个品种：

不耐寒花卉

此类花卉原产热带及亚热带地区，一般不能忍受0℃以下的低温。所以，当这类花卉过冬时，必须要移入温室内，故又称温室花卉，比较常见的有文竹、报春花、天竺葵等。

半耐寒花卉

此类花卉多是原产温带较暖地区的花卉，一般能忍耐-5℃左右的低温。在我国南方其可以露天安全过冬，在北方必须移入室内或地窖内越冬，如金盏菊、紫罗兰、菊花、月季、芍药、梅花、仙客来、龙柏等。

耐寒花卉

耐寒的花卉一般为原产地为寒带及温带的二年生花卉、宿根花卉。一般情况下，能耐0℃左右的温度，有少部分花木能耐-10℃～-15℃的低温，如萱草、金鱼草、丁香、紫薇、金银花等。

此外，除了原产地的气候影响，有些花朵的不同部位耐寒性也有所不同。一般说来，最耐寒的是根部，然后依次是其根茎、枝、叶、芽。所以，经常有茎枝冻死后第二年又从根部重新萌生新植株的现象发生。这种神奇的现象让不少花卉"死而复生"。

温度会影响花卉的开花状况

花卉开花时是最美丽迷人的。不少养花人每每看到自己养的花卉开花，心中都会涌现一种幸福感。这种幸福感是昔日里对花卉细心呵护换来的。

在花卉开花过程中，温度对花卉的花芽分化和开花有直接或间接的影响。大多数原产温带地区的花卉，在整个生长生育过程中，必须经过一段时间的低温刺激，才能转入以开花结实为主的生殖生长阶段。只有当外界温度满足了它们所需的低温要求时，花卉植物在温度回升时才能正常开花，否则正常的生命活动就不能延续。

多数温室花卉的花期温度要高，例如茉莉花、白兰花、扶桑、紫薇、米兰等只在炎热的夏季开花，冬季开花需把室温提高到28℃以上。另外，多数花在开花期间对低温是非常敏感的，往往一段时间的低温就可能造成大量花蕾受害。

高温与低温对花卉的伤害

避免花卉受高温伤害

花卉种类不同，所能忍受的最高温度也不相同。当温度超过某种花卉所能忍受的最高限度时，就会对这种花卉产生伤害，出现生理异常现象，如生长发育受阻、叶和茎发生局部灼伤、花量减少、花期缩短等。具体来说，高温主要会破坏花卉光合作用和呼吸作用的平衡，使细胞内的原生质凝聚变性，呼吸作用大于光合作用，营养物质消耗急剧加大而得不到补充，从而导致叶片上出现坏死斑，叶绿素被破坏，叶色变褐、变黄，影响开花结果。

此外，高温还能促使蒸腾作用加强，破坏植株水分平衡，使花卉萎蔫干枯而死。

一般说来，环境温度超过45℃以上时，多数花卉会死亡，其中叶片受伤最严重。这是因为叶片对高温反应最敏感，在强光直射下叶子的表面温度通常要高出环境温度10℃以上。

对于受高温伤害的花卉，应积极采取降温措施，如遮阴或移至背阴处、开窗通风、浇水、喷水、遮阳等，需要注意的是，要在温度降至30℃以下后再进行喷水或浇水，让花卉有一个适应期。这和刚在烈日下晒过的人不宜直接走进空调房里是一个道理。

有人说，我们四季分明的地区，夏季时候要如何做才能有效防止高温伤害呢？

其实，我国各地的夏季最高温度存在差别，特别是西面和南面阳台上因为阳光直晒，温度更高，因此对于种植的一些盆花，更加要注意采取防暑降温措施。防暑降温的方法，可对盆花进行遮阴或将其置于阴处，以及进行喷雾或喷水。如果盆花被迫休眠了，必须停止施肥及减少浇水。

防止花卉遭受低温伤害

花卉是娇美迷人的，花卉的"娇"在温度的适应力上也有所体现。花卉无法忍受高温的折磨，也对低温相当敏感。具体而言，低温对花卉的伤害大体可分为寒、霜、冻3种。但由于花卉品种不同抵抗低温的能力也不同，受到的伤害也略有差别。

寒害是指0℃以上的低温对喜温花卉的危害。花卉受伤害较轻时，草本花卉出现变色、坏死及表面出现斑点现象；木本花卉还会出现芽枯、破皮、流胶及落叶现象。这些受害的花卉主要是原产于热带或亚热带的花卉。花卉一旦受冻了，应先将其移至10℃左右的环境中，然后缓慢加温，使之逐渐恢复生长。需要注意的是，受冻的花卉不能立即将植株移至光照充足、温度较高的地方，否则会导致植株死亡。

霜害是指气温或地表温度下降到0℃时，空气中的水汽凝结成霜，由于霜的出现而使花卉受害，称为霜害。这时花卉受低温伤害较重，草本花卉叶片呈水渍状变软，随后脱落，甚至植株死亡；木本花卉幼芽变黑，花苞、花瓣变色脱落，甚至导致枝条枯死或根系受伤。

冻害是指当气温下降时造成花卉植株体液的温度降至冰点以下，细胞间隙结冰而引起的冻害。这种伤害是很恐怖的，因为冻伤由内到外，一般来说，草本花卉抵抗力较差，绝大多数都会被冻死，即使是木本花卉也多会产生树皮冻裂、枝枯或伤根等现象。最让人忧心的是，这种冻伤往往是不可逆的，没有好的救活方法。

在寒冷的季节里及早采取防寒措施，防止其冻死，是我们唯一能做的事。首先要了解花卉具体的耐寒能力。对于不耐寒的耐阴或阴性盆花，在温度太低时，需要把它们搬入室内光线明亮处，以防止其冻死。当室外气温回升时，再把盆花搬回阳台。冬季的气温变化较大，或者春季倒春寒发生的时候，必须随时注意当地的天气预报，提早防寒。

就地域防寒措施来说，在南方，冬天室内通常没有暖气，在把盆花搬入室内后还要注意把门窗关紧，特别是在晚上要把窗边的盆花放到房间的中间，甚至可把盆花用塑料袋把花套起来绑紧来进行保温。如果室内有暖风机、暖炉等，就不需要担心了，但是不能让暖风机的风口直接对着盆花。这样做非但不会有助于花卉生长反而可能害了它。

在北方冬天更加寒冷，如果阳台有用玻璃封闭起来，而室内有暖气，对于不耐寒的盆花反而不用担心其受低温的危害了。但是必须注意，有暖气的室内温度通常在16℃以上，这使得盆花仍然处于不断生长之中，因此必须进行正常的养护管理，特别是要给盆花提供足够理想的空气湿度。而对于半耐寒的盆花，有一部分在我国长江流域及其以南的地区，留在阳台上就能够安全越冬。对于一部分耐寒的盆花，则在我国北方大部分地区也能够在阳台上自然越冬，在南方就更加不成问题了。

按道理在北方可把其搬到有暖气的室内，但是因为其在自然条件下也形成了在休眠期要求较低温度的特性，所以过高的室温又会使其正常的休眠受到严重的影响，导致其将来生长发育不正常，甚至死亡。

所以，如果要花卉能够正常地休眠，必须腾出一间房子，保持相当低的温度，但这在一般家庭是难以做到的。因此，最好不要养这些花卉。

第四节 土壤

土壤的营养与花卉的成长

花卉要从土壤中吸收生长发育所必需的营养元素、水分和氧气，只有土壤满足了花卉对肥、水、气、热的要求，花卉才能健壮生长。下面我们就对构成土壤的几大基本物质作进一步的了解：

水分和空气

土壤中的水分是花卉生长发育必不可少的物质条件，而土壤中的空气则是花卉根系吸收作用和微生物生命活动所需要的氧气的来源，也是土壤矿物质进一步风化及有机物转化释放养分的重要条件。有资料介绍，一般花卉植物生长的最适合含水量是土壤容积的26%左右，空气亦占26%左右。当土壤空气中氧的浓度低于10%时，根系发育便会受到影响，低于6%时绝大多数花卉的根系会停止发育。

矿物质

土壤的矿物质是由岩石经过长期风化而形成的矿物质土粒、二氧化硅、硅质黏土等，它们是组成土壤的最基本物质，能提供花卉所需的多种营养元素。

有机质

土壤中的有机质指的是存在于土壤中的动植物残体以及它们经土壤微生物等分解和再合成作用而产生的各种产物，它不仅能供应花卉生长发育的养分，而且对改善土壤的理化性质和土壤的团粒结构以及保水、供水、通风、保温等都有重要作用。

当土壤的有机物相互黏在一起，形成土壤的团粒的时候，就能起到协调土壤中空气、水分和养分的作用。而且，这种土壤团粒结构也是土壤肥力的象征，能改善土壤的物理化学性质，使土壤更疏松肥沃适合植物根系的生长。如果没有团粒结构的土壤就等于没有肥力，那么，生长在此之上的植物就不可能长得好。

试想，如果养花人对以上土壤知识没有基本的认知，培育盆花时长期不换盆换土，致使土壤理化状况恶化，通气透水性差，营养元素缺乏，势必就会导致花卉生长不良，叶片发黄，开花少，甚至不开花等严重后果。因此，要想养好花，必须做好换土工作。

如何选择适宜的养植土

土壤中的酸碱含量即为土壤的酸碱度。在土壤中存在少量的氢离子和氢氧离子，氢离子含量高于氢氧离子就呈酸性，相反，就是碱性，含量相等则土壤为中性。

土壤的酸碱度

土壤的酸碱度以pH＝7（pH是表示酸碱程度的符号）为分界线，pH值大于7为碱性，pH值小于7为酸性，pH值等于7为中性。

依据花卉对土壤酸碱度的适应情况，可以分为以下几种类型：

1. 耐中性偏微酸性土壤的花卉

菊花、月季、一品红、大岩桐、彩叶苋、君子兰、天门冬、文竹等花卉适宜在pH值为6.0~7.0之间的土壤中生长。

2. 耐中性偏微碱土壤的花卉

玫瑰、石竹、天竺葵、仙人掌类、迎春、黄杨、南天竹、香豌豆、榆叶梅、圆柏等花卉在pH值为7.0~8.0之间的土壤中生长良好。

3. 耐弱酸性土壤的花卉

米兰、兰花、仙客来、桂花、珠兰等，适宜在pH值为5.0~6.0之间的土壤中生长，超过这个界限，容易发生缺铁黄化病。

4. 耐酸性土壤的花卉

杜鹃花、茶花、秋海棠、八仙花、栀子、彩叶草、紫鸭跖草、蕨类、兰科植物等适宜在pH值为4.0~5.0之间的土壤中生长发育。

土壤酸碱度的目测法

鉴别土壤的酸碱性有一个非常简便的目测法，能让我们很快知道土壤的性质。

1. 看土的颜色和团粒

酸性土壤的团粒结构较多，一般都呈黑色、褐色、棕黑色、黄红色；碱性土壤团粒结构少或没有，多呈沙状，颜色为灰白色、黄白色。

2. 看土壤的来源

一般来说，森林地带的腐叶土属酸性或微酸性。

3. 看土壤中生长的植物

碱性土壤里盛产小麦、番薯等；中性土壤里常种植豆类、甜菜、高粱、棉花、梨、葡萄等。

4. 看浇水后的情况

浇水后，土壤松软甚至立即渗出混浊的水，则大多为酸性土壤；浇水后干得快，且表面会有一层白色粉状物或者冒出白色气泡或起白沫的，则为碱性土壤。

土壤酸碱度试纸检测法

识别土壤酸碱度，可用石蕊试纸与土壤浸出液接触，将试纸呈现的颜色与酸碱度颜色相对照，即可得知酸碱度。具体操作方法是，取少量培养土，放入干净的玻璃杯中，按土与水为1:2的比例加入水，充分搅拌，澄清后，取上层澄清液，然后将试纸放入水中。几分钟后观察试纸的变化，若用红色石蕊试纸测试，试纸不变色，表明土壤为中性；试纸变为蓝色，土壤则为碱性。若用蓝色石蕊试纸测试，试纸不变色，表明土壤为中性或碱性；试纸变红色，土壤则为酸性。

防止土壤板结和碱化

给花浇水是养花人最常做的工作。水分与土壤是花卉生长的重要条件。在现实种植过程中，难免会遇到土壤板结或者碱化的现象。试想一下，如果给花卉浇水后，出现不渗水或干时盆土表面出现龟裂且板结的情况，那就说明用土不当，选用了黏性较重的土壤。这种土虽然有较高的保水保肥能力，但通气透水性差，湿时黏，干时硬，不利于花卉生长发育。面对这样的情形，有什么改良的办法呢？我们可以在盆土中适量掺拌一些粗沙和含有大量腐殖质的土壤成分，如充分发酵后的厩肥土、草炭土、锯木屑等。

我国北方大部分地区土壤偏碱性，南方大部分地区土壤偏酸性。但大多数花卉植物都喜欢酸性土，忌碱性土。因此，在我国北方或土壤偏碱性的地区栽培花卉，就需要考虑到怎样避免盆土碱化的问题，这主要从以下几个方面解决：

选择土壤

在土壤的选择上，应避免在建筑物附近或施工工地处取土，以及避免在荒凉和不生长植物的地方取土，这些地方的土壤大都偏碱性或缺少有机质。实在没有办法的可以去花卉商店购买，那里可以买到花卉酸性培养土。

定期添新土

土壤中所含有的盐碱会随着水分的蒸发聚集在盆土表层。这就可以解释，为什么我们会发现自己养的花，花盆土上会有一层灰白色的像霜一样的物质了。那么，怎样做才能降低土壤的碱性，确保花卉更健康的生长呢？定期去掉一层表土，添加新土，经过2~3次操作，就会降低土壤的碱性。

用凉开水浇花

在气候较为干燥，四季分明的北方，可以经常用凉开水浇花，特别是在生长季节，在盆土排水性好的情况下，可尽量多浇些水，这样较多的水从盆底渗出，可起到淋洗盐碱的作用。用凉开水浇花，是因为北方的自来水含钙离子较多，经煮沸后可减少钙离子的含量。

用微酸性水浇花

用微酸性质的水浇花就可以使盆土酸性化。如定期用少量的硫酸亚铁（1%）或食醋等加入水中，配成酸性水浇花，能改善盆土的碱性，使盆土偏酸。

第五节 空气

空气中的有益气体

众所周知，呼吸是花卉的重要生理活动。如果没有呼吸作用，花卉就根本不能生存。因为一切生命活动，都离不开呼吸作用，而呼吸作用又必须在有氧气参与的条件下才能进行。

氧气

人缺少氧气会造成呼吸困难，严重时会威胁生命。花卉也是一样。一般情况下，空气中氧含量约为21%，足够满足花卉的需要，只有在土壤板结时才会引起氧气不足。这是因为表土板结时影响了气体交换，二氧化碳大量聚集于土壤板结层下，导致氧气不足，使根系呼吸困难。各种花卉的根，大都略有向氧性，在盆花的管理中，常将盆外附着的泥土、青苔除去，就是为了有利于透气，有益于盆栽花卉根部的呼吸。此外，有经验的花匠会为花卉的呼吸、生长创造更有利的条件。比如他们常将花盆内的表土翻松，这不仅是为了除去杂草，更重要的就是便于花卉根部透气，有利于根的呼吸。

二氧化碳

空气中二氧化碳的含量很小，但对花卉生长的影响却很大，作为花卉进行光合作用的重要组成因素，空气中二氧化碳的含量从一定意义上决定了花卉的生长状况。增加空气中二氧化碳的含量就会增加光合作用的强度，从而可以增加产量。

比如在北方农村庭院中种植的枣、苹果、梨等木本花卉，在同样管理条件下，比露地栽培的木本花卉产量高，最为明显的是庭院中栽培的枣树单株产量比露地栽培的枣树提高30%～50%，其原因就在于庭院中空气流动较小，而居民生活排放的二氧化碳浓度较高。

空气中的有害气体

空气中不仅有有益气体也有有害气体。由于空气污染等不利因素，空气中的有害气体与污染颗粒越来越多。这些有害物质对大自然中的生命造成了伤害。空气中有害气体对花卉的伤害主要是指有害物质经大气直接侵入花卉叶片里或其他器官引起的反应。根据反应状况不同，大体可划分为急性伤害、慢性伤害和不可见伤害三种类型。急性伤害和慢性伤害又称为可见伤害。不可见伤害又称为生理伤害。

可见伤害又因为抗性强弱的不同而分为抗性强的花卉、抗性中等的花卉和抗性弱的花卉。

抗性强的花卉：能够在一定浓度有害气体条件下基本不受害或出现星点状烧伤，烧伤面积一般小于总叶面积的10%。解除有害气体影响后基本能够维持原状，伤害面积不会扩大，花卉生长发育也不受影响。

抗性中等的花卉：在一定浓度的有害气体条件下，经过1～2个小时，或更长一段时间，叶面出现不同形状烧伤斑，其烧伤面积在50%以下，但基本不掉叶，即使危害稍严重时出现部分叶片脱落，不久又可以长出新叶，基本能维持生命。

抗性弱的花卉：在一定浓度有害气体条件下一般经过30～60分钟就会出现伤害症状，叶面出现水渍状或卷曲，经过2小时后，几乎全部叶子萎蔫呈褐色，解除有害气体影响以后，观察叶子烧伤面积超过50%，有的几乎全部被烧伤，1～2天后掉叶达60%以上。

常见的、可能会对花卉的生长有害的气体有二氧化硫、氯气、氟。

其中二氧化硫最为常见，它主要是由工厂的燃料燃烧而产生的有害气体。它对花卉的伤害首先是从叶片气孔周围细胞开始，然后逐渐扩散到海绵组织，进而危害栅栏组织，使细胞叶绿体破坏，组织脱水并坏死，表现症状即在叶脉间发生许多褐色斑点，受害严重时，致使叶脉变为黄褐色或白色。

其次是氯气。氯气对花卉危害最典型的症状是在叶脉间产生不规则的白色或浅褐色的坏死斑点、斑块，也有的坏死块出现在叶片边缘。受害初期呈水渍状，严重时为褐色，卷曲，叶子逐渐脱落。

最后是氟。氟主要来源于炼铝厂、磷肥厂和搪瓷厂等工业厂矿。受氟化氢危害的花卉病斑首先出现在叶尖和叶的边缘，然后才向内扩散。植物在受氟危害后几个小时便出现萎蔫现象，同时绿色消失变成黄褐色，2～3天后又变成深褐色。此外，氟化氢的危害不是先发生在功能叶，而是幼叶、幼芽先受害比较重，受害部位与健康组织之间界限明显。氟化氢还能导致植株矮化，早期落叶、落花和不结实。

花卉对通风的要求

通风状况的好坏对花卉的生长有很大影响。在一般情况下，通风状况良好的环境有利于花卉对氧气和二氧化碳的吐纳，花卉能提高成光合作用的效率。而且通风良好的环境能够减少病害和虫害。相对其他种类的花卉，下面的几种花卉更喜欢通风条件好的环境：有我们生活中常见的月季、大丽花、天竺葵、米兰，也有不是很常见的瓜叶菊、荷兰菊、扶桑等。

相对而言的，对通风条件不那么敏感的花卉也有不少。比如原产于热带丛林及沼泽地带的花卉，这些花卉大多喜欢空气湿度较高又比较庇荫的环境，所以说，这类花卉都不宜放置在风较大的地方养护，因风大会将水分带走，使环境变得干燥，不利于这些花的生长。属于此类花卉常见的有龟背竹、合果芋、竹芋、花烛、铁线蕨及洋兰等。

第二篇

花卉的养护：

细心呵护，绽放美丽

第一章

养花经要

第一节 花卉的挑选与准备

买花要选对时间和地点

当我们在市场上挑选花卉时，往往是根据自己的爱好与兴趣选购。其实，除此之外，更应该从好养易活等方面考虑，要根据自己的实际情况选择好花以及适合自己养的花卉，这样才能成为一个称职的养花人。

买花要选对地方。不少人觉得路边的花摊和花卉市场没有区别，其实不然。花卉市场买花比路边随意购买更加物美价廉。花卉市场种类繁多便于比较挑选，而且大家都是同行，集中在一起，性价比更高。

我们在花卉市场选购花卉时，要注意以下几个问题：

（1）要挑选幼龄、长势良好、无病虫害的苗株。幼龄是指1～2年生的花苗，应选茎干平滑、枝叶较多的苗株，如果选宿根草本类花卉，则要选株丛繁茂、长势旺盛的苗株。无病虫害的花卉是指枝干及叶片没有病斑、没有虫卵或分泌物，叶色正常，这种幼苗移栽后容易成活。

（2）要选择植株形态优美，发育匀称，不偏不斜，叶色自然且有光泽、叶片大小适中且厚实、挺拔向上的苗株。如果植株的叶片过大，颜色发黄且薄而软，尽量不要购买，因为这一般是人工催成的，对环境的适应能力比较差，移栽不易成活。假如花盆外侧及盆内土壤上有青苔，盆底孔有根须伸出，叶片呈下垂状的，亦是栽培管理不善，这样的也不要要。如果花卉的盆土过于新鲜，可能是地上栽培后，刚刚挖起上盆的，也不要选。如果你想选应时花卉，不要选已经完全盛开的，而应选还有不少花蕾、花芽的。如果你选购的是裸根苗，就要选择须根较多的植株。

（3）购买花卉时，要考虑到购买的时间、购买的季节因素。特别是那些裸根的木本花苗，一定要在秋季落叶后春季发叶前的这段休眠期购买，宿根草本花卉则要在秋季分栽前购买，购后即种成活率才高，如是盆栽苗则整个生长季节都可以选购并栽培。另外，对于一些娇贵花卉，对选购的季节要求较高，我们最好在春末到仲秋之间购买并移植，一定要避开炎热的酷暑天。

（4）在选购花苗时还要注意防止以假乱真，如以女贞冒充桂花、黄杨，以蔷薇冒充月季等，一定要认真查看，避免上当。

在选购花卉时，也是有技巧可寻的。比如，购买没有上盆的花卉时，同样需要考虑花卉的成活率。以下是几个选购花卉的小技巧，选购花卉时，你不妨参考一下：

（1）不要买根部发黑的花苗。正常的花苗幼根应该是白色细嫩的，根系发黑说明根已霉烂，所以不要购买。

（2）落叶裸根花苗，如根须稀少，被截断了主根，还没有细根的，也不能购买，要选择土团较大、没有松散的花苗。一些花苗根部没有土团很难成活，尤其是在夏天或冬天。在炎热的夏天，不带土团的花木叶片水分蒸发快，新上盆的花木根系又或多或少受到损伤，短期内难以从盆土中吸收水分。只有带宿根土的花卉才能安全地度过移栽期。另外我们要注意，土团过小、破裂或用稻草和泥土包的假土团也不可以买，花卉的随带土团应是较疏松的土壤。

（3）两株或多株合栽的花苗不能买。购买时，要分清专门的组合盆栽花苗以及普通花苗。对于普通的花苗而言，两株或多株合栽的花苗很可能是将不理想的花苗合栽在盆中，以次充优，销售给没有经验的买主，从中取利。如果不及时处理，这种花苗的枝叶会逐渐枯萎，最终死亡。

（4）警惕用断枝或刚嫁接的苗木冒充好苗。在购买时，要注意枝干是否有摇动以及枝条之间的接口。如果发现枝干不牢固或有断枝的情况，不要选购。

选购花卉有以下几个原则需要注意：

（1）时间要早，以清晨为最佳的选购时机。

（2）摸摸花脚是否有黏滑感或发黄，黏滑或发黄部分多者，表示不新鲜。

（3）凡枝叶有水浸状的透斑出现，则是冷藏已久的存货，这种花不仅易凋谢，而且花苞不易展开，所以不要购买。

（4）适宜选择叶片完整、挺直、花苞饱满的花卉。

观察备选花卉的六个要素

购买花卉的时候，如何才能选到品质优良、植株健康、容易养的花卉呢？以下是检查花卉品质的几个技巧，当你到花卉市场购买花卉时可以参考一下：

看茎叶

查看花卉的茎叶生长状况，包括茎枝干是否足够健壮，分布是否均匀，有没有徒长枝、秃脚或枝干上有伤口或受损折断现象；叶片排列是否整齐、均匀，是否有枯枝或黄叶、残叶。健康的花卉叶色浓绿繁茂、光泽鲜艳。枝叶失水、叶片干瘪的植株不要购买。

看整体

看花卉的整体外观，主要是看花卉的形态特征、植株的高度、新鲜程度、生长状况等方面是否良好，有没有萎蔫的现象，有没有枯死的痕迹，植株的大小和盆的大小是否相称。

看盆土

看土壤是新还是旧，由此看上盆时间，以购买上盆时间较长的盆花为佳。上盆不久的花卉，根系因受到损伤，容易受到细菌的侵入，如果养护不当，就会影响花卉的生长和成活。可以在买花的时候晃动花盆，如果花卉根部土壤有松动，就说明是上盆不久的。买仙人掌等多浆类植物要看它的土壤是否干燥，不要买盆土潮湿的，因为在潮湿环境中，仙人掌类花卉容易烂根。

看病害

观察花卉上是否有病虫害留下的痕迹，比如有虫卵或者叶子残缺处是否有虫子的痕迹。还可以观察叶片上有没有黄斑、病斑。

看破损

查看花卉植株时，要检查其破损情况。一般情况下，花卉在生产、运输过程中难免引起折损、擦伤、压伤、水渍、药害、灼伤、褪色等状况。例如：根部受伤多、带泥少的不买。

看花朵

花朵的情况基本包括两方面内容：花朵的大小和数量。花的花苞是否饱满，花色是否鲜艳，花形是否完好、整齐，花枝是否健壮等。如果是观赏性花卉，可以有一定的前瞻意识，购买有花苞但没有开放的花卉，这样可以保证观赏时间，实现养观赏性花卉的最大价值。

花卉选择要"因家制宜"

对于家庭养花爱好者来说，如果想要在室内养花，就要"因家制宜"，根据家庭的环境条件和个人的爱好等，合理地选择花卉。

新装修居室宜养的花卉

在城市里，室内空气污染程度比室外高出5～10倍。而室内空气污染物主要来源于建筑及室内装饰材料、燃烧产物和人的活动等。

对于装修的居室而言，其主要装饰材料如油漆、胶合板、内墙涂料、刨花板、泡沫填料、塑料贴面等材料中均含有甲醛、苯、氯仿等有机物，这些物质都有一定的致癌性。石材、地砖、瓷砖含有放射物质氡，这种无色无味的天然放射性气体对人体危害也极大。还有，厨房中的油烟和吸烟时产生的烟雾，也加剧了新装修居室内空气的污染。

当你搬入装修后的居室中，可以在家中放上一些花卉，不仅能美化环境，还是抗污染和吸收有毒物质的好帮手。

家庭养花要"宜家"

如果你要在居室里阴面摆放花卉，那么在选择花卉的时候，就不要选择喜阳的植物，而要选择一些耐阴植物，例如万年青、君子兰、龟背竹、水塔花、金鱼花、金红花等。

如果你家的客厅靠近窗边的区域比较开阔，采光充足但不直射，我们就可以选择文竹、倒挂金钟、花叶万年青、蟹爪兰等植物。

假如摆放花卉的地方有阳光直射的话，可以选择山茶花、吊兰、变叶木、凤仙、发财树、百子莲、苏铁、茉莉、菊花等植物。

根据人群选择花卉

为什么有的人可以把花养得很好，而有的人却总也养不好？除了技术方面的原因，也和养花人自身的情况有关。简而言之，不同人群适宜种植的花卉种类也不同。

养花有很多好处，比如，养花可以增加生活情趣，缓解人的疲劳，对人体健康有着积极意义。但是并不是任何花卉都适合家庭养，一定要根据家庭人群的特点，选择合适的花卉养。

儿童

小孩子对自然界有着一份特殊的好奇心。在接触自然、了解自然的过程中，不少孩子也会在老师和家长的引导下养花。儿童养花，首先，要考虑到儿童的个性、爱好，还要考虑到实用性、安全性和启发性。通过奇特、美丽的花卉，以培养儿童对大自然的热爱和启发儿童的思维能力。

以下是适合有儿童家庭养植的花卉：

秋海棠：叶色娇嫩光亮，花繁似锦，妩媚动人，送给小朋友，祝他们快乐聪慧。

凤仙花：凤仙花的果实，手一碰，种子会弹出，故有趣名叫"不要碰我""跳跃的伙伴"，非常惹儿童喜爱。

雏菊：是纯洁、天真的象征，可以在生日或儿童节送盆雏菊或一束雏菊，表达纯真的爱。

非洲堇：儿童节宜向小朋友送一盆迷你型非洲堇，以表达诚挚的爱。

蝴蝶兰：是纯洁、美丽、幸福的象征。儿童节给小朋友送上一盆蝴蝶兰或由蝴蝶兰组成的花束，祝愿他们纯洁美丽、幸福快乐。

当然，有适合的也有不适合的。以下几类花卉不适宜儿童养，它们大多有毒、有刺，较易对人造成伤害，常见的花卉有曼陀罗、百合、报春花等。

虎刺梅：茎部多刺，容易刺伤儿童，如接触到视网膜，还会造成眼睛的严重损伤。

观赏辣椒：果实太辣，儿童触摸果实后，再接触到眼睛、伤口，会引起灼痛感。

仙人掌：密生小刺，儿童喜欢接触或抚摸，会造成伤害。

龙舌兰：叶片顶端的尖刺易伤害儿童，不适宜儿童栽培。

百合：浓郁的香味，久闻使儿童心烦意乱，其花粉会引起咳嗽和哮喘。

报春花：含报春花碱，儿童皮肤柔嫩，触摸叶片会引起过敏，奇痒难受。

曼陀罗：这是一种辨识度较高的有毒花卉，接触或误食曼陀罗会造成瞳孔放大、产生幻觉、肌肉麻痹、呼吸困难等症状，切忌赠送儿童。

准妈妈

对准妈妈们而言，赏花、种花也是十分有益的。参加轻便劳动，如给盆花浇水、施肥，给瓶插花卉换水、抹叶去尘等，能加速身体的新陈代谢，促进血液循环，增强神经和内分泌等系统的功能，从而增进食欲，有利于胎儿正常发育。美丽的花朵、绿色的叶片、馥郁的花香，能陶冶情操，让准妈妈忘却烦恼，增添生活情趣，带来良好的情绪状态，使胎儿得以健康发育。

那么，准妈妈应该如何选择花卉呢？

准妈妈养花首选绿色的观叶植物，如吊兰、文竹、虎尾兰、苏铁、常春藤、橡皮树、秋海棠、铁线蕨、肾蕨、巢蕨、风车草、网纹草、石菖蒲、袖珍椰子、果子蔓、五彩凤梨、西瓜皮椒草、观音竹、鹅掌藤、水竹草、丽穗凤梨等，这些清新幽雅的绿色叶片，是保护眼睛、调节神经的理想色调，它们植株不大，体内不含有毒物质，很少有病虫危害。

在观果花卉中，准妈妈宜养红橘、金橘等柑橘类植物，它们带酸味的果实，在欣赏之余，也可品尝几个，可增进准妈妈食欲，帮助消化，增加维生素C，有利于胎儿发育。

观花类花卉宜选紫色和蓝色花的种类，如鸢尾、瓜叶菊、睡莲、金鱼草、翠菊、石斛、矢车菊、百子莲、洋桔梗、桔梗、风信子、紫罗兰、矮牵牛、非洲堇、美女樱、三色堇等，它们的紫色品种可使准妈妈心境恬静，蓝色品种有良好的镇静作用，而红色品种能增进食欲。

准妈妈忌种山楂和观赏辣椒，原因是挂满红果的山楂十分诱人，如多食山楂会刺激准妈妈子宫收缩，严重时会导致流产。但分娩后的产妇食用山楂有助于子宫收缩和复位，可治疗产后滞血和腹中疼痛。同样，食用观赏辣椒易引起准妈妈身体发热动火，造成肠道枯燥，胎动不安，甚至流产、早产。

另外，准妈妈养花忌选"有毒"花卉，如花叶芋、万年青、变叶木、一品红、海芋、亮丝草、黛粉叶、龟背竹、绿萝、合果芋等观叶植物，又如乌头、石蒜、飞燕草、荷包牡丹、虞美人、报春花、水仙、花毛茛、红花曼陀罗、夹竹桃等观花种类。凌霄花有"脱胎花"之称，如果准妈妈长时间待在有凌霄花的环境中，会有小产的危险，准妈妈不要养凌霄花。

准妈妈养花有五忌：

（1）忌养香气过于浓烈的切花，如晚香玉、麝香百合、蜡梅等，闻久会使人心郁、气喘，引起心情不舒畅，精神不愉快。

（2）忌选用大型盆栽植物，棵大盆土多，土壤易滋生真菌和产生异味，容易引起居室环境污染，这对准妈妈身体健康和胎儿发育不利。此外，土多盆重，给准妈妈搬动带来不便，甚至不小心，有发生流产的意外。

（3）忌在孕妇和新生儿的居室内摆放盆花、插花和花篮。这是因为盆花的土壤、插花的保鲜剂、花篮的各种装饰材料和花卉本身等都会散发出一些有害或过敏性的物质，这些对正常人来说也许并没有什么影响，而对体质和抵抗力均较弱的准妈妈们和新生儿来说，则会有损他们的健康。

（4）忌养花数量过多，造成室内氧气不足，二氧化碳增多。同时，过多摆放盆花，给行动带来不便，增加准妈妈的不安全因素。

（5）忌花卉发生病虫危害时喷洒农药，因为许多杀虫、灭菌的喷雾剂，会引起过敏或中毒，对准妈妈身体及胎儿都会造成损害，宜采取摘除病虫危害的枝叶或用清水冲洗灭杀的方法。

上班族

对工作较忙、经常出差，但又喜欢养花的上班族而言，比较好打理、对环境适应力强的花卉是最佳选择。这些花卉往往具有以下特点：

首先，这些花大多本身体质健壮。

如铁树等花卉，冬季对低温耐受力强，0℃以上的温度即可越冬，夏季能耐高温、日晒。这些花卉可在阳台培养，只要冬季气温太低时注意防冻，夏季适当遮阴，春、秋季可任凭日晒雨淋。

冬季多施些基肥，隔3~5天看看盆土干没干，土壤干时浇些水即可，不需要太多的管理。

其次，这类花对水肥要求不高。常见的种类有景天、仙人掌类等多浆花卉，以及大花马齿苋等，能耐干旱而忌水湿，在家庭培养时只要放置在有光照的窗台上，几天、十几天不浇水也不会影响其生长。

此外，此类花卉需要具备耐阴的特质。室内选择一些耐阴的花卉，就不需要每天搬至阳台上去照光。由于室内花卉的蒸发量相对较少，5~6天浇1次水即可以满足其对水分的要求。这类花卉有吊兰、虎耳草、冷水花、肾蕨、花叶万年青等。

另外，对于平时工作太忙、对身边事物无法做到细心照顾的人，也可以选择水生花卉。比如睡莲、碗莲等花卉，只要在栽种时加入基肥，然后放置在阳台上有光照处，生长期间不使盆中缺水即可，一般5~6天加1次水，不需每天照看，它们的生命力也比较强，只要注意适时加水就可以，都是很让人省心的花卉。

老年人

老年人居室要求清静简洁，阳光充足，空气清新，以利老年人的养生保健。所以，老年人养花宜选清新淡雅的花卉。

老年人最好选用管理简便、较耐干旱、四季常青的绿色植物，它们能帮助老年人消除视力疲劳、明目清心，例如可摆放一两盆小型龟背竹、小型苏铁、五针松、罗汉松、万年青、虎尾兰等花木。

若在桌上摆放一个用玻璃容器培养的水生植物，晶莹清澈，使人随时观赏到水生绿色植物生根、发芽、开花的微妙自然景象，则愉悦之情会油然而生。

常见花卉的选购技巧

以下是居家常见花卉的选购技巧，当你在花卉市场选购时，要谨记在心：

选购兰花的技巧

（1）优良的兰株品种发育旺盛、有光泽、叶片数多、叶色鲜绿、假球茎丰满肥大。因为兰叶也是一次性终身生长的，兰花从发芽到整株叶片放开以后，植株中心就不会再长出新叶来了，这几片叶就是兰花的终生叶。要长出叶来，必须是在老植株（假球茎）旁边再冒出新的兰芽来，产生新的植株。老植株随着年岁的增加而枯黄，其根部留下退化的、无叶片的块根状假球茎。一簇兰花只有在长出新芽、新植株时，才能说栽种完全成活了。否则，只能算假活。

（2）茎、叶、根有萎凋脱水现象的兰花，生命力薄弱，若无把握使其恢复生机，最好不要购买。花市上的兰株尽管有根，但大多数是缺损的，这种兰花很难栽活，因为兰花的根不像其他植物的根，剪短后可再生，兰花的根是一次终生的。因此，选购兰花时，要特别仔细检查一下兰株是否具有一条以上完整无损的根，这是关键。

（3）无叶的老假球茎越多，越能萌发新芽，这些老假球茎不可视为无用，应加以保留。而且，分株时不得少于5个假球茎。但市场上出售的兰株，由于小贩追求数量往往自行分割兰株，分成一簇一簇的，这种兰株很难种活，原因在于分株时没有对刀具进行消毒；其次，伤口没有涂木炭粉进行防腐封口，且小贩经常将兰株在不洁水中浸泡以保鲜。这些都是导致日后兰株苗烂的原因。

（4）健壮的兰株，根部露在盆面上呈白色，长在盆内植料中呈黄棕色，用手压之为硬质。若根已腐烂呈褐色，用手压之有松软之感。

（5）有病害、虫害的兰株勿购买，以防传播给其他兰株或花木。兰花常有炭疽病，表现为叶片上有干黑点、深褐色小斑点或叶梢干黑。其次是兰花基部出现白色菌丝，这是兰花的白绢病。这些病害都可导致整个兰株腐烂坏死。

（6）购买分株苗，最好选在春、秋两季，这样，定植后容易继续生长。

（7）初学者买短期内或隔年即能开花的兰株，可以提高兴致，增进信心。

（8）兰株有瓶苗、幼苗、小苗、中苗、近开花株、成株。初学者选近开花株或成株试种，较易成功，待积累经验后，再选较小的兰株栽培。

选购水仙花的技巧

因为水仙的品种较多，开花的数量、大小和香气均会有所差别。在花卉市场上选购水仙，要注意以下几个方面的内容：

（1）看花芽的多少。通过触摸鳞茎便可以选到花芽多的水仙。由于水仙花芽在鳞茎内呈"一"字排列，每个花芽又都有5个叶片紧包呈柱形，可用拇指和食指触摸鳞茎，如发现圆柱形体短小，则是花芽。花芽多的水仙品质较高。

（2）看鳞茎的形状与大小。一般来说，鳞茎肥大，呈扁圆形，围径在30～40厘米者为最好，如福建漳州水仙；而鳞茎较小，鳞片薄而紧密，多数为卵圆状球形或修长的，花芽少，围径在15～24厘米者为最好，如上海崇明水仙。

（3）看小鳞茎的多少。选购水仙时，还要观察主鳞茎周围分生的小鳞茎，一般小鳞茎多的水仙，花芽都较少，不宜选用。

（4）看色泽。鳞茎皮纵纹距离宽、色泽明亮的，开花多、香味浓。另外，鳞茎盘要宽阔、肥厚而微突。而鳞茎盘凹陷呈黑色，多是受病害所致。

选购月季花的技巧

在花卉市场上购买月季时，通常难以辨清其究竟是什么品种。一般说来，栽培月季以赏花为主要目的。因此选购时应从花形、花色、花瓣、香味等方面去鉴别其好坏。例如，选择自己喜爱的花色和花形，考虑其香味的浓淡等。

通常大型花的花蕾肥圆，长宽比为1∶1；小型花的花蕾呈扁球形。另外，叶片大而肥厚呈卵形或倒卵形的花较大；叶小而薄、狭长形的，多数为小形花。

要选择重瓣品种，一般花瓣要有30片以上。一株优秀的月季，一般以花瓣在50片左右为好。花瓣过少，开花后易露出花蕊，影响观赏价值；花瓣过多，若养分跟不上，往往不能完全开放。

另外，花瓣的质地均匀、坚韧与否会直接影响月季开花的持久性。一般来说，花瓣厚的蜡质多，紧密而有韧性，抗热耐晒，开花持久；花瓣薄的蜡质较少，质地疏松柔软，开花时如遇到不良气候条件易萎凋。

从枝叶和叶片的颜色上可以判断出花的颜色。一般枝叶颜色呈棕红色的，花大，而且花色为红、深红或紫红色；枝干浅红色的，一般开花为淡红、粉红、雪青等色。

月季因品种的不同香味也有所差异，有的花香浓郁，有的清新淡雅，有的持久悠远，可根据个人喜好挑选自己喜爱的品种。

选购盆橘的技巧

上好的盆橘花多果多，观赏价值也高。那么，我们应该如何选购盆橘呢？

（1）检查挂果情况。如果要购买的盆橘已经挂果，可以通过观察果实的色泽、大小、多少、丰满与否等因素，来判断盆橘品种的优劣。例如，果实色泽鲜亮，呈鲜红或橙黄色，用手触捏果实，有胀实感，且皮不软、不皱、皮肉不分离的，品质要好很多。

（2）选择年龄小的盆橘。年龄小的盆橘生命力旺盛，长势强，有利于再培植、再挂果。这可以从主干以及分枝的颜色判断出来。枝条的年龄从小到大，皮层的颜色从绿、青、灰白间绿、灰白间灰黑、黑褐色。

（3）选择嫁接苗。嫁接苗比实生苗生长快，挂果多，不会变种。其中单芽切接的盆橘比靠接的盆橘生长势强，挂果率高。在选择的时候，注意用单芽切接的愈合组织呈瘤状，用靠接繁殖的盆橘，靠接处形成的愈合组织呈长条形，愈合线斜跨树干，且愈合线上下皮色一样。

（4）观察叶片的优劣。如果叶片从下到上、由外到内均为青绿色，并富有光泽，看起来厚实健壮，则可视为优质品种。而叶片萎蔫、残缺卷缩，甚至叶片上还有细小灰白点，这些是遭受虫害的现象；叶片中脉呈黄色，说明根系已受伤或腐烂，不能购买。另外，要选择树冠枝条匀称的，枝条充实坚硬的。如树冠枝条有的部位拥挤，有的部位空陷，且枝条低垂、零乱的，均属于劣质品种。

好花需用好盆栽——选择花盆

花盆的种类很多，在选择使用上也有一些讲究。花盆的基本状况对花卉的生长影响很大，依据花卉根系的大小和花卉本身对土壤的要求，选择合适的花盆很有必要。简单地说，理想的花盆应具有如下特性：质料轻，搬运方便；经久耐用，不易破碎；色彩、式样、厚薄、大小能适用花卉生长和观赏的需要，且要价格低廉。

目前使用的花盆按制作材料的不同，可分为瓦盆、紫砂盆、塑料盆、瓷盆、木桶盆、水养盆、纸盆。下面我们就一一做简单的介绍：

瓦盆通常由黏土烧制而成，是生活中最为常见的一种花盆，通常有红盆及灰盆两种色彩。瓦盆养花有很多优点，不仅价格便宜实用，而且因盆壁上有许多微细孔隙，透气渗水性能都很好，这对盆土中肥料的分解，根系的呼吸和生长都有好处。缺点是质地粗糙，色彩单调，搬运不便，容易破碎。瓦盆通常为圆形，大小规格不一，一般最常用的盆其口径与盆高大约相等，栽培种类不同，其要求最适宜的深度也不同，一般球根盆、杜鹃盆较浅，在种植君子兰类的植物时候要用较深的盆。而在播种或者移植的时候要选择较浅的盆。

紫砂陶盆或彩画瓷盆具有色彩、造型精致美观，透气性能强等优点，非常适宜种植花卉。尤其是在栽培观赏类花卉的时候，能大大提高花卉的观赏效果。紫砂盆的种类规格很多，有方形、圆形、矩形、椭圆形、多边形、盘形、船形和签筒形等。最大口径达30厘米，最小只有3厘米，浅的不足3.3厘米，深的超过33厘米。盆底下有脚，便于排水，还增添了盆体的空间感。盆壁上有各种图案、绘画和书法。盆色丰富，有米黄、赭红、灰紫等，每种颜色又有多种深浅不同的颜色。由于价格昂贵，且笨重易碎，所以除栽名贵的花卉和树桩盆景外，一般情况下多不采用。

塑料盆质料轻巧，使用方便，又比较结实，不易碎，色彩丰富，但不透气渗水，所以应注意培养土的物理性状，使之疏松透气，以克服此缺点。塑料盆最适宜栽种耐水湿的花卉，如马蹄莲、旱伞草、龟背竹、广东万年青等，或较喜湿的花卉，如吊兰、紫鸭跖草、吉祥草、秋海棠等。

瓷质花盆外壁涂有色釉，有的色彩繁华（彩绘彩塑），有的朴素（如白底蓝花瓷盆）。不透气渗水，不易掌握盆土干湿情况，尤其在冬季休眠期，常因浇水过多而使花木烂根死亡。因此，不适于栽植花卉，一般多作厅堂、会客室花卉陈设的套盆用，也可以用作盆景用盆，但效果不如紫砂盆好。

木桶盆用来栽种大型花木，它比大缸轻便，又不易破碎，不过家庭用的不多。

水养盆专用于水生花卉盆栽之用，盆底无排水孔，盆面阔大而较浅。球根水养用盆多为陶制或瓷制的浅盆，如我国常用的"水仙盆"。某些花卉亦可采用特制的瓶子专供水养之用。

最后要说的是纸盆，人们对纸盆的认知度较低。其实，纸盆是经人工糊制而成的，仅供培养幼苗用，特别用于不耐移植的花卉种类，如香豌豆、虞美人等在露地定植前，先在室内纸盆中育苗，然后带土坯栽植。

了解了各种花盆的特点，下面我们再来看看花盆选择的具体原则有哪些：有的人认为，栽植花卉的花盆越大越好。这似乎颇有道理，花盆大，放入的培养土也多，既能为花卉提供更多的养分，又可为花卉的根系生长提供更大的空间。其实，这种想法是错误的。

首先，会降低观赏价值。

盆栽花卉是用以观赏的，如果用盆过大，花盆与花卉植株之间的比例就会显得不协调。

其次，会影响花卉生长。

花盆过大，对花卉的生长也不利。可以做这样一个试验，把一盆花卉的叶片摘去大半，然后浇足水，可以看到即使在高温的气候条件下，盆土也会在较长的时间里保持比较潮湿的状态；而没有摘叶片的花卉，在浇足水后不久便会变干。这说明盆土由湿变干，主要是叶面水分蒸腾的结果。

由此可见，用大花盆种植小花卉，花卉小，叶面积小，水分蒸腾量也少；而花盆大，浇水量就大，盆土就会经常保持比较潮湿的状态，必然影响花卉根系的呼吸与吸收，从而引起花卉的生长不良，甚至烂根死亡。

不过，种植花卉的花盆也不宜过小，不然头重脚轻，不但影响观赏，而且营养面积过小，不能为花卉提供生长发育所必需的水肥条件，同样也不利于根系的发育和枝叶的生长。所以，选择花盆的大小要与花卉植株的大小相般配。花盆的直径一般应略小于花卉植株树冠的直径。

家庭养花常用工具与设施

家庭养花需配备一些必要的器具和设备，以利各项工作的顺利开展。有的养花器具和设备本身就具有一定的艺术性和趣味性，因而既具有实用价值，又具有一定的观赏、经济和文物价值，如一些高档的紫砂或陶瓷花盆或花瓶、陈设用的各种红木几架就具有这方面的特点。此外，有些花剪、水壶等，无论在造型或是色彩方面也多具有较高的艺术性，令人爱不释手。

养花常用工具

1. 筛子

筛子的作用是筛去培养土中的石块或微尘。筛子大小根据需要而定，也可用塑料淘箩代替。

2. 耙子

耙子是用来扒松盆土板结的，也可用西餐用叉替代耙子。

3. 剪刀

剪粗干宜用果树修剪用的弹簧剪，剪除细枝、花叶、根须可以用家用剪刀替代。剪刀也可松土除草。

4. 嫁接刀

嫁接刀就是用于花木嫁接的专用刀，家庭也可用小刀替代。

5. 毛笔和刷子

用来刷除叶上盆边的尘土和蛛丝，也可涂药去除害虫，以及清洗枝叶之用。此外，毛笔还可用于花卉的人工授粉。

6. 喷雾器

喷雾器可用来给花卉喷水雾或喷药液，可到市场购买小型养花专用的，也可用塑料空瓶，将瓶盖钻几个小孔代用。

7. 小勺

根部浇水和施肥用，可以用旧饭勺或自制，自制可用塑料瓶或易拉罐敞口，装上手柄即可。

8. 铲子

用于换盆铲土，也可挖去树桩用。可到市场购买小型的专用花铲，也可用其他铲子代替，以铲口尖头为好。

9. 竹签

换盆时用竹签剔除根土，上盆时用竹签填实根际的土粒，用竹筷代替也可以。

养花常用设施

1. 木箱

木箱用以安放培养土，作培养、扦插花苗用。当然，用塑料箱或塑料盘也可以。

2. 塑料网纱

用以垫盖盆底水孔，上放瓦片，使排水更加畅通，并可防止虫蚁侵入，如用浅盆可不放瓦片，而多填泥土。

3. 花架的制作

家庭养花超过一定数量后，为了节省花盆的占地面积，可以制作花架，这样盆花的布置就合理得多，管理也方便得多。简易花架就是在地面上用砖砌一砖宽的阶梯，每层放一块厚木板就行了。花架一般有三四层，可以按花木的特性进行摆放，喜阳的放在阳面，喜阴的放在阴面。

4. 荫棚制作

荫棚是用来防止太阳暴晒的设备，高度一般为2～2.5米，顶部和东西两侧用草帘、竹帘或苇帘进行遮挡，待秋凉后逐渐减少帘子直至最后全部拆除。住楼房的人一般在阳台上养花，在赤热炎炎的夏天，可用箩筐或木箱盛土种植一些如葡萄、爬山虎类的藤蔓植物，利用植物生成的天然树荫来遮阴，同时也进行了立体美化。还可以挂布帘、竹帘等进行遮阴。

5. 保温窗帘

花卉一般都放在窗口，以接受更多的光照，但在寒冷的冬天，夜间气温下降，这些花卉所受的寒冷很严重，所以要制作保温窗帘来进行防护。制作方法为：用7层左右旧报纸缝成比窗子略大的窗帘，傍晚时挂到窗子外面，盖住窗子，可以起到较好的保温作用。

第二节 上盆、换盆、松盆

花卉上盆的技巧

上盆就是第一次把花苗移栽到花盆里的操作，下面介绍一下上盆的步骤和技巧。

选盆

上盆前要根据植株的大小和生长的快慢选择大小适当的花盆。如用旧盆要洗刷干净，然后消毒杀菌晒干再用；如用新瓦盆应浸泡1～2天再用，以除去燥性和碱性。

垫排水孔，做排水层

花盆排气孔是用来排水通气的，上盆前用2片小瓦片呈"人"字形置于排气孔上，即用一块盖住排气孔的一半，另一块的一半搁在第一块小瓦片上，这样可以防止土壤堵塞。对于怕涝的花卉，应在盆底垫1～4厘米厚的碎瓦片或粗沙粒、煤渣等，以增加透气、排水性，防止烂根。

填培养土，取苗栽植

填土时要分2次填满，先在排水层上填一层底土，其厚度根据盆的深浅和植株大小而定。一般上盆时填土到植株原栽植深度。茎秆和根须健壮的可以深栽，茎和根是肉质的不可过深。盆的上部要留有水口，水口的深浅，以平常一次浇满水能渗透到盆底为准。

裸根花苗上盆时应把底土在盆心堆成小丘，一只手把花苗放正扶正，根须均匀舒开，另一只手填土，一边填土一边把花苗轻轻上提，使根须呈45°下伸。根须较长的花卉，在上盆时，可旋转花苗使长根在盆中均匀盘曲。任何花卉上盆后，一定要把土坐实，不要使盆土下空上实或有空洞。采用手按的方法压实，容易伤根。

浇水与护理

把花盆放在温暖而有遮阳的地方，浇1次透水。判断方法就是盆底流水孔有水分渗出。缓苗数日后，逐渐见光，进行正常管理。7天左右后，再依花苗习性，移至阳光充足处或荫棚下，转入正常养护。

上盆时机的选择

草本花卉的上盆时间大多无严格要求，如一二年生花卉除冬季不做上盆外，其他季节均可随时进行上盆。但上盆的最佳期还是以气温不太高的春季或秋季为宜。

夏季高温期上盆，要避开炎热的中午，而在傍晚进行较好。冬季严寒期不宜做露地栽培花卉的上盆，但在温室中则也可进行上盆。

一些珍贵或稀有的球、宿根花卉，如兰花、朱顶红、仙客来、菊花等，对一般不具备温室条件的家庭养花者来说，还是以春季的3～4月或秋季的9～10月进行上盆为宜。

木本花卉的上盆时间和草本名花基本相同，但山茶、杜鹃的上盆也可在6～7月的梅雨季节操作。

花卉换盆的养护

换盆是指将盆栽的植物换至另一盆中栽培。换盆是种好盆栽花卉的重要措施之一，很多花卉爱好者往往忽视这一点，认为换盆没有必要，只要加强施肥即可，其实不然，以下是需要换盆的几种情况：

第一，花木长大，根须发达，原种植的花盆已不能适应花木生长发育的需要，必须换入较大的盆中。

第二，花木生长过程中，根系不断吸取土壤中的

大量根须伸出花盆底部（如左图）说明必须将植物移植到更大的花盆中。同样，大量根须沿着花盆内壁生长（如右图）也必须将植物移植到更大的花盆中。

养分，加之经常浇水。盆土中有机肥料逐渐渗漏减少，导致盆土板结，渗透性变差，不利于花木继续生长发育，需要更换培养土。

第三，由于花木根部患病，或有害虫需立即移植换盆。如果温室条件合适，加上管理得当，一年四季都可以换盆，但在开花时或花朵形成时则不能换盆，否则影响花期。

换盆时，将花从盆中托出，用竹片把根部周围的旧土刮除约1/3～1/2，并将近盆边的老根、枯根、卷曲根及生长不良的根用剪刀作适当修剪。萌蘖多的花卉换盆时可以结合进行分株，经过处理后，改用较大的盆，按上盆操作程序种植。如果仍利用原来的花盆，要更换新土，增加养分。

如果遇盆花不宜换盆时，可将盆面原层旧土掘去换以新土，同样也能达到换盆的效果。

换盆后，水要浇足，使花木的根与土壤密接，以后则不宜过多浇水，因换盆后多数根系受伤，吸水量明显减少，特别是根部修剪过的植株，浇水过多，易使根部伤处腐烂。新根长出后，可逐渐增加浇水量。

换盆后，为了减少叶面蒸腾作用，可将盆先置于阴凉处数日，以后逐渐见光，适应后再置于阳光充足的地方。

换盆时机的选择

换盆的时间，宜在春天花卉萌芽前或生长缓慢期及秋季进行。五针松的抗寒性强，换盆可适当早些；但不耐寒的花卉通常要待稍暖的清明后进行。

换盆的用盆应视花卉种类和大小而定，如五针松、榔榆、蜡梅、罗汉松等树桩盆景的形态与大小已基本固定，换盆时可用原盆种植；有的花卉经过一个时期的生长，花卉的蓬径加大，换盆时要换上大些的盆，使植株与盆的大小相般配。

有些花卉生长至一定年限时，生长会变得衰弱，如珊瑚花的老株虽经换盆与强剪，仍可发枝开花，但长势与开花变劣，应进行扦插更新；又如仙客来3年以上老球的活力开始变差，抗病力减弱，球茎容易得病腐烂，要及时清理。

花卉换盆次数应根据花卉的种类、花卉的生长发育状况和植株的大小与盆的比例相称情况等因素来决定。

一二年生的花卉一般生长迅速，开花前需要换盆2～4次，当花卉长到一定程度，

家庭养花 实用宝典

原盆已不能适应它生长时就换入大一号的盆中；宿根花卉一般每年换盆1次；木本花卉和一些生长较缓慢的多年生草花，可每隔1~2年换盆1次。

松盆的具体方法

松盆是养花不可缺少的一个步骤。顾名思义，松盆就是给花盆松土。松盆的好处主要有两点：

首先，松土可以改变盆土的物理结构，为根系创造良好的通气条件，松1次土可以少浇1~2次水。因为盆内的空间有限，根系只能密集地盘在花盆内，无法自由延伸；加上长期浇水和施肥，往往令盆土表面板结，这将影响根系呼吸，降低吸收能力，妨碍土内有机肥料分解，从而阻碍植株的生长。而松盆正可以避免这种情况。

其次，松盆有利于肥液向下渗透，防止肥液暴露在盆土表面而氧化失效，所以每次追肥前都要松盆。

花卉松盆的步骤：

第一，先用竹签沿着盆沿把土挑松，挑的过程中要不断转变方向，以免伤害花卉根系。

第二，一只手握住花盆，另一只手不断地拍打花盆壁，均匀地拍打数圈，使花盆中的土壤变松散，然后用钉耙疏松表层土壤。

第三，用一次性筷子插入盆土中，顶到盆底的排水孔，把盆土顶松后，多次浇水，每次浇水不要多，等到盆土稍微干燥后，再用竹签或小钉耙梳松盆土。

第三节 花卉培养土的配制

选择适当的原料土

俗话说，好花需用好土养，配制培养土的原料有很多。家庭养花常见的原料土主要有以下几种：

1. 壤土

壤土是指由沙土、黏土和一些有机物质构成的养花用土。壤土有较强的保水性和保肥性。如果长期单独使用这种土容易板结，透气性和透水性变差，不利于植物生长。所以最好配合其他材料使用。和其他材料调配时，常为1：3的比例。这种土壤里面含有很多菌，使用前要高温消毒。

2. 腐叶土

由阔叶树和针叶树的树叶腐化而成的即为腐叶土，这类土壤具有丰富的有机质，透气性、保水性和排水性都很好，且重量轻，是一种非常理想的养花用土。另外，阔叶树的腐叶比针叶树的腐叶质量要好。但是，因为腐叶中含菌，所以在使用前一定要消毒。在家庭养花时，腐叶土一般按1：2或1：3的比例和其他基质混合配制。

3. 泥炭土

泥炭是一种非常难得的养花用土，又叫草炭、黑土。泥炭土是指由苔藓等植物经过几千年的堆积而成的土壤。泥炭土是育苗和盆栽花卉主要栽培机质。因为有历史年代的沉积，所以这种土质量上乘。泥炭土呈强酸性，土壤疏松透气，吸水和保水性都不错，而且重量轻，养分不多。可以单独使用，但要加入些石灰，以便中和其酸性，也可以和珍珠岩等调配使用。

4. 肥土

肥土是指用动物粪便经发酵、腐熟，经脱水而成的土壤，多为牛、猪的粪便。肥土营养丰富，可以改良土壤，最适合喜肥速生的盆花。

5. 苔藓

苔藓又称泥炭藓，质地疏松，有极强的吸水性，是观叶植物、兰科植物、凤梨科等植物的上好培养基质。

6. 堆肥土

堆肥土是优良的盆栽用土，质量稍次于腐叶土。堆肥土又称腐殖土，由植物的腐败枝叶组成。

7. 沙子

养花用的沙子，仅包括河沙和山沙，不同于我们平常所说的沙子。河沙与山沙透气性和透水性好，但肥力很小。如果单独使用多用于仙人掌类植物使用。一般沙做培养土，和其他土壤的调配比例是1∶3或1∶5。

8. 园土

园土是指菜园、果园等处经过多年种植的熟土。这是普通的栽培土，因经常施肥耕作，肥力较高，团粒结构好，是配制培养土的原料之一。缺点是干时表层易板结，湿时通气透水性差，也不能单独使用。

蛭石

泥炭藓

保水晶体

缓释肥料

颗粒状肥料

适用于仙人掌科植物的盆栽土

适用于欧石南属植物的盆栽土

堆肥土

泥炭土

用椰子壳作基质的盆栽土

家庭养花常用原料土

适用于兰科植物的盆栽土

9. 细沙土

细沙土又称沙土、黄沙土、面沙等。细沙土的排水性很好、有很强肥力、价格低，是非常好的培养土配制材料。

10. 红土

红土的保水性强，通气和排水性一般，呈酸性，使用时可以混合其他沙或腐叶土。

11. 蕨根

蕨根的耐腐性强，呈酸性，有很好的透水性和透气性，是热带附生类喜阴观叶花卉的常用基质。

12. 砻糠灰

砻糠灰是稻子用砻具轧脱下来的谷壳，经过燃烧后剩下的炭灰，有一定的肥力，可改善土壤的结构，增加土壤的疏松度，提高土壤的排水性和透气性。

13. 火山灰

火山喷发时形成的岩石破碎后形成的土，质地疏松。

14. 蛭石

质轻、疏松，有良好的吸水性和保水性，有保肥性。它是一种天然、无毒、无菌的矿物质，在高温作用下会膨胀。

15. 陶粒

陶粒的吸水性、透水性和保肥性都非常好，没有粉尘污染，浸泡后不会解体或板结，可以单独使用。

16. 木炭

木炭的透气性和透水性都很好。木炭是木材或木质原料经过不完全燃烧，或者在隔绝空气的条件下热解，所残留的深褐色或黑色多孔固体燃料经过粉碎处理取得。

17. 树皮

树皮被粉碎成小块状，呈酸性，透水性和排水性好，不易腐烂，栽植洋兰和附生凤梨属植物时适合选用树皮。

18. 珍珠岩

珍珠岩是一种火山喷发的酸性熔岩，经急剧冷却而成的玻璃质岩石，有很多小孔，有良好的保水透气性。

培养土消毒

配制好的培养土对花卉生长有益。但培养土的土壤中常带有病菌孢子、害虫卵及杂草种子等，因此配制好的培养土原则上需要进行消毒以达到消灭病菌、害虫的目的。但各种花卉对栽培用培养土的消毒要求不同。

大部分花卉对土壤病菌的抗性较强，一般不需消毒。但播种用土、移栽幼苗用土以及栽种易感染土壤病害的花卉品种的土壤一定要消毒。

培养土的消毒方法有很多，可以利用灭生性消毒剂甲醛等熏蒸，也可利用多数微生物在80℃高温时经10分钟即可死亡的原理进行高温消毒。因家庭盆栽培养土数量较少，消毒操作较容易。

人们常用的消毒方法有以下几种：

日光消毒法

这是一种无须任何成本投入的消毒法。具体做法是：将配制好的培养土放在清洁的水泥地或木板上薄薄地摊开，暴晒2～3天。如在夏季暴晒可以杀死大量病菌孢子、害虫卵和菌丝、线虫。此消毒方法简单易行，但有时效果不明显。

加热消毒法

把配制好的培养土放在适当的容器里，隔水蒸煮30分钟即可，也可将配制好的培养土放入铁锅里，在80℃～100℃温度下翻炒10～15分钟左右，但要注意加热时间不宜太长，否则会杀灭能够分解肥料的有益微生物，妨碍花卉的正常生长。

药剂消毒法

常用福尔马林或高锰酸钾进行消毒，可在每立方米培养土中均匀地撒上福尔马林400～500毫升加水50倍的稀释液，然后把土堆积在一起，上盖塑料薄膜，密闭1～2天后去掉覆盖物并把培养土摊开，待福尔马林气体完全挥发后便可。

微波炉消毒法

将培养土用塑料袋装好，将袋口封住后开几个小口，根据培养土量的多少加热5～10分钟即可（加热时间应根据各微波炉不同的火力档），加热后闷5～10分钟，然后打开口袋散热，待培养土冷却后即可使用。

烘箱烘烤消毒法

将配制好的培养土薄铺于托盘上放于烘箱中，烘烤20～30分钟，取出凉透后即可使用，但是有一点需要注意：烘箱烘烤的土壤可能会失水，在使用前应先将土壤稍稍拌湿，否则会因土壤呈粉尘状，栽好花后浇不进去水。

花卉营养液的配制和使用

花卉营养液有很多种配置方法，一般养花营养液配置方法如下：

每升水中加入：硝酸钾0.7克、硝酸钙0.7克、过磷酸钙0.8克、硫酸镁0.28克、硫酸铁0.12克、硼酸0.6毫克、硫酸锰0.6毫克、硫酸锌0.6毫克、硫酸铜0.6毫克、钼酸铵0.6毫克。

按照这个比例配置出的营养液的酸碱度pH值为5.5～6.5。

配制时最好先用少量温水把配方中所列的无机盐分别溶化，然后再按配方中所列的顺序逐一倒入所定容量75%的容器中，边倒入边搅动，最后把容器中的水加到全量，即1升。这样营养液就配制完成了。

在配制营养液时，可以根据不同花卉的不同要求，对各种元素的种类及用量给予适当的增减。

第四节 如何浇水、施肥

给花浇水的基本技巧

花谚说："活不活在于水，长不长在于肥。"由此可见，水对花卉的重要性。

浇花是一个让初级养花者很头疼的问题，往往掌握不好火候。对于浇水的多少，没有一个确切的标准，只能把握大原则，再根据实际情况稍作调整。

虽然浇花是最普通的一项工作，但也是造成花卉死亡的最主要原因。浇水的多少、浇水的时间要根据很多因素来具体确定。

浇水技巧一：一般情况下采用喷浇的方式。因为喷水能降低花卉周围的气温，增加环境湿度，减少植物蒸腾作用，还能冲洗叶面灰尘，提高光合作用。经常喷浇的花卉，枝叶洁净，能提高观赏价值，但盛开的花朵及茸毛较多的花卉不宜喷浇。

浇水技巧二：灵活的浇水原则。喜湿的花卉，放置的位置不同，需水量也会有差异。如果放置在阴凉的地方，可能1天浇1次水即可。否则，过分潮湿的土壤环境会使花卉的根系无法呼吸，继而出现烂根甚至导致花卉死亡。

所以，家庭养花浇水要区别对待，要根据花卉的习性，结合周围的环境，来确定浇水量以及浇水时间等，不能要浇一起浇，要干一起干，这样做只会伤害花卉。

掌握浇水的基本原则

花和人一样都离不开水分的滋润。但是给盆花浇水要根据花卉的生长习性按需供给，做到科学浇水。

对于一般盆栽花卉来说，要掌握"见湿、见干"的原则，如月季、扶桑、石榴、茉莉、米兰、君子兰、鹤望兰、吊兰、棕竹、五针松、观赏竹、秋海棠等。这个原则既满足了这类花卉生长发育所需要的水分，又保证了根部呼吸作用所需要的氧气，有利于花卉健壮生长。

所谓"见干"，是指浇过一次水之后，只要土面发白，表层土壤干了，就可以浇第二次水，但不能等盆土全部干了才浇水。所谓"见湿"，是指每次浇水时都要浇透，即浇到盆底排水孔有水渗出为止，但不能浇"半截水"（即上湿下干）。因为花卉的根系大多集中于盆底，浇"半截水"使根的尖端吸不到水分，从而影响花卉生长。

木本花卉和半耐旱花卉对水分供给的要求更为严格。比较常见的花卉品种有蜡梅、梅花、绣球、大丽菊、天竺葵等，还包括部分的杉科植物。

掌握干湿分寸的目的是使两次浇水之间有个间隔时间，使土壤中有充足的氧气供根部呼吸。对于耐旱花卉，浇水应掌握"宁干勿湿"的原则，如仙人球、仙人掌、山影拳、虎尾兰、龙舌兰、石莲花、珍珠掌、景天、燕子掌、芦荟、条纹十二卷、佛手掌、水晶掌、落地生根、长寿花、小犀角、玉米石、生石花、松叶菊等仙人掌类及多肉植物。

这类植物有的叶子退化成刺状，有的茎叶肥大能贮存大量水分，因而能忍耐干旱，但怕涝。

对于湿生花卉，浇水应掌握"宁湿勿干"的原则，如蜈蚣草、虎耳草、吉祥草、马蹄莲、海芋、龟背竹、旱伞草等。这类花卉极不耐旱，在潮湿的条件下生长良好，若水分供应不足，则生长衰弱，但不能积水，否则易引起烂根。

此外，水生花卉如荷花、睡莲、凤眼莲等，这类花卉需要生活在水中。

哪些水适合浇花

生活中，淘过米的水和喝剩下的茶水，扔了觉得可惜，于是很多人就用来浇花，认为淘米水、剩茶水可以为花卉注入营养。其实这些水并不适合浇花。

淘米水虽然含有养分，但只有经过发酵腐熟后才能被植物吸收，不然，当它渗入土中在土壤中发酵后产生很多热量，可能会灼伤植株的根系。同时，发酵以后还会产生难闻的臭气，容易招引害虫，既有害于植株，又污染了环境。

那么用磁化水浇花好不好呢？

现在有不少人用磁化水来浇灌花卉，如绿萝、巴西木、袖珍椰子、加拿利海枣、君子兰、杜鹃、山茶、兰花、五针松等。这种做法是合理的。因为大量事实证明，磁化水应用于作物浸种、育秧、灌溉等方面，对作物的生长具有明显的促进作用，当然对于花卉的生长也同样有着积极的作用。

用磁化器制取的磁化水浇花，花卉叶色浓绿，茎粗壮，根系发达，抗寒性及抗病虫害能力也随之增强。

磁化水可以提高生物活性，加速培养土中有机物分解成无机盐类，在磁场的作用下，水中的矿物质也能够游离出来供花木吸收利用，使得土壤中固有肥力得到充分发挥，微生物和养料大大增加，从而达到促进花卉生长、延长花期的目的。

家庭养花如何制作磁化水呢？先把一块马蹄形或"v"形磁铁块用铜线在磁铁周围缠绕十几圈后，直接放在盛有清水的木质或塑料桶内一昼夜，就能使水质磁化。

如何挽救萎蔫的花卉

花卉为什么会出现萎蔫？很多花卉由于盆内蓄水较少，如果忘记浇水常易产生脱水现象，引起叶片萎蔫，如不及时挽救，便会导致植株枯萎。当然若挽救不得法，也会造成植株死亡。

叶片萎蔫分为旱蔫、涝蔫、热蔫、冷蔫，根据不同的状况，需要采取不同的挽救方法。

如果因天旱或漏浇水导致盆土过干、植株脱水、叶片凋萎、枝梢下垂时，此时切不可浇灌，否则会引起叶子脱落，必须将其搬到阴凉处或室内，先向植株喷水，防止叶片水分继续蒸发，然后向盆内浇少量水，待叶片挺直再向盆土浇水。

由于盆内积水过多，盆土中的空气全部被水排挤出来，造成植株严重缺氧，使根系无法正常呼吸，须根和根毛很快就会枯萎死亡最终失去吸水能力，就会发生涝害。这时应立即控水、松土，放背阴处作缓苗处理。

如果涝害较严重，应及时把根团从花盆中抠出来，不要把土团弄散，放在阴凉通风的地方，让土团中的水分尽快蒸发掉。待2~3天后侧根长出新的须根和根毛时，再重新栽入花盆。

遇到热蔫，应马上放到背阴、湿润、通风凉爽的地方。冷蔫分2种情况：其一，短时间冷蔫，对花卉影响不大，只要防寒保温即可；其二，长时间冷蔫，不要急于放入温室内，否则经历温度巨变会引起冻伤。

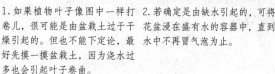

1.如果植物叶子像图中一样打卷儿，很可能是由盆栽土过于干燥引起的。但也不能下定论，最好先摸一摸盆栽土，因为浇水过多也会引起叶子卷曲。

2.若确定是由缺水引起的，可将花盆浸在盛有水的容器中，直到水中不再冒气泡为止。

一年四季如何给花浇水

在四季分明的地区，我们要想把花养好，就必须要了解不同季节浇花的方法与宜忌：

春季到来，气温逐渐回暖，万物复苏，但温度仍然会忽高忽低。所以，我们应根据气温的变化，灵活掌握浇水量。草本花卉保持土壤湿润，但不能积水，否则根部出现褐化、腐烂。木本花

3.几小时后植物才能恢复正常。经常给植物喷水雾能加速枯萎植物复原。

4.植物恢复正常后，从水盆中取出，在阴凉处至少放置一天。

干枯植物的急救

卉必须在两次浇水中间有一段稍干燥的时间。杜鹃、山茶花、春兰、大花蕙兰等用无钙质水浇灌为好。一般而言，草本花卉每周浇水1~2次，木本花卉7~10天浇水1次。

夏季气温高，花卉对水分的需求也大大增加，要防止叶片缺水而枯萎。草本花卉如凤仙花、矮牵牛等，每1~2天浇水1次，高温时每天浇水1~2次。多年生宿根花卉如萱草、火炬花、非洲菊等，每周浇水2~3次。球根花卉如大花美人蕉、石蒜等，高温时每周浇水1~2次。水生花卉如荷花、睡莲等不能脱水。

诸如扶桑、八仙花、茉莉、石榴、三角花和变叶木等木本花卉，如发现2~3厘米深的盆土已出现干燥，则立即浇水。平时要保持土壤湿润，隔半月将盆钵浸泡水中，浸透后取出，保证盆土湿度均匀。观叶植物如花叶芋、吊兰、苏铁、常春藤等，除土壤保持湿润之外，炎热天气早晚向叶面喷水，保证叶片清新、挺拔。

在秋天，气温下降，昼夜温差逐渐变大，雨水明显减少，天晴日数增多。在初秋时节，气温有时仍比较高，对天竺葵、万寿菊、百日草和菊花等一般草本花卉来说，茎叶水分蒸发量较大，需要及时补充水分，以防叶片凋萎，影响生长和开花。秋海棠、石斛、大花蕙兰、蝴蝶兰、鹤望兰等，盆土要保持湿润，并向叶面喷水或喷雾，保持较高的空气湿度。例如倒挂金钟、龙船花和桂花等，要保持土壤湿润。虎刺梅可稍干燥一些。

到了冬季，室内温度不断下降，而且变化明显。在北方，室温可降到0℃以下，长江流域地区也在5℃左右。在没有加温设施的条件下，大多数冬季花卉基本上停止生长，但盆栽土壤不能完全干燥。所以，冬季浇水必须视室温的变化来调节。

北方有暖气的室内，一般都在15℃~20℃，必须保持盆土湿润，但不能积水。室内环境干燥的，可以向叶面喷水，增加空气湿度，有益于延长冬季开花植物的欣赏期。长江流域地区，冬季室内温度常受空调加温影响，往往高低不稳定。因此，严格控制浇水，对冬季花卉的养护特别重要。一般浇水不宜过多，浇水间隙的时间要视室温变化而定，不能强调一致。最好在晴天浇水，水的温度要接近室内温度。

老花匠的浇花经验

老花匠们的养花经验是经过多年实践总结出来的智慧，对新手有极高的指导价值。以下就是老花匠们总结出来的花卉浇水经验，在给花卉浇水的时候，养花新手们可以借鉴一下：

看盆浇水

说得简单一点，看盆浇水就是根据花盆的外观与盆土的情况来决定浇水的时间和浇水的次数。看盆浇水，要注意以下几点：

1. 看花盆的大小尺寸决定大致的浇水量

小盆容土量有限，贮水量较少，与周围空间接触的表面积较大，所以，小盆总比大盆失水多、干得快。如果把相同大小的花卉栽在大小不同的盆中，则大盆浇水次数应少些，但每次浇水量应多一些。

2. 看花盆的质地掌控浇水量的大小

泥瓦盆比较粗糙，盆壁因有许多细微的孔隙，具有很强的渗水透气性能。而陶盆、瓷盆和塑料盆，则质地细腻，渗水透气性差。所以，同样大小的盆，粗糙的花盆浇水次数及浇水量要多些，陶盆和瓷盆则不能浇水太多太勤，如果使用的是旧瓦盆就应减少浇水。

3. 看盆土质地及渗透速率来掌握水量

沙质的土壤质地粗，渗水快，持水力弱，容易干，应适当增加浇水次数；黏重的土壤要适当减少浇水次数，但浇水要量酌情增加。

4. 看盆土的颜色变化来浇水

假如你发现盆土开始发白、重量轻、坚硬，那么就是应该浇水了，而且浇水量要适当大一些。

学习把握一天内最佳的浇水时间

在庭院中种植的大型花卉，最佳的浇水时间是日出前和日落后，因为此时的水温和土温比较接近，可有效防止因浇水使土温骤然下降而伤害到根系。

在室内养的盆花，早春浇水在午前进行即可。夏季浇水宜在早晨和傍晚进行，即上午8点以前，下午5点以后，切忌在中午浇水，这是因为夏季中午盆土温度可高达40℃，这时浇水会产生大量热气，对盆花生长极为不利。

在秋天，上午10点左右和下午4点以后是浇花的适宜时间，让水温与土温相差在5℃左右为好；冬季应在中午气温较高时浇水，即午后1~2时，可避免冷上加冷。否则，盆土突然降温，根毛受到低温的刺激，会收缩，影响花卉吸收水分，反而伤害花卉。

不过对这些经验，我们也要灵活把握，不可死搬硬套，特别是在炎热无雨的夏季，花盆的容土量又少，清晨浇灌的盆花到了午后可能就会变干而造成叶片凋萎，这时就不能等到日落后再浇，否则就会脱叶。

老花匠们的另一个浇花经验就是用温水浇花。

用温水浇花有哪些好处呢？使用温水浇花能够降低浇水对花卉的刺激，非常有利于花卉的生长和发育，尤其是一些名贵、难养的花卉，如杜鹃花、君子兰等，许多人常常会忽略这一点。

30℃左右的温水浇花效果最好，但要注意的是，在冬季花木休眠期，只能用接近室温的温水浇灌，温度过高会使植株萌发；在夏季高温时，不能用高于气温的温水浇灌。

用温水浇花的另一大好处是：提高花盆土壤的温度，加速盆土里有机物的分解，促进根部细胞的吸收，增强根部的输送能力，保证供给枝、叶充足的养分，促进花卉早发芽、早孕蕾、早开花。

早春播种或盆栽育苗用温水喷灌也能促使早出苗。因为植株上部的叶、茎的平均温度总是高于根部的温度，而叶、茎经过光合作用、呼吸作用、蒸腾作用后，细胞活跃起来，需要根部供给充足且与叶面温度相近的水分，进而促使花卉生长、开花、结果。

肥料的选择与施用

肥料是花卉生长所需元素的提供者，是保证花卉枝繁叶茂的物质基础。施肥的目的就是补充土壤中肥分的不足，以便及时满足花卉生长发育过程中对营养的需要。施肥合理，养分供应及时，花卉就会生长健壮，枝繁叶茂，花多果硕，观赏价值增高。反之，长期不施肥或施肥不科学，花卉就会生长不良，缺少营养，该开花的时候不开花，该结果的时候不结果，降低或丧失观赏价值，影响花农的经济收益。

想要自己养植的花卉苗壮成长就要懂得用肥之道。这是养花经验之谈。由于花卉为观赏植物，因此需要了解花卉的营养特性，有针对性地施肥，才能培养出优质的花卉，满足人们美化环境的需要。

现在市面上的花卉肥料很多种类，应该怎样选择适合自己花卉的肥料成为诸多养花爱好者关心的问题。首先我们先要来了解一些花卉的肥料。

肥料可分为有机肥料、无机肥料（化学肥料）和微生物肥料等种类。

有机肥料又称农家肥、天然肥料，如腐熟的饼肥、牛粪、人粪尿、河泥、绿肥、腐烂的动植物残体等，它们含养分较全，不仅含氮、磷、钾等大量元素，还含有各种微量元素，但肥效慢、含量低。

有机肥适合用作基肥，具养分完全、肥效长的特点，能使土壤团粒结构等理化性状得到改善，有利于植物根系的生长发育及根系对水、肥的吸收。

由于其氮肥含量较多而磷、钾肥含量较少，多在施用时加入骨粉（动物饲料商店有售）或过磷酸钙、氯化钾、硫酸钾等含磷、钾肥类的材料。

无机肥料又称化学肥料，其养分含量高，使用方便，肥效快，很受人们的喜爱，多作追肥使用。但肥分单一，易流失，长期使用易使土壤板结，使土壤的理化性状恶化，有的甚至形成盐毒害。无机肥需要和有机肥料配合使用。

最后来看微生物肥料。这种肥料主要是指菌根菌、固氮菌及有机物分解细菌等微生物。菌根菌和固氮菌与植物的根部形成共生关系，有利于植物根部对营养物质的吸收。有机物分解细菌可将土壤内的有机物分解为植物根部能吸收的无机物。微生物肥料目前在花卉上应用较少。

了解了肥料的基本种类，还需要了解施肥的基本原则和方法。

施肥要适时、适量

给花卉施肥时要注意适时、适量和因花卉种类而异。适时是指花卉需要养分时才施肥，如发现花卉停滞生长、叶色变淡、不开花结果或很少孕蕾时施肥，即为适时。至于什么时候施什么肥，应根据花卉不同生长期而定，如苗期可多施些氮肥，以促进幼苗迅速、健壮地生长；孕蕾期可多施些磷肥，以促进开花；坐果初期适当控制施肥，以利于果实和种子生长。

根据花卉品种施肥

就好比人对自己的饮食会有不同的口味喜好一样，花卉对肥料也是有自己的选择的。不同种类的花卉对肥料的要求不同。桂花、茶花喜猪粪肥，忌用人粪肥。喜酸性土的杜鹃、山茶、栀子等南方花卉忌施碱性肥料，宜施硫酸铵、硝酸钾、过磷酸钙等酸性或生理酸性肥料。需要每年重剪的花卉需加大磷、钾肥的比例，以利萌发新的枝条。观叶花卉需氮量较多，氮、磷、钾三者的比例以2：1：1为宜；大型花的花卉，如菊花、大丽花等，在开花期需要施适量的完全肥料，才能使所有的花都开放，且形美色艳；球根类花卉需钾量较多，氮、磷、钾的比例为1：1：2，有利于球根充实；观花、观果类花卉，需磷量较多，在孕蕾时施肥，氮、磷、钾的比例以2：3：1为宜，这样可促使其花多果硕；观果类花卉，在开花期应适当控制肥水，壮果期施以充足的完全肥料；香花类花卉，进入开花期，要多施些磷、钾肥。

正确施肥，方法得当

给花卉施有机肥料时，一定要经过充分腐熟，菜汤、茶叶渣等不要直接施于盆花中。另外，浓有机肥要加水稀释后使用，薄肥勤施；栽花时盆底施基肥时，不可将肥料直接放在根部上，而要在肥料上加一层土，然后再将植株栽入盆内。

看长势定用量

给花卉施肥时，要掌握"四多、四少、四不"的原则，即黄瘦多施、发芽前多施、孕蕾多施、花后多施；肥壮少施、发芽后少施、开花少施、雨季少施；受伤不施、新栽不施、盛暑不施、休眠不施。

另外，富含有机腐殖质的肥料不宜多施。有机腐殖质有利于土壤团粒结构的形成，有利于根系的透气和生长，但腐殖质肥料中的微生物较多，会与根系争夺氧气，并排放出二氧化碳等气体，对花卉生长很不利。

家庭养花常用施肥方法

看过肥料的基本类型和选择肥料的几点要求之后，更为细节的部分也是不容忽视的。这就是花卉的施肥手法。这是联系到具体操作的最具有指导意义的环节。在家庭养花时，常用到以下几种施肥手法：

穴施

穴施是养花常用的施肥手法之一。它是指在花盆边缘挖洞，把固态肥料放入其中，再掩埋好。在给花卉施固态肥料时才使用这种施肥手法。

喷施

喷施法适合一些根系不发达的花卉或附生性花卉，如附生凤梨类和附生兰类等，都需用喷施法施肥。将稀释后的无机肥或专用花肥喷洒在植物的花叶上就是喷施法。

喷施时要注意叶片的着生部位。如果是幼苗，因为其正处于发育期，叶片的光合作用和吸收传导功能都比成熟的弱，这时，喷施要以花卉枝条中部的叶片为主，因为枝条中部叶片新陈代谢最旺盛，对肥液的附着力和吸收能力更强。

喷施法要选择合适的时间，当温度在18℃～25℃时，适合采用此法。这个温度的时候，叶片吸收溶液更快。夏季，最好选择傍晚喷施，这个时候溶液中的水分不会很快蒸发，并且水分子会携带养分进入叶内。花卉正处在开花期的时候，不要喷施，以防肥害。喷施时，可以在溶液中添加0.2%的中性洗衣粉，来增加溶液在叶片上的附着力，提高吸收效果。

为了方便快捷，在给叶面喷肥时，也可以和杀虫剂、杀菌剂混在一起喷施。但要注意药剂的酸碱性，不能起化学反应而破坏肥效和药效。

混施

把有机或无机肥料与土壤按照一定的比例混合垫在盆底或四周即为混施法。这种方法主要在施基肥的时候使用。

液施

液施是指把有机或无机肥料与水按照一定的比例配制成溶液浇灌盆土，液施时，溶液浓度不能过浓，否则会造成花卉的肥伤。

撒施

这是很常见的一种施肥手法。具体操作为：把肥料均匀地洒在盆土上，让其慢慢溶化深入土壤中。颗粒状的复合肥最适合使用这种方法。

从生活中收集肥料

家庭生活垃圾中有丰富的养花肥源，如果利用得当，既简便又有较高的肥效。

中药渣

将中药渣拌进园土放入缸里或装在罐内，掺入淘米水后沤制。待中药渣发酵成腐殖质后，覆盖上一层土，用时随时取出即可。这种花肥不伤植株，也可拌在水中使用，具有促生长、壮茎叶的特点。

骨粉

收集餐桌上吃剩的肉骨头、鸡鸭鱼骨，放在水里浸泡24小时，洗去盐分杂质后放在高压锅内蒸煮20分钟，取出捣碎腐熟后，可掺入培养土中作基肥使用，也可撒于盆土表面作追肥使用，或直接购买袋装脱脂骨粉使用，这是以磷为主的完全肥料。

液态有机肥

将家禽动物粪尿、豆渣豆饼、淡水鱼内脏，以及水果皮、烂菜叶等，加上淘米水堆放在缸内加盖密封沤制，淘米水要多于杂物，充分发酵。一般秋季配制，密封后来年启封，按水：肥＝8：2的比例稀释，作追肥施用。它所含养分较全面，对改善盆土的理化性状，以及对花卉的生长发育、花芽分化都有良好的作用。

绿肥

取少量的骨粉与草木灰放入缸或钵内，用水浸泡后加入适量菜叶或树叶、青草，经1个月左右的沤制，待腐熟后捞出即可使用。这种肥料经济实用、肥效又高，可使花卉枝青叶绿、花朵美丽。

饼肥

将豆腐渣、黄豆渣、花生渣等放在缸内，加水使之发酵沤制，待其发酵后，按水：肥＝6：4拌和做追肥用，肥效快而明显。

螺蛳、贝类

将新鲜螺蛳、贝类捣碎后放入罐里或缸内，按水：肥＝4：1的比例配置，密封使之发酵，夏季高温发酵20天左右，即可加等量水稀释后使用，施入花盆内做追肥，见效很快。

第五节 花卉的繁殖方法

花卉繁殖的种类

花卉繁殖方式多种多样，可分为有性繁殖、无性繁殖、组织培养、孢子繁殖。有性繁殖和无性繁殖是家庭养花常用的花卉繁殖方法，而孢子繁殖和组织培养需要较高的技术含量，家庭养花很少使用。

播种繁殖

花卉的播种繁殖主要包括选种、播种以及后期管理等步骤。

选择优良种子

种子的好坏是播种繁殖成功与否的关键。采用优良种子培育的花卉观赏价值高，反之劣质种子不仅出苗率低，其繁殖出的花卉观赏价值也不高。另外，各种花卉种子都有一定的保存年限，超过这个年限，发芽率明显降低，甚至丧失发芽力，这类种子不能用于播种，例如非洲菊保持年限只有3~6个月，飞燕草保存年限为1年。所以，我们在播种之前必须做好选种工作。此外，种子播种前需要进行发芽率试验，一般取100粒种子，用温水浸种后放入垫有湿润纱布的容器中，在温度20℃左右条件下催芽，检验种子的发芽率，以便确定播种量。

那么，选种有哪些技巧呢？

1. 选好品种

播种品种正确的种子才能达到繁殖的目的。品种不正确或混有杂种，是招致繁殖失败的主要原因之一。

2. 选择颗粒饱满的花种

充实而粒大的种子所含养分较多，发芽力强，生长出来的花苗比较健壮。

3. 选择健康的花卉种子

花卉的种子是传播病虫害的途径之一，所以，我们在选种时，要注意选用无病害的健康种子。

播种准备工作

在播种前，要做好以下准备工作：

1. 准备苗床

选购30~45厘米口径的播种盆一只或数只（每个品种需一只盆），或者用废旧包装木箱洗刷干净代替播种箱。

2. 准备播种基质

播种用土可以用冬季冰冻过的沙质土壤，或者配制的营养土，将土蒸煮消毒或是摊在水泥地上暴晒消毒，然后用筛子或者手工，分成粗、中、细三等份。

3. 消毒工作

为防止花卉幼苗在播种发芽期间感染病害，在播种前需要进行种子消毒。可用60℃温水或1%硫酸铜溶液浸种半小时，或用1%福尔马林溶液将种子浸泡15分钟。

播种

花卉的播种方式主要有露地播种和温室播种。从方法上来分，主要有撒播、点播和条播、盆播等。

1. 盘中装入松软的播种用土（含防腐剂）——堆肥土和泥炭土适用于多数种子，忌用一般的盆栽土。一般的盆栽土营养含量高，容易滋生细菌。

2. 用木板或硬纸板将土壤齐沿刮平，再用木板轻轻将土压实，保证土壤不会高出盘沿，确保土面平整。

3. 将种子均匀地撒到土上。可使用折叠的纸片帮助播种细小的种子。然后用手指轻轻将种子按入土中。

4. 除非种子较为细小或明确指出播种后需要光照，通常播种后种子表面需要撒上一些盆栽土。原则上这层土不宜过厚，和种子的直径差不多就行了。一般用筛子筛土，既能保证厚度均匀，还不会有大块的土撒到盘子里。

5. 浇水时，可以使用带莲蓬头的洒水壶。也可以将盘子放到盛有水的盆中，让水从盆底渗入给植物补充水分。然后将盘子放到育种箱中，或用玻璃盖住。遵照播种说明上对光照、温度等的指示，保证植物有适宜的生长环境。

如何在育种盘中播种

1. 撒播

撒播法常用于较细小的种子，如太阳花、报春花、翠菊、金鱼草、瓜叶菊、蒲包花等。

撒播方法：播种前，先将土壤整细压平，浇透水后过1～2小时再将种子均匀撒在畦地或花盆中，播后覆盖细土以不见种子为宜。

播种极细小的种子如蒲包花、四季樱草、大岩桐、杜鹃花等时，为了防止撒播得不匀，可将种子拌少量细土后撒播，播后用木板轻轻拍压，不用覆土。如果要采用畦播要注意：春季最好盖上塑料薄膜或苇帘，来保证苗床的湿度和温度。

如果是盆播，则需要盖上玻璃和报纸保湿、保温，必要时浸盆淋水，尽量不直接从上面浇水。等到种子发芽出土后，要除去覆盖物。

2. 点播

种子颗粒较大的花卉，可采用点播法，比如紫茉莉、君子兰、仙客来、旱金莲、香豌豆等都可采用此法。

点播方法：可一粒粒点播在表土上，间距2～5厘米，每穴播2～4粒种子，上边盖上一层土，覆土厚度相当于种子直径的3倍为宜。

3. 条播

对于那些不宜移植的直根花卉或露地秋播花卉可采用条播法，如虞美人、牵牛花、花菱草、凤仙花、茑萝、麦秆菊等都可采用这种播种方法。

条播方法：将畦地或盆土间隔一定距离开出浅沟，将种子条播沟内，覆土压实。花卉种子播后覆土深度，主要决定于种子大小，一般而言，小粒种子覆土以看不到种子为度，极细小种子播种后只要种子和表土密结可以不必覆土。大、中粒种子覆土以不超过种子厚度的2～3倍为佳。

4. 盆播

盆播是现代家庭养花最常用的播种方法。一般温室花卉种子、细小种子及珍贵种子，都用浅盆播种法。

盆播方法：播前将盆洗刷干净，盆底孔口用碎瓦片垫盖，在盆内铺上一层粗沙或炭屑作为排水层，然后填入过筛的沙壤土（约占花盆的七八成），将盆土压实，土面刮平，即可进行播种。

播后视种子大小覆盖一层细土，约为种子直径的3倍。再用小木板轻轻压紧，使种子与土壤密接，并用细眼喷壶或喷雾器喷透水，也可将播种盆坐入浅水盆中，让水分由盆底向上渗透，直至整个土面湿润为止。为了减少盆土水分的蒸发，可以用玻璃遮盖在花盆上。

选择播种时间

不同的花卉，播种时间也不相同。选择播种期时，可以根据花卉的耐寒力和越冬温度来确定。我国南方与北方的气候差异较大，冬季的温度与时间长短各不相同，露地播种时要根据当地的气候条件灵活把握。

一年生花卉耐寒力弱，遇霜即枯死，所以，一般在春季晚霜过后播种。南方约在2月下旬至3月上旬；中部地区在3月下旬至4月上旬；北方地区约在4月下旬至5月上旬。为了促使提早开花或多结种子，往往在温室、温床或冷床（阳畦）中提早播种育苗。

露地二年生花卉多为耐寒性花卉，种子宜在较低温度下发芽，温度过高，反而不容易发芽。华东地区则可以不加防寒保护就可顺利地在露地越冬；北方冬季气候寒冷，多数种类只能在冷床中越冬。二年生花卉秋播适宜期也依南北地区的不同而异，南方宜在9月下旬至10月上旬播种，北方宜在8月底至9月上旬播种。宿根花卉的播种期依耐寒力强弱而异，耐寒性较强的春播、夏播或秋播均可，尤以种子成熟后即播为佳。

如芍药、飞燕草、鸢尾等必须秋播，因为这些花卉种子在低温湿润的土壤里才能顺利度过休眠期。不耐寒的常绿宿根花卉宜春播，或在种子成熟后立即播种。温室花卉播种通常在温室中进行，这样，受季节性气候条件的影响较小，所以，对播种期没有严格的季节性限制，可灵活把握。

一般而言，大多数花卉播种宜在春季进行，即1~4月播种；少数种类的花卉通常在7~8月进行播种，例如瓜叶菊、蒲包花、仙客来、四季樱草等。

室内盆播，在有条件的温室中，一年四季均可播种，主要考虑开花期的时间。

后期管理

为了保证花卉的出芽率，必须进行正确的播种后期管理工作。

在苗床或花盆上最好覆盖塑料薄膜或其他覆盖物，以保证土壤的温度和湿度，但要注意留孔或缝隙，以确保土壤通风换气。

播种后应撒上细土，并注意遮阴和保湿，土壤干燥时可于床播的行间开沟补充水分。盆播的小粒种子用浸盆法补充水分，切忌从上部喷水，以免冲翻表土影响出苗。对于较大粒种子，可用细孔喷壶喷水。

幼苗出土后要及时除去覆盖物，并逐渐使之接受光照，以免幼苗变黄。条播、撒播小苗过密时，应及时进行适当间苗，保持合理的密度，促使小苗健壮生长。一般的花苗长出2~3片真叶后即可移植。

耐移植的花苗可再移1~2次，如翠菊、凤仙花、一串红等，然后栽植到花盆里。而虞美人、香豌豆等不耐移植的花卉播种时应尽量采用直播法。

压条繁殖

压条繁殖是指将母株下部的枝条按倒后埋入土内，促使其节部或节间的不定芽萌发而长出新根，再把它们剪离母体另行栽种，从而形成一棵新的植株。

实际上，这是一种枝条不切离母体的扦插法，多用于一些扦插难以生根的花卉，或一些根部萌发性强的丛生性灌木花卉，如米兰、白兰花、桃、梅、紫薇、海棠、杜鹃、桂花、蜡梅、栀子、夜来香、金银花等，为其提供更多的繁殖机会。

压条繁殖的最大优点是容易成活。这是因为压条部位经过埋土或包扎等遮光处理，能起到黄化和软化作用，也能促进生根。另外，压条繁殖还具成苗快、操作方法简便等优点，压不活的枝条来年还能再压，不浪费繁殖材料。

压条繁殖的缺点是：苗木的机体得不到彻底更新，长势不旺，产苗量较少，在大规模培植时不宜采用。

通常情况下，压条多数都在早春或梅雨季节进行。春季的压条苗经过夏、秋两季的生长，都能形成自己的根系，应在落叶前一个月将它们剪离母体，让压条苗依靠自己的根系生长一段时间。

入冬前将苗木挖掘出来，南方可直接将其栽在苗圃地上继续培养大苗，而北方则应挖沟种植，同时埋土防寒，来年春季再进行定植。

压条繁殖可分为普通压条、堆土压条和高枝压。

普通压条繁殖

普通压条繁殖多用于枝条柔软的花木，如迎春、金银花、春藤、凌霄、夹竹桃、南天竹等。此法分为单枝压条法、连续压条法和波状压条法，具体操作方法如下：

单枝压条繁殖多用于乔木类花卉。压条时将花木外侧接近地面的枝条，慢慢弯曲向下，弯曲处用小刀刻伤或环剥，然后将伤处埋入土中（深8～15厘米），并用竹叉或铁丝等物加以固定。同时将枝梢露出地面，并用竹竿绑扎固定，使其直立生长，一个月左右生根后即可切离母株。

连续压条繁殖多用于花灌木。压条时在母株周围准备几个装有培养土的花盆，先把枝条按倒在这些盆面上，确定出合适的压埋部位，然后在该部位进行刻伤，把这个部位埋入盆土中，让枝条的前半部分斜着向上继续生长。为了防止被压部位弹出盆土，应压上石块把压条固定住。

1.在母株周围放上几个花盆，装入适宜的盆栽土（含防腐剂）。

2.选择较长且长势较好的新枝，尽量不要和其他枝条纠结，方便压条。

3.将该枝条有"节"的部位埋在土中，并用金属丝固定。

4.压条生根后——通常需要4周左右——开始抽新芽，此时可将压条从母株上剪下。将新生植株放到光照充足但无阳光直射的地方，浇水需特别小心，直到植物情况稳定、苗壮生长为止。

波状压条繁殖多用于藤本蔓性木本花卉。压条时将枝条弯成波状，在多节上刻伤，每节距离30厘米，埋入土中，方法与单枝压条相同。待生根抽枝后，再与母株分离。此法多用于枝条长且易弯曲的花木，如常春藤、索藤、凌霄、藤本月季等。

堆土压条繁殖

堆土压条繁殖多用于枝条不易弯曲、丛生性强的花木，如牡丹、金钟花、连翘、贴梗海棠、木本绣球、金银木、黄刺玫、榆叶梅、珍珠梅等。

此法宜在生长旺季进行，由于这些花木分枝力弱，枝条上没有明显的节，腋芽不明显，培土后可使枝条软化，促使其生根，一次可得到大量株苗。

具体做法是：刻伤枝条基部，然后壅土，让其在基部发根，埋后要经常保持土堆湿润。经过一段时间生根后，可分离栽植。

堆土压条法的成败关键在于刻伤或环剥的位置与刻度。位置应在两个芽之间，上芽下方、下芽上方约0.3厘米处，深度为恰巧达到花卉的形成层。

这是因为，形成层很薄，它向外产生次韧皮部，向内产生次木质细胞，起到使树木不断增粗的作用。环剥时，如果过深，将运输线全部切断，上部枝条就会死亡；过浅，够不到形成层，就不会生根。

高枝压条繁殖

高枝压条繁殖适用于较高大的植株和枝条不易弯曲的花卉，如白兰、米兰、含笑、变叶木、叶子花、山茶、杜鹃、金橘等。

高枝压条繁殖一般在植物生长旺季进行，我国江南地区采用的较多。具体做法是，将枝条的皮层进行环剥，但不要损坏木质部。而对于一些枝条柔软和容易离皮的花卉，为了提高工效，还可采用拧枝法，即用双手将被压部分扭曲，使高压部分枝条的韧皮部与木质部分离即可。

另外，还可使用缢扎法，用棕线或尼龙线紧紧地把被压部位的节部绑死，深达木质部而将皮层缢断，使枝条先端叶片通过光合作用制造出来的糖类营养物质不能通过皮层内的筛管向下输送而截止在缢扎处，对节部生根极为有利。

1.用透明胶带固定在即将压条的位置下方。用锋利的小刀在靠近节的部位划一个长约2.5厘米的切口。确保切口深度不超过枝条直径的1/3。

2.用小毛刷将适量植物生长素刷到切口处，在切口中填入一些泥炭藓块。

3.在切口处裹上更多泥炭藓块，卷起塑料套固定。

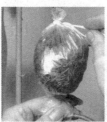

4.用透明胶带扎紧塑料套上方开口。

5.经常查看泥炭藓是否湿润，切口处是否已经生根。

6.一旦可以透过塑料套明显看到新长出的植物根须，就可以从根须下方将枝条剪下并进行移栽。移栽时不要移除泥炭藓，只要稍微松动一下即可，因为此时植物根系还很娇嫩，泥炭藓最好多保留几周。

然后用塑料薄膜装上青苔或泥炭土包扎切口处，因为青苔或泥炭比较轻便，能起到保湿和透气的作用。一般在4～5月进行高枝压条包扎，在当年9～10月即可将塑料膜解开，待生根后，切离母株，形成新植株。

另外，需要注意的是，高枝压条法除对高压部分采用环状剥皮法外，如能在伤口部分涂抹一些激素，则对生根更为有利。

嫁接繁殖

将某个良种的枝条或芽部接合到另一种亲缘相近的植株上，使其愈合成活以达到繁殖的目的，这个过程就是嫁接繁殖。嫁接常用于扦插、压条难以生根，或种子繁殖不易保持优良性状的花卉；一般以同种、同属、同科的花卉较易嫁接成活。嫁接体称接穗，接受体称砧木。嫁接常用的方法有芽接、枝接、根接等法。

在家庭养花时，人们常用的嫁接方法是芽接法和枝接法。

芽接

芽接是指用芽作为接穗的嫁接方法。梅花、桃花、郁李、月季、红枫、五针松等常用此法繁殖。

1.芽接时间

梅、桃、李、樱花常在7月中旬至8月上旬嫁接，红枫在5月嫁接，月季以5月中旬至7月中旬或9月下旬至10月下旬嫁接，五针松常在新芽（即嫩梢）抽出后尚未放叶前嫁接为宜。

2. 选择接穗

以生长充实饱满的中粗枝为好，采芽部位以中段的芽为好。

3. 选择砧木

砧木应选择生长健壮的一二年生苗。月季的砧木多为粗壮的蔷薇萌条的扦插苗。

4. 步骤

先将采下的接穗，剪去叶片只留叶柄，然后用左手的大拇指和食指捏住接穗的下方，紧靠手心的大拇指后方，再用右手的芽接刀，从接芽下端向上部削下接芽，将其放在湿毛巾上，以防失水。

接着在砧木接近地面处的地方，用芽接刀切一个"T"形的接口，并用芽接刀后方的剥皮片将接口的皮层撬开，将接芽的尾部从切口上方插入接口内，如接芽上部尚有部分露出接口时，宜将其切除，最后用塑料绳由下向上进行绑缚即成。

嫁接一周后，用手指触碰叶柄，如一碰即落，表明此苗已愈合成活；若干死不落则表示嫁接失败。

接活的植株宜在当年或第二年春天剪除砧木接口以上部位的茎干。发现有砧芽萌生时，宜随时予以剥除。一般在第二年即可移栽。

枝接

枝接因接合部位的不同和砧木接合口位置的不同，分为切接、劈接、腹接和靠接等方式。在家庭养花中常用切接、嫩枝劈接和靠接等方式。

1. 切接

切接是将砧木离地10厘米左右的接口茎部的一侧稍带木质层由上而下切开接口的方法。桃、梅、月季、海棠、樱花等木本花卉常采用此法繁殖。

切接的时间：除芍药、牡丹常在深秋进行外，一般花木均在4月上旬进行，此时砧木开始萌动。一般接穗宜提前7～10天先行剪下进行保鲜贮存。

接穗选择及削切：一般选隔年生壮实的中粗枝为好，接穗常用中段部位的枝条。削切接穗时，以左手抓住接穗的上端部位，使另一端紧托在食指上，然后以右手的切接刀先削接口的较短一侧，再削较长的一侧，使呈"√"形，刀口要平。最后将接穗从接枝上剪下，顶端宜在芽的上方，长度约8厘米，将其置湿毛巾上；勿使其接触腔体待接。

接口的吻合与绑扎：将接穗长的切削面插入砧木切口的内侧，然后用塑料绳由下而上扎紧。整个接合过程中应注意双方的接合口削切面的长度要相等，削切面要平整光滑，接穗与砧木之间要对准一侧的形成层（即木质部与韧皮部的交界层），而且要插到砧木切口的底部，绑扎宜紧后用塑料袋套罩但不要接触接穗，以免袋壁凝聚的水珠流入接合口。最后将其放置在散射光充足处，忌太阳光直射。如地栽苗砧木，接好后应用遮光网加以遮光。至芽部萌发出新芽时，可逐渐摘下塑料袋并缩短遮光时间。

2. 嫩枝劈接

嫩枝劈接要用当年生老熟的接穗，剪除叶片及叶柄，再削成两侧等长的长条形削面，然后将砧木更新后萌生的当年生枝对劈一分为二，长度比接穗削口稍长，将接穗插入其中，对准形成层，用塑料绳进行绑扎。套袋、遮光等要求与切接法相同。嫩枝劈接法常用于山茶、五针松、杜鹃、紫薇等部分木本花和菊花名贵品种。菊花常用黄蒿作为砧木，接成塔菊、悬崖菊等造型菊。嫁接的时间多在5～8月进行。

3. 靠接

靠接是指将砧木与需行嫁接繁殖的带根苗的接合部进行削切，深度在直径的1/3左右，接口长3～4厘米，对准形成层加以扎紧。靠接法不用罩套塑料袋和遮光，嫁接后经常浇水。嫁接期为4～8月随时均可进行。常用于珍贵树种和嫁接成活率不高的花卉，如蜡梅、红枫等。待双方愈合后再剪离亲本。此法操作简便，容易成活，适宜于家庭养花的嫁接新手。

🌿 分生繁殖

分生繁殖是指利用植株基部或根上产生萌蘖的特性，人为地将植株营养器官的一部分与母株分离或切割，另行栽植和培养而形成独立生活的新植株的繁殖方法。分生繁殖包括分株繁殖和分球繁殖。

分株繁殖

分株繁殖是将花卉带根的株丛分割成多株的繁殖方法。操作方法简便可靠，新个体成活率高，适于从基部产生丛生枝的花卉植物。常见的如兰花、芍药、菊花、萱草属、玉簪属、蜘蛛抱蛋属等多年生宿根花卉及木本花卉如牡丹、木瓜、蜡梅、紫荆和棕竹等都可利用分株繁殖。

因为花卉种类不同，分株的时间也各不相同，多在秋季落叶后至翌年早春萌芽前的休眠期进行。木本花卉大多宜在早春萌动前分株，而一些肉质根的花卉，如牡丹、芍药等宜在秋季分株，因为此时土温高于气温，有利于分株后植株根系伤口愈合并萌发新根，也有利于植株体的恢复和春季的生长发育。尤其对于一些春季萌芽早、苗期生长快、现蕾开花早的花卉种类，必须在秋季进行分株繁殖。

春季正值萌发之际，分株后易影响生育，所以，春季分株不开花。早春开花的宿根花卉，也适于秋季分株，如萱草、鸢尾等。而菊花、宿根福禄考等多在春季分株。

1. 丛生及萌蘖类分株

不论是分离母株根际的萌蘖，还是将成株花卉分劈成数株，分出的植株必须是具有根茎的完整植株。例如将牡丹、蜡梅、玫瑰、中国兰花等丛生性和萌蘖性的花卉，挖起植株酌量分丛；而蔷薇、凌霄、金银花等则从母株旁分割，带根枝条即可。

2. 宿根类分株

对于宿根类草本花卉，如鸢尾、玉簪、菊花等，地栽3~4年后，株丛就会过大，需要分割株丛重新栽植。通常可在春、秋两季进行，分株时先将整个株丛挖起，抖掉泥土，在易于分开处用刀分割，分成数丛，每丛3~5个芽，以利分栽后能迅速形成丰满株丛。

3. 块根类分株

对于一些具有肥大的肉质块根的花卉，如大丽花、马蹄莲等常进行块根分株繁殖。这类花卉常在根茎的顶端长有许多新芽，分株时将块根挖出，抖掉泥土，稍晾干后，用刀将带芽的块根分割，每株留3~5个芽，分割后的切口可用草木灰或硫黄粉涂抹，以防病菌感染，然后栽植。

4. 根茎类分株

对于美人蕉等有肥大的地下茎的花卉，分株时分割其地下茎即可成株。因其生长点在每块茎的顶部，分茎时每块都必须带有顶芽，才能长出新植株，分割的每株留2~4个芽即可。

分球繁殖

利用球根花卉地下部分生长出的子球进行分栽的繁殖方法叫分球繁殖。球根花卉的地下部分每年都在球茎部或旁边产生若干子球，秋季或春季把子球分开另栽即可。根据花卉品种不同，分球繁殖可分为球茎类繁殖和鳞茎类繁殖。

1. 球茎类繁殖

球茎为茎轴基部膨大的地下变态茎，短缩肥厚呈球形，为植物的贮藏营养器官。球茎上有节、退化叶片和侧芽。老球茎萌发后在基部形成新球，新球旁再形成子球。新球、子球和老球都可作为繁殖体另行种植，也可带芽切割繁殖。唐菖蒲球茎用此法繁殖。秋季叶片枯黄时将球茎挖出，在空气流通、温度32℃~35℃、相对湿度80%~85%的条件下自然晾干，依球茎大小分级后，贮藏在温度5℃、湿度70%~80%

的条件下。春季栽种前，用适当的杀菌剂、热水等处理球茎。

2.鳞茎类繁殖

鳞茎由一个短的肉质的直立茎轴（鳞茎盘）组成，茎轴顶端为生长点或花原基，四周被厚的肉质鳞片所包裹。鳞茎发生在单子叶植物，通常植物发生结构变态后成为贮藏器官。鳞茎由小鳞片组成，鳞茎中心的营养分生组织在鳞片腋部发育，产生小鳞茎。鳞茎、小鳞茎、鳞片都可以作为繁殖材料。郁金香、水仙常用小鳞茎繁殖。百合常用小鳞茎和珠芽繁殖，也可用鳞片叶繁殖。

后期管理

丛生型及萌蘖类的木本花卉，分栽时穴内可施用些腐熟的肥料。通常分株繁殖上盆浇水后，先放在荫棚或温室蔽光处养护一段时间，如出现凋萎现象，应向叶面和周围喷水来增加湿度。北方地区在秋季分栽，入冬前宜短截修剪后埋土防寒越冬。如春季萌动前分栽，则仅适当修剪，使其正常萌发、抽枝，但花蕾最好全部剪掉，不使开花，以利植株尽快恢复长势。

对一些宿根性草本花卉以及球茎、块茎、根茎类花卉，在分栽时穴底可施用适量基肥，基肥种类以含较多磷、钾肥的为宜。栽后及时浇透水、松土，保持土壤适当湿润。对秋季移栽种植的种类浇水不要过多，来年春季增加浇水次数，并追施浓度较低的液肥。

🌿 扦插繁殖

扦插是家庭养花中最为常用的繁殖方法。它是指从母株上剪取根、茎、叶等营养体的一部分插入土中或浸入水中，促其生根发芽培育成新植株的繁殖方法。扦插法多用于雌雄蕊退化或形成重瓣花不能结果实的花卉，一些优良珍稀品种也可采用扦插法。

扦插繁殖的方式主要有枝插、叶插、根插和芽插，但枝插操作方便，而且成活率较高，所以比较常用。

1.在花盆中装入扦插用土（含防腐剂）或播种用土，轻轻压实。

2.选择本季新生枝条，在枝条变硬前，剪下10～15厘米做插条（小型植物可适当短些）。应该选择有一定韧性的插条。

3.以"节点"为切口，将枝条分为几段，用锋利的小刀削去"节点"以下的叶子，便于将枝条插入盆栽土中。

枝插法

枝插是将植物体健壮的枝条剪下截成一定长度插入土中，让其下端萌发生根，上部发出新芽，再生成为新植株。枝插由于取材的不同，枝插法又可分为软枝扦插和硬枝扦插。

1.软枝

软枝扦插又叫嫩枝扦插，多用于常绿木本花卉、草本花卉、仙人掌及多肉植物。嫩枝扦插多在生长旺季进行。剪取生长健壮、组织充实、无病虫害的1～2年生的半木质化枝条，长6～10厘米，保留2～3个节，上端保留2～3片小叶，下端剪口宜剪在节下。一般花木扦插的深度为插穗长度的1/2～2/3，最好随剪随

4.插条刀口处蘸取适量生根剂，若是粉末状用的生根剂，要先将插条末端蘸湿。

5.用小铲子或铅笔在土中挖洞，放入插条至最底端叶子处。轻轻压实枝条周围的盆栽土。

6.浇水（水中加入真菌抑制剂可降低插条腐烂的风险），贴上标签，放到暖箱中。若无暖箱，可用透明塑料袋套住花盆，要确保袋子不碰到植物叶子。然后将植物放到光照充足的地方，但要避免阳光直射。

若暖箱或塑料袋内侧有水凝结，则要增强暖箱通风或将塑料袋翻过来，直到不再有水凝结为止。要保持盆栽土湿润。

一旦插条生根稳定，就可以移栽到更大的花盆中了。

插，以利成活。菊花、吊钟海棠、一串红等可用软枝扦插法。

2. 硬枝

硬枝扦插又叫老枝扦插，这种繁殖方式多用于落叶木本类花卉。扦插的时间宜在落叶后至萌芽前的休眠期进行。南方多在秋季扦插，有利促使扦插枝提早生根发芽。北方地区冬季寒冷宜在早春天气转暖后进行。插条应剪取一二年生充分木质化的枝条，一般灌木为5～15厘米，乔木为15～20厘米，插条直径为0.5～3厘米，带3～4个节，剪去叶片，插入苗床上。插条的切削方法与软枝扦插基本相同。北方多于深秋剪取插条后捆成捆埋在湿沙中，放在低温室内越冬，来年春季取出在露地扦插。如月季、木槿等花卉多用此法繁殖。

叶插法

用叶片扦插繁殖即为叶插法。利用叶插繁殖的花卉种类很多，如景天、秋海棠等，这些花卉具有肥厚的叶片和叶柄，水分、养分充足，叶插易于生根成活。叶插可在春、夏、秋进行，如石莲花、秋海棠、落地生根、虎尾兰和其他景天科植物都可用叶扦插繁殖。具体方式为：在梅雨季节，以带有叶柄的叶片作为扦插材料，平放在插床上，以拌沙的腐叶土或以蛭石、珍珠岩为介质，在叶柄切口处或叶脉切断处生根，发育成新植株。叶插法包括以下几种方式：

1. 平置法

平置法适用于蟆叶秋海棠等花卉，具体做法是：先取蟆叶秋海棠的一片叶子，把叶柄剪掉，再将叶背的主脉用刀片切出许多小伤口，然后平置在干净湿润的沙土上，最后用小块厚玻璃或卵石压在叶面上，使主脉与沙面紧贴。这样可以保持较高的湿度，一般在30天左右，叶插植株就会成活。

2. 直插法

直插法比较简单，以千岁兰为例，具体方法是：将千岁兰的革质多肉叶片切成4～6厘米的小段，浅插于素沙土中，经过一段时间，从基部伤口处即萌发须根，并长出地下根状茎，由根状茎的顶芽长出一棵新的植株。

3. 叶柄插

以大岩桐为例，方法是：将大岩桐叶片带上3厘米长叶柄插入沙土中，可自叶柄基部形成小球茎，并生根发芽，形成一新植株。

4. 叶芽插

在腋芽成熟饱满而尚未萌动前，将叶的基部带一个腋芽浅插于沙床内，将腋芽和叶片留在土面外。当叶柄基部主脉的伤口部分发生新根以后，腋芽开始萌动，逐渐长成新株。叶芽扦插法可用于橡皮树、山茶、菊花、八仙花等花卉。

芽插法

采用母株根蘖处萌发的蘖芽、叶腋间的腋芽、花颈上的吸芽、鳞茎内的鳞芽以及块茎、球茎、根茎上切下的芽块进行扦插，即为芽插法。春、秋季结合花卉整形疏芽，把枝条上多余的芽完整地用利刀挖下来，然后逐个插入素沙土中，并将芽尖露出沙面。菊花、金边龙舌兰、香叶天竺葵、竹节秋海棠、月季等可用蘖芽法繁殖。腋芽扦插分春、秋两季进行，如大丽花、天竺葵、菊花等宜用此法。

吸芽扦插应选无风的阴天进行，浇水以湿透吸芽底部泥土为原则，不可过湿，如苏铁、凤梨等多用吸芽扦插法。

根插法

芍药、牡丹、贴梗海棠、紫藤、凌霄、樱花等花卉，具有肥大肉质须根系或直根系，这些花卉根部容易产生不定芽，将其作为插穗进行根插，即可长出新的植株。根插法一般在春、秋季结合移栽或分株时进行。具体方式是：把母株上生长健壮的主根剪成5~10厘米的若干小段，粗根可斜栽入表土的下面，细根平置在苗床的表面，上覆约1厘米厚的细沙土。插后初期要采取适当的遮荫措施，并经常喷水，保持土壤湿润。在扦插植株发根时要逐渐通风透光，增加光照，减少浇水。扦插植株发芽后要施薄肥1次，待插穗生根、新植株健壮生长后，即可移栽至花盆。

水插法

水插法也是一种常见的繁殖方法。水插法是指把插穗插入水中，用一瓶清水代替土壤，不仅方法简便，而且保持了室内的洁净，还可在清澈透明的水中观察到生根情况，便于及时发现问题并采取相应措施。

适合水插繁殖的花卉种类比较多，比如玻璃翠、椒草、皱纹椒草、西瓜皮椒草、冷水花、四季秋海棠、蟆叶秋海棠、铁十字秋海棠、鸭趾草、铁线蕨、一串红、虎尾兰、广东万年青、万年青、万寿菊、金鱼草、大岩桐、合果芋、彩叶草、旱伞草、吊竹梅、虎耳草、八仙花、大丽花、白鹤芋、夹竹桃、印度橡皮树、石榴、迎春、富贵竹、无花果、月季、变叶木、栀子、瑞香、夜丁香、黄杨、绿萝、倒挂金钟、扶桑、榕树、巴西铁树、海桐等都可用水插法繁殖。

后期管理

硬枝扦插的管理工作比较简单，可以粗放一些；但嫩枝扦插则需要精心管理，特别应注意做好遮荫和浇水工作。因为嫩枝扦插多数都带有叶片，目的是便于进行光合作用。但是进行光合作用时，强烈的阳光会使水分迅速蒸发，容易造成植株失水，影响插穗的成活率。所以，扦插后的一段时间，不宜让它接受阳光直接照射。

露地扦插的花卉应搭建荫棚，覆盖芦席或草帘，而且要晨盖晚掀，不要怕麻烦，以后要根据生长情况和成活情况，在根须发出后逐步给予光照。家庭养花扦插在木箱或花盆内的，早晚可将其放在室外接受露水，在晴朗的白天，必须将其移到凉爽的半阴处，不让它受到烈日照射。

扦插后要注意水分管理。不论是露地扦插还是盆内扦插，第一次浇水必须浇透，以后则要保持土壤湿润，但要注意不可积水和过分潮湿。嫩枝扦插需要一定的空气湿度，最好能保持80%~90%的空气湿度。在天气晴朗而干燥时，可用喷雾器每天喷水3~4次。

另外，各种花卉对插后生根所需的温度要求不同，比如：多数嫩枝扦插花卉在20℃~25℃时最适宜生根，热带植物的生根最适宜温度是25℃~30℃，而土壤温度比气温高2℃~3℃，可以促进根的生长。

此外，扦插后有一点需要特别注意：为了确保扦插成活率，在生根之前千万不能松土和施肥。

组织培养法

在无菌的环境下，将植物的器官或组织（如芽、茎尖、根尖或花药）的一部分切下来，放到适当的人工培养基上进行培养，这些器官或组织会产生细胞分裂，形成新的组织，新的组织在适合的光照、温度和一定的营养物质与激素等条件下，会产生分化，生长出各种植物的器官和组织，进而发育成一棵完整的植株。这就是组织培养繁殖法。

这种繁殖方法的优点是：可以有效脱除病毒，获得无病毒种苗，保证花卉质量，而嫁接、扦插或播种等繁殖方式都可能会使植株感染上病毒，影响花卉的质量，降低观赏性。并且这种繁殖方法，在一年内可以使一个分生组织产生几千甚至数万株优质组培苗，能迅速推广，并且还节约了大量的人力和土地资源，管理也很容易。

另外，组织培养繁殖法还解决了一些植物产种子少或无法产种的难题，能够保持原母本的一切遗传特征，有利于保护植株的各种良好特性。

类型

根据培养的植物组织不同，可以把组织培养法分为以下几类：

1. 胚胎培养

胚胎培养是指把从植物胚珠中分离出来的成熟或未成熟的胚作为外植体的离体进行无菌培养。

2. 器官培养

器官培养是指用植物的根、茎、叶、花、果等器官作为外植体的离体进行无菌培养。如把根的根尖和切段，茎的茎尖、茎节和切段，叶的叶原基、叶片、叶柄、叶鞘和子叶，花的花瓣、雄蕊、胚珠、子房、果实等进行离体无菌培养。

3. 细胞培养

细胞培养是指对单个游离细胞进行无菌培养，如用果酸酶从组织中分离出体细胞，或花粉细胞，卵细胞作为接种体进行离体无菌培养。

4. 原生质体培养

原生质体培养是指以去除了细胞壁的原生质体为外植体的离体无菌培养。

5. 组织培养

以分离出植物各部位的组织，如分生组织、形成层、木质部、韧皮部、表皮、皮层、胚乳组织、薄壁组织、髓部等作为外植体进行离体无菌培养。

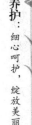

材料

选择培养材料要根据培养目的进行适当选择，选择培养材料的基本要求是容易诱导、带菌少。

要选取植物组织内部无菌的材料。为此要从健壮的花卉植株上选取材料，不要选取带伤口或有病虫害的材料。

要在晴天，最好是中午或下午选取材料，一定不要在雨天、阴天或露水还没有干的时候选取材料。健康的植株或晴天光合呼吸旺盛的组织，自身消毒作用强，这种组织含菌可能性较低。

从外界或室内选取的植物材料，或多或少地会带有各种微生物。这些污染源一旦带入培养基，就会对培养基造成污染。所以，植物材料一定要经过严格的表面灭菌处理，再经过无菌操作接到培养基上。

设备

1. 准备室

准备室是用来完成洗涤器皿、培养基配制、分装、包扎、高压灭菌等环节的地方。准备室需要明亮、通风，室中的主要设备有冰箱、高压灭菌锅、电炉、电子天平、酸度计等。

2. 培养室

培养室常年温度在25℃左右，房内要能保温隔热，并且具有很好的防寒性，能够做到冬暖夏凉。室内空气干燥清洁，要定期进行消毒。室内需要有培养架和灯光、空调机、温度湿度计和温度自动记录仪。

3. 无菌操作室

无菌室要地面清洁、干燥，有紫外灯随时给室内杀菌。室内需要一台超净台。

消毒

组织培养成功与否，要看培养基的配制是否正确。为了简单方便，人们通常配一些浓溶液，等到用时稀释一下，作为培养基使用。这些浓溶液就是储备溶液，又称为母液。待到使用的时候，可以取一定量的母液进行稀释，再加上蔗糖、琼脂，将酸碱度调整到培养基的要求范围内。家庭需要培养基的时候，可以购买已经配好的培养基母液。

培养基消毒的方法为：把配制好的培养基倒入广口瓶中，放入高压锅中进行消毒灭菌。

外植体

选取植物的茎尖、叶等部位作为外植体，然后进行消毒处理，杀灭外植体的病菌。待接种后外植体长出新梢后，为了扩大繁殖，要把植物材料分切成数段进行增殖。

经过扩大繁殖的植物一般没有根系，需要将其转移到生根培养基中进行培养，一个月后便可长出根系。

在移植之前，要先打开培养容器的盖子，让其在自然光照下放3天，然后把植物的根系冲洗干净，移植到经过高压灭菌的基质中，然后再进行精心养护。

孢子繁殖

孢子繁殖方法适用于蕨类植物。蕨类植物在繁殖时，孢子体上会有些叶的背面分布孢子群，孢子成熟后，在适合条件下，孢子就会萌发成配子体，不久配子体会产生精子器和颈卵器，精子借助外界水的帮助，进入颈卵器与卵结合，形成合子。合子发育为胚，胚在颈卵器中直接发育成孢子体，分化出根、茎、叶，成为观赏的蕨类植物。

给植物进行人工孢子繁殖主要有以下几个步骤：

搜集孢子

7月～8月是大多数蕨类植物的孢子成熟期，当孢子囊群变为褐色，晃动叶片往下掉时，说明孢子就要散发出来了。此时，需给孢子叶套上袋，连叶片一起剪下，放置在通风阴凉处进行干燥，大约1周后，孢子就可以完全脱落，抖动叶子，孢子从囊壳中散出，然后再除去叶碎片和杂物，收集孢子，将孢子放到干燥的瓶子中，并置于干燥阴凉处。

基质

宜选择偏酸性的腐殖质土或草炭土进行干燥、灭菌作为培养孢子的基质。基质不必铺得太厚，选择的培养盆应该以浅盆最好，这样可以有效地控制培养基的温度、湿度等因素，保证孢子在适合的环境发育，长成幼苗。平整后浇透水，使土壤湿度在95%以上，pH值为6.0～6.5。

播种孢子

孢子要当年收当年种，这样可以确保90%以上的成活率。2～3月份和8～9月份皆可进行孢子繁殖。

播种孢子的方法基本上有两种：一种是先用水把基质浇透，然后把孢子粉均匀撒播在上面。注意，此时不要盖土，可稍微洒一点水，使孢子粉与土面相接；另一种方法是把孢子粉倒入盛水喷壶中，摇匀后喷在基质上。播后在基质上覆盖地膜，来保温保湿。要避免阳光直射，以散射光为宜，光照时间每天不少于4小时；基质的温度宜保持在20℃左右，气温25℃～30℃；温度过低或过高都会对孢子萌发不利。土壤和空气的湿度要保持在85%～90%之间。

后期管理

大约1个月之后，孢子会产生原叶体（叶状体），前期的原叶体不需要太多水分。等到其萌发后1个月左右时，原叶体成熟，其上的精子器和颈卵器也基本成熟，之后可以适时适量地灌水，只有在有水的条件下，精子才能游入颈卵器中与卵细胞结合形成合子，进而发育成孢子体。所以，每天要浇水或喷雾1～2次，最好达到使水沿床面流动的效果。第1片孢子体叶展开后，当孢子体叶慢慢出齐，就停止浇水，水分控制在60%左右，以后逐渐生长出羽状叶片。在植株长到4～5厘米时，需要进行分苗——把幼苗从培养盆中移到其他盆中继续培育。移栽时要保持土壤湿润，并采取适当的遮荫措施。盆土壤条件要和培养盆的一样，也可以适当喷施0.1%～0.2%尿素液、0.1%磷酸二氢钾液和0.2%过磷酸钙液。待到叶片长到10厘米以上，叶柄基本纤维化后即可移植到花盆中。

第六节 花卉的清洗与修剪

清洗叶面的妙招

花卉也是爱干净的，干净的花卉会给人更加舒适的感受，也对花卉自身的生长有益。在日常养护中不仅要为盆栽植物除虫祛病，还应当及时除尘，这样才能让绿色的自然空间展现其优雅的风采，对净化室内空气也大有裨益。

叶片清洁的方法

1. 喷水法

利用喷雾器的水流冲击力将叶片上的灰尘冲走。

2. 毛刷法

用软毛刷将叶片上的灰尘刷干净。

3. 擦拭法

用蘸了水的海绵或棉布反复轻轻将叶片上的灰尘污泥擦干净。

清洁时间

叶片清洁的时间宜为早晨，使叶片在入夜之前有充足的晾晒时间，以免因夜间缺少阳光以及温度降低，使叶片长时间处于潮湿的环境。

用海绵擦拭叶子
菩提树等叶面光滑的植物，通常用蘸有少量肥皂水的海绵擦拭，可以保持植物外观漂亮。不及时清洁灰尘会影响植物接收光照，并堵塞植物"呼吸"的气孔。

例如君子兰叶丛中的假鳞茎也不宜沾水，特别是在发芽期和孕蕾期，遇水湿会影响花卉的正常发育。

另外，不要直接将水喷在花朵上。花朵遇水易腐烂、枯萎，还会使受精率降低，影响开花结果。

石榴、海棠、倒挂金钟以及紫薇等盆花对叶片喷水会造成枝叶徒长，应该选择擦拭法和毛刷法。

叶片保养

花卉的叶片保养是增加盆栽植物观赏性的方法之一。目前可供选择的保养产品很多，主要有以下几种：

1. 植物保养蜡

植物保养蜡不能用于新叶以及幼叶，并注意参考说明书上的具体使用方法。

2. 植物亮光液

植物亮光液上光效果很好，对植物无伤害，可用柔软的棉布蘸上少许亮光液擦拭叶片。

3. 橄榄油

橄榄油的上光效果也不错，但对叶片有"腐蚀"作用，且易吸附灰尘。

4. 牛奶、醋以及啤酒的稀释液

此类保养品具有保养性，但不具有上光作用。

无论是清洗还是保养，都应以手掌支撑叶片，以免对植物造成伤害。此外，在喷洗或喷雾保养时，应尽量避免水和保养液流入盆土，并将窗户略微打开，使之通风透气，便于晾干叶片。

不宜喷水清洁的花卉

花卉清洗叶片时，不是所有的花卉都适宜采用喷水的方式，喷水量也要依据不同种类花卉的需求来确定。以下几种花卉就不适宜采用喷水清洁法：

叶片构造特殊的花卉

有些花卉叶面上生有密集的茸毛，往叶片上喷水后易形成水珠，不易蒸发，从而引起叶片腐烂，所以不宜往叶片上喷水。例如大岩桐、蒲包花、非洲紫罗兰、蟆叶秋海棠等。

花芽怕水的花卉

一些花卉的花芽怕水如非洲菊叶丛的花芽，一些花卉容易吸附灰尘，一方面灰尘会阻塞叶片上的气孔，使植物无法从空气中吸收水分与氧气或将体内多余的水分蒸发到外界；另一方面，灰尘还会使盆栽植物看起来"灰头土脸"，但是喷水之后更是污渍斑斑，显得十分不美观，所以，此类花卉不宜采用喷水清洁法清洗。

易感染病害的花卉

仙客来块茎的叶芽和花芽、非洲菊叶丛中的花芽都怕水湿，遇水湿易腐烂。君子兰叶丛中央的假鳞茎也怕淋进水，特别是孕蕾期，遇水湿就烂，因此不宜向叶片上喷水。

处于开花期的花卉

对于盛开的花朵，也不宜喷水，花瓣遇水后易腐烂，影响观赏价值。对观果植物来说，向花朵上喷水会影响柱头受精，降低结实、结果率。

花卉的修剪与整形

对于养花经验较丰富的花匠而言，整形与修剪不仅仅是家庭养花中的一项重要技术，也是一种生活乐趣。修剪是指对植株的某些器官，如茎、叶、花、果、芽、根等部分进行修整。整形是指对植株施行一定的修剪措施而形成某种植株形态，通过修剪使其形态更加美观，更适合观赏的要求。

有人可能会问，为什么要定期进行花卉的整形与修剪呢？这样做对花卉有什么好处呢？

整形与修剪的好处在于，通过合理的整形与修剪，可以使花卉株形优美整齐，提高花卉的观赏价值。不仅如此，通过及时剪去不必要的枝条，可以节省养分，调整树势，改善通风透光条件，促使花卉提早开花和健壮生长。如果花卉长时期不进行修剪与整形，往往会在花木基部萌生许多枝条，呈丛状生长，造成营养分散，枝条无序生长，使花卉观赏效果很差。一些室内养的花木，体量不断增大，影响室内采光，而且开花部位逐年上移，着花量逐渐减少，大大降低观赏效果。由此可见，整形修剪是一项必不可少的管理措施。

花卉修剪时应遵守的原则

花卉的修剪不是简单的，完全依据自身喜好进行修剪，而是有技巧，有讲究的。一般说来，修剪花卉，应该遵守以下几个基本原则：

目的明确

外形美观的花卉并不是进行一两次整形就能达到目的的，有时需要经过几年甚至十几年的精心培养才能实现。所以，在整形的初期就应该做到长远规划，要考虑到花木的适宜情况，花卉的平衡性等，不要轻易下剪。例如，花卉修剪的目的是以观花为主，为了增加开花率，则需要使花卉植株通风透光，为此应从幼苗阶段开始，把花卉植株修成心形。

因花而异

花卉种类不同，它们的习性也不同，所以，修剪花木之前必须对花木的习性有所了解。例如，月季是在当年新生枝的顶端开花，因此不能短截。

花谢后应及时短截花枝，当年还可继续开花；蜡梅冬季和早春开花，如果秋季短截，必然会把花枝剪掉；而五色梅、夜丁香适宜在秋末进行截枝。

自然长势

这就要求在维持原有株形的基础上，通过修剪使分枝布局更加合理美观。如果强迫它们改变自然生长趋势，创作出各种臆想的株形来，很容易将枝条扭弯、扭伤，不利于花卉的生长。

因此，在追求美观的同时，修剪时还要考虑到花卉的自然性，尤其是株形较高大的观叶、观花类花木，如苏铁、散尾葵、棕竹、龟背竹等，只要稍加修整和疏剪，即可使分枝的分布和排列更科学、合理、美观。

芽前修剪

一般而言，花木适宜在发芽前修剪，可达到理想的株形。否则，不仅浪费养分，也较难成形。这是因为发芽前的花木萌发力强，尤其是早春开花的迎春、梅花、杜鹃、碧桃等。

剪口不能离芽太近

修剪时要注意保护花芽，要留向外侧生长的花芽，且剪口不能离芽太近，否则易失水干燥，影响花芽萌发。

藤本花卉不修剪

对一些藤本类的花卉，修建时只需把过老枝、密生枝、病虫枝、盲芽枝等剪除即可，以保持通风透光即可。

留外不留内，留直不留横

在修剪花卉时，应剪去病枯枝、细弱枝、徒长枝、交叉枝、过密枝等，并遵循"留外不留内、留直不留横"的原则。

花卉修剪后的水肥管理

花卉修剪后由于需要尽快促进伤口的愈合和树势的恢复，其生长期必须辅以精细的水肥管理才能保证其正常生长发育。

在修剪后的初期，不能施用过浓的肥料，而应以薄肥勤施为原则。因花卉刚修剪过，必然损失掉一部分枝叶，根系的活动能力下降，肥料过浓会产生肥害。

另外，由于叶片减少，蒸腾作用也趋下降，故需水量比正常情况要少，所以不能多浇水，保持盆土湿润即可，以防涝害。

待新生枝叶生出后，可以逐步加大供水、供肥力度，但次数和数量上仍要比正常情况略少，以利其正常吸收，避免受害。

待新的树冠形成后，发出的新枝叶较多时，可施以比正常量多1/5的肥料，同时为保证正常的光合作用和蒸腾作用，可加大浇水量，但浇水时应根据各植物的特性具体执行。

有一点需要注意：休眠期花卉由于生长处于停滞状态，修剪后只需施入腐熟的有机肥做基肥，不需要追施速效肥。在第二年春季新芽萌动时可开始追施速效肥，来促生新枝。

盆栽花卉的矮化整形

大部分养花朋友选择在家中的室内或阳台上养花，在种植的种类上多为小灌木、小乔木或藤本类花卉。在栽养过程中若不加修剪整形，任其发展，这些花木会长得枝叶疏散，枝干过高，降低甚至失去观赏价值。为提高花卉的欣赏性使其枝干姿形发育得优美，就要对花木进行矮化处理。那么，如何给盆栽花卉进行矮化整形呢？

环剥

对于葡萄等易于生根的花木，坐果之后可在果枝下进行环状剥皮，并在环剥处包上装有湿润疏松肥沃基质的塑料薄膜并绑扎好，再经常保持基质湿润，经80天左右即可生根，此时及时剪离母株另行栽培，即发育成一个矮化的新株。

打顶

木本花卉的萌芽性较强，当其主干长到一定高度时需及时对其打顶，促使其萌发出侧枝，待侧枝长到一定长度时再进行摘心，便可使树干矮化。如对夹竹桃的主干和主枝进行打顶，就能培养出较矮的具有"三权九顶"的植株形状。

整枝

黄杨、海桐等类的花木可采取整枝的方式矮化，即从幼株开始就可以不断地进行整枝修剪，促使其多发分枝，便可修剪成不同形状的绿色圆球状的造型，株形十分优美。无花果也可通过打顶和修剪，使之形成株形较矮的圆头形造型，既矮化了枝干，又使树姿优美丰满。现代月季每次开花后及时进行整枝，也可达到矮化和多开花的目的。

三控

"三控"是指采取"控土、控肥、控水"的三种措施，使植株较高大的花木变得矮小而有生机。此法多用于盆景的造型。不同种类的花卉，三控的具体方法不同，同时养护要精心，才能达到预期的目的。

曲干

对于枝干柔软易弯曲的一些花木，待其长到人们需要的高度时可进行人工曲干处理，就能使株形变矮，培养出螺旋式的花木。如将一品红进行弯曲处理，使之成为左右盘旋的螺旋状，枝干即能矮化生长，姿形盘曲优美。又如迎春、瑞香、罗汉松等也可将主干和侧枝在花架上进行曲枝处理，左右弯曲或弓成半月形，或弯曲成圆圈，均可使植株矮化，株形发育得更优美。

第七节 花卉的花期调控

利用光照控制花期

光照时间持续的长短，影响着花卉的生长发育。各种花卉花芽分化所需的日照时间是不同的，可通过人工方法来控制光照时间，从而达到控制花期的目的。

为了能够让长日照花卉在自然日照短的秋冬季节开花，可以在日落后人工加光3~4小时，并给它适当地加温。

要想让花卉的花期推迟，可以在白天遮光数小时，减少其光照时间，这样就可以推迟花期。

对菊花、蟹爪兰、一品红等这些短日照花卉，我们可以在傍晚或早晨用黑布或黑塑料袋罩住，遮光数小时，每天只给8~10小时的日照，这样2个月左右就能开花；反之，如果人工增加光照数小时，达到每天光照超过12小时，就可以实现延迟开花的目的。

如何让美丽的昙花在白天开放呢？在昙花出现花蕾后，可以在白天对其遮光，晚上对其进行人工光照，这样它就会在白天开花。如果花卉生长前期施氮肥过多，就会延迟花期。在植株营养生长达到一定程度后，增施磷肥和钾肥，能使昙花提前开花。

通过调节温度控制花期

调节温度可以改变花卉的花期，这一点是养花人普遍认知的常识。其实，温度调节的作用就是调节花卉的休眠期、成花诱导与花芽形成期、花茎伸长期。虽然大家都了解这个道理，但是真正能做到通过科学方法调节温度来控制花期的人却不多。大部分是专业的花卉种植基地才具备这样的条件和需要。下面，就让我们一起来看看聪明的养花人是如何通过调节温度来控制花期的吧：

加温催芽

花卉的花芽分化要求适宜的温度范围，只有在此温度范围内，花芽分化才能顺利进行，不同的花卉适宜分化的温度不同。如茉莉花等，可以在春季采用加温催芽的方法促使其提前开花，在秋末降温前可以给茉莉花加温，以便延长花期。

低温诱导

在一定时间降低温度，可帮助花卉完成春化阶段，使花芽分化得以打破常规，所以，通过降低温度能实现调节花期作用。比如六出花在适宜温度下可不断发生新芽，花芽形成需经过5℃~13℃低温诱导，在5℃下约需4~6周。夏季栽培则需要让其温度保持在15℃，这样它可以连续开花，否则只能等到冬季另栽，经过低温促使花芽长出新苗。还有一些花卉比如倒挂金钟会在酷暑条件下停止生长不开花，这时候我们可以采用降低温度的措施促其不断开花。

影响花茎的伸长

如君子兰、郁金香等花卉的花茎伸长要有一定时间的低温预先处理，然后再在高温条件下，才能生长。所以，养这些花卉时，应适当调节温度，给花卉创造良好的生长环境。

改变休眠期

温度调节可以增大休眠胚或生长点的活性，打破营养芽的自发休眠，使花芽萌发生长。比如唐菖蒲种球在2℃~5℃低温下，冷藏5周可以打破其休眠，提前种植，提早花期。

通过生长剂控制花期

有许多草本花卉，其花期是可以通过使用某些特定的植物生长调节剂来调控的，这样调控花期，乍看起来似乎没有什么，事实上，对于以此为收入来源的人而言，具有重要的经济意义。

常见的植物生长调节剂有以下几种：

1. 赤霉素

赤霉素（GA）是天然植物激素，具有促进茎叶生长、打破休眠、促进花芽形成、促进开花、防止器官脱落等作用。

2. 生长素

生长素包括吲哚乙酸、吲哚丁酸和萘乙酸等。这些物质能促进细胞分裂和伸长，促进植株发根，延迟叶、花、果形成离层，促进单性结实等。

3. 细胞分裂素

细胞分裂素主要有激动素、6-苄基腺嘌呤和玉米素等，能促进细胞分裂和扩大，防止衰老，打破休眠，促进果实生长等。

4. 生长抑制剂

生长抑制剂包括矮壮素、青鲜素等，能抑制细胞分裂，抑制植株及枝条的加长生长。

5. 乙烯

乙烯能抑制茎、芽和根的生长，能促进花芽形成和侧芽萌发，影响花期和性别分化，促使果实提早成熟等。

播种控制花期

花卉有春播和秋播两种播种方式。春天播种的花卉生育期较短，一般晚播晚开花，早播早开花。可以通过计算花卉从播种到开花需要时间的长短，调节花卉的播种日期，来控制花卉在预定的时间开花，如百日草。此外也可以分期播种，使花卉不断开花，把观赏期延长。

大多数的秋播花卉往往第二年的春夏之交才能开花（即度过春化期）。对这些花卉可以进行人工处理，低温度过春化期（通过低温刺激，快速转入以开花结果为主的生殖生长阶段）。然后，根据该花卉在一般情况下栽培到开花需要的日子推算播种期，使之可以当年种当年开，或延迟到第二年再种植。比如金盏菊于深秋播种，冬季在低温温室栽培，就可以在冬天开花了。

修剪、施肥花期控制法

前文我们已经提及，可以通过生长剂的使用来调控花期，除此之外，掌握适当的修剪、施肥方法也可以达到类似的效果。

花卉修剪可以改变花卉花期。以月季为例，如果在其花谢之后立即对花枝进行短剪，在水肥等条件适宜的情况下，经45天左右，又可萌发出新枝而开花。如象牙红，若在其每次花谢之后立即进行修剪，一年可开3～4次花。例如紫薇，若在其开花后期8月中旬左右进行轻修剪，再经过45天左右又可再次开花。

除采用修剪处理改变花期外，采用摘心处理也可使花卉推迟花期，如矮牵牛、香石竹、石竹、荷兰菊、一串红等，通过摘心，促发侧枝，不仅能促使其增加开花数量，而且还可推迟开花或延长开花时间。

茉莉在春发之后进行摘叶处理，促使其抽生新枝，花期即可推后10～15天。

除可采取上述修剪、摘心、摘叶的技术改变花期之外，采用减施氮肥、控制浇水、增施磷肥等措施，都可在调节花期上发挥作用，达到改变花期的目的。

原本应在早春开花的白玉兰等花卉，若采用干旱处理，就可以让它在国庆节再次绽放了。

第八节 花卉的水培方法

什么是水培

在众多的养花方式中，水培是最使人感兴趣的一种。水培法不仅简单易行，而且清洁美观，摆设在室内的各种场合，都能显示出青枝绿叶，生机盎然。

水培花卉是无土栽培方法中的一种。家庭中最常用的水培法操作为，选取一些能长期生长在营养液或清洁水中的观赏植物作为水培对象，每7～15天换1次水或营养液，它们就能生根长叶，进行正常生长，并能展现出勃勃生机。

水培的好处

水培花卉因为自身特有的气质受到不少人的喜爱。与土壤栽培花卉相比，水培花卉具有以下优点：

清洁卫生

以土壤栽培的花卉作室内装饰时，常会在浇水、施肥等养护时污染环境，土壤中还容易滋生病虫和杂草，对花卉产生危害，从而影响观赏价值。如用化学药剂防治，还会污染环境。水栽花卉则十分清洁卫生，病虫害也很少发生。

容易养护

用土壤栽养花卉，需要全年根据盆土水分情况及时补给水分，特别是夏天高温时期，水的蒸腾量大，稍不注意而漏浇1次水，就有可能严重影响花卉的生长。而水栽花卉只需根据要求定期换水，即使外出数天甚至10多天，也不会影响花卉的生长。

可观赏花根

土壤栽培的花卉，由于其根部埋在土壤里而使人们对它所知甚少。

水栽花卉，除能观赏花卉的茎、叶、花外，还可以一睹根系的风采。实际上，花卉的根系与地上部分的茎、叶、花一样，有着各种各样的颜色和形态，也有很高的观赏价值。

从根的颜色来看，大多数花卉的根系是白色的，而红宝石喜林芋的根是深红色的；金边富贵竹的根是淡橘黄色的，秋海棠科花卉的根是黑色的。

从根的形态来看，海葱、金栗兰、绿巨人、白鹤芋等的根系十分发达，犹如老寿星的一大把胡子；兜兰、姬凤梨、吊凤梨、三角柱等的根系比较稀疏；鹤望兰、龙舌兰、君子兰等具有粗大的肉质根；鸭跖草类、秋海棠类等的根系十分纤细。

千变万化的根系丰富和增强了花卉的观赏性。所以，水栽花卉比土栽花卉具有更高的观赏价值。

简化养花程序

生活中，有相当一部分人，虽然十分喜爱花卉，却不善管理。最常见的问题就是不会浇水，不是浇水过少而导致花卉失水，就是频频浇水使盆土过于潮湿而导致花卉生长不良，甚至烂根、死亡。正确的浇水方法，应该是根据不同的花卉种类、不同的生长期、不同的生长势、不同的季节、不同的气候条件等，掌握适宜浇水的时间与数量，所以，看似简单的浇水，却很不容易掌握。而水栽花卉则简化了花卉养护的操作程序。

增加装饰性

如果在办公桌、茶几等处放置几瓶水栽花卉，可使环境变得典雅别致，如果放置的是土壤栽养的盆花，可能让人产生笨重与沉闷感，也不易与室内整体环境相协调，其装饰效果必然会受到影响。

而且，水栽花卉还可以利用花卉所具有的变化万千的形态和色彩，用数种花卉随立意进行配置和布局，取得类似插花的艺术效果。

适合水培的花卉

花卉水培时，必须有目的地选择适合水培的花卉种类，切勿盲目将花卉进行水培。

百合科花卉

绝大多数百合科花卉都能适应水培的条件，如芦荟、条纹十二卷、吊兰、朱蕉、龙血树、细叶龙血树、虎尾兰、龙舌兰、金边富贵竹、海葱、银边万年青、银纹沿阶草等。

景天科花卉

景天科花卉也是比较适宜水培的种类，如莲花掌、芙蓉掌、银波锦、宝石花、落地生根等，在水栽条件下生长良好。

鸭跖草科花卉

几乎所有的鸭跖草科花卉都能适应水培的条件，如紫叶鸭跖草、紫背万年青、淡竹叶、吊竹梅等，在水培时都能迅速生根、生长。

天南星科花卉

天南星科花卉对水培条件有着极大的适应性。例如在用水插进行繁殖时，不但能在较短的时间内发根，而且生根后能迅速生长，并形成观赏性较好的株形。

泥盆栽培的植株经水洗后，原有的根系大多能适应水栽的环境（有些花卉，在土壤中生长的根系不能在水培条件下继续生长，需要重新发出能适应水栽条件的根系后才能在水中正常生长），并很快地在原有的根系上发出新根。

适宜水培的天南星科花卉有绿萝、广东万年青、黛粉叶、斑马万年青、星点万年青、金皇后、银皇帝、龟背竹、迷你龟背竹、银苞芋、绿巨人、红宝石喜林芋、绿宝石喜林芋、琴叶喜林芋、绿帝皇喜林芋、丛叶绿帝皇、绿公主、合果芋、海芋、火鹤花、翡翠宝石、马蹄莲等。

其中，马蹄莲、火鹤花、银苞芋等，在水培条件下还能开出鲜艳的花朵来。

其他类型

适应水培条件而生长良好的花卉还有桃叶珊瑚、旱伞草、彩叶草、紫鹅绒、蓝松、竹节秋海棠、牛耳秋海棠、绿宝、君子兰、兜兰、变叶木、银叶菊、仙人笔、叶仙人掌、蟹爪兰、三角柱（接球）、龙神木（接球）、吊凤梨、姬凤梨、金粟兰、龙骨、彩云阁、花叶蔓长春花、红背桂、六月雪、爬山虎、四海波、长春藤、洋常春藤、肾蕨、鸟巢蕨、棕竹、袖珍椰子、蜘蛛抱蛋等。

水培的方法

水培花卉要根据花卉根系组织结构对水的适应性，而能否水培，一般选择易生气生根花卉植物、耐阴植物，水中根系呼吸不足时靠气生根来辅助呼吸，从而保障植物正常生长。花卉水培包括洗根和水插。

洗根

（1）选取生长强壮、株形美观的盆花，将整株植物从盆中脱出，用水冲洗根部的泥或其他介质。

（2）修剪枯根、烂根，短截长根。对于根系发达植株，剪掉1/3～1/2的须根。根系修剪有利于植株根系的再生，提早萌发新的须根，从而促进植株对营养物质的吸收。若是丛生植株。株丛过大，可用利刀分割成2～3丛。

（3）根系修剪后，先将植株的根部浸泡在浓度为0.05%～0.1%的高锰酸钾溶液中约30分钟，再将根装入玻璃容器中，用已经掏净的陶粒将根固定，倒入水或营养液进行养护。或者将根舒展，分别插进定植杯的网孔中，根系一定要舒展散开，不能损伤根系。

（4）倒入没过根系1/2～2/3的自来水，让根的上端暴露在空气中。第1周，每天换水一次。对于刚换盆的水培花卉，因其根部新伤口多，容易腐烂，故需勤换水。特别是在高温天气，水中含氧量减少，植株呼吸作用加强，消耗氧量多，更要勤换水，每天都要换。直至花卉在水中长出白色的新根后，才能逐步减少换水次数。

（5）当花卉在水中长出新根，说明该花卉已经适应了水培环境，此时改用水培营养液栽培。

植株由土培改为水培，由于介质的改变，初期根系不完全适应，有些植株的老根只有少量保存下来，大部分须根枯萎、腐烂。经过一段时间的换水养护，可逐渐适应新的环境，茎基部位能萌生新根，老根上也会长出侧根。如鹅掌柴、美叶观音莲都会产生这种现象。也有的花卉在改变栽培条件后，仅有极少部分根系枯萎，原有的根大部分能适应水培环境，并萌生出粗壮的水生根。如万年青、富贵竹、吊兰等，对水培有较强的适应性。

水插

水插是水培花卉常用、简便和容易栽培成功的技术。利用植物的再生能力在母株上截取茎、枝的一部分插入水里，在适宜的环境下生根、发芽，从而成为新的植株。

（1）选择生长健壮、无病虫害的植株。

（2）在选定截取枝条的下端0.3～0.5厘米处，用刀切下，切面要平滑，切口部位不得挤压，更不可有纵向裂痕。

（3）切割后的枝条有伤口，水插前要冲洗干净，将切下的枝条摘除下端叶片，尽快地插入水中，防止脱水影响成活。

（4）切取带有气生根的枝条时，应保护好气生根，并将其同时插入水中。气生根可变为营养根，并对植株起支撑作用。

（5）切取多肉植物的枝条时，应将插穗放置于凉爽通风处晾干伤口2～3天，让伤口充分干燥。

（6）注入容器内的水位以浸没插条的1/3～1/2为宜（多肉植物的插条，让插穗剪口贴近水面，但勿沾水，以免剪口浸在水中引起腐烂）。为保持水质清洁，提高溶解氧含量，一般3～5天更换1次自来水。同时冲洗枝条，洗净容器，经7～10天即可萌根。

（7）经过30天左右的养护，大多数水插枝条都能长出新根，当根长至5～10厘米时可使用低浓度水培营养液栽培。

用水插技术取得水培花卉植株，虽然操作简单，成活率高，但有时也会发生插条切口受微生物侵染而腐烂的情况，此时应将插条腐烂部分截除，用0.05％～0.1％的高锰酸钾溶液浸泡20～30厘米，再用清水漂洗，重新插入清水中。

花卉水培的器具选择

只要是具有一定透明度的器皿，都可用作花卉的水培器皿以便观赏花卉的根系。但是，为了增加花卉的装饰性，还需要选择合适的水培器皿。

器皿种类

通常可以用作水栽花卉的器皿有以下几种：

1. 玻璃花瓶

玻璃花瓶的造型各异、种类繁多、规格齐全，并能与花卉相互映衬、相得益彰，是理想的花卉水培器皿，但价格较高。

2. 高脚酒杯

由于高脚酒杯的杯子是由细脚托起，因而造型显得轻盈灵巧，特别适宜用作小型水栽花卉的栽培器皿。

3. 茶杯

茶杯的形式和规格比较单一，深度也无变化，但获取比较容易，也比较经济，可作中小型水栽花卉的栽培器皿。

4. 酱菜瓶、饮料瓶和矿泉水瓶

这些器皿虽然简单，但取材方便，又十分经济，而且形式和规格也较多，用来水栽花卉，往往也能取得较好的观赏效果。对于塑料的饮料瓶和矿泉水瓶，可先根据水栽花卉所需要的高度，用剪刀将上部剪去后使用。

选择器皿的原则

选择水栽花卉的器皿时，应考虑以下几个方面：

1. 清晰度要高

用作花卉水栽的器皿以无色、无印花刻花、无气泡的器皿为好。

2. 款式与花卉协调

对于络石藤、绿萝、洋常春藤等枝蔓下垂的花卉种类，宜选择细而高的器皿，以让垂枝飘然垂下，对于三角接球、彩云阁、龙骨等植株较高而根系较少的花卉种类，宜选择深度较大的器皿，以帮助花卉的直立。

3. 规格与花卉大小协调

对于如龟背竹一类具有大型的叶片，其地上枝叶重量较大的植物，宜选择规格较大且比较厚实的器皿，以求得均衡和稳定；对于宝石花、条纹十二卷、五色椒草等一类株形较小的花卉，则宜选择小巧轻盈的器皿。

为增添水体中的景观效果和稳定容器，还常在水培的透明容器中投放些小形的雨花石之类的彩色石砾，观赏效果会更好。

水培花卉的日常养护

正确摆放水培花卉

水培花卉应把握植物的生长习性进行因地制宜地摆放，如荷花一定要放在阳光充足的地方，桃叶珊瑚、八角金盘则要避免夏季强烈的西晒阳光等。摆放在室内的水培花卉应有较好的光照。

水培花卉要定期换水

水培花卉应该定期进行换水。插枝式水培，在生根前最好每1～2天换一次水，以保持水中有较高的含氧量，利新根的萌发；生根后夏季每星期换水一次，其他季节每10～15天换水一次，发现死根或腐烂根应及时剪除。

水培花卉的病虫害防治

发现病叶及枯枝败叶应及时清除，冬季做好保温工作，以免冻害。

水培花卉的施肥管理

顾名思义，水是水培花卉的主要介质。所施用的肥料完全是无机养料，而且是由多种营养元素配制而成的。而水中所含的营养物质中，花卉所需的大量元素氮、磷、钾几乎为零，所含微量元素与土壤相比也是相差悬殊，远远不能满足花卉正常生长的需要。因此，给水培花卉及时合理施肥，的确是一项十分重要的管理措施。

少施勤施

水培花卉施肥要掌握"少施勤施"的原则，可结合换水进行，一般每换一次水都要加一次营养肥，以补充换水时造成的肥料流失。

根据花卉特性合理施肥

水培花卉还要根据其不同情况，进行合理施肥。一般规律是，根系纤细的花卉种类，如彩叶草、秋海棠等耐肥性差一点，不需要大量的肥料和较高的浓度，施肥时应掌握淡、少、稀的原则。

另外，对观叶花卉施肥应以氮肥为主，辅助磷、钾肥，以保证叶子肥厚、叶面光滑、叶色纯正。但必须注意，对叶面具有彩色条纹或斑块的花卉种类，要适当地少施些氮肥，因其在氮肥过多时会使叶面色彩变淡，甚至消失，应适当地增施磷、钾肥。

根据季节和气温合理施肥

一般在夏季高温时，水培花卉对肥料浓度的适应性降低，所以此时应降低施肥的浓度。特别是一些害怕炎热酷暑的花卉，在高温季节即进入休眠状态，水培花卉体内的生理活动较慢，生长也处于半停止或停止状态。对于此类花卉，此时应停止施肥，以免造成肥害。

看花卉长势施肥

室内的光照条件都比较差，虽然室内所养观叶水培花卉大都是喜阴或半喜阴的，但在长时期缺少光照或在光照过弱的情况下，其植株也会比较瘦弱，对肥料浓度的适应性也会降低。因此，当水培花卉在光照条件较差的环境中生长不良时，或由其他原因造成花卉植株生长不良时，应停止施肥或少施肥，并尽量降低施肥的浓度。

控制施肥量

土壤栽培的基质为土，而土壤颗粒的表面可以吸附一部分养分，多余的养分还可以通过盆底的漏孔自动流失，所以能对施肥的浓度起到一定的缓冲作用。水培花卉的施肥则不同，营养液中的各种营养元素全部溶解在水中，只要其浓度稍微超过花卉对肥料的忍耐浓度，就会产生危害。因此，对水培花卉的施肥量和施肥种类严格控制是十分重要的。在施用营养液时，应注意尽量选用水培花卉专用肥，并严格按照说明书使用，以免施用过多、浓度过大对花卉造成肥害。

不要直接施入尿素

刚转入水培的花卉还未适应水中的环境，常常会出现叶色变黄或个别烂根现象，此时不要急于施肥，可停10天左右，待其适应了环境或长出新的水生根后再施肥。

如发现施肥过浓造成花卉根系腐烂，并导致水质变劣而发臭时，应迅速剪除腐烂的根，并及时换水和洗根。

不要在水中直接施入尿素。因为尿素是一种人工无机合成的有机肥料，水培是无菌或少菌状态下的栽培，如果直接施用尿素，不但花卉不能吸收营养，而且还会使一些有害的细菌或微生物很快繁殖而引起水的污染，并对花卉产生氨气侵害而引起中毒。

第二章
花卉病虫害防治与健检

第一节 花卉病虫害防治

🌿 花卉病害的概念及影响

人的身体如果得不到照顾就会生病，花卉如果得不到科学养护也会生病。花卉生长离不开良好的环境，比如：阳光、温度、水分、营养、空气等。如果这些生长条件不适宜，或是遭受有害生物的浸染，花卉的新陈代谢作用就会受到干扰和破坏，超过其花卉自身的调节适应能力时，就会引起生理机能和组织形态的改变，致使花卉的生长发育受到显著的阻碍，导致植株变色、变态、腐烂，局部或整株死亡。这种现象就是花卉生病的表现，简称病害。生理性病害和浸染性病害是花卉病害的两大形式。

花卉病害对花卉根、茎、叶等任何部位引起的损伤，都会影响花卉的正常生长发育，降低其观赏价值，有些还能导致其局部或整株死亡。

病害对叶子的影响

很多花卉发生病害后，会出现叶片黄化、花叶、皱缩、病斑或焦枯等症状，严重时还会造成落叶，从而影响花卉的光合作用，降低花卉的观赏价值。常见的叶部病害有叶斑病、叶枯病、炭疽病、白粉病、锈病、煤烟病等。

病害对茎的影响

有些花卉因病菌堵塞或破坏花卉维管束的水分运输，造成植株萎蔫、死亡；有的茎部病害引起枝条溃疡病；有的病害造成根茎部皮层腐烂等。常见的有枝枯病、萎蔫病、菌核病、腐烂病等都是由于茎部受病原物侵害所致。

病害对根部的影响

花卉一旦根部受害、腐烂，水分和养分的吸收就会受到影响，甚至终止，这样势必会引起植株生长衰弱，甚至全株死亡。

🌿 花卉生病的几大常见原因

花卉为什么会"生病"？花卉的侵染性病害是由病原生物引起的，如真菌、细菌、病毒、类菌质体、线虫等。其中以真菌引起的病害最多。这些病害能传染称为侵染性病害，如月季白粉病、兰花炭疽病、仙客来灰霉病等。

非侵染病害不是由病原生物引起的，不能传染，是由环境条件、营养因素造成的，如温度过高、过低，水分过多、过少，光照过强、过弱，肥料过多或不足，土壤酸碱度不适宜，有毒气体、农药使用不当等引起的生理障碍。

花卉的侵染性病害

1. 真菌引起的病害与症状

真菌引起的病害是花卉生产中的主要病害。真菌的生长发育分为营养和繁殖两个阶段。真菌的营养体是由丝状的菌丝体组成，在花卉受害部分向各个方向延伸，吸收养分。真菌的繁殖体包括各种类型和大小的子实体和有性繁殖两种方式。真菌孢子可借风、雨、虫传播，不断地再侵染。真菌病害的病症常见的有白粉、锈粉、霉层、煤污等，对应的病害有白粉病、锈病、霜霉病、煤污病等。真菌病害常见症状有变色、腐烂、猝倒、立枯、穿孔、叶斑、萎蔫、畸形等。

2. 细菌引起的病害与症状

为害花卉的细菌大多呈杆状。病原细菌一般在病残体上越冬，借水流、雨水、昆虫、工具等传播。细菌的侵染主要从气孔、皮孔、蜜腺和伤口侵入。细菌病害一般呈水渍状坏死、腐烂，散发出臭味，出现黄色或白色的溢脓，干燥后呈灰白色薄膜。

3. 病毒引起的病害与症状

病毒主要通过刺吸式昆虫、嫁接、机械损伤的伤口等侵染花卉。病毒主要在种子、病残体、土壤和昆虫体内越冬。病毒病常见症状有花叶、斑枯、丛枝、矮化、畸形等。

4. 线虫病的症状

线虫是一种低等动物，体微小，体长1～2毫米，体宽0.2～0.3毫米，其繁殖通过雌雄交尾产卵。常寄生于土壤中植物的根部。为害花卉后，表现生长不良，植株矮小，叶片皱缩，有的在被害根部形成瘤状突起。南方常见的有多种花卉根结线虫、花生根结线虫等。

花卉的非侵染病害

花卉的非侵染病害是由环境条件不适宜引起的。

1. 因温度引起的病害

温度过高、过低造成的灼伤或冻害。如夏天强光高温，造成君子兰叶片局部灼伤坏死。早霜（秋霜）和晚霜（早春）常使花木的叶片、花芽、叶芽受冻害。

2. 因水分引起的病害

花卉暂时萎蔫是短时间缺水的表现，可以恢复；若是严重干旱就会凋谢甚至干枯死亡。如果水分过多，长时间根部缺氧，则根系变色腐烂。

3. 因土壤引起的病害

不同花卉对土壤酸碱度及含盐量的适宜范围、忍耐程度不同。不适宜时表现为生长发育不良，甚至枯萎死亡。如杜鹃花喜酸性土壤，在中性或碱性土壤中，生长受阻，甚至死亡。花卉发生盐害时，多表现为生长受阻、衰弱、褪绿、干枯、落花等不正常现象。

4. 因肥料引起的病害

肥料不足植株矮小、叶色浅；肥料过多，茎、叶、花扭曲。土壤中营养元素不平衡、缺少某种元素都会出现相应的生理病害。如缺铁时心叶失绿发黄；缺氮时叶小，色淡，植株生长细弱；缺磷时花芽发育不良，影响开花结果。施肥过多容易产生危害。

5. 因农药引起的病害

农药浓度过大会造成药害，叶片上出现污褐色斑块。空气中的有毒气体（如氨、二氧化硫、硫化氢等）及粉尘、土壤和水中的有毒物质，都可造成植株生长发育不良或死亡。

花卉虫害的起因与识别

养花环境不合理是引起花卉虫害的一大原因。以温度为例，如果温度过高，会使害虫的寿命缩短，但发育加快；温度过低，就会使害虫发育减缓，但寿命相对延长。另外，湿度是影响害虫繁殖及成活率的另一因素，如介壳虫喜欢燥热的环境，所以介壳虫害常常发生在干旱的年份或季节。直接影响害虫生长与繁殖的因素还有土壤的土质与酸碱度。所以在养花时，一定要保证以上条件适合花卉生长而不利于害虫存活。

花卉得了虫害，我们该如何辨别呢？

被咬食后的叶片仅剩下叶柄的，多是天蛾幼虫、螟蛾、天幕毛虫、舟形毛虫等为害。

潜叶蛾的幼虫常钻入叶肉里，把叶片穿成一道道弯曲的黄白色孔洞，并出现灰褐色近圆形斑，里面有黑色虫粪。

布袋虫身长15～17毫米，呈乳白色，幼虫吐丝做囊，身居其中，囊外缀以碎叶、草根、细枝，形似蓑衣布袋。幼虫取食叶片，严重时可将叶肉食尽。风会加速这种虫带来的危害，每年6～7月布袋虫的危害最严重。

粉虱和木虱常危害植物嫩叶、嫩梢，造成卷叶、皱缩，并携带油质分泌物，叶片上常有许多卵，但叶片没有被咬伤的痕迹。

金龟子成虫咬食叶片，幼虫称蛴螬，为地下害虫。成虫体长19毫米左右，长椭圆形，1年1代，通常在6～7月间，黄昏时飞出危害。叶片损伤时，可见花、花蕾、叶片被咬成残缺不全、留下丝状的叶丝，甚至叶被吃光仅留下叶柄，虫粪是尖细的。

红蜘蛛体长不到1毫米，呈橘黄或红褐色，像一粒粒的小火球，1年能繁殖10余代。常见叶片呈现密集的细小灰黄色点或斑块，多发生在主脉两侧，严重时造成部分或整株焦叶、落叶。

蜗牛或蛞蝓常把叶片咬成缺口或孔洞，并在叶片上留有白色黏液和线状粪便。

受到绿盲蝽侵害的叶片，叶面常萎缩成球状，但无咬伤的痕迹。新叶展开时无新伤害就破烂了，也多是绿盲蝽所为。

梨星毛虫侵害叶片时，常把叶片顺向折叠成"饺子"状，幼虫藏在其中为害。

金花虫常把许多叶片啃成透明斑点状。

刺蛾虫身长25毫米左右，呈黄绿色或黑色，全身有刺毛，且分泌毒汁，通常在5～10月危害叶片。叶片受到损伤时可见零星叶片被咬成大的缺口或呈灰白色透明网状。

绿色的卷叶虫幼虫经常咬食嫩叶、嫩梢，并常把叶片缀在一起。卷叶虫体长18～20毫米，受惊动即行吐丝下垂。1年繁殖2～3代，10月以幼虫在茎干翘皮处结小茧越冬，次年4月又开始为害。

蓟马侵害后的叶片常呈卷缩、枯黄状，并把花朵、果实、叶片、嫩梢吸成银灰色条形或片状斑纹。

叶片被军配虫感染后，全叶呈苍白色，同时叶片背面有黑色像柏油状小块的排泄物。

黏虫分布普遍，主要危害草坪及其他地被植物。该虫以幼虫蚕食叶片和嫩茎为主要危害，严重时，只留一些光杆秃枝，是容易爆发成灾的害虫。

叶蜂幼虫咬食叶片后，只剩下叶脉。

花卉病害的防治

花卉得了病害，并不是不可救治的，只要合理防治，就可能恢复到健康状态。这就需要养花人有病害防治意识，最好能具备相关知识和技能。

防治花卉病害，最基本的就是选择品种优良、抗病力强的花卉苗木或采用组织培养法繁殖无毒苗，从根本上杜绝花卉病害。

另外，合理施肥与浇水，注意通风透光，注意田园卫生，铲除杂草，也是防治花卉病害的一种方法。

发现花卉病害，要及时、准确地处理是最常见的防治病害的方法。

花卉发生病毒性病害时，要把植株上有严重病虫害的枝条或叶子剪掉，以切断传染源，同时必须把剪掉的枝条及时烧毁。

接触过病株的手和工具都要及时用肥皂水清洗，这样做是为了防止人为的接触而传染病毒。

防治花卉病害还可采用适当的药剂喷洒在植株上，常用的农药有波尔多液、石硫合剂、托布津、五氯硝基苯、甲醛水、代森铵、多菌灵、二溴氯丙烷等。

如果是由病菌引起的病害，除改善环境外，还要合理地施用磷钾肥料，以增进植株的抵抗能力，利用这些方法可以防止病害发生。

如果植株已经受害，长势很弱，要注意花卉对光照、温度、浇水和湿度等的承受能力，不可按照正常的花卉管理方式进行管理。最好把植株先移到阴暗处，经常喷洒水雾。必要时还可以在植株外罩上塑料袋，用以保持湿度。直到它长出新叶，显示出健康的迹象，再进行正常的管理养护。

对于那些因花卉生理失调引起的病害，只要我们做好培育管理工作，如浇水得当、用肥适量等，就可有效防治此类病害。

🌿 花卉虫害的防治

对花卉而言，除病害之外，虫害也是让人忧心的。与病害相比，虫害的产生有一定的规律性。在养花实践的积累中，养花人们已经总结出应对、防治花卉虫害的方法，具体说来主要有以下几种手段：

合理种植

花卉摆放或种植时，要保持一定距离，以避免枝叶相互密接，防止介壳虫、蚜虫等害虫的迁移和扩散。

修剪

修剪可促使花卉健壮生长并改善通风透光条件，还可直接除去病虫害枝，并及时烧毁修剪后的病虫枝。

人工除虫

对形体较大而又暴露在外的皮虫囊、洋辣子等害虫，可直接人工捉除。

翻盆

庭园露地种植的花卉，在初冬时进行深翻，可冻死土中越冬的害虫。种植在盆里的花卉，在早春换土翻盆时，将宿土抖落，换消毒过的土壤，可减少土中越冬的害虫。

清理

很多花卉的虫害喜欢在落叶中越冬，冬季要抓住时机清除花卉上的残叶及周围的落叶杂物。

刮除虫体

对潜藏在花卉翘皮、裂皮内的害虫及暴露在枝干上、叶片正反面的介壳虫、黄刺

蛾等越冬害虫，在冬季要用刮刀将翘皮、裂皮内的虫体刮除消灭，用刷子将介壳虫等刷除。

药物熏杀

对天牛、木蠹蛾等蛀干性害虫，找到蛀孔（排粪孔）后，可在孔内塞进蘸有稀释20倍的乐果药液棉花球或药棒。

捅杀

对天牛、木蠹蛾、葡萄透翅蛾等蛀干性害虫，发现蛀孔（排粪孔）后，可用铁丝从孔口插入蛀洞内，将虫捅杀，或将害虫从洞内钩出。

药物喷杀

在杀虫药剂中加入适量中性洗衣粉或洗洁精等，除可提高药液的展布和黏着性能外，还有溶解害虫体表蜡质和窒息害虫的作用。

除虫治病的常用药剂

根据药剂的作用方式，杀虫剂可分为胃毒剂、触杀剂、熏蒸剂和内吸剂四大种类。

胃毒剂是指通过害虫消化系统进入体内，使害虫中毒死亡的药剂；触杀剂是通过接触害虫表皮渗入害虫体内，使害虫中毒死亡的药剂；熏蒸剂是以气体状态通过害虫呼吸系统进入害虫体内，致使害虫中毒死亡的药剂；内吸剂是指通过寄主植物根、茎、叶等吸入植物体内，并能传导到植物其他部位，害虫取食其组织或汁液后引起中毒死亡的一类药物。

乐果

乐果对害虫具有强烈的触杀和内吸作用，并有一定的胃毒作用。乐果主要用于防治刺吸式口器害虫，如蚜虫、叶蝉、粉虱、椿象、介壳虫、蓟马，以及潜叶性害虫。另外，乐果对螨类以及某些咀嚼式口器害虫也有一定防治功效。乐果对梅花、樱花、桃、榆叶梅等易产生药害，不宜使用；对于菊科花卉、无花果及柑橘等花木，在使用时不要浓度过高。在使用乐果时，要注意不能与碱性农药混合使用。

辛硫磷

辛硫磷对鳞翅目幼虫等害虫有特殊的防治功效。在生活中，人们常用辛硫磷防治鳞翅目幼虫、蚜虫、螨类、叶蝉、地老虎、蝼蛄、蛴螬、金针虫等虫害。

辛硫磷有光解速度快、高效、低毒、有效期长等特点，是一种广谱性杀虫剂，具有触杀和胃毒作用。

杀螟松

杀螟松有较强的胃毒作用，并能渗透到植物组织内杀死钻蛀性害虫，是一种广谱性杀虫剂。杀螟松对刺吸式、咀嚼式口器害虫和蛀食性害虫都有强烈的触杀作用，杀螟松也可防治各种鳞翅目幼虫、蚜虫、螨类、介壳虫、叶蝉、粉虱、蓟马等害虫，用杀螟松防治螟蛾类和潜入叶内、卷叶内的害虫，效果特别好。

马拉硫磷

马拉硫磷具有触杀、胃毒和微弱的熏蒸作用。马拉硫磷可防治蚜虫、蓟马、叶蝉、叶螨、粉虱、椿象、刺蛾、介壳虫、卷叶蛾、金龟子等害虫。

倍硫磷

倍硫磷杀虫范围广、药效长，具有触杀、胃毒和一定的内吸作用。可用倍硫磷防治叶螨、蚜虫、介壳虫、刺蛾、尺蠖、潜叶蛾等虫害。

亚胺硫磷

亚胺硫磷具有触杀和胃毒作用，对多种食叶及吸汁的害虫均有效。亚胺硫磷可防治介壳虫、叶蝉、刺蛾、粉虱、蓟马、红蜘蛛、蚜虫、卷叶螟、盲蝽、尺蛾、潜叶蛾等虫害。

西维因

西维因杀虫范围广，药效长，有触杀、胃毒及微弱的内吸作用。西维因可防治多种鳞翅目幼虫、象甲、蚜虫、粉虱、蓟马、介壳虫、金龟子、负泥虫等

呋喃丹

呋喃丹可有效地防治蚜虫、螨类、叶蝉、介壳虫、线虫、多种鳞翅目幼虫，并能杀死土壤内的蛴螬、地老虎、白蚁等地下害虫。呋喃丹药效长，具有触杀、胃毒及内吸作用。另外要注意，呋喃丹属高毒农药，使用时应采取严格的防毒措施，以免人体中毒。

科学使用农药，以防中毒

在当今，农药是一个很敏感的词，但对于养花而言，使用农药是最常见的杀虫治病措施。不过，如果农药使用不合理，不仅起不到防治病虫害的目的，还会对花卉造成伤害。所以养花者必须学会正确使用农药，同时要采取合理的防护措施，防止中毒。

选择正确的用药时间

如果外界环境发生改变，会影响病菌、害虫、杂草的生理活动和药剂的理化性状，以致影响药效。环境条件主要是指光照、风、土壤、温度、湿度、植物等。此外，植物表面的蜡质层和茸毛、土壤的质地、土壤有机质含量等对药效也有直接影响。所以，只有制定适宜的防治措施，创造不利于病虫害发生的环境条件，才能达到控制其发生危害的目的。比如防治日出性害虫应安排在上午8~9点，此时露水已干，温度也不太高，是日出性害虫取食、活动最旺盛的时候，这时用药不会因为有露水而冲淡药液或因温度过高而降低药效，有利于害虫增加食药和触药的机会。

例如防治夜出性害虫应安排在下午5~6点，此时可避开强光、高温时段，害虫即将开始活动时用药，药效比较明显。

对症下药

"对症下药"就是根据病虫害的种类选择农药。对于生理性病害来说，只能通过创造与其原产地相似的生态环境、改善栽培措施来解决问题，使用农药起不到良好的作用。对于病毒性病害，应以切断传染途径为主要防治措施，如防治虫害、修剪工具消毒等。

如果花卉发生侵染性病害，要仔细区分是哪种病原菌侵染引起的，然后再"对症下药"：

细菌性病害通常有恶臭味，切开会流菌脓，可用农用链霉素等药物进行防治；真菌性病害好发于春夏之交，尤其是高温多湿时，可用多菌灵等防治。

家庭养花 实用宝典

如果花卉发生虫害，该使用哪种药物呢？这要看是什么口器的害虫，如果是蚜虫、介壳虫、红蜘蛛、粉虱等刺吸式口器的害虫，就要选用触杀剂和内吸剂；如果是甲虫、蛀干害虫、蛾蝶类幼虫、地下害虫等，应选胃毒剂。家庭灭蝇虫的喷剂含有菊酯类药物成分，也可以用来防治一些常见害虫。

多药轮流使用

如果花卉同时受到虫害和病害的侵害，可用灭菌、灭虫同时进行。对于一般性害虫，可用乐果与敌敌畏1：1的混合液，这种混合液的效果比较好，很多害虫都可用此药杀除。

杀菌剂、杀虫剂两者也可混合使用，混合后能同时防治多种病虫害。但要注意：混合后会产生絮状物或大量沉淀的农药不能互相混用；混合药剂一般不要超过3种；酸性农药与碱性农药不能混合使用；混合的农药要及时使用，不能久放，以免产生药害或失效；酸性农药可加入米醋，既可当肥又可当药，可谓一箭双雕。

慎重用药

大部分内吸杀虫剂和杀菌剂以向植株的上部传导为主，很少向下传导，因此喷药时应均匀周到，不要重喷，也不要漏喷。在刮大风的天气里，不要喷药，以免影响防治效果。

使用农药时，要考虑到花卉的特性以及花卉的生长特点，因为不同种类的花卉，或同一品种不同发育阶段的花卉，对农药的反应情况也不同。如百菌清使用浓度过高时易对梅花产生药害，波尔多液及含铜杀菌剂对文竹等易发生药害，乐果对碧桃、樱花、贴梗海棠、梅花、榆叶梅等易发生药害，敌敌畏对杜鹃、梅花、樱花等易发生药害，杀螟硫磷有时会对石榴、紫罗兰等发生药害。同一种花卉，一般在幼苗期、在嫩梢嫩叶部位容易产生药害，大部分花卉在花期对农药敏感，用药应慎重。

控制药量

农药标签或说明书上推荐的用药量一般都是经反复试验才确定下来的，在使用的过程中不能随意增减，以防危害花卉本身或影响防治效果。

谨防中毒

使用农药时必须谨防人体中毒。绝大多数农药都是有毒的化学物质，虽毒性不同，但对人体都有或多或少的毒性危害。所以使用时一定要注意安全，避免中毒。施用农药前要先了解各种农药的毒性及使用注意事项。施用时最好戴上橡皮手套，防止药物沾在皮肤上；喷药时最好选无风天气在室外进行，如有微风要朝顺风方向喷施，以免药液溅到脸上和毒气进入人体；施药后要马上用肥皂将手洗净。

🌿 家庭无污染防病虫害

怎样做才能既防治病虫害又可以把对环境的污染降到最低？在提倡环保生活的今天，这是所有养花人们的追求。其实，在花卉的家庭养护过程中，除了使用一些药物防治花卉病虫害以外，还可以利用一些无污染的材料进行病虫害的防治，这些材料无药害，无残毒，无污染，且防虫治病的效果也不一般。

硅钙肥

硅钙肥是一种新型肥料，给花卉施肥时，拌少许硅钙肥，可以提高表皮细胞的坚硬度，从而增强了花卉抗御害虫侵害的能力。

草木灰

在盆面经常撒施草木灰，能大幅度降低芍药、郁金香、仙客来等花卉灰霉病的发病率，同时增加盆花对钾肥的吸收率，从而促使花枝粗壮、花色艳丽。用草木灰0.5千克兑水2.5千克，浸泡一昼夜，滤去杂质后，用滤清液喷洒受害的植株，可有效地杀死梅花、月季、石榴、寿星桃等的蚜虫。

小苏打

用0.1%小苏打溶液细喷于受害植株，对月季、菊花、凤仙花、木芙蓉、瓜叶菊等花卉的白粉病防治率可达80%以上。

酒精

用酒精轻轻地反复擦拭患有介壳虫的兰花病叶，能把即使肉眼也看不清的幼虫彻底杀灭掉，第二年也很少发现有介壳虫的危害。

碘酒

如遇盆景的主干腐烂，可用碘酒擦过的刀片将腐烂部分全部刮除，深达木质部，而后涂抹碘酒，隔7～10天再涂抹1次，不仅可以彻底治愈，而且时间一长，主干斑瘤突出，愈发显出苍古奇特，别具风趣。

烟草粉

用40克烟草粉浸入1千克水中，浸泡24小时后过滤，对被害植株喷洒2～3次，间隔5天，可防治红蜘蛛和蚜虫等害虫。

食醋

用食醋50毫升，将棉球在醋内浸湿后在花卉茎、叶上轻轻揩擦，既可杀灭介壳虫，又能使曾被介壳虫损害过的叶子更绿更有光泽。

尿素

花卉发生蚜虫、红蜘蛛、蓟马等虫害时，用20%的尿素溶液每10天左右喷洒1次，连续喷2～3次，不但能杀死上述害虫，而且能使植株叶色鲜绿发亮。

第二节 常见的花卉病虫害与防治

褐斑病

褐斑病是一种极为常见的花卉病。褐斑病主要危害菊花、芍药、牡丹、榆叶梅、紫薇、一品红、贴梗海棠、杜鹃、山茶、桂花、郁金香、非洲菊、凤仙花、天竺葵、鸡冠花、月季、蜀葵、千年木等多种花卉。因为生病的花卉植株叶面上会出现褐色的斑点，所以该病被形象地称为褐斑病。这种病害会严重影响花卉的观赏性及其健康程度。

褐斑病的防治方法：

（1）加强栽培管理，上盆时注意土壤消毒，杀死潜伏病菌，花卉摆放不宜过密，要注意通风透光，注意花盆底部排水良好，以增强花卉本身的抵抗力。

（2）发现病叶要立即摘除并销毁，以防扩散感染。

（3）发病严重时，应喷药防治，可以喷施1%的波尔多液，或75%的百菌灵可湿性粉剂600～800倍释液，或可喷洒65%可湿性代森锌粉剂500～600倍液，或50%代森铵200倍释液，或布托津200倍稀释液。

（4）喷洒叶片正反面、茎部，同时浇灌根部土壤。

白粉病

白粉病可侵害叶片、枝条、花柄、花蕾，在叶背面或两面出现一层白色粉状物，叶片卷曲，不能开花或开畸形花。严重时植株矮小，花小而少，叶片萎缩干枯，甚至死亡。

白粉病病菌的菌丝体在病芽、病枝或落叶上越冬，在温室中白粉病可周年发生。春天露地温度达到20℃左右时适合白粉病发生和传播，并产生大量的分生孢子进行传播和侵染。6～8月的高温又产生大量分生孢子，扩大再侵染。月季、蔷薇、凤仙花、菊花、大丽花等花卉易得白粉病。

栽植过密、施氮肥多、浇水多、光照不足、通风不良可加重白粉病发生。

防治方法：

（1）选用不带病菌的材料种植，及时剪除病枝、病芽、病叶，清理腐枝烂叶，减少侵染来源。

（2）注意通风透光，增施磷、钾肥，在休眠期喷洒2～4波美度石硫合剂；在生长季节喷70%甲基托布津可湿性粉剂700～800倍液，或50%多菌灵可湿性粉剂800～1000倍液，或50%代森铵粉剂800～1000倍液。

根腐病

从野外挖掘的花卉移栽到盆中后，常会发生根腐病。根腐病大多是由于移栽不当，加上伤口被病菌感染及淋水过多、土壤涝渍、透气不良而引起。另外，施肥过多也会引起烂根。根部腐烂后，吸收功能受到影响，导致地上部分枝枯、叶落。

防治方法：

（1）小心地把原株挖起，修剪根系的腐烂部分，然后用新土栽种。

（2）改变花卉的生长条件，增加光照，疏松土壤，适当控制水、肥，促使其恢复生长。

叶霉病

叶霉病发病初期，叶片上会出现圆形紫褐色斑点，乍看起来有点像褐斑病的样子，但是随着时间的推移，这些斑点的面积会逐渐扩大，并且中央呈淡黄褐色，边缘呈紫褐色，病斑上有明显的同心轮纹。到了秋天，病斑变成黑褐色，焦脆，易破裂，其上长有墨绿色的霉状物。严重时，病斑会由植株下部蔓延至整株叶片，造成大量叶片焦枯，影响花卉生长和第二年的开花。管理不善、湿度大或植株受冻均可引发叶霉病。

防治方法：

（1）加强管理，注意整枝，保持植株通风性和透光性，保持土壤干爽。

（2）及时清理病叶、枯枝，并将其集中烧毁。

（3）在初春和初秋时每周喷1次波尔多液120～160倍液或65%代森锌可湿性粉剂500～600倍液进行预防。

黄叶病

黄叶病也是很常见的花卉病害之一，多发生于喜酸性土壤的花卉，如栀子花、香樟等。黄叶病发病原因主要是碱性土中铁元素呈不溶性状态，不能为花卉所吸收而引发的缺铁病症。症状表现为叶片出现褪绿斑点至全部变成黄白色，严重时局部坏死而呈现褐色焦枯。但必须指出的是，花卉叶片发黄除患有黄化病外，还有很多因素也会导致枝叶发黄，如因缺光，根部淹没，缺少氮、镁、硫、锰、铜元素所致。检验黄化病的常用方法是，将1克硫酸亚铁溶于200毫升水中，再放进1枚铁钉、1滴浓硫酸（防止硫酸亚铁被氧化变质），放入棕色瓶中密封保存。使用时蘸些硫酸亚铁溶液涂于患病叶片上，10天后观察，如该叶转绿，则说明该植株患有黄化病，应及时治疗。

防治方法：

（1）用酸性培养土栽培。

（2）用0.2%硫酸亚铁每半个月进行1次叶面喷雾，直至叶片康复。

（3）每半月给花卉施一次矾肥水。

炭疽病

炭疽病主要危害花卉植株的叶片，也能侵蚀茎、梢、花蕾及果实等部位。

发病初期叶片上出现圆形或半圆形红褐色斑块，以后变成黑褐色。在病斑的四周还会出现黄色晕圈，严重时许多病斑融合在一起形成条带状，中央变成灰白色并出现小黑点，使叶片坏死而脱落。

炭疽病主要危害梅花、米兰、君子兰、无花果、石竹、橡皮树、仙客来、仙人掌类、牡丹、鸡冠花、金盏菊、冬珊瑚、散尾葵、万年青、茉莉等多种花卉。

一般来说，炭疽病菌生长适温为22℃～28℃，空气相对湿度在90%以上。在高温的雨季，能借风雨传播，且传播迅速。如果通风不良、盆土过湿，又长期见不到阳光，发病更为严重。

防治方法：

（1）防治炭疽病，首先要加强栽培管理，防止虫害，避免植株形成伤口。

（2）养护时应把盆距拉开，以免交叉感染。

（3）经常在花卉的茎、叶上喷洒160倍波尔多液，每半个月喷1次，连续喷2～3次。

（4）发病后可喷洒浓度为50%的菌丹500倍液或浓度50%的多菌灵500倍液，每隔7天喷1次，共喷3～4次，可防治感染。

煤污病

煤污病一种常见花卉病害，它多由介壳虫、蚜虫等传播。因此，凡遭受介壳虫或蚜虫侵害的花卉，就容易发生煤污病。这是因为介壳虫、蚜虫分泌的蜜汁为病菌提供了营养源。

煤污病危害的花木很多，主要发生在马蹄莲、万年青、龟背竹、苏铁、山茶、栀子、茉莉、桂花、海桐、含笑、夹竹桃、石榴以及各种盆栽柑橘类花木的叶片和嫩枝上。

一般来说，每年春、秋两季危害较重，在湿度大、通风不良的温室内全年可发病。发病后，在嫩叶、嫩梢上生有黑色霉点，严重时叶面布满煤烟状物，影响光合作用，也影响植株的正常呼吸，使植株变得体弱多病，看起来没有光泽。

防治方法：

（1）首先要切断传播途径，即杜绝介壳虫和蚜虫。

（2）在发病初期，须及时、准确地使用药剂，如波尔多液、石硫合剂等，此办法一般用于大规模的花卉种植。

（3）如果养的花卉数量比较少，也可用脱脂棉球蘸上低度白酒把枝叶上的煤污擦干净，擦净后立即用清水冲洗，放在通风的地方将植株晾干即可。

灰霉病

灰霉病是一种常见的花卉病害，灰霉病经常侵害花卉的叶、茎、花、果实。

灰霉病的初期出现水渍状斑点，然后发展成为褐色或黑褐色软腐病，最终导致枝叶干枯。尤其在空气潮湿时，患部长出灰色茸毛状物，发病严重时可使全株死亡。

仙客来、瓜叶菊、翠菊、荷包花、金盏菊、大岩桐、玻璃翠、四季秋海棠、大丽菊、天竺葵、球根海棠、菊花、香石竹、唐菖蒲、金莲花、一品红、扶桑、山茶等花卉易受灰霉病的侵害。

防治方法：

（1）在发病初期，及时摘除病叶、枝、芽和带病的花蕾，然后喷洒70%托布津1000倍液或50%代森铵800～1000倍液或粉霉灵。

（2）喷药重点除病部外，还有土壤表面。或者用五氯硝基苯与80%代森锰锌可湿性粉剂等量混合均匀，每平方米用药8～10克进行土壤消毒。

（3）让植株尽可能地接受太阳光的照射，避免潮湿、阴冷的环境。

枯焦病

翠菊、石竹、唐菖蒲等易得此病，它是由丝核菌或镰刀菌侵染引起的。此病的病菌多从根茎处侵染，受害部腐烂缢缩，呈红褐色，叶片自下而上枯死，由缢缩处折断。危害已木质化幼苗则呈直立萎蔫而枯死为典型症状。

防治方法：

（1）用五氯硝基苯进行土壤消毒（剂量为8克/平方米），浇灌育苗床土，上盖塑料布，经7～10天揭除即可。

（2）发现个别病苗，及时连土铲除，用代森铵1500倍液浇灌，每7～10天1次。

（3）幼苗期要严格控制浇水，新出土幼苗可用1%硫酸亚铁或托布津2000倍液浇灌，用量2.5千克/平方米。

茎腐病

茎腐病是由真菌引起的，主要危害茎基部或地下主侧根。发病之初是先从新梢向阳面距地面较近处生成暗灰色的病斑。这种病斑一旦出现就会迅速向四周扩展，逐渐扩展成为绕茎基部一周的病带，此时，植物会出现皮层腐烂，地上部分叶片发黄变蔫，继续发展下去，就会导致整株枯死。

经验丰富的养花人告诉我们，该病在4～9月皆可发病，高温、潮湿、闷热期为发病高峰期，该病害发病快，来势猛，一旦发病，目前尚无有效药物治疗，应以预防为主。

只要按时用药预防，不管怎么施肥、浇水，甚致水和肥液灌进草心也毫无问题。如果不用药预防，不管怎么小心，甚至不浇水，该病照发不误。最有效的方法就是药物预防。

具体的预防方法如下：

（1）在5～7月间，多为受害植株的发病初期。此时，分别在易发病的品种上喷施38%恶霜嘧铜菌酯1000倍液。

（2）将病枝剪下集中烧毁，消除病原。

（3）合理轮作，深翻土地，清除病残和不施用未腐熟的有机肥，可以减少田间菌源，达到一定的防治效果。

锈病

锈病是花卉的另一种常见病害，玫瑰、菊花、海棠、萱草、结缕草等易得此病。锈病主要为害叶片、茎、花柄和芽。以能形成一定颜色的锈粉堆为其特点。如玫瑰锈病，病芽早春开展时就有鲜黄色粉状物，叶背面出现黄色稍隆起的斑点，后变成橘黄色粉堆——夏孢子堆。

严重时叶背布满一层黄粉，叶片焦枯，提早脱落。夏孢子堆在生长末期，产生大量的黑褐色粉堆——冬孢子堆。又如结缕草锈病，主要发生在叶片上，发病初期，叶片上产生疱状斑点，并逐渐扩展为黄褐色稍隆起病斑，进一步变为橘黄色的夏孢子堆。在结缕草生长末期形成黑褐色线条状的冬孢子堆。锈病严重时，常造成全株叶片枯黄，卷曲而死亡。

病原菌以菌丝或冬孢子堆在病株感病器官，或枯枝、落叶上越冬。夏季高温、冬天寒冷的地方锈病一般不严重，四季温暖多雨、多雾的地方此病比较严重。栽植太密，通风透光不良，排水不畅，施氮肥过多或缺肥，植株生长不健壮，都会加重锈病发生。

防治方法：

（1）选用抗病品种，减少侵染来源，及时清理病芽、病叶、病枝，并集中烧毁。

（2）加强管理，合理施肥，氮、磷、钾配合适量，加强通风透光，降低空气湿度。

（3）发现锈病用25%粉锈宁可湿性粉剂1500倍液，或65%代森锌可湿性粉剂500～600倍液防治。

介壳虫

花卉常见虫害之一是介壳虫，它们常群集于枝、叶、果上，以吸取植株汁液为生。介壳虫危害极大，可造成枝叶凋萎或全株死亡。更为严重的是，介壳虫的分泌物还能诱发煤污病，使花卉死得更快。

由于介壳虫的虫体包裹有一层角质的甲壳，如果用药物对其直接喷洒，效果并不是很理想。

防治方法：

（1）用白酒兑水，比例为1：2，在灭害虫时，用该溶液浇透盆土的表层。可在4月中旬浇1次，此后，每隔半月左右浇1次，连续4次可见效。

（2）用米醋50毫升，此法简便安全，既能达到除虫的目的，又可使被侵害植株的叶片重返油绿光亮。具体做法就是将小棉球放入醋中浸湿后，用湿棉球在受害的花木及枝叶上轻轻地揩擦即可将介壳虫擦掉杀灭。

（3）用酒精轻轻地反复擦拭病枝也可防治介壳虫病。

潜叶虫

潜叶虫又名菊潜叶蝇、绘图虫、鬼画符、夹叶虫。它可危害菊花、瓜叶菊、丝石竹等多种花卉。幼虫在上下表皮间潜食叶肉，形成灰白色蛇形虫道，随虫龄长大，虫道渐宽。

潜叶虫的成虫外形似小苍蝇。雌虫体长2～3毫米，雄虫较小。暗灰色，复眼大、红褐至黑褐色，前翅半透明、有紫色闪光，后翅为平衡棒。卵呈长椭圆形，灰白色。幼虫或老熟幼虫呈圆筒形，体长约3毫米，蛆状，黄白色。蛹呈长卵圆形，围蛹，黄褐色。

潜叶虫发生随地区而异，以蛹或幼虫在叶片内过冬。雌成虫以产卵器刺破叶片，每刺一孔，产孵一粒。一头雌虫在同一叶片上只产1~2粒卵，一生可产50~90粒卵，一般卵产于叶背边缘处。孵化后幼虫潜于叶内，蛀食叶肉，形成灰白色弯曲虫道。

防治方法：

（1）潜叶虫危害严重时，花期过后，将地上部分铲除销毁，以减少虫源。

（2）叶片上发现虫道时，应及时用内吸性农药喷洒或浇灌助治。可选择的农药有氧化乐果、甲胺磷、爱福丁等。

卷叶蛾

卷叶蛾是一种昆虫，成虫身体小，前翅宽。幼虫吃植物叶片或钻进果实里面吃果实，有的把叶片卷成筒状，在里面吐丝做茧。卷叶蛾危害果树和其他植物。

防治方法：

（1）在幼虫发生期进行防治，可用75%辛硫磷1000倍液喷杀（最好在晚上使用）、50%敌敌畏乳油1000倍液或90%敌百虫原药1000倍液喷杀。

（2）在成虫发生期，利用糖醋液进行诱杀。用糖5份、酒5份、水80份配成糖醋液，然后将其装入瓶内，挂在盆栽周围即可。

第三节 花卉的健检与对策

状况一：整株枯萎

花卉整株枯萎一般有以下几个原因：

干旱会威胁花卉的正常生长，受旱的花卉叶色暗淡而无光泽，叶片焦尖与焦边，出现枯焦的斑点，新芽、花蕾和幼花出现干尖、干瓣、早落；叶片从下至上发黄变枯脱落，甚至植株处于严重的凋萎状态，直至干枯死亡。干旱一般有如下几种情况：

土壤干旱

当盆土内的有效水分降至花卉生长所需水平以下、根系的水分吸收速度跟不上叶面水分蒸腾时，会造成植物体内的水分入不敷出，即引起枝叶萎蔫，但在浇水后植株即能恢复正常。当盆土的含水量降低至凋萎点之下时，会造成植株死亡。

生理干旱

施肥过浓时，土壤溶液浓度高于根细胞液浓度时，会造成根系对水分吸收与运输的障碍，从而引起枝叶萎蔫。由于土壤冻结、浇水过多而使植株无法从盆中吸收到足够的水分时，也会由于生理干旱而引起枝叶萎蔫。生理性干旱一般不能用浇水的办法加以解决。

气候干旱

由于干燥多风、空气相对湿度过低、阳光强烈等因素，植物叶片的蒸腾作用加强，而根系吸收的水分满足不了其需要，就会造成枝叶暂时的萎蔫现象。如瓜叶菊由于叶片幼嫩而硕大，中午光照强烈时尽管盆土并不缺水，但因水分吸收与消耗的不平衡，常会导致叶片萎蔫；一旦光照强度减弱、温度下降后会恢复正常的状态。

花卉枯萎的另一个原因是由传染性病害引起的。

花卉的茎或根部的维管束受到病原物的侵染后，会在输导组织内产生大量的菌体与毒素，阻碍了水分的输送，从而使花卉萎蔫。受茎腐病、干腐病及根线虫病危害时，会破坏植株体内的正常吸收与输导作用，而导致花卉萎蔫。

侵染性病害引起的花卉萎蔫，需根据不同的病害喷施适当的药剂防治。

状况二：整株叶面变黄

使花卉叶面变黄的原因有很多，可能是一种原因引起的，也可能是多种原因综合引起的。因此在养护过程中，须细心观察，分析其原因，才能有针对性地加以防治。

肥黄

由于施肥过多或浓度过大，新叶顶尖出现干褐色，老叶焦黄脱落，叶面虽肥厚有光泽，但大都凹凸不平，此时应停止施肥或用清水淋洗肥分。

水黄

由于长期浇水过多引起的黄叶，表现在嫩叶暗黄无光泽，老叶则无明显变化，根茎细小黄绿，新梢萎缩不长。此时应节制浇水，重者可脱盆，置阴凉处吹干土粒后再重新上盆。

白化黄

花卉生长期光照不足引起的，叶片中的叶绿素减少，使叶片绿色逐渐消失，呈现出白化病。可将植株移到光照充足处，即可使白化黄叶转绿。

旱黄

由于缺水或浇水偏少而引起叶片发黄或棕端、棕边，老叶自下而上枯黄脱落，但新叶一般生长正常。防治旱黄，应适当加大浇水量和增加浇水次数。

缺肥黄

盆花长期只浇水不施肥，或多年不换盆，根须结成一团，追肥易渗漏，植株得不到肥分，致使叶片发黄。此时应及时换盆，另外还应在平时薄肥勤施。

碱黄

喜酸性土的花卉，如杜鹃、栀子、山茶、茉莉、桂花、白兰等，如盆土或水质偏碱，常引起叶片由绿转黄，甚至脱落。除用酸性培养土栽培外，可施用矾肥水或用0.2%～0.5%的硫酸亚铁水溶液喷施，即可使叶子转绿。

湿热黄

一些不耐高湿、高温的花卉，因盛夏炎热，通风不良，遮荫不当而引起黄叶。如倒挂金钟、杜鹃在闷热潮湿环境中有此现象。要注意对花卉的通风和降温，而且盆土不能过湿。

低温黄

在寒冷的冬季，如室内温度过低，有些怕冷的花卉，如白兰、广东万年青、一品红等，叶子也会变黄，甚至脱落。另外，受病虫危害也能引起花卉黄叶。如果仅仅在植株下部有少数叶片变黄，这属于叶片成熟老化的正常现象，不必担心。

灼黄

喜阴湿的盆花和观叶花卉，如吊兰、万年青、一叶兰、玉簪、豹斑竹芋等，如经

强烈阳光直射，叶片常出现黄尖、棕边现象，置阴处则无此弊。

🌿 状况三：花卉发生落叶

导致花卉落叶的原因很多，一般有自然落叶和病态落叶两种情况。

病态落叶

在花卉栽培中，常常会有叶片尚未衰老却受不良外因影响而产生落叶。具体原因通常有以下几种：

1. 低温

喜温暖而抗寒性较差的花卉，常常在冬季温度降低到一定程度时产生大量的落叶。如龙吐珠在18℃以下时会落叶，垂叶榕在15℃以下时开始落叶。

2. 盆土过干或过湿

植物在不良条件下具有自我保护的习性。盆土过干时，由于花卉吸收不到生长所需的足够水分，为了减少叶面蒸腾，避免植株过度失水而死亡，便会产生大量的落叶。特别像柽柳、橡皮树等喜盆土湿润的花卉，浇水不及时便容易引起失水落叶。

盆土过湿也会影响花卉对水分的吸收，而引起落叶。由于长期过湿而造成烂根时，落叶更为严重。如红背桂在冬季低温时若盆土过湿，会发生严重落叶。

3. 环境湿度过低

很多花卉喜空气湿度相对较高，在空气过于干燥的环境易导致落叶甚至枯死。

4. 太阳暴晒或过阴

喜半阴的花卉，在强烈阳光下会发生落叶。如瑞香在烈日下，叶片发焦变白，并引起落叶。相反，白兰花、橡皮树、米兰等花卉喜较强的光照，置于过阴处会发生大量落叶，如橡皮树在光照强度低于200勒克斯时，也会出现落叶。

5. 光照转换过于剧烈

如鹅掌楸在光照由强转弱或由弱转强时变化过快，就会发生大量落叶，垂叶榕在突然置于弱光处时，也会大量落叶。

6. 施生肥、浓肥

施生肥和浓肥都会伤害植株的根系，影响其正常的吸收功能，从而引起落叶。

7. 盆土碱性过高

喜酸性植物在盆土变碱性时容易发生黄化病，并发生大量落叶。

8. 农药过敏

如梅花、榆树和有些蔷薇科植物，对农药乐果极为敏感，喷药后会引起迅速落叶，甚至成为一树光干。

9. 烟熏

在冬季室内加温时，因生火产生烟雾，导致室内空气中的二氧化碳达到一定浓度（约为0.002%）时，叶片就会很快枯黄而脱落。

10. 病虫危害

引起落叶的病害有松树落叶病，橡皮树、梅花、白兰花的炭疽病，月季、杜鹃的黑斑病，牡丹的叶斑病、褐斑病等。引起落叶的虫害有危害月季的叶螨（红蜘蛛）；危害吊钟海棠、月季、茉莉、扶桑、金橘、杜鹃的粉虱等。

自然落叶

花卉的叶片是有一定寿命的，通常常绿植物的叶片寿命较长些。叶片经过一段时间的生理活动后，其细胞也会衰老死亡，由新生的叶片来替代老化的叶片。所以老的叶片枯黄脱落，是植物生命的正常现象。不同种类的花卉，其叶片的寿命不同，发生落叶的时间也不同。如瑞香在花后抽发大量新的枝叶，这时老叶开始脱落，五针松脱叶的时间比较集中，数量也比较多，所以常常会引起人们的担心，而怀疑是养护不当而引起的不良症状，其实这是正常落叶的生理现象。

状况四：全株长不大

由于病虫危害、环境不良、养护不当等原因造成花的生长十分衰弱时，应对其进行特殊的养护，主要有以下几种措施：

遮荫防护

对生长势衰弱的植株进行适当的遮荫，可以减少过多水分的散失，以利逐渐恢复良好的长势。

经过精细的养护管理后，生长衰弱的盆株可不断发出新根，从而逐步增强吸收能力。这样一来，花卉就会恢复正常了。

避免施肥伤害

生长势衰弱的植株一般不宜施肥，特别要避免施用浓肥。因为对吸收能力十分微弱的植株来说，施稍浓的肥料有可能造成肥害而致死，即使在生长势稍有恢复的阶段，也只能施用较稀薄的液肥。

合理浇水

俗话说："根深叶茂"，根系发达时，其枝叶才会生长茂盛。反之，地上部枝叶生长不良时，表明根系肯定生长较差，或部分根系已腐烂。由于这些花卉的根系吸收能力较差，加上枝叶生长稀疏，叶面蒸腾较少，所以浇水后盆土常常不易变干。因此浇水时需特别注意盆土的干湿情况，切勿在盆土未干时频频浇水，即使在盆土干燥后，也应适当控制浇水数量，否则极易因过湿而造成烂根死亡。经常向植株与周围环境喷水，以提高空气相对湿度，让植株通过枝叶吸收一些水分，也许这些数量极少的水分对正常生长的花卉来说微不足道，但对生长衰弱而吸收能力很差的植株而言，却十分重要。叶面水的喷洒宜少量多次，每次喷洒的水分以枝叶湿润而不滴入盆土为宜。

状况五：叶子的周边变黑

叶子的周边发黑是不少养花人经常遇到的难题。每每看到刚长出的新叶，却在不久之后边上开始发黑的时候，总是不知所措的。其实，花卉叶子变黑多数有两方面的原因。一个是营养不良，一个是水分缺乏。

具体的措施：

（1）对于不喜阳的植株尽量不要使其直接接受阳光照射，这样的植物每天晒太阳不宜超过20分钟，而且，对于无花的观叶植物，最好能时不时在叶面喷洒适量水。轻拍打一下树冠，看看那些干脆的叶子掉不掉。明显干掉死掉的叶子就摘掉。

（2）检查施肥的量和次数是否合理，以避免营养缺失。

状况六：叶子颜色变淡，叶间距变长

有时候，花卉的枝叶柔软徒长，节间与叶柄变长，叶片变小，失绿并失去光泽，这是由于室内光照不足而引起。要恢复正常生长，可采取以下措施：

（1）改善光照条件，但是要注意由于这些植株在光照不足的环境中已有一定的时日，如马上置于光照较强的场所，常会因植株不能很快适应而产生叶片变黄，叶尖、叶缘枯焦等日灼和落叶现象。所以，应先将植株置于较原摆放处光照稍强的地方过渡一段时间，然后才能放在光照理想处陈设。

（2）由于这些植株的生长势十分衰弱，应每隔10天左右根外追施1次0.1%尿素和0.2%磷酸二氢钾溶液，让其逐渐恢复生长势。但要忌施浓肥，否则会削弱植株的生长，甚至造成植株死亡。

（3）生长衰弱的植株易遭病虫危害，应每10天交替喷洒1次50%托布津可湿性粉剂500～1000倍液或75%百菌清可湿性粉剂600～1000倍液，或50%多菌灵可湿性粉剂500～1000倍液等，以防病菌侵染。

（4）对于过于细弱的枝叶应适当修剪，并每天向枝叶与周围环境喷水3～4次，以形成湿润的小气候环境。

状况七：叶片出现斑点

一般情况下，花卉叶片上出现的斑点，绝大多数是由病原生物侵染引起的。当花卉的组织与细胞受到病原生物的破坏而死亡后，即会形成各种各样的病斑。出现这种情况一般有以下几种原因：

侵染性病害

叶片上的病斑颜色与形状因病而异，如山茶褐斑病会在叶片上产生圆形灰褐色或灰白色病斑；月季黑斑病先在叶片上产生黑色或黑褐色放射状病斑，后逐渐扩大为圆形或近圆形的紫红色或紫褐色病斑；菊花褐斑病先在叶片上产生大小不等的浅黄色病斑，后转变成紫褐色至黑褐色圆形或不规则形病斑，最后病斑边缘成黑褐色，中心变成灰黑色。

叶面斑点

各种真菌感染可能导致叶片出现斑点。只有少数叶片感染的话，只需摘除受感染的叶片，并给植物喷洒杀菌剂即可。

由真菌、细菌等病原生物侵染引起的斑点，具有病原物结构，即能表现出明显的病症，如在病斑上产生黑色或褐色小点，即病菌子实体，或在病斑上产生脓状物，如秋海棠叶斑病遇雨天，会从病斑处溢出黏稠状物质。

侵染性病害的防治方法有：

（1）越冬期剪去枯枝叶，生长期间随时清扫落叶或摘除病叶，并集中烧毁。

（2）春季抽枝放叶后，喷施100倍波尔多液预防病害的发生。

（3）发病后喷施70%甲基托布津1000倍液或50%多菌灵可湿性粉剂500～1000倍液。

非侵染性病害

叶面上出现斑点，除侵染性病害外，还有些是由于花卉不适应环境而引起的非侵染性病害所致。一般有以下几种原因：

1. 空气污染

氯气对叶内细胞有很强的杀伤力，在浓度较低时，即会使叶面产生褐色斑点，又如在氨气浓度过高时，会在叶面的叶脉间形成点状、条状或块状的黑褐色伤斑。

2. 营养缺乏症

花卉缺磷时会发生黄斑，缺钙时幼叶有失绿的斑，缺硼时老叶会产生枯焦的斑点。

3. 冻害

龟背竹受冻害时，叶常有大块黑褐色斑。

4. 盆土过干

袖珍椰子、棕竹等在盆土过干时，叶面会出现棕色的梭形斑。发生非侵染性病害时，应调查环境条件并作分析，确定致病原因，然后采取相应的防治措施。

状况八：花茎变软、变脆、易断

导致花茎变软、变脆、易断，甚至不开花的因素主要有以下几种：

营养因素

花卉开花需要充足的营养，如果得不到充足的肥料供应，或由于用盆过小、长期不翻盆等原因使植株生长十分衰弱，就不能为开花提供充足的养分，从而其茎部虚弱，不易开花。

环境因素

当温、光、水、肥等外界环境不能满足花卉的习性与生长要求时，就会出现花茎软，甚至出现不开花的情况。

1. 温度

花卉开花需要一定的温度，如茉莉花在25℃以上才能孕育花蕾，30℃以上花蕾才能发育良好。又如仙客来在5℃~6℃以下时，不能形成花蕾。

2. 光照

有些花卉，如石榴、扶桑、月季、茉莉、米兰等喜阳光的花卉，在过于荫蔽的场所会生长不良，晚开花，开花少，甚至不开花。

3. 水分

有些花卉在花芽分化时期，即由营养生长转入生殖生长时，需要适当控制水分，以抑制营养生长，促进生殖生长，有利于花芽分化和多开花。

4. 养分

在花芽分化阶段，如过多施用氮肥，易造成植株徒长而晚开花，少开花甚至不开花。多施磷肥则可促进花芽分化与开花。

修剪因素

如石榴在当年生枝条上开花，一般每根结果枝开花1~5朵，其中1朵为顶生，其余的为腋生。所以在生长期间不能采用短截的修剪方法，以免伤及花茎。

生长发育因素

种子播种后，必须经过一定时间的幼年阶段，才能进入能生殖生长的成年阶段。因此，尚处于幼年阶段的花卉，不管如何养护管理，也是不可能开花的。不同种类的植物，或同一种类植物的不同品种，其幼年阶段的时间是不同的，少则1~2年，多则几十年，如石榴从播种到开花一般需4~5年，但有的品种当年播种当年即能开花。

如果在花卉繁殖时（如扦插、压条、嫁接）采用幼年阶段的营养器官作繁殖材料，那么，繁殖的植株也仍处于幼年阶段，在一定时间里是不会开花的，所以不必担心。

状况九：置于室内叶片褪色或暗淡无光

很多养花者反映，有时候室内养的花卉叶片会变得暗淡无光，或者叶片的颜色逐渐变淡，这是怎么回事呢？导致这些现象的原因主要有：

施肥不当

很多养花人认为，观叶植物以观叶为主，施肥应增加氮肥的用量，这种认识是错误的。实际上施用过多的氮肥，会使具有彩色条斑的叶片褪色。所以，应在施用氮肥的同时注意配合使用磷、钾肥。如用0.1%尿素加0.2%磷酸二氢钾作根外追肥，不但可促进植物的良好生长，还可使色斑及条纹更为艳丽。

性状还原

有时候花卉叶片上具有的斑纹是由绿色叶片变异而成的。有些花卉在生长过程中会出现部分枝叶恢复原始状态的现象，从而也就失去了彩色的斑块和条纹。

光照不当

大多数观叶植物喜半阴环境，光照过强时，除叶片出现黄叶、焦边等日灼现象外，有些斑叶植物（如绿萝）的斑纹也会变浅甚至消失。但过阴时，植株会落叶、茎叶瘦弱徒长、叶片变小和失去特有的光泽与色彩。这些花卉一般每天应保持3～4小时以上的微弱光照。有些喜阳的观叶植物，如彩叶草、花叶芋、金边红桑等，除夏季高温期间给予适当遮阴外，应尽量使其接受较多的阳光照射，才能保持叶片色彩鲜艳。

红蜘蛛危害

如龙血树遭红蜘蛛的危害时，叶片会褪色，应及时防治。

灰尘影响

叶片积存的灰尘也会影响叶面的光泽，并使美丽的斑纹色彩变得暗淡，故应经常用海绵或细纱布蘸清水擦洗叶片上的灰尘，使叶片保持艳丽，维持良好的观赏价值。

浇水不当

如虎尾兰在浇水过勤时，叶片会变白，类似虎尾一般的斑纹颜色也会变淡。

状况十：叶尖或叶缘枯焦

有时候，花卉的叶尖或叶缘会焦枯，引起这种病害的原因很多，要仔细观察分析，找到原因后及时采取挽救措施。

污染

玉簪对氟化氢等气体的抵抗力较弱，若受其侵害，会出现叶尖干黄的现象，龙血树对氯化物比较敏感，浇灌自来水后，植物吸收的水分会把氯化物输送到叶尖，而使叶尖发生枯黄。

空气干燥

很多花卉，如观赏凤梨、绿萝、龟背竹、蕨类、龙血树等，在生长期间要求有较高的空气湿度，若空气过于干燥，就会引起叶尖与叶缘枯焦。特别是在开空调的室内，空气更为干燥，易使叶片焦尖和焦边。

土壤干燥

如杜鹃的根系十分纤细，不耐干旱，盆土过干时叶片会卷曲焦黄，龟背竹、榕树、龙血树等在生长期间需供给充足的水分，盆土过干时叶片发黄、叶尖及叶缘枯焦。

排水不良

例如盆土板结或排水不良等，这些因素都会影响根系的吸收，并易造成根系腐烂，导致叶片枯竭。

光照过强

喜半阴的植物在光照强烈时会出现黄叶，叶尖与叶缘枯焦等日灼症状，特别是新生的叶片更容易枯焦。

通风不当

如五针松忌高温酷暑的天气，在高温期间若置放场所通风不良，会产生叶尖枯焦现象；铁线蕨在通风过甚时，会因空气干燥而导致蕨叶枯焦。

温度不当

如在30℃以上时，孔雀竹芋的叶缘与顶端会出现枯焦；5℃以下时，龟背竹的叶片会焦边。

状况十一：落蕾、落花、落果

在种养花卉的过程中，不少人会发现，自己的花卉已经开花或者已经结果，但还没过花期和果期，花就凋谢了，果就掉落了。导致花卉出现落蕾、落花、落果现象的主要原因有以下几种：

营养不良

花卉的生长可分为营养生长与生殖生长两部分，根、茎、叶的生长称为营养生长，开花、结实与形成种子称为生殖生长。当营养生长达到一定的生理年龄和经过温度、光照等外界条件诱导后，就会转入生殖生长，即花芽进行分化并开花、结果。

花卉的开花、结果需要消耗大量的养分，养分主要由营养生长阶段积累而来。茉莉、米兰、月季、扶桑、石榴等连续开花的花卉则一面由营养器官制造养分，一面开花、结果，因此，倘若营养生长时期光照不足、温

花蕾脱落
根部干燥、浇水过多或刚长出花蕾就移动植物都有可能引起花蕾脱落。

度不适或肥水供应缺少等就会引起植株营养不良而不能满足花卉开花、结果对养分的需求，即会引起花卉落蕾、落花、落果。

此时，应加强营养生长阶段的养护管理，培养健壮的植株。对过多、过密的枝条进行修剪，改善植株的通风透光与养分条件。开花结果过多时，应及时疏蕾、疏花、疏果，以保证养分的正常供给。

盆土湿度不佳

盆土过湿时，根系吸收不能正常进行，导致花卉不能获得正常生长发育所需要的

充足养分。同时，植物水分过多，会使细胞压力势增高，特别是离层细胞的压力势加大，从而引起花果的脱落。花蕾的生长、开花及果实的发育都需要水分的正常供应，盆土过干也会引起落蕾、落花与落果。

施肥不当

过多施用氮肥会使营养生长过旺，大量的养分被营养生长所消耗，从而影响花芽分化，造成晚开花，甚至不开花，或引起落蕾、落花和落果。应在花卉进入生殖生长前少施氮肥，多施磷肥和钾肥。如有条件，可在花蕾上喷涂赤霉素或硼酸溶液，能减少或防止落蕾、落花和落果。

外界环境因素

各种花卉由于原产地不同，对外界环境条件的要求也不同，如果开花结果需要的生态要求不能得到满足，也会导致花果的脱落。所以，应了解各种花卉的生长习性，尽量为其提供合适的环境。

病虫害

病虫的侵染与危害会影响花卉正常的生长，影响养分的积累，从而引起花果的脱落。

第三章
花卉的季节养护

第一节 春季花卉的养护要点

春季换盆注意事项

盆栽花卉如果栽后长期不换土、不换盆，就会导致根系拥塞盘结在一起，使土中营养缺乏，土壤性质变坏，造成植株生长衰弱，叶色泛黄，不开花或很少开花，不结果或少结果。

如何做好春节盆花的换盆工作呢？首先要掌握好换盆的时间。怎样判断盆花是否需要换盆呢？

一般地说，盆底排水孔有许多幼根伸出，说明盆内根系已很拥挤，到了该换盆的时间了。

为了准确起见，可将花株从盆内磕出，如果土坨表面缠满了细根，盘根错节地相互交织成毛毡状，则表示需要换盆；若为幼株，根系逐渐布满盆内，需换入较原盆大一号的盆，以便增加新的培养土，扩大营养面积；如果花卉植株已成形，只是因栽培时间过久，养分缺乏，土质变劣，需要更新土壤的，添加新的培养土后，一般仍可栽在原盆中，也可视情况栽入较大的盆内。

多数花卉宜在休眠期和新芽萌动之前的3～4月间换盆为好，早春开花者，以在花后换盆为宜，至于换盆次数则依花卉生长习性而定。

许多一年、二年生花卉，由于生长迅速，一般在其生长过程中需要换2～3次盆，最后一次换盆称为定植。

多数宿根花卉宜每年换盆、换土一次；生长较快的木本花卉也宜每年换盆1次，如扶桑、月季、一品红等；而生长较慢的木本花卉和多年生草花，可2～3年换1次盆，如山茶、杜鹃、梅花、桂花、兰花等。换盆前1～2天不要浇水，以便使盆土与盆壁脱离。

换盆时将植株从盆内磕出（注意尽量不使土坨散开），用花铲去掉花苗周围约50%的旧土，剪除枯根、腐烂根、病虫根和少量卷曲根。

栽植前先将盆底排水孔盖上双层塑料窗纱或两块碎瓦片，既利于排水透气，又可防止害虫钻入。上面再放一层3～5厘米厚的破碎成颗粒状的炉灰渣或粗沙，以利排水。然后施入基肥，其上再放一层新的培养土，随即将带土坨的花株置于盆的中央，慢慢填入新的培养土，边填土边用细竹签将盆土反复插实（注意不能伤根），栽植深浅以维持在原来埋土的根茎处为宜。土面到盆沿最好留有2～3厘米距离，以利日后浇水、施肥和松土。

春初乍暖，晚儿天再搬花

初春季节，天气乍暖还寒，气候多变，此时如将刚刚苏醒而萌芽展叶的花卉，或是正处于孕蕾期，或正在挂果的原产热带或亚热带的花卉搬入室外养护，遇到晚霜或寒流侵袭极易受冻害，轻者嫩芽、嫩叶、嫩梢被寒风吹焦或受冻伤；重者突然大量落叶，整株死亡。

所以，盆花春季出室宜稍迟些，宜缓不宜急。正常年份，黄河以南和长江中、下游地区，盆花出室时间一般以清明至谷雨间为宜；黄河以北地区，盆花出室时间一般以谷雨到立夏之间为宜。

对于原产北方的花卉可于谷雨前后陆续出室。对于原产南方的花卉以立夏前后出室较为安全。根据花卉的抗寒能力大小选择出室时间，如抗寒能力强的迎春、梅花、蜡梅、月季、木瓜等，可于昼夜平均气温达15℃时出室；抗寒力较弱的米兰、茉莉、桂花、白兰、含笑、扶桑、叶子花、金橘、代代、仙人球、蟹爪兰、令箭荷花等，应在室外气温达到18℃以上时再出室比较好。

盆花出室需要一个适应外界环境的过程。在室内越冬的盆花已习惯了室温较为稳定的环境，不能春天一到，就骤然出室，更不能一出室就全天放在室外，否则容易受到低温或干旱风等的危害。

一般应在出室前10天左右采取开窗通风的方法，使之逐渐适应外界气温；也可以上午出室，下午进室；阴天出室，风天不出室。出室后放在避风向阳的地方，每天中午前后用清水喷洗一次枝叶，并保持盆土湿润，切忌浇水过多。遇到恶劣天气应及时进行室内养护。

浇花：不干不要浇，浇则浇透

早春浇水也要注意适量，不可一下子浇得过多。这是因为早春许多花卉刚刚复苏，开始萌芽展叶，需水量不多，再加上此时气温不高，蒸发量少，因此宜少浇水。

如果早春浇水过多，盆土长期潮湿，就会导致土中缺氧，易引起烂根、落叶、落花、落果，严重的也会造成整株死亡。

晚春气温较高，阳光较强，蒸发量较大，浇水宜勤，水量也要增多。

总之，春季给盆花浇水次数和浇水量要掌握"不干不浇，浇则浇透"的原则，切忌盆内积水。

春季浇水时间宜在午前进行，每次浇水后都要及时松土，使盆土通气良好。

我国某些地区，春季气候干燥、常刮干旱风，所以要经常向叶上喷水，宜增加空气的湿度。

施肥：两字关键"薄""淡"

花卉在室内经过漫长的越冬生活，生长势减弱，刚萌发的新芽、嫩叶、嫩枝或是幼苗，根系均较娇嫩，如果此时施浓肥或生肥，极易使花卉受到肥害，"烧死"嫩芽枝梢，因此早春给花卉施肥应掌握"薄""淡"的原则。

早春应施充分腐熟的稀薄饼肥水，因为这类肥料肥效较持久，且可改良土壤。

施肥次数要由少到多，一般以每隔10~15天施1次为宜，春季施肥时间宜在晴天傍晚进行。

施肥时要注意以下几点：

（1）施肥前1~2天不要浇水，使盆土略干燥，以利肥效吸收。

（2）施肥前要先松土，以利肥液下渗。

（3）肥液要顺盆沿施下，避免沾污枝叶以及根茎，否则易造成肥害。

（4）施肥后次日上午要及时浇水，并适时松土，使盆土通气良好，以利根系发育。

对刚出苗的幼小植株或新上盆、换盆、根系尚未恢复以及根系发育不好的病株，此时不应施肥。

春季修剪，七分靠管

"七分靠管、三分靠剪"，是老花匠的经验之谈，说明了修剪的重要性。修剪一年四季都要进行，但各季应有所侧重。

春季修剪的重点是根据不同种类花卉的生长特性进行剪枝、剪根、摘心及摘叶等工作。对一年生枝条上开花的月季、扶桑、一品红等可于早春进行重剪，剪去枯枝、病虫枝以及影响通风透光的过密枝条，对保留的枝条一般只保留枝条基部2~3个芽进行短截。

例如早春要对一品红老枝的枝干进行重剪，每个侧枝基部只留2~3个芽，将上部枝条全部剪去，以促其萌发新的枝条。

修剪时要注意将剪口芽留在外侧，这样萌发新枝后树冠丰满，开花繁茂。对二年生枝条上开花的杜鹃、山茶、栀子等，不能过分修剪，以轻度修剪为宜，通常只剪去病残枝、过密枝即可，以免影响日后开花。

在给花卉修剪时，如何把握花卉修剪的轻重呢？

一般地讲，凡生长迅速、枝条再生能力强的种类应重剪，生长缓慢、枝条再生能力弱的种类只能轻剪，或只疏剪过密枝和病弱残枝。

对观果类花木，如金橘、四季橘、代代等，修剪时要注意保留其结果枝，并使坐果位置分布均匀。

对于许多草本花卉，如秋海棠、彩叶草、矮牵牛等，长到一定高度，将其嫩梢顶部摘除，促使其萌发侧枝，以利株形矮壮，多开花。

茉莉在剪枝、换盆之前，常常摘除老叶，以利促发新枝、新叶，增加开花数目。另外，早春换盆时应将多余的和卷缩的根适当进行疏剪，以便须根生长发育。

立春后的花卉养护

每年立春过后，雨水将至，在这段时间里，许多花木经过严冬休眠，有的在萌动，有的在返青，有的将渐渐长出嫩芽。而到清明之前的这一时段里，又是冬春之交，气候冷暖多变，因此，这时养好各种盆花，对其今后生长开花关系很大。

对畏寒喜暖的花木，应做好防寒保暖工作，如米兰、九里香、茉莉、木本夜来香、含笑、铁树、棕竹、橡皮树、昙花、令箭荷花、仙人球及众多热带观叶植物，它们多数还处在休眠时期，要继续防寒保暖。翻盆可在清明以后进行，否则有被冻坏的危险。

对正在开花或尚处在半休眠状态的盆花，如茶花、梅花、春兰、君子兰、迎春、金橘、杜鹃、吊兰、文竹、四季海棠等，应区别对待。

正在开花或处于赏果时期的花木，可待花谢果落之后翻盆换土；其他处于半休眠状态的盆花可到3月底前再翻盆，此时只需一般的养护即可。

对御寒能力较强、已开始萌动的花木，如五针松、罗汉松、真柏等松柏类盆景和六月雪、石榴、月季等花木，如果已栽种二三年，盆已过小，此时可开始翻盆换土。

用土上除五针松、真柏等需要一定数量的山泥外，其他均可用疏松肥沃的腐殖土。结合翻盆还可修去一部分长枝、病枝和枯根等，以利于花卉保持较好的株形。

春季花卉常见病虫害

春季是花卉病虫害的高发期。这也是养花人最为焦虑的季节。在春天不少花卉都可能受到蚜虫危害，最常受此伤害的花卉有扶桑、月季、金银花等。而且，这种病虫害非常适应春季的气候，它会随着温度的逐渐回暖而日益增多。不少养花人都会发现自己的花卉受到损害，而且会持续相当长一段时间。这时，可以考虑喷洒40%的氧化乐果或50%的亚胺硫磷，兑水1200～1500倍杀虫，还可以使用中性洗衣粉加入70～100倍水喷洒到花卉上。

在仲春时节，茉莉、文竹、大丽花等这些花卉还可能会受到红蜘蛛的危害。尤其是从4月上旬开始红蜘蛛活动开始活跃，为了防治红蜘蛛，要多给花卉搞清洁卫生，多用清水冲洗叶子的正、背面或者喷一些面糊水，过1～2天再用清水冲洗掉。

白玉兰、月季、黄杨、海桐等花卉在春季很容易受到介壳虫危害。这就需要养花人仔细观察，看花卉是否有虫卵，可喷布40%的氧化乐果，兑水1000～1500倍进行防治。

春天气温逐步升高，如果气温已经达到20℃以上，并且土壤湿度较大时，一些新播种的或去年秋季播种的花卉及一些容易烂根的花卉，极容易发生立枯病。这时可以在花卉播种前，在土壤中拌入70%的五氯硝基苯。另外，小苗幼嫩期要控制浇水，防止土壤过湿。对于初发病的花卉，可以浇灌1%的硫酸亚铁或200～400倍50%的代森铵液，按每平方米浇灌2～4千克药水的比例酌情浇灌盆花。

在春季，淅沥沥的小雨会给人滋润的感受，但也会引发养花人的担忧。因为春季雨后容易发生玫瑰锈病，为了防治这种病，养花人要注意观察及时将玫瑰花上的黄色病芽摘掉烧毁，消灭传染病源；如果发现花卉染病，可在发病初期用15%的粉锈宁700～1000倍液进行喷杀。

清明节时管养盆花的方法

每年清明时节，天气逐步变暖，许多花木进入正常生长期，家庭养护盆花又将进入一个花事繁忙的季节。

对一些原先放在室内过冬的喜暖畏寒盆花，随着天气转暖，可放到室外去养护，但在移出室外时，仍需注意"逐步"二字。如白天先打开窗户数天，或先放到室外1～2个小时，逐日延长放置室外的时间，使其逐步适应外界的自然环境，一星期后就可完全放在室外了。

同时，需翻盆换土的花卉，此时可以进行；不翻盆换土的花卉，可进行整枝、修剪、松土，并追肥1～2次，以氮肥为主，可为枝叶提供生长所需的营养。

对耐寒盆花，有的已萌发新芽，有的已长出枝叶，有的将进入生长旺期。对上述不同生长阶段的盆花，有的可进行一次整枝修剪，去除枯枝残叶，使之美观；有的可通过松土，追施肥料1～2次（每10天左右施1次）；有的仍可继续翻盆换土，但要注意去除少量旧土与老根，不能损伤嫩根。

对茶花、杜鹃花、蜡梅、君子兰等名贵花木，花已谢的花卉，除君子兰外，都应放到室外去养护，并同时注意适当追施肥料。在施肥时，要宁淡勿浓，且应按盆花大小和生长状况而定，尤其在施入化肥时要注意浓度，以防肥害。对各类杜鹃花，均应待花谢后再施肥。

还有，对橡皮树、铁树、棕竹等畏寒观叶植物，也可逐步出室，管养方法与米兰等同。但是，对一些热带观叶植物，如散尾葵、发财树、巴西木、绿萝以及其他各种花叶万年青等，为了安全起见，宜在平均温度达15℃以上时出室。

春季养花疑问小结

谚语"春分栽牡丹到老不开花"有道理吗

牡丹是深受国人喜爱的观赏花卉。牡丹的繁殖方法主要有播种法、分株法、嫁接法和压条法。通常多用分株法繁殖，它的优点是第二年就能开花，新株的寿命也长。

牡丹分株后保证生长良好的关键是掌握好分株的时间。牡丹不能像大多数花卉那样在春季分株。因为春季气温逐渐上升，牡丹萌动、生长很快，在不到两个月的时间内，就要长成新梢并孕蕾、开花，在这一阶段需要消耗大量的水分和养分，而根系因分株受到的损伤还未恢复，不能充分供应茎叶生长所需的养分和水分，只能消耗根内原来储存的营养物质。这样一来，反而减缓了根部损伤的恢复。所以，根系和茎叶都会生长衰弱，不仅不能开花，甚至无法成活，所以"春分栽牡丹，到老不开花"这句话说得很有道理。

牡丹宜在秋季分株，因为牡丹的地上部分生长迟缓，消耗养分较少，有利于根部损伤的恢复，能在上冻前长出多数新根。到第二年春季，新株就能旺盛地生长。分株的最佳时间为9月上旬至10月上旬，准确地说，应该在秋季的秋分前后。

哪些花卉宜在春季繁殖

一般花卉均适宜在春季进行播种、分株、扦插、压条、嫁接等。

（1）草本盆花。如文竹、秋海棠、大岩桐、报春花等，多于早春在室内盆播育苗；一年生草花，如凤仙花、翠菊、一串红、五色椒、鸡冠花、紫茉莉、虞美人等，可于清明前后盆播，也可在庭院种植。

（2）球根花卉。如大丽花、唐菖蒲、晚香玉、美人蕉、百合、石蒜等一般均用分球法繁殖，在有霜的地区，宜在晚霜过后栽植。

（3）某些株丛很密而根际萌蘖又较多者，或具有匍匐枝、地下茎的种类。如玉簪、鸢尾、文殊兰、珠兰、丝兰、龙舌兰、君子兰、万年青、荷包牡丹、马蹄莲、天门冬、木兰、石榴、文竹、吊兰等均可在早春进行分株繁殖。

（4）大多数盆花，在早春可剪取健壮的枝或茎（如扶桑、月季、茉莉、梅花、石榴、洋绣球、菊花、倒挂金钟、金莲花、天竺葵、龟背竹、变叶木、龙吐珠、五色梅、樱花、迎春、仙人掌、贴梗海棠、丁香、凌霄等）、根（如宿根福禄考、秋牡丹、芍药、锦鸡儿、紫薇、紫藤、文冠果、海棠等）、叶（如蟆叶秋海棠、虎尾兰、大岩桐等）进行扦插繁殖。

（5）有些花卉如蜡梅、碧桃、西府海棠、桂花、蔷薇、玉兰等，可用枝接法进行繁殖。枝接一般宜在早春树液刚开始流动、发芽前进行。

（6）枝条较软的花木，如夹竹桃、桂花、八仙花、南天竹等，可采用曲枝压条法；枝条不易弯曲的花木，如白兰、含笑、茶花、杜鹃、广玉兰等则可用高枝压条法进行繁殖。

春节过后，如何管理盆栽金橘

春季期间，盆栽金橘成为走亲访友时常见的礼品。摆放几盆金橘在家里，喜庆祥和的气氛一下子就变浓了。那么，要想让金橘一直如此美丽喜人需要采取怎样的管理措施呢？下面，就一起来学习管理盆栽金橘的方法：

（1）疏果剪枝。为避免植株过多地消耗养分，节后应及时将果实摘去，并进行整枝修剪，剪去枯枝、病弱枝，短截徒长枝，以促发新枝。

（2）翻盆换土。清明以后，将盆橘移至室外，并重新翻盆换土，换盆时去掉部分宿土，剪去枯枝、过密根。盆土可用普通的培养土，下部加施骨粉、麻油渣等基肥。

（3）浇水施肥。春季出室后，视盆橘干湿情况可每天浇1次水，保持盆土湿润。在开花坐果的7、8月份，盆土稍干，忌湿，并忌雨后积水，以防落花落果。

换盆时除施足基肥外，每日还可追施1次液肥，孕蕾坐果期加施磷钾复合肥1～2次，以便有充足的养分促进果实生长。

在春季，如何养护芦荟呢

春季是芦荟生长的最佳时间，这时的管理工作也非常繁忙，如芦荟的分株、扦插繁殖在春季进行是最佳时期；此时还是芦荟的换盆、翻种的最适宜时间。芦荟在此期间生长速度快，因此肥水也要紧紧跟上，松土、除草要及时进行。

由于春季温度不断升高，杂草开始发芽、生长，所以要注意及时除去杂草，否则会与芦荟争夺营养，而影响芦荟的生长。有的家庭愿意盆中长些小草美观，当然种芦荟为了观赏，可以保留。

（1）施肥。从3月份开始温度逐渐升高，这时，芦荟生长速度会加快，每15天施1次腐熟有机肥，而且各种有机肥应轮流施用。施肥方法可采用肥水混合浇施，这样有利于芦荟对营养吸收。对盆栽芦荟浇肥水时不要使其从盆底流出，特别是3月份，阳台无加温设备，更不应使水流出来。5月份可根据天气的情况适当增加浇肥水量。

（2）转移。盆栽芦荟放入卧室的，可在4月中旬或5月初移入阳台，使其充分接触阳光，增加光合作用的强度，促其生长发育。庭院盆栽的芦荟在4月中旬或5月初可从室内搬到院中，摆放在阳光下，使其接触阳光的照射，提高盆土温度，增加光合作用的强度。

（3）通风。根据阳台的温度及天气情况，应经常开窗通风。在5月份，除风雨天外，阳台窗户或温室的通风孔均应打开。

（4）浇水。根据天气，土盆干湿情况浇水，一般春季3~5天浇1次水，同样，不要使水从盆孔流出。

（5）换盆。一般肥水合适、养护精心，5~6个月就应给芦荟更换大号的花盆。此时原花盆的容积已不能容纳芦荟植株根系的生长，若不及时换盆会影响芦荟的生长及药性的提高，芦荟一年四季均可换盆，但家庭栽培的芦荟在春季的4~5月和秋季的9月换盆为好。

芦荟的换盆方法：在浇完肥水的第2~3天，用手掌或木棒轻轻拍打盆壁或盆沿，使盆土与盆壁产生离层，这时一手托住芦荟的基部，使植株朝下，另一手把花盆取下，如果取不下来，再用拳头打几下盆底，或用手指从盆孔向下指压，可使花盆与株土脱离，取下花盆。

如果是大花盆，需要2~3人合作，使株土与花盆脱离，特别是3~5年的美国芦荟，必须合作完成。换盆时，可根据芦荟的品种和植株的大小不同，选择不同大小的花盆。

给芦荟换盆时，不要动原栽种的芦荟土团，只把下部的根去掉一部分即可。换好的盆应放置在遮阴处7~10天，见心叶长出后，再放置在阳光下，进行正常的管理。

第二节　夏季花卉的养护要点

花儿爱美，炎炎夏日也要防晒

阳光是花卉生长发育的必要条件，但是娇嫩的鲜花也怕烈日暴晒。尤其是到了盛夏季节，也需移至略有遮阴处。

一般阴性或喜阴花卉，如兰花、龟背竹、吊兰、文竹、山茶、杜鹃、常春藤、栀子、万年青、秋海棠、棕竹、南天竹、一叶兰、蕨类以及君子兰等，夏季宜放在通风良好、荫蔽度为50%~80%的环境条件下养护，若受到强光直射，就会造成枝叶枯黄，甚至死亡。

这类花卉夏季最好放在朝东、朝北的阳台或窗台上；或放置在室内通风良好的具有明亮散射光处培养；也可用芦苇或竹帘搭设遮阴的棚子，将花盆放在下面养护，这样可减弱光照强度，使花卉健康成长。

降温增湿，注意通风

花卉对温度都有一定的要求，比如不同花卉由于受原产地自然气候条件的长期影响，形成了特有的最适、最高和最低温度。对于多数花卉来说，其生育适温为20℃～30℃。

中国多数地区夏季最高温度均可达到30℃以上，当温度超过花卉生育的最高限度时，花卉的正常生命活动就会受阻，会造成花卉植株矮小、叶片局部灼伤、花量减少、花期缩短。许多种花卉夏季开花少或不开花，高温影响其正常生育是一个重要原因。

原产热带、亚热带的花卉，如含笑、山茶、杜鹃、兰花等，长期生长在温暖湿润的海洋性气候条件下，在其生育过程中形成了特殊的喜欢空气湿润的生态要求，一般要求空气湿度不能低于80%。

若能在养护中满足其对空气湿度的要求，则生育良好，否则就易出现生长不良、叶缘干枯、嫩叶焦枯等现象。

在一般家庭条件下，夏季降温增湿的方法，主要有以下4种：

喷水降温

夏季在正常浇水的同时，可根据不同花卉对空气湿度的不同要求，每天向枝叶上喷水2～3次，同时向花盆地面洒水1～2次。

铺沙降温

为了给花卉降温，可在北面或东面的阳台上铺一厚层粗沙，然后把花盆放在沙面上，夏季每天往沙面上洒1～2次清水，利用沙子中的水分吸收空气中的热量，即可达到降温增湿的目的。

水池降温

可用一块硬杂木或水泥预制板，放在盛有冷水的水槽上面，再把花盆置于木板或水泥板上，每天添1次水，水分受热后不断蒸发，既可增加空气湿度，又能降低气温。

通风降温

可将花盆放在室内通风良好且有散射光的地方，每天喷1～2次清水，还可以用电扇吹风来给花卉降温。

施肥：薄肥勤施

花卉夏季施肥应掌握"薄肥勤施"的原则，不要浓度过大。一般生长旺盛的花卉约每隔10～15天施1次稀薄液肥。施肥应在晴天盆土较干燥时进行，因为湿土施肥易烂根。

施肥时间宜在渐凉后的傍晚，在施肥的第二天要浇1次水，并及时进行松土，使土壤通气良好，以利根系发育。施肥种类因花卉种类而异。

盆花在养护过程中若发现植株矮小细弱，分枝小，叶色淡黄，这是缺氮肥的表现，应及时补给氮肥；如植株生长缓慢，叶片卷曲，植株矮小，根系不发达，多为缺磷所致，应补充以磷肥为主的肥料。

如果叶缘、叶尖发黄（先老叶后新叶）进而变褐脱落，茎秆柔软易弯曲，多为缺钾所致，应追施钾肥。

修剪：五步骤呈现优美花形

有些花卉进入夏季以后常易出现徒长，影响花卉开花结果。为保持花卉株形优美

花多果硕，应及时对花卉进行修剪。

花卉的夏季修剪包括摘心、抹芽、除叶、疏蕾、疏果等。

摘心

一些草花，如四季海棠、倒挂金钟、一串红、菊花、荷兰菊、早小菊等，长到一定高度时要将其顶端掐去，促其多发枝、多开花。一些木本花卉，如金橘等，当年生枝条长到约15～20厘米时也要摘心，以利其多结果。

抹芽

夏季许多花卉常从茎基部或分枝上萌生不定芽，应及时抹除，以免消耗养分，扰乱株形。

除叶

一些观叶花卉应在夏季适当剪掉老叶，促发新叶，还能使叶色更加鲜嫩秀美。

疏蕾、疏果

对以观花为主的花卉，如大丽花、菊花、月季等应在夏季疏除过多的花蕾；对观果类花卉，如金橘、石榴、佛手等，当幼果长到直径约1厘米时要摘掉多余幼果。此外，对于一些不能结籽或不准备收种子的花卉，花谢后应在夏季剪除残花，以减少养分消耗。

整形

对一品红、梅花、碧桃、虎刺梅等花卉，常在夏季把各个侧枝做弯整形，以增加花卉的观赏效果。

休眠花卉，安全度夏

在夏季养护管理中，必须掌握花卉的习性，精心管理，才能使这些花卉安全度夏。

夏季休眠的花卉主要是一些球根类花卉。球根花卉一般为多年生草本植物，即地上部分每年枯萎或半枯萎，而地下部球根能生活多年。

然而在炎热的夏季，有些球根花卉和一些其他的花卉，生长缓慢，新陈代谢减弱，以休眠的方式来适应夏季的高温炎热，如秋海棠、君子兰、天竺葵等。休眠以后，叶片仍保持绿色的称为常绿休眠；而水仙、风信子、仙客来、郁金香等花卉，休眠以后，叶片脱落，称为落叶休眠。

通风、喷水

入夏后，应将休眠花卉置于通风凉爽的场所，避免阳光直射，若气温高时，还要经常向盆株周围及地面喷水，以达到降低气温和增加湿度的目的。

浇水量应合适

夏眠花卉对水分的要求不高，要严格控制浇水量。若浇水过多，盆土过湿，花卉又处于休眠或半休眠状态，根系活动弱，容易烂根；若浇水太少，又容易使植株的根部萎缩，因此以保持盆土稍微湿润为宜。

雨季进行避风挡雨

由于夏眠花卉的休眠期正值雨季，如果植株受到雨淋，或在雨后盆中积水，极易造成植株的根部或球根腐烂而引起落叶。因此，应将盆花放置在能够避风遮雨的场所，做到既能通风透光，又能避风挡雨。

夏眠花卉不要施肥

对某些夏眠的花卉，在夏季，它们的生理活动减弱，消耗养分也很少，不需要施肥，否则容易引起烂根或烂球，导致整个植株枯死。

此外，在仙客来、风信子、郁金香、小苍兰等球根花卉的块茎或鳞茎休眠后，可将它们的球茎挖出，除去枯叶和泥土，置于通风、凉爽、干燥处贮存（百合等可用河沙埋藏），等到天气转凉，气温渐低时，再行栽植。

花卉夏季常见病虫害

在夏天，气温高、湿度大的气候环境下，花卉易发生病虫害，此时应本着"预防为主，综合防治"和"治早、治小、治了"的原则，做好防治工作，确保花卉健壮生长。

花卉夏季常见的病害主要有白粉病、炭疽病、灰霉病、叶斑病、线虫病、细菌性软腐病等。夏季常见的害虫有刺吸式口器和咀嚼式口器两大类害虫。前者主要有蚜虫、红蜘蛛、粉虱、介壳虫等；后者主要有蛾、蝶类幼虫、各种甲虫以及地下害虫等。

夏季气温高，农药易挥发，加之高温时人体的散发机能增强，皮肤的吸收量增大，故毒物容易进入人体而使人中毒，因此夏季施药，宜将花盆搬至室外，喷施时间最好在早晨或晚上。

夏季养花疑问小结

夏季盆花浇水应该注意什么

夏季天气炎热，盆花水分散失快，浇水成为盆花管理的重要工作之一。为满足盆花的水分需要，又不能因浇水时间和方法不当而影响花卉的生长和欣赏，浇水时应注意以下5个问题：

1. 忌浇"晴午水"

夏日中午酷热，盆土和花株温度都很高，若在此时浇水，花盆内骤然降温，会破坏植株水分代谢的平衡，使根系受损，造成花株萎蔫，影响花卉的正常生长，使其观赏价值大大降低。因此，盆花夏季浇水应在清晨或傍晚进行。

2. 忌浇"半截水"

夏季给花浇水要浇透，若每次浇水都不浇透，浇水虽勤，同样会因根部吸收不到水分而影响正常生长。长期浇半截水，还会导致根系部分土壤板结，不透气而影响花卉生长，或因根系干枯而导致整株死亡。

3. 忌浇"漏盆花"

盆花浇水要恰到好处，浇到盆底根系能吸收到水分为佳。若每次都浇漏盆水，会使盆内养分顺水漏走，导致花株因缺养分而萎黄。为了恰到好处地浇水，可分次慢浇，不透再浇，浇透为止。

4. 忌浇"漫灌水"

若因走亲访友，或出差旅游，造成盆花过于失水而萎蔫，回来后，也不可立刻漫灌大水。因为这种做法会使植物细胞壁迅速膨胀，造成细胞破裂，严重影响盆花的正常生长。正确的做法是对过于干旱的盆花进行叶面喷水，待因干旱萎黄的盆花恢复正常状态后，再循序渐进地浇水。

5. 忌浇"连阴水"

如果遇到连续阴雨天气，则应该停止给盆花浇水。因为哪怕是绵绵细雨，也能满足盆花的生理需要。若认为雨量过小而仍按常规给盆花浇水，往往会因盆土过湿而导致烂根，使整株花卉受重创或死亡。

在雨季，花卉如何养护

我国属于季风性气候，夏季有一个比较长的雨季，在雨季期间的管理也是盆花管理中的一个重要环节。在这一时期的管理中应该注意以下问题：

1. 防积水

置于露天的盆花，雨后盆内极易积水，若不及时排除盆土水分易造成根部严重缺氧，对花卉根系生长极为不利，特别是一些比较怕涝的品种，如仙人掌类、大丽花、鹤望兰、君子兰、万年青、四季秋海棠以及文竹、山茶、桂花、菊花等，应在不妨碍其生长的情况下，可在雨前先将盆略微倾斜。一般不太怕涝的品种，可在阵雨后将盆内积水倒出。如遭到涝害时，应先将盆株置于阴凉处，避免阳光直晒。待其恢复后，再逐渐移到适宜的地点进行正常管理。

2. 防雨淋

秋海棠、倒挂金钟、仙客来、大岩桐、非洲菊等花卉会在夏季进入休眠或半休眠状态，盆土不能过湿；有的叶片或花芽对水湿非常敏感，叶面不能积水，若常受雨淋，容易出现烂根和脱叶，因此，下雨时要将其置于避雨处或进行适当遮挡。

3. 防倒伏

一些高株或茎空而脆的品种，如大丽花、菊花、唐菖蒲、晚香玉等遇暴风雨易倒伏折断，因此，在大雨来临前要将盆株移到避风雨处，并需提前设立支架，将花枝绑扎固定。

4. 防窝风

雨季温度高空气湿度大，若通风不良，植株极易受病虫危害导致开花延迟，影响授粉结果。因此，要加强通风。若发现花卉遭受蚜虫、红蜘蛛或出现白粉病、黑斑病等病虫害，应及时采取通风措施，并用适当方法进行除治。

5. 防徒长

雨季空气湿度大，加之连续阴天光照差，往往造成盆花枝叶徒长。因此，对一些草本、木本花卉可控制浇水次数和浇水量（俗称扣水），以促使枝条壮实。

6. 防湿热

盆栽花木在炎热天气下遇暴风雨，最好在天晴之后用清水浇1次，以调节表层土壤和空气的温度，减轻湿热对植物的不良影响。

如何做好君子兰的夏季养护

众所周知，君子兰喜凉爽、湿润、半阴环境，适宜生长的温度为15℃～25℃，若温度高于26℃～28℃，就会呈休眠或半休眠状态。若温度再高，就会发病甚至死亡。因此君子兰的夏季养护至关重要，如采取以下措施，就可以保证君子兰安全度夏：

1. 防阳光直射，勿暴晒

夏季的君子兰每天清晨利用太阳光照晒一会儿，足可满足植株对光合作用的需求。

2. 防高温、高湿，勿干燥

君子兰夏季的适宜温度是18℃～25℃，夏季君子兰放在装有空调器的室内最好，阳台遮光通风处也较理想；浇水时必须用晒过2～3天的自来水，每天下午6点后浇1次，不要使盆土过干或过湿。

3. 防徒长，勿施肥

夏季是君子兰的休眠期。应停止施肥，适度浇水，控制温度。若盆土已施肥或肥效较大，应将花盆上半部分的土倒出，换上掺入1/3～2/3的沙子拌匀装回盆，不仅降低肥效，还能起到降温作用。

4. 防粉尘污染，勿浇脏水

君子兰叶面应保持清洁，每周用细纱布蘸清水拧干轻擦1次；脏水会造成根叶腐烂变黄。

5. 防盆土板结，勿用黄土上盆

君子兰适宜在疏花、透气、渗水、肥沃、pH值在7.0左右的腐殖土中栽培。

6. 增加君子兰的抵抗力

在春季生长的后期，根据苗情适当减少氮肥的施用，而增加磷、钾肥的用量。从3月份开始，每10天根灌1次1%～3%的磷酸二氢钾或过磷酸钙。在进入"梅雨"季前1个月用1%磷酸二氢钾进行根外追肥3～4次，用以增加植株对不良环境的抵抗能力。

7. 修剪

君子兰在夏季如抽箭，不仅开不出好花，且会消耗养分，影响冬季的正常开花，所以要及时剪除花箭。

8. 防病害，勿感染

给君子兰换盆或擦叶片时，手要轻，防止根叶破伤，流出汁液，引发感染造成溃烂。

夏季怎样养护仙客来

仙客来以其花型别致而深受人们喜爱，但也因其越夏困难而阻碍了仙客来的广泛种植。5月中下旬，仙客来花期结束后，应停止浇水，使盆土自然干燥。待叶片完全脱落后，将枯叶去掉，放在室内通风阴凉处，使其完全休眠。

整个夏季停止浇水，8月中下旬可逐渐给水并逐渐移至散射光下，2周后进行正常管理，给以适当的肥水，春节期间就可正常开花。若想使其"五一"开花，可延迟1个月左右再浇水，就可以让仙客来开得更好。

第三节 秋季花卉的养护要点

凉爽秋季，适时入花房

进入秋季之后，天气开始变凉，但是有时阳光依然强烈，所以有"秋老虎"的说法，这对花卉而言也是个威胁，所以在初秋时节，花卉的遮阴措施依然要进行，不能过早拆地除遮阴帘，只需在早晨和傍晚打开帘子，让花卉透光透气即可，到了9月底10月初再拆除遮阴物也不迟。

到了深秋时节，气温往往会出现大幅降温的情形，有些地区甚至出现霜冻，此时花卉的防寒成为重要工作，应随时注意天气预报，及时采取相应措施。北方地区寒露节气以后大部分盆花都要根据抗寒力大小陆续搬入室内越冬，以免受寒害。

秋季花卉入室时间要灵活掌握，不同花卉入室时间也有差异。米兰、富贵竹、巴西木、朱蕉、变叶木等热带花木，俗称高温型花木，抗寒能力最差，一般常温在10℃以下，即易受寒害，轻则落叶、落花、落果及枯梢，重则死亡。所以此类花木要在气温低于10℃之前就搬进房内，置于温暖向阳处。天气晴朗时，要在中午，开窗透气，当寒流来时，可以采用套盆、套袋等保暖措施。当温度过低时，要及时采取防冻措施。

对于一些中温型花卉，比如康乃馨、君子兰、文竹、茉莉及仙人掌、芦荟等，在5℃以下低温出现时，要及时搬入房内。天气骤冷时，可以给花卉戴上防护套。

山茶、杜鹃、兰花、苏铁、含笑等花卉耐寒性较好，如果无霜冻和雨雪，就不必

急于进房。但如果气温在0℃以下时，则要搬进室内，放在朝南房间内，也可完好无损地渡过秋冬季节。而对于耐寒性较强的花卉可以不必搬进室内，只要将其置于背风处即可。这些花卉一旦遇上严重霜冻天气，临时搭盖草帘保温即可。五针松、罗汉松、六月雪、海棠等花卉都属此类，它们是典型的耐寒花卉。

入室后，要控制花卉的施肥与浇水，除冬季开花的君子兰，仙客来、鹤望兰等在早春开花的花卉之外，一般1～2周浇1次水，1～2月施1次肥或不施肥，以免肥水过足，造成花木徒长，进而削弱花卉的御寒防寒能力。

施肥：适量水肥，区别对待

秋天是大多数花卉一年中第二个生长旺盛期，因此水肥供给要充足，才能使其苗壮生长，并开花结果。到了深秋之后，天气变冷，水、肥供应要逐步减少，防止枝叶徒长，以利提高花卉的御寒能力。

对一些观叶类花卉，如文竹、吊兰、龟背竹、橡皮树、棕竹、苏铁等，一般可每隔半个月左右施1次腐熟稀薄饼肥水或以氮肥为主的化肥。

对1年开花1次的梅花、蜡梅、山茶、杜鹃、迎春等应及时追施以磷肥为主的液肥，以免养分不足，导致第二年春天花小而少甚至落蕾。盆菊从孕蕾开始至开花前，一般宜每周施1次稀薄饼肥水，含苞待放时加施1～2次0.2%磷酸二氢钾溶液。

盆栽桂花，入秋后施入以磷为主的腐熟稀薄饼肥水、鱼杂水或淘米水。对一年开花多次的月季、米兰、茉莉、石榴、四季海棠等，应继续加强肥水管理，使其花开不断。

对一些观果类花卉，如金橘、佛手、果石榴等，应继续施2～3次以磷、钾肥为主的稀薄液肥，以促使果实丰满，色泽艳丽。

对一些夏季休眠或半休眠的花卉，如仙客来、倒挂金钟、马蹄莲等，初秋便可换盆换土，盆中加入底肥，按照每种花卉生态习性，进行水肥管理。

北方地区10月份天气已逐渐变冷，大多数花卉就不要再施肥了。除对冬季或早春开花以及秋播草花等可根据实际需要继续进行正常浇水外，对于其他花卉应逐渐减少浇水量和浇水次数，盆土不干就不要浇水，以免水肥过多导致枝叶徒长，影响花芽分化和降低花卉抗寒能力。

修剪：保留养分是关键

从理论上讲，入秋之后，平均气温保持在20℃左右时，多数花卉常易萌发较多嫩枝，除根据需要保留部分枝条外，其余的均应及时剪除，以减少养分消耗，为花卉保留养分。对于保留的嫩枝也应及时摘心。例如菊花、大丽花、月季、茉莉等，秋季现蕾后待花蕾长到一定大小时，仅保留顶端一个长势良好的大蕾，其余侧蕾均应摘除。又如天竺葵经过一个夏天的不断开花之后，需要截枝与整形，将老枝剪去，只在根部留约10厘米高的桩子，促其萌发新枝，保持健壮优美的株形。

菊花进行最后一遍打头，同时多追肥，到花芽出现后随时注意将侧芽剥去，以保证顶芽有足够养分。而对榆、松、柏树桩盆景来说是造型、整形的重要时机，可摘叶攀扎、施薄肥、促新叶，叶齐后再进行修剪。

播种：适时采播

采种

入秋后，如半支莲、茑萝、桔梗、芍药、一串红等，以及部分木本花卉，如玉兰、紫荆、紫藤、蜡梅、金银花、凌霄等的种子都已成熟，要及时采收。

采收后及时晒干，脱粒，除去杂物后选出籽粒饱满、粒形整齐、无病虫害并有本品种特征的种子，放入室内通风、阴暗、干燥、低温（一般在1℃～3℃）的地方贮藏。

一般种子可装入用纱布缝制的布袋内，挂在室内通风低温处。但切忌将种子装入封严的塑料袋内贮藏，以免因缺氧而窒息，降低或丧失发芽能力。

对于一些种皮较厚的种子如牡丹、芍药、蜡梅、玉兰、广玉兰、含笑、五针松等，采收后宜将种子用湿沙土埋好，进行层积沙藏，即在贮藏室地面上先铺一层厚约10厘米的河沙，再铺一层种子，如此铺3～5层，种子和湿河沙的重量比约为1：3。沙土含水量约为15%，室温为0℃～5℃，以利来年发芽。

此外，睡莲、王莲的种子必须泡在水中贮存，水温保持在5℃左右为宜。

及时秋播

二年生或多年生作1～2年生栽培的草花，如金鱼草、石竹、雏菊、矢车菊、桂竹香、紫罗兰、羽衣甘蓝、美女樱、矮牵牛等和部分温室花卉及一些木本花卉，如瓜叶菊、仙客来、大岩桐、金莲花、荷包花、南天竹、紫薇、丁香等，以及采收后易丧失发芽力的非洲菊、飞燕草、樱草类、秋海棠类等花卉都宜进行秋播。牡丹、芍药以及郁金香、风信子等球根花卉宜于仲秋季节栽种。盆栽后放在3℃～5℃的低温室内越冬，使其接受低温锻炼，以利来年开花。

秋季花卉病虫害的防治

秋季虽然不是病虫害的高发期，但也不能麻痹大意，比如菜青虫和蚜虫是花卉在秋季易发的虫害。

在秋季香石竹、满天星、菊花等花卉要谨慎防治菜青虫的危害，菊花还要防止蚜虫侵入，以及发生斑纹病。

非洲菊在秋天容易受到叶螨、斑点病等病虫害。月季要防止感染黑斑病、白粉病。香石竹要防止叶斑病的侵染。

桃红颈天牛是盆栽梅花、海棠、寿桃、碧桃等花卉在秋季容易受到侵害的虫害之一。如果发现花卉遭受桃红颈天牛的侵害，可以通过施呋喃丹颗粒进行防治。但要注意：呋喃丹之类药物只适用于花卉，对果蔬类植物并不适用。如果使用也需要按严格的剂量规定，不能随意喷洒，以免威胁人体健康。

总之，秋季花卉的病害应该以预防为主，注意通风，降低温室内空气湿度，增施磷钾肥，以提高植株抗病能力。

秋季养花疑问小结

为什么花卉要在秋天进行御寒锻炼

御寒锻炼就是在秋季气温下降时将花卉放置在室外，让其经历一个温度变化过程，在生理上形成对低温的适应性。

御寒锻炼主要是针对一些冬季不休眠或半休眠的花卉而言的，冬季休眠的花卉不需要进行御寒锻炼。

具体方法是在秋季未降温前将花卉放置在室外，让其适应室外的环境。在室外温度自然下降时，不要将其搬回室内，让其在气温的逐步下降中适应较低的温度。在进行御寒锻炼时应注意以下4点：

（1）气温下降剧烈时，应将花卉搬回室内，防止气温突降对其造成伤害。

（2）下霜前应将花卉搬至室内，遭霜打后叶片易出现冻伤。

（3）抗寒锻炼是有限度的。植物不可能无限度地适应更低的温度，抗寒锻炼也不可能使花卉突破自身的防寒能力，经过抗寒锻炼的花卉只是比没经过抗寒锻炼的花卉稍耐冻一些。

（4）不是每种花卉都能进行抗寒锻炼，如红掌、彩叶芋等喜高温的花卉在秋季气温未下降前就应移至室内培养。

秋季如何养护仙客来

入秋后，要对仙客来进行秋季养护。可采取如下养护措施：

（1）更换盆土。仙客来进入秋季的首要养护任务是换盆。对早春播种的幼苗与繁殖的新株，应带部分宿土，更换大一号盆。对开过花夏季休眠的老株，则将球茎从盆中磕出，用清水洗净泥土，剪去2～3厘米以下的老根，在百菌轻或多菌灵溶液中浸泡半小时晾干后，栽于大一号盆中。培养土一般用腐叶土、田园土各4份，河沙2份。上盆后浇透水，放于荫蔽处，无论老株或幼株，都不能深栽，以球茎露出1/3～1/2为宜，以防浇水过多致使球茎腐烂。

（2）浇水施肥。由于秋季气候多变，晴天与雨天蒸发量不同。为使盆土有良好的透气性，每次都要浇透水。浇水时间以上午为好，既可避免因午间高温导致植株萎谢，又可避免下午浇水温差太大造成新陈代谢失调。随着气温的不断下降，仙客来生长速度逐步加快，植株所需养分相应增多。因此，除换盆时在培养土里混入迟效复合肥或在盆底施农家肥外，在换盆缓苗之后，应每半月施1次稀薄液肥，且随着植株生长速度的加快，施肥的间隔时间要逐渐缩短，浓度逐渐加大。现蕾之后还需增施磷钾肥，以使花多色艳。

观叶花卉如何秋季养护

（1）增加光照。在室外遮阴棚下生长的观叶花卉，可以适当地除去部分遮阴物，放置在室内越夏的观叶花卉可以移至光照合适处。

（2）肥水要充足。秋季观叶花卉长势旺盛，应施以氮肥为主的肥料（如腐熟的饼肥液等），肥料充足，叶片才会繁茂有光泽。由于观叶花卉的叶片多，水分蒸发量极大，浇水也应及时，缺水易使花卉下部的老叶枯黄脱落，形成"脱脚"。因秋季空气干燥，浇水的同时还要向其四周洒水，洒水可提高空气湿度，保持叶片的光泽度，防止叶缘枯焦。

（3）秋末养护措施的变化。秋末室外气温逐步降低，要停止施氮肥，适当灌施2～3次磷、钾肥，以利于养分积累和提高抗寒性。

由于气温低时花卉耗水量不大，应减少浇水次数，使盆土偏干。少浇水不仅可以预防根部病害，还可以提高花卉的抗寒力。

株形较大的观叶花卉如铁树可在室外用防寒物包裹越冬，不能在室外越冬的观叶花卉如榕树可修剪后移入室内，以免挤占过多的空间。

观叶花卉还应定期喷药，防治病虫害的侵染。

第四节 冬季花卉的养护要点

寒冬腊月，防冻保温

各种花卉的越冬温度有所不同。花卉的生长都是有温度底线的，尤其是在寒冷的冬季，要采取合理的保暖措施。

有些花卉要在冬季进入休眠期，让这些花卉顺利越冬，就要控制室内温度在5℃左右。另外，如有需要，可以用塑料膜把花卉植株包裹起来放到阳台的背风处，也可

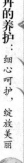

以安全过冬。比较常见的此类花卉有石榴、金银花、月季、碧桃、迎春等。

对于那些在冬季处于半休眠状态的花卉，如夹竹桃、金橘、桂花等，越冬时要把室内温度控制在0℃以上，这样可以确保其安全过冬。

对于一些对寒冷抵抗能力较差的花卉，比如米兰、茉莉、扶桑、凤梨、栀子花等，则要求室内温度在15℃左右，如果温度过低，就会导致花卉被冻死。而像四季报春、彩叶草、蒲包花等草本花卉，室温要保持在5℃～15℃之间。

对于文竹、凤仙、天竺葵、四季海棠等多年生草本花卉，室内温度应该保持在10℃～20℃。榕树、棕竹、橡皮树、芦荟、鹅掌木、昙花、令箭等，最低室温宜在10℃～30℃。芦荟冬天最低温度不能低于2℃。君子兰在冬季生长的适宜温度是15℃～20℃。

水生花卉如何越冬呢？冬天零下的温度，水结冰是否会危害到水生花卉的安全呢？要让水生花卉安全过冬，应该在霜冻前及时把水放掉，将花盆移至地窖或楼道过厅，温度保持在5℃为宜，盆土干燥时要合理喷水，加以养护。如荷花、睡莲、凤眼莲、萍蓬莲等水生类花卉均需采取以上保护措施，方可安全越冬。

适宜光照，通风换气

花卉到了初冬，要陆续搬进室内，在室内放置的位置要考虑到各种花卉的特性。通常冬、春季开花的花卉，如仙客来、蟹爪兰、水仙、山茶、一品红等和秋播的草本花卉，如香石竹、金鱼草等，以及喜强光高温的花卉，如米兰、茉莉、栀子、白兰花等南方花卉，均应放在窗台或靠近窗台的阳光充足处。

喜阳光但能耐低温或处于休眠状态的花卉，如文竹、月季、石榴、桂花、金橘、夹竹桃、令箭荷花、仙人掌类等，可放在有散射光的地方；其他能耐低温且已落叶或对光线要求不严格的花卉，可放在没有阳光的较阴冷之处。

需要注意的是，不要将盆花放在窗口漏风处，以免冷风直接吹袭受冻，也不能直接放在暖气片上或煤火炉附近，以免温度过高灼伤叶片或烫伤根系。

另外，室内要保持空气流通，在气温较高或晴天的中午应打开窗户，通风换气，以减少病虫害的发生。

施肥、浇水都要节制

进入冬季之后，很多花卉进入休眠期，新陈代谢极为缓慢，相对应的，对肥水的需求也就大幅减少了。这是很正常的现象。花卉和人一样经过一年的努力同样需要休养生息。除了秋、冬或早春开花的花卉以及一些秋播的草本盆花，根据实际需要可继续浇水施肥外，其余盆花都应严格控制肥水。处于休眠或半休眠状态的花卉则应停止施肥。盆土如果不是太干，则不必浇水，尤其是耐阴或放在室内较阴冷处的盆花，更要避免因浇水过多而引起花卉烂根、落叶。

梅花、金橘、杜鹃等木本盆花也应控制肥水，以免造成幼枝徒长，而影响花芽分化和减弱抗寒力。多肉植物需停止施肥并少浇水，整个冬季基本上保持盆土干燥，或约每月浇1次水即可。没有加温设备的居室更应减少浇水量和浇水次数，使盆土保持适度干燥，以免烂根或受冻害。

冬季浇水宜在中午前后进行，不要在傍晚浇水，以免盆土过湿，夜晚寒冷而使根部受冻。浇花用的自来水一定要经过1～2天日晒才能使用。若水温与室温相差10℃以上很容易伤根。

格外留心增湿、防尘

北方冬季室内空气干燥，极易引起喜空气湿润的花卉叶片干尖或落花落蕾，因此

家庭养花 实用宝典

越冬期间应经常用接近室温的清水喷洗枝叶，以增加空气湿度。另外，盆花在室内摆放过久，叶面上常会覆盖一层灰尘，用煤炉取暖的房间尤为严重，既影响花卉的光合作用，又有碍观赏，因此要及时清洗叶片。

畏寒盆花在搬入室内时，最好清洗一下盆壁与盆底，防止将病虫带入室内。发现枯枝、病虫枝条应剪去，对米兰、茉莉、扶桑等可以剪短嫩枝。进室后，在第一个星期内，不能紧关窗门，应使盆花对由室外移至室内的环境变化进行适应，否则易使叶变黄脱落。

如室温超过20℃时，应及时半开或全开门窗，以散热降温，防止闷坏盆花或引起徒长，削弱抗寒能力。

如遇室温降至最低过冬温度时，可用塑料袋连盆套上，在袋端剪几个小洞，以利透气调温，并在夜间搬离玻璃窗。

遇暖天，不能随意搬到室外晒太阳或淋雨，以防花卉受寒受冻。

冬季花卉常见病虫害

冬天气温急剧降低，花卉抗寒能力弱或者下降就会容易发生真菌病害，如灰霉病、根腐病、疫病等。

为了保证植株强健，提高其抗寒能力，就要降低盆土湿度，并辅之以药剂。冬季虫害主要是介壳虫和蚜虫。当然，冬季病虫害相对较少，这时候要做好防护工作。在冬季可以在一些花卉的枝干上，涂白不仅能有效地防止冬季花木的冻害、日灼，还会大大提高花木的抗病能力，而且还能破坏病虫的越冬场所，起到既防冻又杀虫的双重作用。

配制涂白剂方法是把生石灰和盐用水化开，然后加入猪油和石硫合剂原液充分搅拌均匀便可。

同时要注意，生石灰一定要充分溶解，否则涂在花卉枝干容易造成烧伤。

冬季养花疑问小结

冬季哪些花卉应该入室养护

冬季温度低于0℃的地区，室内又没有取暖设施的，室内温度一般只能维持在0℃～5℃左右。这类家庭可培养一些稍耐低温的花卉，如肾蕨、铁线蕨、绿巨人、朱蕉、南洋衫、棕竹、洒金、桃叶珊瑚、花叶鹅掌柴、袖珍椰子、天竺葵、洋常春藤、天门冬、白花马蹄莲、橡皮树等。

室内温度如维持在8℃左右，除可培养以上花卉外，还可以培养发财树、君子兰、巴西铁、鱼尾葵、凤梨、合果芋、绿萝等。

室内温度如维持在10℃以上还可培养红掌、一品红、仙客来、瓜叶菊、鸟巢蕨、花叶万年青、变叶木、散尾葵、网纹草、花叶垂椒草、爵床、紫罗兰、报春花、蒲包花、海棠等。这些花卉在10℃以上的环境中能正常生长，此时最好将花卉置于有光照的窗台、阳台上培养，以保证充足的光照，盆土见干后浇透，不能缺水。浇水的同时应注意洒水以补充室内的空气湿度。少量施肥，并应以液态复合肥为主。

冬季如何养护君子兰

15℃～25℃为君子兰的最佳生长温度。搬入室内过冬时，应按照住房的朝向和光照等不同进行养护。在我国南方地区，如果住房是朝南向阳的，可以放置在室内窗门边，保持室温在0℃以上，就能安全过冬。

通常情况下，入冬时，室温较高一些，多数君子兰在室内仍在生长，这时可以继续追施肥料，这对生长枝叶和今后孕蕾开花都有好处。如果室内装有加温设备，恒温在10℃以上，整个冬季君子兰都能继续生长；垂笑君子兰通过7天追施1次肥料，还能提前开花。

如果室温降至10℃以下，应暂停施肥，因为这时的君子兰已处在生长缓慢期或休眠期，多施肥不但根系难以吸收，反而有害。

如果住房是朝北的，虽整个冬天室内照不到阳光，但只要室内不出现0℃以下温度，放置在房间里比较暖和的地方，吹不到冷风，盆土偏干不过湿，君子兰也能经历漫长的寒冷天气安全无恙，而且春后移出室外的大棵君子兰，还能开出美丽的花朵。

至于小棵的君子兰，在向阳的室内过冬时，用塑料薄膜袋连盆一起套上，仍能继续生长新叶，放置在朝北无阳光的室内，并套上塑料袋的话，同样能安全度过冬季。

冬季如何养护四季秋海棠

四季秋海棠喜温暖怕冻，20℃左右气温最适合它生长。入冬以后，气温逐渐降低，生长受到抑制，可于11月上、中旬入室，置窗前向阳处培育，室温在15℃以上时，仍继续生长，开花不绝。12月份入冬后，进入休眠状态，新枝绿叶不发，花朵也很稀少。

当室温低于5℃时，夜间应将盆移至离窗口较远处，防止玻璃上寒气和窗缝中冷风侵袭而受冻，第二天再移至窗口有阳光处。当窗温降低至0℃时，可用透明塑料袋连盆罩住，在盆口处扎好以保暖。当袋内有较多水珠时，可另换新袋，借此换气和防止叶片腐烂。不能将盆置于厨房或取暖炉边，否则温度过高，叶片会受熏烤灼伤，影响休眠。

花卉在室内越冬时，因气温低、蒸发量少，冬季浇水要慎重，盆土干了才能浇水，做到干透浇透，一般10天左右才浇水1次。休眠期中不能施肥，当植株叶面积尘多时，可在风和日丽的晴天，配合浇水冲洗叶面。3月份的晴天，气温升高，开窗通风，防止过堂风吹袭受冻。到4月初，夜间气温不低于10℃时，可移盆于阳台养。

冬季修剪月季应注意哪些问题

为了使月季生长茂盛，开花多，冬季重度修剪是重要一关。所谓重度修剪就是指把月季过多的、不必要的枝条，全部进行短截修剪，以便集中营养生长发育，并多孕蕾和开花。如果冬季不进行上述短截重度修剪，使枝条长得既高又多又乱，不仅负担过重，消耗和浪费营养过多，对次年的生长和开花也不利。如果用两棵月季作比较，一棵做冬季重度修剪，而另一棵不做此种修剪，就会得出两种截然不同的结果，修剪过的生长旺盛、孕蕾和开花多，未修剪过的，长得又高又瘦，而摇摇曳曳地少孕蕾和少开花。由此可见，修剪对月季花的重要性。

那么为什么要在冬季做上述的重度修剪呢？其原因是冬季月季已落叶休眠，剪去过多的枝条，不会造成剪口的伤流。也就是说，不会很多地损耗伤口处流出来的营养。反之，如果在生长期进行重度修剪，会过多地造成伤流，从而影响月季的生长和开花。同时，通过冬剪可防治病虫害。

冬季重度修剪的时间，宜在入冬后落叶时至第二年2月底前。修剪方法：将根基部起15厘米（左右）以上处的枝条全部剪去，只留芽眼、生长健壮、无病虫害的枝条3～5枝就可以。剪的切口应在枝条芽眼1厘米以上处，剪后所留枝条成为碗状形，并扒开土，施入一定数量的基肥。

第四章
名贵花卉品种的养护

第一节 国内名花养护

牡丹

牡丹又叫木芍药、洛阳花、富贵花、花王，为芍药科、芍药属落叶灌木，牡丹是我国特有的木本名贵花卉，具有极高的观赏价值。

【名花简介】

形态特征

牡丹雍容华丽，艳冠群芳，被誉为"花王""国色天香"。秦朝以前牡丹、芍药不分。唐朝牡丹栽培盛行，被视为国花，长安成为牡丹种植中心；宋代牡丹中心移至洛阳，有"牡丹种中州，洛阳第一"之说。牡丹的株高1~2米，肉质根。树皮粗灰色，分枝粗而短。叶互生，二回三出羽状复叶。花单生枝顶，有单瓣或重瓣，呈红、黄、紫、白和粉红等色，花大色艳，直径最大可达30厘米，花期在4月中下旬，有黑褐色种子。

生长习性

名花牡丹原产于我国西北部，性喜凉恶热，宜干畏湿，适于春季干旱、少雨，夏季多雨凉爽的气候，有一定的耐寒性，宜栽在宽阔向阳之处。牡丹喜阳光，但怕炎热，忌强光直射，否则叶片枯焦，花瓣易萎蔫。夏季中午宜适当遮阴。牡丹有发达的直立性肉质根系，要求地下水位低，土层深厚，排水良好，肥沃的沙壤土。在沙土中栽植生长不良，在地下水位高、排水不畅、土壤黏重、通气不良的环境根部容易腐烂。

"春发枝、秋发根、夏打盹、冬休眠"是牡丹的生长特点。牡丹在6月中下旬开始花芽分化，1月中下旬至2月花器分化完成。当日平均气温超过27℃，极端最高气温超过32℃时，便影响花芽分化和根系的发育，严重时枝条皱缩，叶片枯萎，肉质根死亡，在炎热多雨的南方生长不及北方。牡丹寿命长，可达百年乃至数百年，幼年时期生长缓慢，播后4~5年才能开花，青壮年约25年左右，花繁叶茂，是最佳时期。

名花品种

江南牡丹品种群以安徽宁国为发源地，包括江、浙、皖，如杭州花港观鱼牡丹园、上海植物园牡丹园、安徽亳州牡丹园及盐城枯枝牡丹园，昌红、呼红等为代表品种。

中原牡丹品种群，分布于河南、山东、山西等省，如洛阳牡丹、菏泽牡丹、山西古县牡丹园、曹州牡丹园及北京景山牡丹园等，代表品种有姚黄、魏紫、冠世美玉、白雪塔。

西北品种群分布于甘肃、陕西、宁夏等省，如西安兴庆宫牡丹园，代表品种有富贵红、河州紫、绿蝴蝶。

西南品种群，分布于云南、四川、贵州、西藏等地，有许多珍稀野生种，以丽红粉、彭州紫、丹景红及玉重楼等为代表品种。

【名花养护】

栽培

栽植：根据牡丹的生长特性，培养土应疏松、肥沃、腐殖质含量高、肥效持久而又易于排水。一般可用园土7份、腐叶土3份或沙壤土6份、腐叶土4份混匀配制，也可用腐熟堆肥、园土、粗沙各1/3混配，或园土∶腐殖土∶沙为5∶3∶2混合配制，应选用口径30~40厘米、深30~50厘米的大瓦盆、陶（瓷）盆或塑料盆，并视植株的大小而决定选用花盆的规格。

栽植时，先要在盆底排水孔处铺一瓦片，再铺上2~3厘米厚的粗炭渣，然后根据植株大小装2~5厘米培养土，再把植株根系一分为二，用手各拿其一，将苗木置于盆中央，然后向同一方向稍向上提，再将盆摇动，使土与根系紧密接触。注意根茎不能深于原覆土位置，填土也不能太满，根茎处要低于盆口1~2厘米。未带土的植株，在栽前，用1%的硫酸铜液将根部进行5~10分钟的消毒。带土苗木，可结合第一次浇水，用50%多菌灵500倍液灌根。

但无论是否为带土苗木，栽植好后，都应用70%甲基托布津1000倍液喷雾消毒。

盆栽之后，盆面可配上雨花石、地衣等与牡丹植株相依为伴，不仅能增加盆栽牡丹的美观，使之生机盎然，还可起到保湿隔温作用。

浇水：盆栽因其容量较小，装土少，栽后应马上浇透水1次，以后根据土壤干湿每隔3~4天浇水1次，以保持盆土湿润为宜。夏秋季节，更应控制盆土的湿度，做到不干不浇。夏季天干时，应在清晨或夜间浇水，秋季只要不是太干就不必浇水。过湿易导致芽旺秋发，来春不开花。

施肥：牡丹喜肥，除在培养土内加足基肥外，可根据植株的大小和花蕾的多少，在开花前追施1~2次饼肥水，也可用含量45%（氮、磷、钾比为1∶1∶1）的三元复合肥。具体时间为：1月中旬（大寒前，温度6℃~8℃）和翌年2月中旬（立春后温度8℃~10℃时）各施肥1次，每盆每次10~15克，兑水0.5~0.75千克淋下。

开花后半月再追施同样液肥1次或喷施1~2次0.3%磷酸二氢钾加0.5%尿素；5月中下旬施1次腐熟的饼肥，每盆20~50克，以利花芽分化；6月至7月上旬湿度大，不宜施肥，缺肥可喷叶面肥；7月上旬至9月底（半休眠状态）不施肥。10月上旬至11月上旬，利用地下根部还在生长的有利时机施用腐熟的饼肥作基肥，并将盆土翻松，以利春季萌发生长。

防湿抗旱：牡丹忌久雨过湿和炎热酷暑，遇长时间高温多湿天气，会使叶片枯焦、烂根。盛夏酷暑时期，可将盆栽牡丹移至荫棚下避暑，也可集中埋入土中防暑降温，并保持排水通风良好，无雨时每天进行枝叶及周围喷水、增加空气湿度，保证牡丹花芽分化时期的水分供应，雨季要注意排水，阴雨天要把花盆略倾，防止盆中积水。

修剪：为改善牡丹的通风透光条件，使养分集中，秋季落叶后，要进行整形修剪。剪去过密、并生、交叉、内向及病虫枝条，使植株保持好的造型。

繁殖

繁殖牡丹常用分株法，9月下旬至10月上旬，将4~5年生有6~10个枝条的大苗全株挖出，将病根、受损根、老根剪去，在阴处放置2~3天，待根部失水变软后，顺着

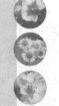
家庭养花 实用宝典

根部的自然纹理用手掰开，每个分株上应有2～3个以上的枝条和适量的肉质根。

名花保健

牡丹发芽后至开花前10天，每隔10～15天用65%代森锌1000倍液喷雾枝叶，防治叶霉病；开花后，每隔10～15天喷1次150倍波尔多液防治叶部病害。

🌿 君子兰

君子兰又名大花君子兰、大叶石蒜、剑叶石蒜、达木兰，石蒜科、君子兰属常绿草本花卉，原产南非地区。君子兰观叶观花，株形挺拔，花朵美丽，色泽艳丽，春节前后竞相开放，是美化居室的良种花卉。

【名花简介】

形态特征

君子兰根肉质，茎短缩。叶片革质，宽带形。花莛自叶腋抽出，扁平，肉质，伞形花序顶生，下承托以绿色的苞片数枚，花被漏斗形，外面橘红色，内面黄色。花期冬春。好的君子兰要求叶片短、有亮泽，叶姿直立，叶肉色浅，脉纹明显，花莛粗壮，花大，花被片艳丽。

生长习性

君子兰对温度要求比较苛刻，耐寒性差，耐热性不强，生长适温在25℃左右，夏季高温时处于半休眠状态。君子兰喜半阴，不耐暴晒。君子兰稍能耐旱而不耐积水。君子兰喜疏松肥沃的腐殖质土壤。

名花品种

君子兰的栽培品种有大花君子兰与垂笑君子兰，还有2个变种，即黄花君子兰及斑叶君子兰。近年来君子兰品种发展很快，有"和尚""黄技师""油匠""花脸""金丝兰""园兰""日本兰""鞍山兰""横兰""雀兰""缟兰"等。另外，选购君子兰，要注意肉质根要新鲜，无干瘪、腐烂、受伤、受渍的症状，叶片无病斑、黄斑。购来后擦洗叶面的灰尘，根部受伤处用硫黄粉涂抹，然后用0.1%高锰酸钾浸20～30分钟消毒，并根朝外，叶面用报纸包好在阳光下晒0.5～1小时。

【名花养护】

栽培

1. 地栽

湿度：君子兰是著名的温室花卉，所需求的空气相对湿度为50%～75%之间，低于50%时叶片尖端会出现枯焦现象，所以应选择上午向生长环境中喷水增湿，冬季环境较为干燥，更应增加空气湿度；否则不利其生长发育。

浇水：君子兰具有较发达的肉质根，根内存蓄着一定的水分，所以这种花比较耐旱。不过，耐旱的花也不可严重缺水，尤其在夏季高温加上空气干燥的情况下不可忘记及时浇水。要注意阴雨天气的影响，千万不能让其泡在水里。在发芽期，最好将自来水困一天，再浇，不要直接用自来水浇，因为自来水有氯气，影响种子发芽。

施肥：君子兰喜肥。对喜肥花卉施肥也要有一个限度，过多施肥，不利其生长，甚至会导致植株烂根或焦枯。所以，必须做到适量施肥。

2. 盆栽

栽植：上盆时间宜在3～4月或9～10月。盆要选透水性、透气性好的泥盆，或陶质、紫沙盆，不能用瓷盆和塑料盆；盆不要太大，盆壁不要太厚，花盆的大小要根据君子兰叶片多少而定。2叶用10厘米盆；3～5叶用12厘米盆；6～10叶用20厘米盆，10～15叶用26厘米盆；4年生以上用30厘米盆。上盆的基质有椰糠、泥炭、腐叶土、河沙、炉渣、木炭、锯屑等。上盆后放在阴蔽处1周左右，使其逐渐恢复元气。1周后可逐渐增加光照。

温度：君子兰开花时，常会发生夹箭现象，就是花箭在叶丛中抽不出来，影响花朵开花和观赏效果，造成夹箭的原因比较复杂。君子兰进入抽箭时，如温度低于12℃或高于25℃都会影响花箭的抽长，造成夹箭。若低温造成的，应采用提高盆土温度的办法，使花箭抽出。若是高温，要放入冷水或通风处降温，或在地面喷水。

浇水：进入抽箭期，水分不足也会造成君子兰夹箭，抽箭时需水量较大，要给予充足的水分，并注意松土，防止土壤板结，每次用50毫升啤酒浇入根部，也有明显的促箭作用。

施肥：君子兰进入孕蕾开花期，疏忽施肥，也影响抽箭。每年9月至翌年6月要加强施肥，可用饼肥、腐熟鸡粪、骨粉等含磷钾的肥料，或直接施1%磷酸二氢钾，10～15天施1次。

换盆与修剪：君子兰要翻盆换土，小苗每年1～2次，成龄君子兰1～2年1次。在换盆前一天，浇透水，将花盆斜放在地上，用手拍打花盆周围，使花盆边与盆土分离，再用右手托住花盆，左手食指与中指夹住君子兰假鳞类，其余三指按在盆土上，右手往下一翻，将花盆的盆土一面扣在左手掌上，再将盆沿在木桌上轻轻一磕，可将君子兰带土团取下，然后检查根系有无腐烂及受伤的情况，如有腐烂可彻底剪去烂根，并用硫黄粉消毒，按上盆的方法进行栽植。

3. 无土栽培

栽培基质可用泥炭土、蛭石、陶粒、珍珠岩等，以陶粒、珍珠岩最为理想。此外，还可以自行配制营养液，配方为每升水中磷酸二氢钾68.5毫克、硫酸铵132毫克、硫酸钾174毫克、硫酸镁246毫克、硝酸钙236毫克，微量元素按常量。也可购买市场上销售的无土栽培营养液或君子兰专用营养液，用凉开水按规定倍数稀释。

在日常的管理照料上，它对光照、温度、空气湿度的要求，同一般的土培，凡在浅碟中接收到的渗出液应及时倒回盆中，直至其不再有营养液渗出为止。一般大盆每2周补施1次营养液，用量为200～300毫升，中小盆每周浇施1次营养液，用量为50～100毫升，开花前和开花期间，应多补充几次营养液，且每周补水1次。为防止出现意外，可先用小苗尝试，待稍有经验后再换用成龄植株进行无土栽培。

繁殖

君子兰常用分株繁殖法。君子兰根茎周围容易产生分蘖，俗称"脚芽"，人们可利用这种分蘖进行繁殖。分株时间宜在春季3～4月结合换盆进行。宜在脚芽长到约20厘米高时进行分株，因为这时本身已形成完好的根系，分株后生长较快，一般2年后即可开花。

另外，君子兰也可用播种法繁殖，但家庭养植不常用。播种宜于早春进行。盆土宜用含腐殖质丰富的沙壤土，播种盆底铺上一层瓦砾以利排水。采用点播法，播后覆土1～1.5厘米，浇透水后放在25℃左右室温下，保持盆土湿润，经35～45天发芽。发芽后适当控制水分，并给予充足的光照。待幼苗长出2片真叶时即可分盆培养，经过3～4年精心养护，便能抽箭开花。

名花保健

君子兰病害有炭疽病、细菌性软腐病、白绢病、叶斑病、煤烟病和黄化病，虫害为红圆蚧。在软腐病发病初期，可用0.5%的波尔多液喷洒。防治叶斑病可在发病初期喷施50%多菌灵可湿性粉剂1000倍液。防治红圆蚧可用25%亚胺硫磷乳油1000

倍液喷杀。

兰花

中国兰花又叫山兰、幽兰、芝兰、地生兰，为兰科兰属多年生宿根常绿草本植物。我国传统的兰花为兰属中的地生兰。

中国兰花姿态秀美，芳香宜人，深受中国人喜爱，是我国传统十大名花之一。而且，兰花还有特殊的意语，表示纯真自傲，洁白忠贞。自古以来，兰花就备受人们的赞颂，咏兰的诗词名句也很多。

【名花简介】

形态特征

中国兰花根肉质肥厚，乳白色，假鳞茎密集成簇。在每个假鳞茎上只抽生1束叶片俗称"一筒"，并且只能抽生一次。株丛的扩大，是由根茎的新生节部产生新的假鳞茎。几个假鳞茎之间具有一段较细的根茎，俗称"马路"，分株繁殖时即是从马路部分切开。

叶带形，簇生假鳞茎上，以基部紧、中上部阔、弯曲下垂者为上。花为总状花序或单生，每一朵花的花梗下都有1枚苞片，花梗下部的几枚苞片状的膜质物是鞘，俗称"壳"。兰花开花的顺序是下面的第二朵先开，然后第一朵和第三朵，以后陆续向上开放。中国兰花的种子极为细小，因为胚胎发育不完全，故常规播种很难发芽。

生长习性

中国兰花原产于我国，常野生于悬岩旁的溪沟边和林下半阴处。性喜温暖湿润气候，最适生育温度为白昼20℃～30℃，夜间比白天低5℃～8℃。生长期内最适相对湿度为60%～80%；最适光照强度2000～3000勒克斯。要求遮阴度为70%～90%，忌高温、干燥和强光，但喜晨光和散射光。根部怕水湿，有真菌共生形成菌根。适生于富含腐殖质、排水良好的微酸性土壤中。

名花品种

虎头兰类：虎头兰的品种有红花蝉兰和黄蝉兰。虎头兰植株比较雄健，而且花朵硕大，花形丰满，花茎直立，开花期长。虎头兰适应性较强，所以，很适合家庭栽种。

春兰：春兰又名兰花草，早春2～3月开花。品种有宋梅、西神梅、方字、逸品、天章梅、集圆梅、玉梅素、绿英梅、吉字、天兴梅、翠云、贺神梅、翠文、元吉梅、郑同荷、绿云、张荷素、翠盖荷、宪荷、翠一品、春一品、蔡仙素、后集圆、宜春仙等。花瓣和萼片全为淡绿或黄绿色的称为"素心"，花形特殊的称"奇种"，花色鲜艳的称"色花"，叶上产生白色、黄色条纹或斑块的称为"叶艺兰"。彩心种中点整齐者如一点、二点、三点、元宝形等为上品。

蕙兰：蕙兰又叫夏兰、九子兰、九节兰、大兰、一茎九花，花期在4～5月。叶5～9枚簇生，长25～30厘米，宽0.6～1.4厘米，直立性强，基部常对折，横切面呈"V"字形，边缘有较粗锯齿。有花6～13朵，花浅黄绿色，唇瓣上具发亮的小乳突，点散，多以深红者为上。品种有极品、庆华梅、解佩梅、上海梅、端梅、江南新极品、程梅、荷顶、大

蕙兰

一品、荡字、和字、大绿荷、温州素、大陈字、华字、仙绿、培仙和迭翠等。

春剑：春剑的叶片长而直立，较春兰直立性强、雄健、花多、瓣挺、香浓，富有特色。高25～35厘米，有花2～5朵，有时7朵，花期在1～3月。

春送：蕙兰的变种，叶8～13枚，丛生，花茎稍弯曲，高30～50厘米，有花5～9朵，芳香，花期3～4月。

台兰：台兰别名金棱边，花期通常为3个月。叶3～6枚丛生，较短阔。通常着花15～20朵，外瓣带赤褐色，内瓣边缘带黄色，无香气。

墨兰：墨兰的品种有富贵名兰、玉桃、大屯麒麟、国香牡丹、吉福龙梅、奇花绿云、桃姬、十八娇、达摩、闪电、爱国、端玉等。墨兰又称报岁兰、拜岁兰、丰岁兰、报春兰。叶4～5枚丛生，直立性，剑形，长60～80厘米，宽2.7～4.2厘米，深绿色，全缘，有光泽。花梗直立，花茎高约60厘米，通常高出叶面，有花5～15朵，花瓣多具紫褐条纹，香味较淡。花期冬末至早春，少数秋季开花。

寒兰：寒兰属冬花类，品种主要有银铃、山姥、紫泰山、宫云城锦、佐夜姬、白凤、鸣皋、桃源、桃司冠、黎明、群鹏及雨情等。叶片3～7枚，直立，叶尖有细锯齿，长35～100厘米，宽11.7厘米，略有光。花茎直立，高于叶面，着花5～7朵，花小，花瓣狭，花期11月～翌年2月。寒兰按花色分绿、紫、红、白、桃红、黄和群色7类。

建兰：建兰的品种主要有四季兰、银边兰、永安兰。建兰别名秋兰、雄兰、四季兰、秋蕙、秋红、剑叶兰，花期为8～9月。叶片2～6枚，叶长30～50厘米，宽1.2～1.7厘米，叶光滑有光。总状花序着花6～12朵，淡黄绿色至淡黄褐色，上具暗紫色条纹，香味甚浓，常连续两度开花。

漳兰：漳兰为建兰著名变种，其叶较建兰稍宽而软，叶端易下垂。

【名花养护】

栽培

1. 地栽

栽植：中国兰花的培养土宜用锯木屑1份、黄壤土1份、河沙1份的混合基质。栽植时，每丛10苗左右，将根系整理剪留3～6厘米以促进新芽生长。

湿度：地栽兰花要创造阴湿的小气候，夏季降温增湿可利用遮阳网及地面洒水，冬季保温增湿则可用双层塑料薄膜搭棚。

浇水：给兰花浇水要因季节而不同，春季在清明前后揭去塑料棚后应浇透水1次；夏、秋季在干旱无雨时可人工浇灌，入秋之后采用宁干勿湿的"秋炼"措施，停肥控水，提高光照条件，以提高兰苗抗寒能力；越冬时要控制浇水。

施肥：施肥主要是在生长发育旺盛的季节，常用豆饼、油饼、鸭毛等经沤制腐熟后稀释15～30倍施用，也可施用0.3%～0.5%的高效复合化肥的稀释液。磷酸二氢钾主要作叶面施肥用，浓度宜在0.1%～0.2%。

2. 盆栽

栽植：盆栽时，要选择大小合适的瓦盆。栽兰时先在盆底孔上铺上棕皮或小块窗纱，以防蚂蚁等虫爬进盆内筑窝伤害兰根，将要栽植的兰花，顺势理直兰根，加入细泥。要注意每条根部都要按实，不能虚栽、浮栽，以培养土盖住一半假鳞茎为度，留沿口1.5～2厘米，土表面做成馒头形状，土面上可铺一层白石子，浇水时可免冲刷。浇透水，置荫处，10～12天后才可见光。盆栽兰除冬季进房外，其余时间可在室外荫棚下培养。

温度：冬季，春兰、蕙兰一般放在不结冰的室内即可，墨兰、寒兰、剑兰要放在室内朝南方向，保持温度在3℃～5℃为好。

浇水：给中国兰花浇水应掌握"土干才浇，浇必浇透"的原则。另外要注意：不

家庭养花 实用宝典

能将水浇到叶芽、花芽中，以免烂芽，并注意在地面经常洒水以增加空气湿度。

施肥：给兰花施肥宜在花后生长阶段，可视具体情况每年春、秋各施1~2次。家庭养花常用绿肥浸出汁，将青蚕豆壳、青草、菜皮等沤制后使用。

换盆与修剪：中国兰花每隔3年需换1次盆。换盆时间与分株时间一致，两者常结合进行。兰花花蕾出现时可疏去瘦小的花蕾，留下3~4个健壮的。开花后可适当疏花，把生长不良的兰花疏去。留下生长较好的1~2个花蕾，或任其开3~5天花后再行摘除。当顶端花朵开放1周后，可剪去花茎的一部分，在离钵盆3厘米处剪断。等到其完全枯萎之后，再剪除。

3. 无土栽培

基质：可以选用木素、沙粒等作固定植株的基质，并施入定量的复合营养液。无土栽培中国兰花时，可以根据花卉对营养元素及酸碱度的要求，调配成最佳的营养配方，然后进行较彻底的消毒灭菌，有效减少病害的发生。先用自来水将兰草根、叶片反复冲洗干净，在根和叶片上若发现黑褐色病斑应剪去，最好能在高锰酸钾溶液中浸泡杀菌，以减少自身带细菌。先在盆底垫1/3盆厚的粗炭灰，来保证基质的排水性与透气性。

浇水：栽后要注意浇透水。

施肥：兰花初栽半年内不需施肥，只是在培养基干燥时喷适量的淘米水。半年后才开始施用浸泡1~2个月的油饼稀释液。

修剪兰花

时间一长，兰花的叶子会出现斑点。叶子根部有斑点的话，可以剪去整片叶子，修剪时要注意将叶子剪成较为自然的形状。

繁殖

分株：由于兰花每年发新根、新叶一般只有1次，生长较慢，所以一般盆栽兰花约3年可分株1次，冬、春花类宜在秋末生长停止时进行，夏、秋花类宜在春季新芽未抽出前进行。

分株的具体方法：先让盆土稍微干燥，然后用手握住盆，轻轻将母株从盆内磕出，再将兰株脱盆去掉泥土，修去败根残叶，将根浸入清水中，用毛笔轻轻洗刷后置通风处阴干3~5个小时，等根部发白变软并见细小皱纹时进行分株，从"马路"部分用利刀切开，每株保持3个以上假鳞茎，太少不易发芽，切口处涂木炭粉防腐，阴干后立即栽植。在分株的过程中，一定要小心，不要弄伤兰花的叶芽和根部。

播种：选择优良品种的亲本，在花期进行人工授粉，干枯后即可取得成熟种子。播种之前先将种子消毒灭菌，然后播种。将种子挑入容器的培养基内，温度保持在24℃左右，低于20℃或高于30℃，都会影响发芽。

保持40%~60%的空气湿度，需要半年到1年时间种子才能发芽，形成叶原基，叶原基长大成为叶片，当形成3~4枚叶片后，就出现真根。这时可进行分苗工作，即将幼苗分植于新的培养基内，在无菌条件下进行。苗高3~5厘米、叶片4~5枚、根2~3条时，即可从容器培养基中移植于盆钵培养土中。培养土可用泥炭、碎木屑、切碎苔藓及少量沙土配制而成，基质最好经过蒸气消毒处理。移栽后，用细孔喷壶喷透水，使苗土紧密结合，上面罩以玻璃片或塑料袋以保持温湿度，然后放在庇荫的地方，温度要保持在21℃~24℃。

名花保健

黑斑病、白绢病等是中国兰花的主要病害。黑斑病初发时叶面出现黑点，然后逐渐扩大，严重时大半叶子枯黑。其发病原因一般是由于浇水过多，通风不良所致。如果发现植株有黑斑病，可用50%多菌灵800倍稀释液或70%托布津1000~1500倍稀释液进行喷杀。兰花常有红蜘蛛虫害，可用敌百虫800倍液或1000倍液加洗衣粉水剂进行喷杀。

🌿 山茶花

山茶花别名叫耐冬、山茶、洋茶，山茶科，山茶属常绿灌木或小乔木，原产于我国。茶花是我国著名传统名花之一，其树姿优美，枝叶繁茂，花团锦簇，五彩缤纷。宋代陆游称赞山茶花"雪里开花到春晚，世界耐久孰如君"。

【名花简介】

形态特征

山茶花株高3～4米，树冠圆头形，树皮灰褐色。叶互生，革质，深绿色，倒卵形，边缘有小锯齿，短柄。花两性，单生或2～3朵生于枝梢顶端或叶腋间，冬春开花，有单瓣、半重瓣和重瓣，花色有大红、粉红、紫、白及杂色等，花朵直径5～6厘米。花期从12月到翌年3～4月为止。

生长习性

山茶花是一种喜温植物，对温度十分敏感，华东山茶生长适温在15℃～25℃。云南山茶生长适宜温度为18℃～25℃，花朵开放适温10℃～20℃，对低高温的忍受程度各品种间有差异；野生、单瓣型品种耐寒力强，可耐-10℃低温。名贵的品种有"紫溪""东林""色奔""香城春""恨天高""狮子头"，当温度为-5℃时，花器受冻，-7℃植株受冻。30℃以上停止生长，35℃受日灼，冬季要防寒，夏季防高温。山茶属半阴半阳花木，要求遮阴度50%左右，幼年时更要遮阳，成年后需要较高的光照条件，这样有利于花芽分化。若遭烈日直射，嫩叶易被灼伤，造成生长衰弱。山茶花喜湿润，怕干旱，忌积水，在疏松肥沃、透气性排水性好呈酸性的沙壤土生长良好，基质pH值以5.0～6.5为宜。

名花品种

白洋茶：又名千叶白，雄蕊多瓣化成花瓣，共6～10轮，花白色，平展无皱纹。

什样锦：花形同白洋茶，花色桃红并间有白色条纹，或在白色花瓣上间有红色条纹。

鱼血红：花色深红，在外轮的一两枚花瓣上带有白斑。

红茶花：又名"杨贵妃"，外轮花瓣宽平，内轮花瓣细碎，粉红色。

小五星：花形与红茶花相似，桃红色，有的间杂白斑。

朱顶红：花形与红茶花相似，朱红色。

木兰茶花：花瓣较窄，呈半直立状，重瓣，玫瑰红色。

金星：花单瓣，深红色，花萼铁黑色，上有茸毛。花期长达4个多月，较耐寒。

小桃虹：花单瓣，桃红色，花期早而长，可自头年11月一直开到来年4月，较耐寒。

四面锦：花红色，花瓣呈卷心状，共分4组着生，故名"四面锦"。

【名花养护】

栽培

1. 盆栽

花盆：花盆大小与苗木的比例要合适。一年生茶苗可用盆径8～10厘米的瓦盆，二年生苗可用盆径为12厘米左右的瓦盆，需掌握宜小不宜大的原则，用盆太大，排水透气性差，植株往往因缺氧而烂根死亡。用新瓦盆栽茶花时需用pH值为6.0～6.5的酸性水浸泡一昼夜，以消除其燥性和碱性。

土壤：茶花喜欢偏酸性含腐殖质较多、疏松通气的山地红（黄）壤土，栽种时，用50%已充分熟化的红壤土+40%木屑或食用菌渣+10%饼肥粉或牲畜粪和磷肥粉，三者拌匀，适量浇水后堆沤熟化20～30天再栽种，经处理后的土壤疏松通气，保肥保水，比较适合茶花生长发育。

栽植：栽植时间以冬季11月或早春2～3月为宜。栽植时，先在盆底铺3～4片小瓦片或泡沫，再放入适量的培养土后将山茶花苗植入盆中，保持根系舒展后加土至距盆口1厘米左右，压实盆土。将种好的花盆在地上稍墩，使根系与泥土密切接触。最后将盆苗放入盛有清水的容器内吸水渗透，使水慢慢渗到土壤表面即可。上盆后3～5天内，要采取遮阴措施，其后即可转入正常养护。

光照：山茶花性喜半阴半阳的环境，忌高温烈日直射，因此在春季、秋末时可将山茶花移到光多的阳台上或地面，接受全天光照，促使植株生长发育，使花芽分化，花蕾健壮。夏天阳光强烈时要将花盆移到见光背阴、通风良好的环境中养护，也可以用75%的遮阳网从上午9点至下午5点进行遮阴，避免植株受烈日直射。

温度：山茶花性喜温暖，生长最适宜的温度为18℃～25℃，相对湿度为60%～65%。故春秋两季可揭去遮阴网，增强光照，提高温度；夏季采取置于大树下或搭建荫棚、遮阴网或洒水等措施降低温度，防止高温、干旱、日灼等对山茶花的危害。冬季遇寒潮侵入，气温骤然下降至0℃以下时，会引起嫩枝、花蕾受冻、枯萎，应在寒潮来临前将花盆移到背北向南处或搭拱棚养护。

浇水：在春秋生长季节，每2～3天浇水1次，夏天特别是三伏天每天早晚各浇1次，如果地面干燥还要向花盆的土面和周边浇水或喷水1～2次，以保持一定的空气湿度。同时，因城市多用自来水浇水，易使土壤碱化。为此，在浇水时，每月需补充0.5%～1.0%硫酸亚铁水，也可以用5%～8%食用醋，对叶片进行喷施。山茶花喜欢湿润的土壤，但又怕积水，下雨天如果盆内积水，必须及时排除，以免根系浸泡缺氧、腐烂。

施肥：山茶花树势健壮，叶片多，花期较长，易大量消耗树体养分和盆土营养，需要及时施肥补充。施肥时结合换盆，施用长效有机肥，并根据花盆大小，每盆施3～8克腐熟饼肥粉或鸡鸭粪。生长期追肥，每月施1～2次腐熟饼肥水、化肥和微肥。具体方法是：将盆边土扒开2厘米左右，将液肥施入后用土壤覆盖，避免产生异味，再用0.2%～0.3%磷酸二氢钾喷施叶片。施肥的原则是"薄肥勤施"，不宜施生肥，同时施用催梢肥和促花肥。当春梢开始萌发时，每10天叶面喷施1次1000倍液的磷酸二氢钾+0.1%的尿素+300倍液的米醋混合液，直到春梢木质化。山茶花的春梢木质化以后转入花芽分化阶段，这时每10天用1000倍液磷酸二氢钾+0.3%硼砂+300倍液的米醋混合稀释液进行叶面喷施。既可以控制山茶花徒长，又能促进花芽分化，缩短花芽分化的时间。

整形：山茶花一般在新梢形成后留2～3片叶摘心，20天后对再抽生出的新梢进行摘心，每年摘心2～4次。通过不断摘心促生分枝，缩小枝距，使分枝越来越密，逐渐达到枝繁叶茂的要求。养茶花必须疏蕾，疏蕾的原则是除弱蕾、多余蕾、阴面枝上的蕾，保留向阳部位枝条上中部的花蕾。对大株茶花，留蕾多少应视叶片多少而定，一般每5～10片叶留一个花蕾为宜。对过密、背向、内向、畸形、枯萎的花蕾进行摘除，疏蕾时应按大中小搭配，以免盛花一时，后续无花。疏蕾后，用1%的多菌灵液喷洒1次，以防伤口感染。为营造优美的冠形应根据造型需要，可以随时抹掉位置不理想、过多、过密、过弱的芽，对于病枯枝、过密枝、弱枝、徒长枝以及基部砧木上萌发的无用枝等，可以将其剪除，以清除病虫害。同时用撑、拉枝条等使枝条变位方法来调整枝位和生长角度，有效地集中养分，使山茶花开得更好。修剪时必须注意使剪口接近主干，不宜留过长的断枝。有条件时，应在剪口的断面部位涂上蜡或油漆，以防伤口感染。

2. 无土栽培

基质：以植物性基质（木屑、棉子壳）为主要基础材料。

苗木选择：选择3芽以上健壮，无病虫害，嫁接口愈合良好的靠接植株，靠接口距砧苗根茎距离小于15厘米。

消毒：靠接苗下树2周后，剪砧并用自来水冲洗整株及根系，完全清除所带自然泥土，洗尽后整株浸入0.05%高锰酸钾水溶液中消毒30分钟，取出再用自来水冲洗，晾干后即可上盆种植。

上盆：盆花销售前，为便于运输，可选用直径20厘米、高20厘米的营养钵种植。种植时，钵底垫盆高1/3泡沫块以防积水，后填入适量基质，植入植株、扶正，继续填入基质，直至距盆沿约1厘米，稍压实，使基质与根系紧密接触，嫁接口尽量埋入介质，以提高盆花美观性。植后移至苗床浇足定根水。

繁殖

山茶花的常用繁殖方法是扦插、嫁接、播种三种。扦插繁殖：以6月中旬和8月底左右最为适宜。嫁接繁殖：常用于扦插生根困难或繁殖材料少的品种。播种繁殖：适用于单瓣或半重瓣品种。种子10月中旬成熟，即可播种。

名花保健

如果发生炭疽病，可用80%多菌灵800倍，或50%甲基托布津800倍液，7～10天1次，连喷3次，效果良好。

如果发生枯枝病，可用75%甲基托布津800倍液喷洒，或者用12.5%增效多菌灵在花叶芽伸出前喷洒。

防治山茶藻斑病，可用0.6%石灰半量式波尔多液或1度石硫合剂防治。

防治蚜虫及红蜘蛛，可用10%吡虫啉可湿性粉剂1500倍液防治蚜虫；3.6%阿维菌素乳油3000倍液防治红蜘蛛、兼杀蚜虫。

如有介壳虫，可喷50%马拉松乳剂1000倍液或40%速扑杀1500倍液等，每隔半个月喷1次，这样坚持3次即可有显著效果。

如有天牛，先找到幼虫蛀孔，用棉花蘸上敌敌畏20倍液塞入洞内，或用氧化铝塞入洞内，然后用胶带封严洞口毒杀幼虫；成虫羽化期则进行人工捕杀。

防治金龟子，可利用成虫假死性，在傍晚或清晨人工振落捕杀；成虫为害期可喷50%巴丹可湿性粉剂1000倍液；幼虫为害期，用40%辛硫磷乳油500～800倍液浇灌根部，毒杀蛴螬。

如山茶花出现蛾类及尺蠖类食叶害虫，可用50%辛硫磷1000～1500倍液喷洒或氯氰菊酯3000倍液喷洒。

梅花

梅花又名春梅、干枝梅、红梅，蔷薇科、李属落叶小乔木，原产我国西南山区，是我国著名的花卉之一。我国种植梅已有3000多年的悠久历史。梅花品种繁多，全国有300多个。梅花为湖北省省花，武汉、南京、济南、苏州、无锡、台北等市市花。

【名花简介】

形态特征

梅花的树高可达10米，树冠常呈圆形或略扁圆形，树干呈褐紫色，树皮为灰黑色或灰绿色，新枝光滑、斜出，绿色或变为绿褐色。叶互生，卵形至阔卵圆形，背面

色较浅，先端长渐尖，边缘有细锐锯齿。花有单瓣和重瓣，多生于一年枝的叶腋，单生，也有2~3朵簇生的，芳香，花色有红、淡绿、白等色，萼筒钟状，多有短柔毛，萼片近圆形，花瓣5枚。梅花的花期一般在冬季至早春（12月至翌年3月），先叶而开，故有"梅先天下春"之说。核果近球形，有边沟，熟时变黄或黄绿色，果肉黏核，味酸，一般在5~6月成熟。

生长习性

梅花喜温暖、干燥和阳光充足环境，较耐寒，怕水涝，耐干旱，宜生长在肥沃和排水良好的沙质壤土。

名花品种

（1）直枝类：枝条直立或斜生，是较原始的梅花品种。

宫粉型：开粉红、重瓣或复瓣蝶型花，浓香，树势弱、易衰老、抗蚜虫力特弱。品种有淡桃粉、桃红台阁、大羽、小红长颈、粉皮宫粉、银红台阁、老人美大红、宫粉、粉红宫粉、红宫粉、飞蝶宫粉等。

朱砂型：花紫红色，单瓣、复瓣或重瓣，浓香，枝内新生木质部淡暗紫红色，耐寒性稍差，生长势弱，易衰老，易遭受病虫害4。品种有白须朱砂、台阁朱砂、粉红朱砂、荷瓣朱砂、骨里红、胭脂红、早朱砂、多萼朱砂、鹿儿岛红、飞朱砂、小荷朱砂等。

玉蝶形：花蝶型、白色，复瓣或重瓣，花萼绛紫或在绛紫中略现绿底，品种有北京玉蝶、三轮玉蝶、重瓣玉蝶、紫蒂白、舞蝶、粉蝶等。

绿萼型：花蝶形、萼绿、花白，单瓣或复瓣，罕重瓣，小枝青绿无紫晕，极香。品种有小绿萼、金钱绿萼等。

（2）垂枝梅类：枝下垂，形成独特的伞状树姿、浓香。有单粉垂枝、江梅垂枝、双粉垂枝、残雪垂枝、单碧垂枝、双碧垂枝、骨红垂枝、开运垂枝等。

（3）龙游梅类：不经任何人工扎制，枝条自然扭曲如游龙，花蝶型、白色、复瓣，品种有龙游梅。

（4）杏梅类：形态介于杏、梅之间，更近于杏，有单杏型、丰后型和送春型。品种有杏梅、扬州杏梅、洋梅、送春等。

【名花养护】

栽培

1. 地栽

土壤：应选择疏松、透水性好的土壤，一般栽植2~3年生的大苗，须挖穴施基肥，填以疏松肥沃的表土，再定植浇透水，加强管理。

浇水：成活后一般天气不干旱就不必浇水，天旱时适当浇水，不宜过湿。

施肥：不宜过多，每年约施肥3次，每年冬季施1次基肥，基肥以饼肥、鸡粪肥最好，含苞前施速效性催花肥，夏季进行1次追肥即可。新梢停止生长后施速效性花肥，以促进花芽分化，每次施肥后都要浇一次水。

修剪：梅树的萌芽力强，发枝过多，不仅影响美观，还会影响通风透光，不利于开花，又易生病虫害。所以，要想让梅花形美花繁，不论地栽、盆栽，都要适时进行整形修剪。一般的修剪多是从幼苗开始，当新苗长至10米左右，就可将主干截短，以促侧枝萌发，留3~5个侧枝作为主枝，其余侧枝自基部剪除，当侧枝长至8~10厘米时，再行截短、摘心，以促使花芽饱满，每枝留3~4个芽，侧枝上的徒长枝、纤细枝、交叉枝、重叠枝、密集枝等随时从基部剪去，使枝条偏疏，这样开花就多而大，到秋天再修剪一次，修剪时，还要注意剪口芽的方向，一般下垂枝品种应留内芽，直立枝或斜生枝品种应留外芽，剪口要平。

2. 盆栽

北方地区梅花不能露地越冬，故多盆栽。南方各地虽可露地越冬，但盆栽也很普遍，盆栽梅花宜在早春2～3月上盆。

土壤：盆土用50%的湖土（园土也可），20%的略带黏性的土，15%的砻糠灰，15%的黄沙拌和作培养土，加少量饼肥、骨粉作基肥。也可用腐叶土、堆肥土、沙土按4：4：2的比例配置或用腐叶土、河泥、细沙按1：2：7的比例调制成培养土。

通风：盆栽梅花，应放置在向阳通风处养护，如放在荫蔽地方则会生长不良，花少而色淡。

浇水：水的管理要掌握不干不浇。梅花喜水而不耐涝，如见盆内表土花白变干，浇1次透水，不干则不浇，大雨后要排水。

施肥：盆土养分有限，除施足基肥外，生长期还应追肥数次，以腐熟饼肥水为佳，如发现因缺铁而引起叶片发黄，可结合浇水浇灌0.1%硫酸亚铁溶液。

换盆：每年需要换盆，换盆时间适宜在4月上旬。先对老枝进行修剪，再将植株从盆中脱出，把根周围的土壤剥去部分，剪去部分细根，换上比原盆略大一点的泥盆。填土时，用竹签松土，换盆完之后用存放过几天的自来水浇透。

3. 切花栽培

梅花如专供生产切花用，则应成片集中栽植。株行距要小，主干留得较低，尽量多留侧枝，将树体修剪成灌木状。每年都要对当年生枝条进行短剪，促使萌发更多的侧枝，以增加花枝的数量。秋季落叶后重施1次有机肥料，以促进树势生长健壮。来年花谢后施2次以磷为主的液肥促进花芽分化。适合切花栽培的梅花品种多属宫粉型，绿萼型次之，而朱砂型常着花较少，所以少用。

4. 桩景栽培

可在露地栽培，也可盆栽，无论哪种栽培方式都应根据欣赏要求进行重修剪，形成矮小的株体，对细枝要尽早用棕丝进行蟠扎，对粗枝则需通过刀刻、斧劈，以及文火烘烤等手段强作树形。通常用老果梅做砧木，适当靠接梅花数枝，然后再进行蟠扎。经过几年的精心培养和不断艺术加工，虬枝屈曲，苍劲多姿的梅桩即可制成。

花期

欣赏梅花以开花期最佳。如果要让梅花春节期间开放，可在春节前1个月，将盆栽梅花移入室内，置于阳光充足处，室温保持在10℃以上，并经常对花枝喷水，以保持空气湿度，则春节前有望开花。催花期间，约10天浇1次透水。

梅花水养催花，对花枝1天要多喷几次水，同时每天要换清水。待花蕾露色后，移至低温处，可维持10～20天不开花，如给予15℃～20℃的温度条件时，1周左右时间就可开花。

如要想使梅花在清明开花，从霜降至立春的催花温度不超过10℃，室温逐渐由低升高，使温室阳光充足，每10余天浇透水1次使花色浓艳，花期20～40天。移入低温温室，可延长花期。

如要让梅花在国庆期间开放，可选宫粉型的早开花品种，将花置背风向阳处，加强肥水管理，促进新梢生长，5月中旬逐步减少浇水，使之提前结束新梢生长。6月后控水增施磷钾肥，促进花芽分化，7月中下旬移入冷窖，保持0℃～5℃，8月底移出放在半阴处，并逐步增加光照，9月底就可开花。

如果要使让梅花五一节开放，整个冬季都需放在稍高于0℃的冷室内不见直射光，盆土保持相对干旱，直到4月上旬再逐步移至室外即可。

控制梅花花期应注意：室温不可急骤增加，需逐步升高，否则植株往往因叶芽萌发而落蕾，影响开花；温度升高后浇水要均匀，不可过干或过湿，否则花色变淡，花朵小且易落花、落蕾。此时要注意经常喷水；含蕾待放时施少量速效性磷钾肥为好。

繁殖

嫁接：培育优良品种，梅花多用嫁接法，嫁接苗培养得法，1～2年即可开花。嫁接选用砧木很重要，砧木可用桃、山桃、毛桃、杏、山杏及梅的实生苗，其中桃和山桃的种子易得，嫁接易成活，而且接后生长迅速，开花繁茂。以梅的实生苗最好，亲和力强，寿命长。据经验，红梅的砧木宜用毛桃或杏树，白梅的砧木宜用李树，桃砧耐干旱而忌水湿，杏砧能使花色浓艳，李砧能稍耐水湿。

梅花一般用"T"形嫁接法，把砧木距地面5厘米处横向切一刀，再从切口中央向下切一刀，成"T"字形，然后轻轻将皮层剥开，把准备好的接穗插入"T"字口的皮层中，接芽要贴实贴紧，再用塑料薄膜条或涤纶胶带捆好。一周后，如叶柄脱落，接芽变绿，即为成活。到来年春从接口向上5～6厘米处，将砧木顶部截去，并注意随时抹除砧芽。也有将嫁接处用土封起来的，1个半月后去土检查成活情况。

扦插：11月剪取1年生枝条，长10～15厘米，用0.2%～0.3%吲哚丁酸浸1～2秒，插后生根率提高，生根期缩短。扦插适用于较易生根的品种如朱砂、宫粉、绿萼、骨里红、素白台阁等品种。

压条：压条是在长江以南一些省区常用的一种梅花繁殖方法，于早春进行。将1～2年生的根部萌蘖用利刀环剥枝皮，埋入土中深3～4厘米，夏秋高温时适当浇水，秋后割离，即可分栽。

播种：为了培育砧木，可用种子播种，培植实生苗。播种可在梅果发黄时采种，取出种子洗净后晾干，随即与湿沙混合并采用低温沙藏后进行秋播或第二年春播，室内盆播或露地苗床点播均可。

名花保健

梅花的病害主要有早春缩叶病、炭疽病、褐腐病、疮痂病、穿孔病、膏药病、流胶病、锈病和煤污病，梅花的虫害主要有蚜虫、介壳虫、红蜘蛛、刺蛾、蜡象、天牛、白蚁等。此外空气中含有大量有害气体，对梅花的生长影响较大，严重时甚至会引起梅花死亡，应给予治理。

月季

月季又名长春花、月月红，蔷薇科常绿或半常绿灌木，是我国著名的花卉之一。月季为花中皇后，奇容异美，冷艳争春，花大色艳，四时常开。苏轼曾写诗称赞月季："花开花落无间断，春来春去不相关，牡丹最贵唯春晚，芍药花繁只夏初。唯有此花开不厌，一年长占四时春。"

【名花简介】

形态特征

月季花的枝条呈直立状，树冠较开张，刺比较少。叶互生，小叶3～9枚，小叶组成奇数羽状复叶，边缘锐齿，椭圆形或阔披针形，具光泽，或粗糙无光。花顶生，单朵或数朵聚生，伞状花序，有单瓣和重瓣，月季花有白、红、黄、粉、紫、橙、粉红、深红、玫瑰紫、淡绿等色，花期5～11月。

生长习性

月季花的适应性较强，尤其是耐寒性，月季花耐热性也较强，在长江流域，从4月上旬至11月上旬可连续多次进行花芽分化，不间断开花。月季花喜温暖，生长适宜温度为白天23℃～25℃，夜间18℃～20℃。月季花喜光，但对光周期不敏感。

名花品种

中国月季类：枝条软弱，花色及香味淡雅，品种有春水、绿波、墨绒、绿月季等。

杂种香水月季类：花单生，形大，重瓣，色彩鲜艳，生长健壮，品种有墨红、和平、明星、香云、十全十美等。

微型月季

大花多花型月季类：一枝多花，形大，茎硬，四季勤开，品种有依丽粉、东方欲晓、火炬、海涛等。

多花型月季类：花多色艳，四季勤开。品种有扶本、红岩、五彩缤纷等。

十姐妹月季类：叶密枝繁，花团密集，而且一年四季都可见，耐寒抗热，长势健壮。品种有墨珠、红梅、香雪海等。

藤本月季类：枝条具有向上蔓延的特性，花单生或簇生，花期分单季、两季和四季，耐寒力较强，生长旺盛，品种有藤和平、藤墨红、火焰、东方亮等。

微型月季类：树型矮小，枝短叶细，花重瓣，朵小，品种有火炼金丹、红宝石、一粒珠、婴儿、小墨红等。

【名花养护】

栽植

盆栽：月季栽植宜在春秋两季进行，盆土用腐叶土、厩肥、园土或山泥、草木灰按3：2：4：1配成。盆栽月季花大都是经过地栽或育苗后移植盆中的。选好花盆，在盆底垫上几块碎瓦片，上面再放几片马蹄掌，加一部分培养土，然后把带土团苗植于盆中，分层加上培养土压实，装土应距盆沿2～3厘米为宜。栽后立即浇水，把花盆移至阴凉通风处，7～10天后再放到向阳的地方之后进行正常养护即可。

地栽：选在平坦，排水、通风良好和向阳的地方。地栽土壤宜选疏松，富含腐殖质的沙质土壤，铺撒厩肥后深翻筑畦。在未发芽前进行移栽，栽植的株行距为60～80厘米。

浇水：地栽月季花一般不需经常浇水，如遇春旱或孕蕾开花前后，可结合施肥进行浇水，即在每桶水中，适当加入一点液体肥料，将水浇透，半月左右1次，浇后第二天松土。夏秋10天浇水1次，浇水次数多少要视下雨情况而定，原则是保持土壤湿润即可。

盆栽月季花需水量大，盆土必须具有一定的湿度。一般来说，盆土含水量为30%～35%为宜。春秋天3～4天浇1次水，夏季1～2天浇1次水。

施肥：月季开花次数多、花期长、消耗养分量很大，要不断补充养分。盆栽月季花的施肥可用腐熟饼肥，填于花盆周围，生长季节还可追氮、磷高效肥或有机液肥，浓度春秋季为20%，夏季为10%，每10～15天施1次。

地栽月季花一般都在春季孕蕾后，开花前施1次浓肥，夏季生长旺盛期也可施肥，但是伏天和10月以后不施肥。施肥要注意把握"薄肥勤施"的原则，幼苗期应施以氮肥为主，辅以钾肥；营养生长期应以氮肥为主，辅以磷肥；孕蕾开花期则应以磷肥为主，辅以氮、钾肥料。露地栽培月季花，最好在冬季休眠期施厩肥，对月季越冬非常有利。

整形：根据栽培方式，可整成矮干、多干及高干式（伞式）。矮干在枝干基部3~5厘米剪去，保留1~5个生长点。多干式是保持3~5个枝干，每枝留5~7个壮芽。高干式保留60~100厘米的独干（3年培养），顶部保持3~4个分枝。月季萌蘗性强，生长旺盛，修剪工作可常年进行，生长期的修剪主要是去残花，剥芽摘蕾。

每次花谢后将残花剪去，第一次花后，壮枝留3~4个芽，弱枝留1~2个芽重剪，第二三批花后要轻剪，只在残花下第2片叶处下剪，以免伤流影响树势。秋花后改为中剪，每个枝条上留2~5个芽，对徒长枝、萌蘗枝要注意疏除。

疏芽：疏芽宜在春季进行，将萌发过密的幼芽剥去，一般每个主枝留2~3个芽。要定向留芽，对交叉、并行、过密、内侧芽要及时剥去。疏芽要保证花数量合理，让新芽成枝后大部分着花而尽量不成盲枝，例如一株有枝茬3个，春芽各留2~3个共7~8个芽，成枝会开6~8朵花，如大株留芽还可多一些。疏芽应贯穿全年，特别是修剪后新芽萌动时，疏芽更重要。

疏蕾：花蕾形成后要进行疏蕾，对单枝开花的品种，可摘去侧蕾，保证主蕾花大色艳，对聚花型和微型月季较少摘蕾，以养苗为主的一年生小苗，要剪去花蕾养苗。

修剪：月季休眠后可进行修剪，华东地区在11月下旬至1月份进行。盆栽大月季，也可结合早春换盆时进行，修剪时应剪去弱、枯、病枝及交叉枝，地栽苗长势较强，可中度缩剪，地上部留30厘米左右，主枝上侧枝可留3~4个芽短截，主枝选留应从树形与树势考虑，一般留3~5个主枝，要使其分布均匀，互不交叉。根部的萌蘗枝，对更新或树形有用的应保留，秋发萌蘗枝一律除去。盆栽月季进行强剪，仅留株高15厘米左右，主枝2~4个，侧枝上留1~3个芽修剪，冬季寒冷地区，冬剪不要一次到位，先轻剪留有余地，春季再作细致修剪。

繁殖

月季花的繁殖方法多采用扦插繁殖法，当然，条件允许的时候，分株、压条繁殖也是可行的。以扦插为例，扦插一年四季均可进行，但以冬季或秋季的梗枝扦插为宜，夏季的绿枝扦插要注意水的管理和温度的控制，否则会影响根部的生长。

名花保健

月季的病虫害主要有黑斑病、白粉病、霜霉病、枝枯病和根癌病。

月季黑斑病：早春用福美砷与河沙按1：99混合铺在盆土表面，可隔离病菌。发芽前可喷3波美度石硫合剂，杀死越冬病菌。多年研究表明75%百菌清1000倍和70%甲基托布津800倍，15天1次交替使用，效果特好。

月季白粉病：发病初期用15%粉锈宁1000倍或70%甲基托布津1000倍，20~25天喷1次。

月季霜霉病：发病初期可用25%甲霜灵500~800倍液或80%疫霜灵400~600倍液防治。

月季枝枯病：发病初期可用50%退菌特或50%多菌灵800倍液防治。

月季根癌病：发现病株用甲冰碘液（甲醇50份、冰醋酸25份、碘片2份混合成）涂抹病部或将病根置于500~1000倍液链霉素中浸泡30分钟。

月季的虫害主要有红蜘蛛、蚜虫、蓟马、介壳虫、叶蜂等，发现后要及时防治。

杜鹃

杜鹃，别名映山红、山石榴、山踯躅，为杜鹃花科、杜鹃花属常绿灌木植物。杜鹃因其绚烂的花形花色，而受到人们喜欢，白居易曾写诗赞美杜鹃："花中此物似西施，芙蓉芍药皆嫫母。"所以，杜鹃有"花中西施"的美誉。

【名花简介】

形态特征

杜鹃株高1～2米，有直立主干或多干丛生，枝干褐色，表皮薄而细密，小枝有毛或无毛，互生或轮生，很少对生。叶纸质，正背两面有棕色刚毛。花冠呈喇叭状、钟状、漏斗状或高脚碟状，4～5裂，深浅不一，覆瓦状排列。花色有红、白、黄、紫、粉及一些中间色。单花或双花，乃至10余朵集合成总状伞形花序，每朵花有小花梗。果实为蒴果，果熟时自顶端开裂。种子多而细小。

杜鹃

生长习性

杜鹃花喜欢湿润和凉爽，喜肥但忌浓肥，喜欢微酸性、不含钙镁的水和土，较耐寒，喜半阴，忌烈日暴晒。

名花品种

毛鹃：毛鹃是杜鹃花科杜鹃花属常绿或半常绿灌木，高达3米，分枝多，幼枝上密生褐色毛。传统品种有"玉蝴蝶""紫蝴蝶""琉球红""玉铃"等。

夏鹃：属常绿灌木，发枝在先，开花最晚，一般在5月下旬至6月。枝叶纤细、分枝稠密，树冠丰富、整齐，叶片排列紧密，花径6～8厘米，花色、花瓣同西鹃一样丰富多彩。传统品种有长华、大红袍、五宝绿珠、紫辰殿等

西洋鹃：西洋鹃 植株矮小，分枝细密，叶片小，多集中在枝顶，厚实深绿，春季开花，花色以红、粉红为主，花边镶有其他颜色，常见的品种有比利时西洋鹃、凤冠类西洋鹃。

【名花养护】

栽植

盆土：用肥沃、疏松、排水良好，pH值在4.5～6的酸性土为宜，可由腐叶土、苔藓、山泥以2：1：7的比例混合而成；也可用松针土、腐叶土、兰花泥、锯末等。

换盆：杜鹃常在春季或秋季换盆，2～3年换1次盆。花盆一般用透水、透气能力强的素烧盆为好。上盆后先放阴凉处加强喷水、浇水管理，使其迅速缓苗，5～7天后可放在适当的位置进入正常管理。

温度：生长温度夏鹃不低于5℃，春鹃不低于10℃左右，西洋鹃不低于8℃～15℃。要注意的是在3℃以下时，也会因品种的不同而产生不同程度的冻害。春天以夜晚保持15℃，白天保持18℃左右为宜，生长期的适温为12℃～25℃。故春、秋两季是旺盛的生长时期。入夏后如气温超过35℃，则新梢、新枝生长缓慢或处于半休眠状态，如温度继续升高，会导致植株死亡。要想提前开花，可在12月把春鹃移入室内向阳处，保持至翌年3月为10℃～13℃。当温度在12℃以上开始萌芽，30℃以上则停止生长，适宜花朵开放的温度在10℃～20℃。

浇水：给杜鹃浇水要用酸性、清洁卫生的河水或塘水为好。因杜鹃的根纤细，对土壤温度的变化很敏感，如果直接浇未经晾晒的自来水，容易引起落叶、落花。特别是冬季给室内杜鹃浇水时，应保持水温与室温一致（水温和气温的温差不超过5℃），才不致使其受到伤害。

因为杜鹃喜湿润，怕干旱，但不耐渍水，对水分特别敏感，养护杜鹃时要特别注意控制好水分。浇水多少应依据天气情况、盆土干湿情况、生长发育阶段的需要而定。不同生长时期浇水量的确定：生长旺盛期、开花孕蕾期，要供足水；生长缓慢及冬季以保持土壤不干即可。生长季节若浇水不及时，易造成根端失水萎缩。展叶期缺水则易导致叶色变黄，新叶不舒展，叶片下垂或卷曲，嫩叶从尖端起变成焦黄色，最后全株枯黄。花期缺水，则会造成花瓣绵软下垂，花朵凋萎，色不艳，花期短。水分偏多，则使老叶变薄，轻者叶片变黄、早落，生长停止，严重时会引起死亡。挽救的办法是将植株置于通风良好处，控制浇水次数与水量，还要注重向叶面喷水。杜鹃喜湿润的环境，对空气湿度要求较高，向杜鹃叶面喷水可以增加空气的湿度，降低叶面温度，同时可冲洗掉叶片上的尘土，有利于光合作用、呼吸作用的进行，并能增强植株对炎热高温的适应能力。在干旱的高温季节，应增加喷水的次数，保持空气的湿度。

施肥：根系细密的杜鹃吸收水、肥能力较强，但忌施浓肥或生肥。施肥时常用腐熟的饼肥、鱼粉、豆汁等，一般不用人粪尿。若要使用，必须腐熟并加入0.2%的硫酸亚铁。

杜鹃不同生长阶段要施不同的肥。3～5月为促使枝叶和花蕾生长，可用上述肥料2份，加水8份，每月施3～4次。6～8月中旬为花芽分化期，增施1～2次速效性磷、钾肥，如0.2%磷酸二氢钾、0.5%过磷酸钙等，以促进花芽分化。

在炎热的夏天，杜鹃生长缓慢而逐渐处于半休眠状态，过多的施肥不仅使老叶脱落，新叶发黄，而且容易遭受病虫害，所以应停止施肥。

入秋后，杜鹃又进入第二次旺盛生长时期，开花前多施磷肥，可促使花开得大，花瓣厚，色泽好，花期长。在此期间要追施以磷肥为主的液肥，以满足其生长和孕蕾的需要。10天施1次，施2～3次。每次施肥以后，都要浇1次清水，并及时进行松土，以利通气。10月以后应停止施肥。因为此时秋季生长已基本停止，如果继续施肥，会使植株在秋、冬萌发嫩叶，不利其越冬。给杜鹃施肥时应掌握"勤施薄肥"的原则。

修剪：为了保持杜鹃花的外形美观，每年要修剪过多的枝和徒长枝、蕾、芽等部分。当杜鹃花树长到一定高度后，需摘去顶芽，以控制高度和促进萌发侧枝。摘心后，又长出许多个侧枝，呈轮生状。侧枝长到一定高度，再摘心。萌发出次一级侧枝。

花蕾长到一定程度，摘去花蕾尖头，防止花开的太多浪费养分。同时抹掉不定芽。为了维护树形的优美，应增强树势，更新枝条，调整通风条件，把弱枝、病枝、枯枝、交叉枝、重叠枝、过密枝、徒长枝从基部剪去。

对老龄植株应进行修剪复壮。可于早春新芽萌动前，将枝条留30厘米左右剪去上部。不能一次剪完，应分期进行，每次剪1/3～1/5，3～5年完成，这样不影响赏花。修剪后精心管理、施肥，可以较长时间保持植株生长旺盛不衰。

繁殖

播种：杜鹃花绝大多数都能结实采种，仅有重瓣不结实。杜鹃花的每个蒴果里有100～500粒种子。发芽率70%左右。一般种子的成熟期从10月至翌年1月。当果皮由青转黄至褐色时，果实的顶端裂开，种子开始散落，此时要随时采收。未开裂的果实变褐均采下来，放在室内通风良好处晾干，切忌在阳光下暴晒。一般播种时间在3～4月份，在条件许可的前提下，随采随播效果更好。采用盆播，因为种子小，把盆里外洗干净，放在阳光下晒干，灭菌消毒，土壤也要灭菌消毒，装盆土要选用通透性好的、湿润肥沃含有丰富有机质的酸性土。为了出苗均匀，种子掺些细土，撒入盆内，上面盖一层薄细土，浇水用浸盆坐水的方法，盆上盖一层玻璃或塑料薄膜。播种后，5～6周可发芽。

扦插：多采用半木质化的枝条，一般5～8月份均可进行。扦插时常以河沙、珍珠岩加草炭作基质。插后花盆用塑料袋罩上，放半阴处，1周内每天早晚各喷1次水，以后经常保持盆土湿润。在25℃左右的温度条件下，一般品种40～60天即可生根。如果插穗用生根粉或维生素B12药剂处理，则可促进快生根、多生根。如果大量扦插繁殖，可采用全光喷雾扦插育苗法。此法具有生根快、成活率高等优点。

嫁接：多用嫩枝劈接。砧木通常选用毛鹃，其适应性强，亲和力好。

压条：常用高压法，通常在4～7月后，结合整枝，选取1～3年生的旺枝进行。

家庭养植杜鹃一般采用扦插繁殖法。

名花保健

杜鹃花常有黑斑病，可喷洒波尔多液防治。杜鹃的虫害主要有红蜘蛛、蚜虫等，可用杀灭菊酯等喷杀。

桂花

桂花是我国传统名花之一。桂花又叫月桂、金桂、岩桂、九里香，为木樨科木樨属常绿乔木类植物。桂花四季常绿，开花时，香味扑鼻，四处飘香，一般种植在庭院或花园中，盆栽桂花可放在窗台边或阳台，能使整个居室阵阵飘香，因此深受人们喜爱。

【名花简介】

形态特征

树冠呈圆柱形，树皮粗糙，为灰色；叶对生，革质，多为椭圆形；花为乳白、黄、橘红等色，3～5朵簇生于叶腋；果实为紫黑色的核果。

生长习性

桂花性喜温暖、湿润，不耐严寒，在长江以南可露地过冬。在北方须置室内越冬，越冬室温宜在3℃～5℃，短期也能耐受0℃左右的低温。桂花为喜光植物，要栽植在阳光充足通风良好的地方，才能花繁味香。桂花喜地势高燥、富含腐殖质微酸性的沙壤土，忌碱土、忌积水、忌煤烟。

名花品种

金桂：金桂的品种有大花金桂、大叶黄、晚金桂、圆叶金桂、球桂及柳叶苏桂等。花金黄色，香气浓，产花量高，花期9月下旬。

银挂：银桂的品种主要有籽银桂、早银桂、晚银桂、青山银桂及纯白银桂等。花乳白色或淡黄色，花朵茂密，香气颇浓，产花量较高，花期比金桂晚1周。

丹桂：丹桂的品种有大花丹桂、齿丹桂、朱砂丹桂、小叶丹桂等。花橙红色，香气比银桂淡，花期在秋季的9月下旬。

四季桂：四季桂的品种有月月桂、日香桂、小叶四季桂、齿叶四季桂。花乳黄色，香气淡，花期长。

【名花养护】

栽植

土壤：栽植桂花宜用田园土、堆厩肥和河沙各1/3配制而成的土壤，也可选用山泥或腐叶土5份、园土3份、沙土2份混合调制或腐殖土和沙壤土各半作培养土，以早春发芽前栽植为宜。如土壤酸性过强，则生长缓慢，叶易枯黄。如果将桂花栽植在碱性土壤中，约经数月即可导致叶片枯萎，甚至整株枯死。

浇水：给桂花浇水要根据天气季节等因素灵活掌握。浇水要掌握"二少一多"，即新梢发生前少浇，阴雨天少浇，夏秋季干旱天气需多浇。平时浇水以经常保持盆土约50%含水量为宜。特别是秋季开花时如果盆土过湿，容易引起落花。阴雨天要注意检查，盆内如有积水，需及时倾盆倒水以免时间长了造成烂根。

施肥：桂花春季发芽后需约每隔10天施1次充分腐熟的稀薄饼肥水，以促使萌芽发枝。7月份以后施以稀薄的腐熟鸡鸭粪水，在肥液中加入0.5%过磷酸钙，促使植株生长。9月初施最后1次以磷肥为主的液肥，则桂花生长茂盛，开花多、味香。如果施肥不足，特别是磷肥不足，则分枝少，花也少，而且不香。

换盆：盆栽桂花一般2～3年换盆1次，换盆时要浇透水，以后不宜过湿，以免烂根。

修剪：桂花宜在春季对枝条进行修剪，剪掉枯枝、弱枝、病枝。生长期内，可适当剪除侧枝，让有限的养分集中起来，使花朵更繁茂；花期过后，也可结合树形，对生长过密、过高的枝条进行疏剪。

促花：选好盆土，上好盆，上盆换盆宜在早春萌芽前进行。培养土内加1%的硫酸亚铁，调节酸度。浇水要适时，保持土壤含水量50%左右；秋季宜使盆土稍干，以利于花芽分化，下雨时侧盆倒水。生长期也要对桂花进行适当修剪，开花后，疏去密生枝、徒长枝，每个侧枝留下粗壮短枝；第2年早春萌芽前疏去枯、弱、病虫枝及萌蘖枝。适时出入室，桂花入室不宜太早，一般上冻后才能入室，放在阳光充足的冷室内，第二年清明节后出房置于通风向阳处。

繁殖

扦插：桂花繁殖宜在5月中旬至7月中旬和9月中旬至10月中旬进行。扦插以粗沙或蛭石作基质，不宜用黏质土，在扦插床上方50厘米处搭塑膜拱棚，其上再搭距床面1.8米高，透光率为30%的遮阳棚。

从品种优良、植株健壮的20～30年生的桂花母树上剪取树冠中上部、向阳的当年生半熟枝条作插条，剪条最好在阴雨天或早晨有露水时进行，条长8～10厘米，上部保留剪去一半的2枚叶片，上剪口平，下剪口削成斜面，放入100～300毫克/升的吲哚丁酸水溶液中浸泡插穗基部12～24小时。插穗按5×10厘米株行距插入基质中，压紧，用0.01%多菌灵溶液浇透插床，之后进行供水保湿和消毒管理。

棚内相对湿度保持85%以上，温度控制在18℃～30℃，2个月即可陆续生根。每隔7天喷洒2000倍多菌灵，防止感染造成皮层腐烂。每隔10天喷1%的尿素与磷酸二氢钾10次。夏插10月份可拆去荫棚，翌春小苗移栽到苗圃。夏秋插翌春移植于大田，苗高30～50厘米可出圃。

嫁接：桂花常用嫁接法繁殖。具体方法：可用女贞、水腊或小叶女贞作砧木，清明前后用切接，芽接在7～9月，但北方靠接用得多，时间在5月中下旬为最佳。在砧木离地面1/3高处削深度为截面2/3，削面宽0.5厘米，长3厘米，接穗削面长宽相似，操作动作要快，斜面要平滑，使削面靠严扎紧。接后在接口上1厘米处剪掉砧木，接后30～50天，接口下剪断接穗，之后并立支柱保护植株。

播种：桂花的种子于4～5月间成熟，当果皮颜色由绿色转变为蓝黑色时即可采收。采后洒水堆沤，清除果皮，阴干种子，湿沙贮藏。当年10月秋播或翌年春播。播种后，要薄盖稻草，搭棚遮阴。当年苗高可达15～20厘米。3年后进行移植栽培，实生苗一般要10年后才能开花。

压条：压条宜在3～6月间进行，选健壮低干母树，将其下部1～2年生的枝条，压入3～5厘米深的沟内，壅土平覆沟身，并用竹片加以固定，仅使枝梢和部分叶片露在土面。通常每株母树可育出10株左右小苗。

花卉保健

桂花常有枯斑病、枯枝病、根腐病。如果枯斑病、枯枝病，可在发病初期用5%多菌灵可湿性粉剂1000倍液喷洒，根腐病可用代森铵200～300倍液浇灌根部。叶蜂、柑橘粉、蚱蝉等为桂花的常见虫害，在发病初期可用乐果乳液进行喷杀。

菊花

菊花又名九花、鞠花、节花、帝女花、秋菊。菊花为菊科多年生草本植物，是我国著名花卉之一。中国历代都有赏菊活动，南宋时期，每年在宫廷举行菊花大赛。更有无数文人写诗赞美菊花，可见中国人对菊花的喜爱。

菊花

【名花简介】

形态特征

菊花株高60～180厘米。茎直立、粗壮、多分枝，青绿色或带有紫褐色，上披灰色柔毛，具纵条沟，呈棱状，半木质化，节间长短不一。叶形大、互生，呈绿色至浓绿色，叶片有深缺刻，基部楔形，表面较粗糙，叶背有茸毛，叶表有腺毛，能分泌一种特殊的菊叶香气。

菊花为头状花序，花单生或数朵聚生，边缘为舌状花，中部为筒状花，共同着生在花盘上，也有全为舌状花或筒状花的。花序的形状、颜色及大小变化很大，有球形、托桂形、卷散形、松针形、莲座形、翎管形等。

菊花的花色极为丰富，可分成黄、白、红、紫、粉等几个色系。小型花单花直径2～5厘米，大型花直径可达10～20厘米。种子为极细小的瘦果，黄褐色，中间膨大，两端略突出，上端呈扁平楔形，外表有纵行棱纹，种子寿命3～5年。

生态习性

菊花适应性强，分布地域广，从华南到华北都有栽培。菊花喜阳光充足、气候凉爽、地势高燥、通风良好的环境条件。宜生长在富含腐殖质、肥沃疏松、排水良好的沙质壤土，pH宜保持在6.5～7.2，耐旱也耐弱碱，但不耐潮湿，忌低洼积水，否则会导致整个植株枯黄而死。菊花还忌重茬，连作易发生病虫害和土壤养分缺乏症。菊花具有一定的耐寒力，地下宿根在华北地区可露地越冬。菊花大部分为短日照植物，只有当日照长度在12小时以下时才会开花，具有明显的日照界限。另有一部分菊花品种在长、短日照条件下均可开花，没有明显的日照界限，只是相对地分为短日照或长日照种类。

名花品种

菊花可根据栽培用途，分为盆菊、独本菊、立菊、悬崖菊、案头菊和塔菊等五类。家庭养花多以独本菊和留4～7朵花的多头盆菊为主。

多头菊：每盆常3～5本。要求长势矫健，姿态平衡，高矮适中，花姿优美，色泽鲜艳，虽盛开而花心不露，以叶鲜绿而有光泽、脚叶（近植株基部的叶）完好者为上品。

独本菊：每盆1本，着花1朵，除须达到多头菊的标准外，还须花大瓣重，才可称为单株独秀。

立菊：又称千头菊。基部主干为独本，每盆开花百朵以上乃至2～3千朵。花枝经绑扎后，花朵整齐排列成平面或球面。一般为中心1朵，第一圈6朵（或8朵），第二圈12朵（或16朵），以后每圈依6（或8）的倍数递增。

　　悬崖菊：选用小菊培养，干长枝多，悬垂而下，状若悬崖。要求植株丰满，首尾匀称，花期一致。

　　塔菊：以小菊做成，全株成塔形。或将多种花色的菊花分期嫁接于蒿子上，每邻近3根侧枝组成一平面，扎成一层，愈高的层次，花数愈少，直至枝顶开1朵花，成高大的宝塔状。

　　案头菊：花盆直径不超过15厘米，株高不超过20厘米，花径在15厘米以上。

　　小菊盆景：用小菊制作成桩景或配石的艺术盆景。

　　切花菊：与盆栽菊在品种上与观赏格调上有很大差别。切花菊一般选择平瓣内曲、花形丰满的莲座形和半莲座形的大中轮品种，要求瓣质厚硬、茎秆粗壮挺拔、节间均匀，叶片肉厚平展、鲜绿有光泽，适合长途运输和贮存，2~3日内不易萎蔫，吸水后能挺拔复壮，浸泡后能够全开而耐久。

【名花养护】

栽培

1. 盆栽

　　栽植：盆栽菊的盆土可用园土5份、腐叶土3份、堆肥2份拌和制成培养土，也可用腐叶土、沙壤土各4份拌和2份腐熟饼肥渣混匀的培养土，然后将植株栽入盆中。

　　换盆：如果是小苗，用直径10~12厘米的小盆，植株长大以后再换大盆；扦插生根后的菊苗可栽于口径15厘米左右的花盆中，盆的底部用两块瓦片搭好"人"字形排水孔，再放一层炉渣，以利排水，其上覆盖一层培养土，将菊苗放在花盆中央，扶正加土压实，上面留约2厘米沿口，以便浇水；如果成株可直接栽入20厘米以上的大盆。初上盆的菊苗要浇透水，并防止日晒，约5天后移至向阳处。当菊苗长到15~20厘米高时，需要再移栽1次。

　　浇水：菊花幼苗期的浇水以保持盆土湿润为宜。夏季浇水应适当增加，夏季早晚各浇水1次，雨天不浇，阴天少浇。菊花含苞待放时需水量较多，开花时水量宜适当减少，以免落花落蕾。

　　施肥：视植株长势而定，如基肥足，立秋前可不施肥，如不足，10天左右施1次稀薄液肥，夏季伏天停施肥，立秋之后再追肥，浓度可加大，花蕾形成时，施磷肥。每次施肥最好在傍晚，第二天早上再浇1次清水，保证根部正常呼吸。含苞待放时加施1次0.2%磷酸二氢钾溶液，可使花色正、花期长。施肥时注意不要沾污叶面，并常松土、除草，以促进根系发育。

　　修剪：菊花要进行摘心、修剪、抹芽、除蕾和设支柱。一般盆菊留花4~7朵，通常在苗高15厘米左右或接穗长出3~4片叶时开始摘心，待其腋芽长大后每个分枝留2~3片叶进行第二次摘心，可摘2~3次，立秋前停止摘心，同时剪去徒长枝、瘦弱枝，一般每株留5~7枝高矮整齐的枝即可。一般品种白露后可见花蕾，每枝除选留一个蕾形圆正的以外，其余的花蕾应及时摘除，到了霜降节前后即可鲜花怒放。花谢之后将菊茎距地面约15厘米处剪掉，将其宿根放到室温2℃~3℃，土壤微湿的条件下贮存过冬，以备来年栽植用。

2. 地栽

　　栽植：地栽菊花的栽培场地要求土壤肥沃，排水要好。

　　施肥：生长初期以施氮肥为主，每旬施肥1次，中期以氮、钾肥为主，花期需增加磷、钾肥。

　　修剪：栽植密度为每平方米60~100株，栽培过程中需抹芽、除蕾，以1株1花为宜，苗高40厘米时设置网架。

　　护理：为加快茎叶生长，除加长日照以外，可用50毫克/升的赤霉素和5毫克/升的萘乙酸混合液，每周喷洒1次，可加快菊花的生长和花芽分化。

繁殖

菊花的繁殖可用分株、扦插、嫁接、播种法进行，家庭养植菊花常用扦插法繁殖。

分株：可在春季4～5月结合翻盆换土进行，先将老株挖出，去除宿土，每3～4个芽为一丛，从根部分开，更换盆土，然后栽入盆中。分株也可以在花后初冬进行，但分株后盆栽幼苗要移入室内，温度不能低于4℃～5℃，最高10℃左右，到翌年清明时再出室。

扦插：扦插法一般分为芽插、枝插、叶插和叶芽插，以芽插、枝插为主。扦插是用脚芽以及脚芽长出的枝梢作插穗，脚芽是指自土中长出的芽。从根茎处萌发出来的脚芽，多集中着生在主枝的四周。由主根上的不定芽萌发滋生出来的脚芽，着生在花盆的边缘。采脚芽时最好采花盆边缘的脚芽。直接用脚芽繁殖用于培养大立菊、悬崖菊，可在4～7月或11～12月进行，先截取带顶梢的嫩枝7～10厘米，留2～3片叶，1/3插入培养土、沙或其他基质如蛭石等的盆中，喷水保湿，插前用0.05%吲哚丁酸处理插条基部，可提前生根。在20℃气温下，15～20天可生根，生根后要及时移栽，否则菊苗老化，不易发棵。

菊花枝插应在4～5月份进行。从扦插的脚芽新株上或春天萌发的新枝顶部剪取长约10厘米的嫩枝作插穗。插前在节基下0.3厘米处用利刀切平，剪去下部叶片，再将上部叶片剪去一半，减少水分蒸发，以防插穗萎蔫。扦插基质可用园土和腐叶土各半或园土与砻糠灰各半混匀的土壤。少量扦插时可插入大口径的泥盆内，每盆插十余株；数量多时可选择阳光充足、空气流通、排水良好、土质疏松之地。扦插深度一般以插穗全长的1/3为宜。插后将土压实，使接穗与土壤密接，再用喷壶喷透水，遮阴养护。经过15～25天，须根逐渐长出，1个月后即可分栽上盆。

嫁接：嫁接菊花可在春秋进行，常在立菊、盆菊、塔菊栽培上使用，5～6月采用枝接，用黄蒿、白蒿、青蒿或普通菊做砧木，嫁接方法用劈接，有单头嫁接和多头嫁接。单头嫁接是接于砧木苗茎上，培养大立菊。多头嫁接是接于砧木分枝上，培养大立菊和塔菊。将所要品种嫩芽作接穗，长度约5厘米，插入蒿杆劈缝中，用塑料条扎牢，15～20天后即可愈合。嫁接大立菊时对砧木进行摘心，接的顺序自上而下。嫁接塔菊则不对砧木摘心，任其向上生长，自下而上成批嫁接。

播种：一般在4月进行，先将种子撒在沙壤土中或其他基质中，喷水保湿，在20℃下，半个月左右可出苗，长出2～3片真叶，即可移栽，此法多用于培育菊花新品种。

组织培养：切取菊花茎尖组织进行表面消毒，并用滤纸吸干水分，然后切成约0.5毫米大小的细块，接种在MS培养基上。幼芽培养时，每升添加6-苄基腺嘌呤3毫克，萘乙酸0.2毫克，放在25℃的室温中，每天照明12小时的条件下培养。约经1个月培养，每个即可产生5个左右的芽丛。这时可分别切取接到新的培养基上继续培养，进行大量繁殖。以后再将诱导得到的芽转移到生根培养基上（每升添加萘乙酸0.3毫克），经过2周培养，即可得到有根系的菊花试管苗。

名花保健

防治蚜虫，可用40%氧化乐果或乐果2000倍液。50%抗蚜威可湿性粉剂2000～3000倍液对防治桃蚜有特效。防治蓟马，可用乐果、马拉硫磷等杀虫剂。

防治菊花锈病，可喷洒15%粉锈宁可湿性粉剂1000倍液或25%粉锈宁可湿性粉剂1500倍液，能较好地控制病害的发生；也可用80%代森锌可湿性粉剂500～700倍液喷雾防治该病。

防治菌核病可以在发病初期喷75%甲基托布津800～1000倍液或50%苯来特1000倍液，每隔7～10天喷1次，共喷3～4次，喷时注意集中喷在茎及茎基部。

🌿 水仙

水仙一直有"花中仙子"的美誉。也有人称其为凌波仙子、雅蒜、雅客、俪兰、女星、雪中花等。水仙原产于我国，属于石蒜科多年生草本球根植物。

每到元旦和春节期间，水仙就会开出素雅清香的花朵，给人带来丝丝春意和生机，深受人们的喜爱，也正因如此，水仙花的盛名已经传遍大江南北，甚至走出了国门。现在，水仙已经是我国主要的出口花卉，在海内外都享有盛誉。

【名花简介】

形态特征

鳞茎球形，俗称水仙球，皮赤褐色，根白色。叶基生，直立，宽线形，先端圆钝，粉绿色。花茎直立，高20～30厘米，顶端着花4～10朵、伞形排列，花瓣乳白色，中有黄色杯状副花冠，故称"金盏银台"，有香味。一般一个鳞茎有花茎3～6枝，多者可达10枝以上。

生长习性

水仙性喜温暖湿润和阳光，但不耐强光，宜在冬无严寒、夏无酷暑、春秋多雨的环境中栽培，具有秋冬生长、早春开花和夏季休眠的特点。水仙耐大肥，适宜在肥沃、湿润和排水良好的沙壤土中生长。

名花品种

单瓣水仙：白色花瓣向四边舒开，中间有金黄色花蕊，像个小酒杯，花形秀丽，黄白映照。

重瓣水仙：卷皱的花瓣，层层叠叠，上端素白，下端淡黄，花形奇特，皱卷成簇，玲珑可爱，称为"玉玲珑"。一般花卉都以重瓣者为贵，独水仙以单瓣者为佳。

如果按栽培类型分主要有漳州水仙、崇明水仙及舟山野化水仙等。漳州水仙，鳞茎肥大形美，易出脚芽，花多，花香浓，为我国水仙花中佳品，宜在室内水养观赏；崇明水仙鳞茎较小而紧实，每球开花较少，花香淡，一般仅1球1花，耐寒。舟山野化水仙产于浙江舟山群岛及温州地区。

另外，其他水仙品种还有红口水仙，花常单生，副冠小，长不及花被片之半，边缘波皱带红色。明星水仙，花单生，副冠长有花被片之半，边缘皱折；喇叭水仙，花单生，副冠与花被片同长或更长，边缘具不规则齿牙和折皱。

【名花养护】

栽培

栽种：水仙作为盆花欣赏，通常有土栽和水培两种方式。在我国，最

水仙

常用的栽培方法是水培。买来水仙鳞茎后，去除死皮，在芽处切十字口，使鳞茎松开，以便更好地抽芽。将球放置在浅盘中，用鹅卵石固定，水深没及根盘即可。

温度：水仙的花期受温度影响明显，温度越高开花越早，花期越短。在北方的室温，水培的水仙从培养到开花一般需要45～50天，通常在春节前的50天开始培养，以便能够在春节期间开放。

光照：阳光对于水仙也很重要，如果阳光不足，温度过高，会造成叶片疯长。

浇水：开始每天换水1次，之后每3天换水1次，花前每周换1次水。栽好后每天要在太阳下照晒，晚上把水倒掉，第二天加水再晒。这样可抑制叶片过度生长，有助于花葶生长。如果想让水仙花提早开花，可在盆中加25℃的温水，移到较暖的房间或用塑料袋罩住。开花期间移到冷凉有光线处，一般可维持花期半月左右。

施肥：水培水仙一般不用施肥，如想延长花期，可在花蕾孕育期间在水中加入浓度为0.2%的磷酸二氢钾溶液，开花时在水中加入少量葡萄糖，可让花朵开放得更茂盛，花期更长。

繁殖

水仙繁殖主要采用分球法，多在秋季进行，将母球两侧分生的小鳞茎掰下来做种球，种球培养3年可成开花大球。

名花保健

大褐斑病：在发病期，可对植株喷洒50%多菌灵可湿性粉剂800倍液，或80%代森锌可湿性粉剂500～700倍液。

鳞茎基腐病：于发病时，用50%苯来特或50%多菌灵可湿性粉剂800倍液浇灌植株根部。

茎线虫病：可将有病的种球放在50℃～52℃的热水中，浸泡5～10分钟，或放在45℃～46℃的温水中，浸泡10～15分钟，可杀死种球内的线虫。

荷花

荷花又叫莲花、水芝、泽芝、水华、水旦、芙蓉、水芙、玉环、草芙蓉、六月春、中国莲，是我国著名花卉之一。

【名花简介】

形态特征

荷花的根茎多节，肥大；叶柄有刺，柱形；叶片近圆形，直径可达60厘米，绿色，背面有蜡质白粉；花单生，长于花梗顶端，有单瓣、半重瓣、重瓣多种花型，有白、粉、深红、淡紫等多种花色；花受精后，长成莲蓬，每个孔洞内有一个莲子。

生长习性

荷花一般在8℃～10℃时开始萌芽，栽植时要求温度在13℃以上，否则幼苗生长缓慢或造成烂苗。荷花耐高温，18℃～21℃时开始抽生立叶，22℃以上逐渐开花，40℃以上对其生长无大碍。同时，荷花要求每天接受7～8小时以上的光照，如光照不足6小时，则开花很少，甚至不开花。

名花品种

大型荷花：花茎在16厘米以上，立叶平均高度在40厘米以上，多做大型水景布置，代表品种有艳阳天、牡丹莲、千瓣莲、圣火、金太阳、牡丹莲8号、荣耀、金屋拥翠、中美友谊牡丹莲等。

中型荷花：茎为13～15厘米，立叶高度为35～40厘米，可用于中小型盆景布置或

种养于30厘米以上的中型盆中观赏，如粉霞、霞光、红太阳、红菊莲、黄牡丹、红唇等品种。

小型荷花：一般花茎在12厘米以下，立叶平均高度不超过33厘米，平均立叶不大于24厘米，可养在26厘米小盆中，能正常开花，比较适合家庭种植，此类型的观赏莲，花小、叶小、株形低矮，可临时摆放在室内茶几或花架上观赏，小巧玲珑。品种有案头春、桌上莲、厦门碗莲、蟹爪红、红灯笼、红牡丹、红蜻蜓、水晶白、金碧辉煌、金牡丹、菊莲9号、冰娇、冰清玉洁、绿梦、离红、玉兔、金珠落玉盘、萤光、披针粉等。

【名花养护】

栽培

花盆：花盆容器应选择外形观赏性好，大小适中的釉盆、瓷盆、紫砂盆、塑料花盆等。盆底底孔用水泥黄沙将其堵严。

小型观赏荷花品种宜采用口径26厘米，高度20厘米的花盆；中型观赏荷花品种宜采用口径30厘米，高度21～26厘米的花盆；大型荷花盆口径36厘米以上，高度达30厘米的花盆。不能选用尖底盆，庭院或单位摆放可选高档陶瓷盆；观赏荷花景区或基地可以盆、缸、池塘并用；产业化生产商品盆栽荷花，应选美观、轻便、价廉的塑料花盆，用水泥密封底孔。初次栽培时，盆口径应大些，以利于其开出更多的花。

土壤：荷花在壤土、沙壤土和黏壤土中均能生长，但以富含淤泥的腐殖土、河塘泥土最为适宜，切忌使用化工污染泥、下水道或已被污染的泥土。土壤pH值为6～8，最佳pH值为6.5～7.0。盆底最好有20厘米以上的淤泥层，以方便种植。荷花不耐肥，因此基肥宜少，较肥的河塘泥及园土可不再施基肥，以免烧苗。若无腐殖土、河塘泥土时，可选用田园土、腐熟人粪肥、腐烂锯末按5：3：2的比例配制。配备好的营养土用0.3%高锰酸钾溶液消毒，再用塑料薄膜密封48小时后摊开，暴晒备用。

栽植：4月20日至5月10日是栽植观赏荷花的最佳时期。如气温偏低可用塑料膜覆盖，夜间覆盖，中午掀开，以促进出芽整齐。首先在盆底铺一层沙，厚约0.5厘米，然后放入含淤泥的腐殖质土、河塘泥土，或将配制好的营养土装入盆中，再放入草木灰或骨粉，约20～30克/盆，再把盆泥和成糊状放入盆内。栽插时种藕顶端沿盆边呈20度斜插入泥内，每盆栽植一枝。小型观赏莲入泥深5厘米左右，大型观赏莲深10厘米左右，头低尾高，尾部半截翘起，不使藕尾进水。栽后将盆放置于阳光下，使表面泥土出现微裂，以利种藕与泥土完全黏合，然后加少量水，待芽长出后，逐渐加深水位，最后保持3～5厘米水层，以不淹没荷叶为宜。

光照：盆栽观赏荷花时，绿叶、新芽、花蕾、盛花、果实共存，观赏期长达6个多月。因此，放置时必须摆放在通风向阳、光照充足的地方。

浇水：生长前期，水层深最好在3厘米左右，荷花生长慢；夏天是观赏荷花的生长高峰期，应每日灌水1次，即便是雨天，常因藕叶覆盖盆面，使雨水滚落缸外，仍需浇水。入冬以后，盆土也要保持湿润，以防种藕缺水干枯。浇水时，如果使用自来水，最好把自来水晾晒1～2天。

施肥：给荷花施肥应把握"以磷、钾肥为主，氮肥为辅"的原则。如果盆栽土壤较肥沃，则全年不必施肥。相反，则应适当施肥。初栽时一般不能施肥，立叶出水后，如果叶色泛黄，可每2～3周追施少量的已充分腐熟的饼肥、粪肥，或每盆施5～10粒1：1：1的氮、磷、钾三元素复合肥。夏季快速生长期，如发现叶片色黄、瘦弱，可用0.5克尿素拌入泥中，搓成10克左右的小球，每盆施一粒，施在盆中央的泥土中，2周之后叶片能够变绿。

繁殖

荷花是水生植物，可大面积池栽，也可盆栽。选1～3节顶芽完好的藕段，头部向下，埋入土中，尾部略上翘，与土面相平。栽完后，盆土稍干，待藕身固定下来后，倒入5～10厘米深的水，放置在背风、光照良好的地方养护。

名花保健

荷花一般无病虫害，但通风不良或靠近蔬菜、果园的地方，早期易感染蚜虫、白粉病等，可用少量洗衣粉+敌杀死1000倍液+多菌灵600倍液喷雾触杀；花盆中出现青苔时，可人工捞除，也可用硫酸铜与生石灰按1∶1加水200倍沿盆边浇洒，但不要弄伤荷叶。

第二节 国外名花养护

薰衣草

薰衣草别名灵香草、香草，唇形科、薰衣草属多年生草本花卉。薰衣草原来野生在地中海沿岸阿尔卑斯山南麓一带，16世纪末在法国南部才被人工栽培，19世纪被移植于英、澳、美、匈、保、俄等国。意大利、西班牙和法国栽培比较广泛。葡萄牙把薰衣草尊为国花。相传在古罗马帝国时期，它就进了宫廷，被帝王贵族视为上品香料，在收藏贵重衣饰时，用以驱虫防蛀。英国首先用薰衣草精油生产香皂，从此人们开始把薰衣草作为栽培植物，是国外著名花卉之一。

【名花简介】

形态特征

薰衣草的植株丛生，多分枝，常见的为直立生长，株高依品种而不同，有30～40厘米、45～90厘米，在海拔相当高的山区，单株能高到1米。叶互生，椭圆形尖叶，或叶面较大的针形，叶缘反卷。穗状花序顶生，长15～25厘米；花冠下部筒状，花唇形，下唇2裂，上唇3裂；花长约1.2厘米，有蓝、深紫、粉红、白等色，常见的为紫蓝色，花期6～8月。全株略带清淡香气，因花、叶和茎上的茸毛均藏有油腺，轻轻碰触油腺即破裂释放出香味。

生长习性

薰衣草原产于地中海沿岸地区，喜温暖气候，耐寒、耐旱、喜光、怕涝，对土壤条件基本不挑剔，耐瘠薄，喜中性偏碱土壤。

名花品种

法国薰衣草：原产于法国南部，其花穗外形与其他薰衣草不同，每层轮生的小花外侧均有宽大的苞片，并且层层密生在一处，顶部有数片形如兔耳朵的苞片。

真薰衣草：真薰衣草原生于地中海西岸及北岸，其特征是：细长形叶缘略反卷，密布一层细致的绒毛而呈灰白色。花穗圆筒状略呈流线型，小花轮生于花轴上。其主要的种类有：狭叶薰衣草、宽叶薰衣草、棉毛薰衣草。

杂交薰衣草：在原生品系的基础上，有的薰衣草通过自然杂交或者根据它们的优缺点、生活习性，培育出更适合当地种植的薰衣草品种。如大薰衣草、甜薰衣草等。

【名花养护】

栽植

土壤：薰衣草适宜生长于微碱性或中性的沙质土，需特别注意选择排水良好的介质，可使用珍珠石、蛭石、泥炭土按1：1：1的比例混合后的壤土。如露地栽培，要注意土壤的排水，薰衣草不耐根部积水。

浇水：一次浇透水后，应待土壤干燥时再浇水，以表面培养土土质干燥、内部湿润、叶子轻微萎蔫为度。浇水要在早上进行，水不要溅在叶子及花上，否则易致叶片腐烂且滋生病虫害。

促花：薰衣草开始抽花蕾时，每周喷施1次0.2%的磷酸二氢钾溶液，可促进花穗更长，花梗坚挺，花色艳丽，不易倒伏，开花整齐、美观。

修剪：薰衣草开完花后必须进行修剪，将老枝剪掉，并施肥，让植株生出新的枝条，再次开花。

重瓣郁金香

繁殖

家庭盆栽薰衣草多用种子繁殖，优良品种也可扦插繁殖。

播种繁殖：宜在4月进行播种繁殖，种子发芽的最低温度为8℃～12℃，最适温度为20℃～25℃，5月进行栽植。

扦插繁殖：一般选用无病虫害、健壮植株的顶芽（5～10厘米）或较嫩、未木质化的枝条扦插。扦插时将底部2节的叶片摘除，然后用"根太阳"生根剂100倍液浸泡，处理后插入土中，2～3周可生根。扦插的基质可用河沙与泥炭土按2：1的比例混合均匀，装进5×10的穴盘里进行扦插。插后将苗放在通风凉爽的环境中，头3天保持土壤湿润，以后视天气而定，保持枝条不皱叶、不干枯，提高成活率。

名花保健

薰衣草少有虫害，病害主要有根腐病，在高温和积水环境下发病率最高。防治方法，可用多菌灵、百菌清800倍溶液灌根，每个月1次，特别是6～10月，要注意防止根部积水，降低空气湿度。

郁金香

郁金香别名洋荷花、草麝香、旱荷花，为百合科、郁金香属多年生草本类花卉，原产于地中海沿岸、伊朗和土耳其高山地带。郁金香是国外名贵花卉之一，若按花朵颜色分，有红色系、黄色系、白色系的郁金香。

【名花简介】

形态特征

郁金香有扁圆形鳞茎，外有淡黄色纤维膜；叶3～5片，条状披针形至卵状披针形，顶端有少数毛；花茎高6～10厘米，单生花顶生；花瓣6片，花形有球形、漏斗形、钟形、杯形、碗形、卵形等，有红、黄、白、橙、紫、粉色及复色等变化，多数单瓣，也有重瓣品种。花瓣多为椭圆形，全缘。

生长习性

郁金香性喜湿润、凉爽、阳光充足的环境，但怕强光直射，生长适宜温度为18℃～25℃，开花适宜温度为20℃～25℃。郁金香宜在肥沃、疏松、排水良好的微酸性沙质壤土中生长。

名花品种

郁金香有很多品种，最常见的以红、黄、黑色等品种为主。其中，黑色郁金香被视为稀世奇珍。市场上常见适合盆栽的郁金香主要分为长茎型和短茎型。长茎型的郁金香主要有红衣主教、波尔卡和金色礼物等品种；短茎型的则主要有皮诺曹和炫耀。

【名花养护】

栽植

花盆：栽植郁金香宜选择透水性和透气性都较好的花盆，比如瓦盆陶盆。

土壤：郁金香喜欢在富含腐殖质、排水良好的沙土或泥炭土中生长，pH值最好在6.5～7.0，并要施以充足的底肥。家庭养郁金香时，我们可以选择园土、腐叶土按照1：1比例混合调配；或以腐叶土、沙土、腐熟厩肥按照6：3：1的比例混合调配；或泥炭、腐熟土、沙按照1：1：1的比例混合调配。

栽培：郁金香的最适合种植的时间是每年10月份。在这个时期内，土壤温度大约为10℃，很接近郁金香的生长适宜温度。华北地区的十月是种植郁金香的好时候，而在长江中下游地区，就要往后移半个月到一个月。在种植时要在盆底垫上3厘米左右厚的木炭渣、砖石粒、陶粒等作排水层，然后加入疏松肥沃的培养土。注意培养土要经过消毒处理，不要用栽过百合科植物和球根花卉的旧土，以免盆中有病毒、线虫等病虫害。

为了降低郁金香的染病几率，需在种植前对土壤进行消毒，可用高锰酸钾溶液或福尔马林溶液进行拌和。

种植郁金香要根据花盆大小，布置种球合适的间距。一般而言，盆口直径在10～15厘米的花盆可以种1～2个球，18～20厘米的可以种3～5个球，种前剥去球外坚硬的黄褐色外皮，以利于根的生长，把种球埋入土中2/3处，让球顶和土面保持平齐。注意要让球根尖凸的部分朝上，较扁平的一面朝同一个方向种植，这样长出来的叶子方向就会整齐，外形比较美观。

栽后将花盆放阴处保持温度在7℃～10℃为宜，如果温度过低会导致根系生长缓慢，会延迟以后茎叶的生长，如果温度高，则容易导致根系尚未形成前，茎叶提早生长，容易出现只长花蕾而不开花的现象。刚栽种的郁金香球根要浇透水，之后以盆土表面1厘米以下见干时再浇水，不宜长期持续过湿甚至出现积水现象，否则容易烂根。

大概1个月左右，种球便可形成根系，这时可以移入室内光照处养护，以便促使茎叶生长开花。室温保持在15℃～20℃较为适宜，通常1个月左右便可开花，但品种不同，其开花时间也有可能推迟或提前。

针对没有经过冷处理的种球在栽植后要将花盆埋入地下，并盖上一层10厘米厚的土，一般1月可取出花盆，放到室内养护，1个月左右也可开花。等到开花后，要把植株的磷茎挖出，晾干储存，便于以后栽植。

施肥：由于培养土中含有丰富的营养物质，因此在其生长期间不用再追肥，但是，如果植株出现叶色变淡或植株生长细弱，则可能是氮肥不足所致，这时可以适量施用一些容易吸收的氮肥，比如尿素、硝酸铵等肥料，但量不要太多，以免引起肥害，造成枝叶徒长，甚至影响植株对铁元素的吸收，造成植株出现花、叶变黄等不良

家庭养花 实用宝典

症状。

为了提高郁金香的开花数量可以在植株生长期间追施液肥，一般在现蕾到开花前这段时间，每隔9天喷施浓度为2‰～3‰的磷酸二氢钾液1次。处于花期的郁金香不用施肥，花谢后剪掉花梗后半个月施1次复合肥，以促进磷茎生长。

浇水：养植郁金香要严格控制分水，浇水不宜过多或过少，否则会影响其长势；当鳞茎刚植入盆中的时候，大概每3天就要浇水1次。等其发根长叶逐渐接受日照后，可以根据天气情况酌情浇水，一般晴天1～2天浇水1次，阴雨天则等到盆土表层干燥发白后再进行浇水，浇水的关键在于不让水分淤积在盆中，以免烂根，也不要让盆土过于干燥，使植株缺水。抽花茎期和现蕾期要保证充足的水分供应，以促使花朵充分发育，在其开花的时候，要求水分不宜多，保持盆土湿润即可，注意浇水时不要把水直接浇灌到花瓣上，这样花期会缩短。浇水时间最好在早晨。

修剪：如果做多年生花卉栽培，可以及时剪去枯黄老叶，如果花期过后，其叶片枯黄时，可以剪去花梗，以便减少养分浪费，促进地下鳞茎发育。

光照：郁金香属于喜光照植物，如果光照不足，就会出现落芽，植株变弱，叶色变浅或者花期缩短等其生长不良的现象。但郁金香上盆后的半个多月时间内，应该对其进行适当遮光，以利于种球促发新根。并且，在植株发芽时也需要适当的遮光，这样有利于花芽的伸长，防止前期营养生长过快或徒长。出苗后应该增加光照，以促进植株生长，形成花蕾并促进着色。后期花蕾完全着色后，应防止阳光直射，延长开花时间。

温度：养植郁金香要在其生长发育的不同时期，适当调节温度。在苗前和苗期，要保持白天室内温度在12℃～15℃，温度过高时要及时通风降温，夜间的温度不低于6℃即可，以促进种球及早发根，并发育良好。如果此时温度过高，会使植株茎秆生长纤弱，花开质量下降。

当郁金香长出两片嫩叶时，要适当增温，以促进花蕾形成。白天室内温度应该保持在18℃～25℃，夜间应保持在10℃以上。再经过20多天时间，花冠开始着色，大概10～15天之后，便可开放。冬季温度如果能维持在10℃～25℃，能促进其生长，并可以实现提早开花。其根系的最合适生育温度在10℃左右。郁金香在冬季8℃以上会正常生长，其耐寒性极强，一般可耐-14℃的低温。

花期：如果在秋季栽植郁金香，那么第二年3～5月份即可开花。郁金香的种球必须经过一定的低温才能开花，在原产地，冬季一般有充足的低温时间，郁金香种球能够获得足够的低温处理时间，这样可以在春天自然开花。在人工栽培的时候，温度要自己调节，以便使其温度环境和原产地相似，这样能使郁金香正常开花。

郁金香对温度非常敏感，即使是花瓣紧闭的时候，只要将其放在温暖的地方，就会开始绽放。因此，如果天气温暖，就会造成郁金香提前开花，花的品质就会下降。因此为保证郁金香准时开花，在其生长期中应尽量日间温度保持在17℃～20℃之间，夜间温度保持在10℃～12℃之间。温度高时，可以通过透风等方法，为其降温，温度偏低的时候，可以通过人工增温的方法为其升温。

如何才能让郁金香在春节时开花呢？首先，在栽植时要选择早花品种，然后再在10月上旬栽入盆中，不要见光，将温度控制在16℃～18℃之间，到12月份可以每日洒水1次，大概经过20天左右便可现蕾，然后把其放到阳光充足的地方，并适当降温，花蕾就会逐渐绽放。

通过植物生长激素的调节也可以达到控制郁金香花期的目的，例如可以使用赤霉素浸泡郁金香球茎，使之在温暖的室内开花，并且可以使花开得非常大。要想延长开了花的郁金香花期，只需要把它摆放在凉爽且湿度较低的地方，越冷花期越长。在4℃的条件下，花期可以得到有效延长。

繁殖

繁殖郁金香经常采用播种和分离小鳞茎两种方式。

需要大量繁殖郁金香的时候，可采用播种繁殖法。种子在夏季6月上旬成熟后采收，放入室内通风处阴干。等到9月中旬至10月初便可直播，越冬后萌芽出土，4~5年后郁金香才能开花。

另外还可以用分离小鳞茎的方法繁殖郁金香。选一年生的母球，开花后，在其鳞茎基部萌发1~3个第二年能开花的新鳞茎和2~6个小球，母球会随着养分耗尽而逐渐枯萎，此时可以把鳞茎挖出，去掉泥土后晾干，然后分离出鳞茎上的子球，把子球放在5℃~10℃的通风处贮存；等到秋季9月份，把子球栽种到富含腐叶土和适量磷钾肥的土壤中，覆土4厘米左右，子球栽种后要浇透水，平时保持土壤湿润即可，第二年春，对花苗进行正常的肥水管理，2~3年后便可开花。注意子球为圆形的，即便很小也能够开花，如果子球是扁形的，一般不会开花。

名花保健

朽菌核是郁金香的常见病害，它主要危害郁金香的幼苗和鳞茎。如果幼苗染病，会立刻死亡；如果鳞茎受害，外部的鳞片会发生软腐，并在其病部及其附近地表生出菌核。菌核开始是白色，后来变成褐色，但鳞茎内部仍然是好的。如发现有朽菌核病，要及时去除染病鳞茎，注意室内要通风，将温度控制在17℃~20℃之间。注意在栽种前要进行土壤消毒。发现植株染病，要及时除去病株，并用80%代森锌可湿性粉剂500倍液对其他植株进行喷洒。

碎色花瓣病也是郁金香的一种常见病害。染病后，花朵逐年退花，开花期延迟，花瓣上会出现浅黄色或白色条纹或不规则斑点；同时，叶片也会出现颜色较浅的斑或者条纹，有的局部叶绿素褐色呈透明状。重瓣花要比单瓣花容易染病。防治这种病害的方法是，如果发现染病，应及时清理病株，彻底切断感染源。然后对其他植株喷施40%的氧化乐果乳油1000倍液喷杀。如果发现郁金香有螨虫，可用克螨特1500倍液喷杀，蚜虫，可用3%天然除虫菊酯800倍液喷杀。

大花蕙兰

大花蕙兰又名喜姆比兰、虎头兰，为兰科、兰属观花花卉。

【名花简介】

形态特征

大花蕙兰的叶子为革质，长如腰带，自假鳞茎丛生，向上伸展，中途弯曲，叶尖下垂。花茎很直，一般长度为40~80厘米，有花6~12朵或更多，花大型，直径6~13厘米，花色有黄、绿、白、粉红等色。有香味，花期11月至翌年4月。

生长习性

大花蕙兰性喜光，除盛夏高温季节外，可接受直射光照，高温时节应遮光30%左右，以促进花芽的形成，同时防止晒焦叶片。大花蕙兰喜昼夜温差大，白天生长温度为25℃~28℃，晚间温度为10℃~15℃，有利花蕾生长。若花芽已形成，气温高达28℃以上时，会造成枯萎或掉蕾。

名花品种

大花蕙兰的品种基本可以按照色系不同而分类：
粉色系列大花蕙兰的常见品种有贵妃、粉梦露、楠茜、梦幻。
红色系列大花蕙兰的主要品种有红霞、亚历山大、福神、酒红、新世纪等。
绿色系列大花蕙兰的主要品种有碧玉、幻影、玉禅等。

黄色系列大花蕙兰的主要品种有夕阳、明月等。

白色系列大花蕙兰的主要品种有冰川和黎明。

【名花养护】

栽植

花盆：栽种大花蕙兰最好采用泥盆和瓷盆，常用口径为15～20厘米的高筒花盆，每盆栽2～4株苗。盆栽基质用蕨根、苔藓和树皮块的混合培养土。

浇水：在大花蕙兰的生长期，应多浇水，休眠期少浇水或不浇水，花期少浇水，以延长花期，花谢后可停数日不浇水。最好使用雨水浇淋，自来水需存放1天再用，在太阳下暴晒更好。

开花：在热带低海拔地区，大花蕙兰栽培最大的问题是秋冬温度太高，不能形成花芽，即使形成亦不能开花。花芽耐低温能力较差，若温度太低，花及花芽会变黑腐烂，温度再低植株就会受到寒害。叶片绿色正常，花芽发育好的，多在2～3月开花。

施肥：在大花蕙兰的生长期内，每半月施肥1次，也可用氮、磷、钾比例＝1：1：1的复合肥，每周喷洒1次，使假鳞茎充实肥大，以促进花芽分化和开花。

修剪：掰除多余的芽是大花蕙兰栽培中特有的操作。一个生长充实的老假鳞茎上可产生1～3个新芽，去掉其中较差的，只保留一个，以后直至11月份再发的任何新芽应全部去掉，这样可控制叶芽生长，减少养分过多消耗。

繁殖

家庭栽培大花蕙兰多用分株繁殖。分株繁殖在植株开花后，新芽尚未长大之前进行。分株前使基质适当干燥，让大花蕙兰根部略发白、略柔软，这样操作时不易折断根部。分割母株时不要碰伤新芽。分开剪除黄叶和腐烂老根后可用硫黄粉或木炭粉或草木灰涂抹在切口处以消毒、杀菌，保护伤口不被病菌浸入。上盆后置阴凉处，经半个月后开始恢复，再转为正常养护程序。

名花保健

大花蕙兰的病害主要有黑斑病和轮斑坏死病，可用70%甲基托布津可湿性粉剂800倍液喷洒。虫害有介壳虫、红蜘蛛和蜗牛等，介壳虫和红蜘蛛可人工刮除或用辛硫磷乳剂1000倍液喷杀，如有蜗牛人工捕捉即可。

🌿 扶郎花

扶郎花别名非洲菊、葛白拉，为菊科、大丁草属多年生宿根草本花卉，原产于南非地区，是世界上最著名的花卉之一。扶郎花四季有花，春秋皆宜，适应性强，被赋予"喜欢追求丰富的人生，不怕艰难困苦，有毅力"的花语，深受人们喜爱。

【名花简介】

形态特征

扶郎花株高30～40厘米。叶多数基生，叶柄长10～20厘米，叶片为匙形，羽状浅裂或深裂，顶端裂片往往最大，裂片缘有疏齿，圆钝或尖状，常反卷或翘起，叶背披白茸毛。扶郎花有头状花序单生，直径10厘米；花序梗长，高出叶丛。总苞盘状，钟形；苞片数层，线状披针形，尖端有细毛。舌状花1～2轮或多轮，位于外层的舌状花二唇形，外唇舌状伸展，先端具3齿裂，内唇细小2裂；位于内层的舌状花较短，近管状；通常为雌花。管状花亦呈2唇形，外唇3裂，内唇2裂。冠毛丝状，乳黄色。花朵橙红、黄红、淡红至黄白等色。盛花期5～6月或9～10月，如栽培环境条件合适，一年四季都可开花。

生长习性

原产于非洲的扶郎花性喜冬季温暖、夏季凉爽、空气流通、阳光充足的环境。宜在疏松肥沃、排水良好、富含腐殖质的深厚土层、微酸性的沙质壤土里生长。对日照长度无明显反应，在强光下花朵发育最好。略有遮阳，可使花茎较长，取切花更为有利。生长期最适温度为20℃～25℃；白天不超过26℃的生长环境，可周年开花。冬季休眠期适温为12℃～15℃，低于7℃则停止生长。扶郎花耐寒性不强，在华南地区可露地越冬，华东地区需覆盖越冬；北方寒冷地区需在秋季霜降前后，带土球移至保护地度过冬季。

名花品种

扶郎花的品种可分为三个主要类型：

窄花瓣型、宽花瓣型和重瓣型。最为常见的是黄花重瓣的玛林；白花宽瓣的黛尔非；朱红花宽瓣的海力斯；深玫红花宽瓣的卡门；玫红花瓣黑心的吉蒂。

【名花养护】

栽培

土壤：栽植扶郎花宜用含土基质，上盆时不要栽种得太深，把根部埋入土即可，根茎要露出土面。

温度：植株生长期最适宜的温度为20℃～25℃。土表温度应略低，根部维持在16℃～19℃的状态，最有利于根的生长发育。冬季若能维持在12℃～15℃以上，夏季不超过26℃，可以终年开花。

光照：扶郎花喜充足的阳光，但又忌夏季强光。因而冬季应有强光照，夏季则应注意适当遮阴，并加强通风，以降低温度，防止高温引起休眠。

浇水：幼苗期应控制水分，以促使根系发育。生长旺盛期应供水充足。但要注意勿使叶丛中心沾水，否则易引起花芽腐烂。

施肥：在生长期，每半个月向盆土施1次少量的氮、磷、钾比例为1：1：1的复合肥，冬季不需施肥。

修剪：在扶郎花生长过程中，为提高植株群体的透光度，平衡叶片生长与开花的关系，需要适当进行剥叶。如果叶生长过旺，花枝数就会减少，并出现短梗、花朵小的现象。剥叶时应该注意，通常一年以上的植株，每株留3～4个分枝，每个分枝上留3～4片功能叶。剥叶时要保持每个分枝功能叶均衡。剥叶时要首先剥除病叶、发黄的老叶和已剪去花的老叶。如果植株中间的小叶过于密集时，要适当摘除，使花蕾暴露，以控制营养生长而促进花蕾发育。

疏蕾：这是为了提高切花品质。在幼苗生长阶段的初花期，在植株具备5片功能叶之前，应该摘除所有花蕾，以保证植株的生长发育。另外，当一棵植株同时有3个以上发育相当的花蕾时，也应适当疏蕾，以避免养分不足而影响花朵的质量。

繁殖

扦插繁殖：芽条在母株具4～5片叶后剪下，扦插在土壤基质中，土壤基质表面盖上1～2厘米厚的珍珠岩。扦插时，室温控制在25℃，相对湿度保持在80%～90%。对不易生根的品种，如宽花瓣类型，可用6-苄基嘌呤促使插条生根。一棵母株上可反复采取插条3～4次，共可取10～20条。插条培养3～4周后便可生根。生根后的插条，即可移栽。扦插时间最好是在3~4月，这个时节培养的新株当年就能开花；如在夏季扦插，则新株要等到第二年才能开花。在四季温暖的地区，则不受季节的限制。

分株繁殖：4~5月间将在温室促成栽培春季盛花后的老株掘起，每丛分切4~5株；每株须带4~5片叶，另行栽植即可。

播种繁殖：扶郎花有些品种也可用种子繁殖。种子千粒重4.1~4.8克。在21℃~24℃条件下10天可发芽。最适宜的播种时间为1月，在温室播种。若温室面积周转困难，也可于3月后露地育苗，秋季移入温室栽培。

名花保健

扶郎花病虫害主要有叶斑病、白粉病、灰霉病、疫病、煤污病、蚜虫、红蜘蛛、蓟马、白粉虱等，要根据具体病症，对症治疗。

🌿 大丽花

大丽花的名称由拉丁属名和英文名音译而来，其花形似菊，也叫大丽菊、苔菊；花形美丽像牡丹，又名天竺牡丹；大丽花原产外国，花似莲和芍药，又称西番莲、洋菊、洋芍药等。

【名花简介】

形态特征

大丽花是菊科大丽花属多年生草本花卉，肉质块根肥大，呈圆球形，新芽在根茎部萌发。茎直立，株高50~250厘米，绿色或紫红色。叶对生，卵形。头状花序，由中间管状花和外围舌状花组成，花径5~30厘米。花色彩艳丽，有白、黄、橙、红、紫各色，且有双色种。花期长，6~10月开放，单朵花持续开放10~15天，有的花可开放长达20多天。果瘦长椭圆形，果熟期8~10月。

生长习性

大丽花原产于热带高原，喜充足阳光和干燥凉爽的气候，既不耐寒，又畏酷暑，适温为10~30℃，冬季休眠。在夏季凉爽、昼夜温差大的地区，生长开花尤佳。喜光，但不宜过强。大丽花怕旱、怕涝，要求疏松、肥沃、排水良好的沙质壤土，并需轮作。

名花品种

红大丽花：叶二回羽裂，裂片具尖齿，舌状花多鲜红或橘黄色。

卷瓣大丽花：叶一回羽裂，裂片具粗齿；舌状花边缘向外反卷呈尖长的细瓣，常为洋红色。

【名花养护】

栽种

1. 地栽

土壤：选择地势较高燥，土壤肥沃，排水良好的地方。北方一般于4月下旬栽种，栽前穴内要施入腐熟有机肥或饼肥渣做基肥。

浇水：栽后浇透水，以后可根据土壤实际干湿情况酌情浇水。浇水应掌握干透浇透的原则，幼苗期浇水不可过多，以免徒长。

施肥：如果肥料不足，不仅茎叶生长不茂盛，而且很难开出花来。在茎叶生长至现蕾期，可每月追施1~2次氮磷结合的稀薄液肥，花蕾透色后加施1~2次0.2%的磷酸二氢钾或0.5%的过磷酸钙，以促使花色鲜艳。

支柱：大丽花的茎中空而脆，为防止风吹倒伏或折断，或生长不直，高品种的植株长到30厘米以上时就要用细竹竿设立支柱。

修剪：花谢以后要及时将残花剪除，以免消耗养分和有碍观赏。大丽花不耐寒，当植株的地上部分受霜打后叶片凋萎时，应在根茎上预留10厘米的老茎，剪去茎叶，挖出块根，晾晒2～3天后埋藏在微带湿气的沙土中越冬。

2. 盆栽

土壤：盆栽大丽花的土壤要疏松、肥沃。

施肥：在生长过程中约每半个月施1次稀薄液肥。现蕾后改为每周施1次，并喷施1～2次0.2%磷酸二氢钾，以促进花色艳丽。

浇水：浇水应做到不干不浇、浇则浇透。盆栽整形一般多采用独本和四本整形。

修剪：培育独本大丽花，自基部开始将所有腋芽全部摘除，随长随摘，只留顶芽一朵花；培养四本大丽花时，当苗高10～15厘米时，基部留2节进行摘心，使之形成4个侧枝，每个侧枝留顶芽，将其余腋芽全部抹掉，即可开出4朵花。在花蕾发育过程中每枝选留一个最佳的花蕾，其余的去掉，这样养分集中，花开得又大又美。如想让大丽花在国庆节开放，可于7月初第一次花后进行更新修剪，先扭断欲剪枝条，留高约20厘米，待萎蔫后再剪下，以防从中空的茎灌入雨水引起腐烂。剪后要适当控制浇水，不久即可自茎基部萌发新芽，如欲培养独本菊，待新苗长到一定高度时将所有的侧芽全部摘去，只留主枝；如想培养四本菊，可按上述盆栽整枝法进行修剪。这样培养两个多月又可花满枝头，鲜花怒放，此时正值国庆佳节。

繁殖

家庭养大丽花多采用分块根法繁殖。因为这种方法简便易行，成活率高，植株健壮，但繁殖系数较低，一墩块根只能繁殖5个左右小块根。

春季3～4月间，取出贮藏的整墩块根，因大丽花仅于根茎（冠）部发芽，在分割时必须带有部分根茎（冠），否则不能萌发新株。为了便于识别，可于早春提前催芽，即将整墩放在湿沙或湿锯末中，升温至15℃～20℃，待幼芽从根茎部萌发后，按一个根带一个芽切割分根，切割的伤口用草木灰消毒，分根后可盆栽于温室或直接种于露地，也可将从根茎部萌发长至7～8厘米的幼芽掰下，即可进行繁殖。

名花保健

大丽花易感染的病害主要有白粉病、灰霉病、褐斑病等，防治方法施用25%多菌灵500倍液或甲基托布津1000倍液防治。家庭养植的大丽花易受红蜘蛛和蚜虫危害，可采用辛硫磷乳剂1000～1500倍液喷雾防治。

紫罗兰

紫罗兰又叫草桂花、四桃克、草紫罗兰，为十字花科紫罗兰属多年生草本植物。紫罗兰原产于地中海沿岸，目前我国南部地区有广泛栽培。紫罗兰虽为草本植物，但叶经冬不凋，与松柏一样耐寒，并且春秋两季都会开花，花似蝴蝶，花繁色艳，花期长，具芳香，是欧洲名花之一。

【名花简介】

形态特征

紫罗兰的株高一般为30～60厘米，全株披灰色星状柔毛，茎直立，基部稍木质化。叶片宽大，呈长椭圆形或倒披针形。总状花序顶生或腋生，花梗粗壮，花色有紫红、淡黄、淡红等，单瓣花能结籽，重瓣花不结籽，种子有翅。

生长习性

紫罗兰喜冷凉、光照充足的环境，也稍耐半阴环境。生长适温为白天15℃～18℃，夜间约为10℃。冬季能耐-5℃低温。紫罗兰宜在疏松肥沃、湿润深厚的中性或微酸性土壤里生长。

名花品种

紫罗兰主要栽培品种有艾达（花白色）、卡门（花淡黄）、弗朗西丝克（花红色）、阿贝拉（花紫色）、英卡纳（花淡紫红）。

【名花养护】

栽培

花盆：栽植紫罗兰宜选择盆口稍大一些的浅盆。因为紫罗兰的根系不深，但是叶子的覆面较大。

土壤：紫罗兰对土壤要求不严，但在排水良好、中性土壤中生长较好。腐殖土、园土、河沙按照2：2：1的比例混合配置为宜。

栽植：紫罗兰为直根性植物，不耐移植，因此为保证成活，栽植时要多带宿土，不可散坨，尽量不要伤根，一旦伤根则不易恢复。在真叶展叶前需分苗移植，一般小苗经过一次分苗后，就可定植。定植前，应在土中施放些干的猪、鸡粪作基肥。定植后浇足定根水，之后移置阴凉透风处，成活后再移至阳光充足处。

光照：紫罗兰喜阳光，为长日照植物。光照和通风不充分，易发生病虫害；如果光照过强又会造成叶片发黄、枯焦现象，可放在光线明亮又无直射阳光处养护。

温度：生长适温白天为15℃～18℃，夜间为10℃～12℃左右，栽培养护中要避免温度暴升暴跌，否则植株很容易死亡。夏季放在通风凉爽处养护。冬季喜温暖气候，宜移入室内，耐短暂-5℃低温。

施肥：生长季节每隔10天施1次稀薄液肥或复合化肥，氮肥不宜过多，以免造成叶片繁茂而开花很少。如果氮肥施用过多，可把叶片剪除一部分，让植株再长新叶，以便消耗盆土中过多的氮肥，等把土中氮肥耗尽后，植株就会大量开花。在花卉现蕾时适当多施磷钾肥，可使花大色艳。开花后停止施肥，夏季高温要停止施肥，或少施肥，冬季低温停止施肥。

浇水：在紫罗兰的生长期，应该经常保持植株湿润状态。一般见土表面干燥发白应该立即浇水，见湿见干。虽然要保持植株的湿润状态，但浇水也不宜过多，否则容易导致根部发生病害。浇水的方式最好是从下面渗入，这样可以保持盆土表面较长一段时间干燥，能有效减少地种蝇和黑蝇等虫害的威胁。

修剪：紫罗兰花后应该及时剪去花枝，然后接着追肥，加强管理，可再次萌发侧枝，再次开花。

花期：紫罗兰的花期为12月至第二年4月，可通过调节播种时间，来调整花期，如在温室内2月播种，5月开花；4月播种，7月开花；5月下旬播种，8月开花。紫罗兰除一年生品种外，均需以低温处理以通过春化阶段而开花，在花芽分化时需要5℃～8℃的低温。在幼苗长出8片以上真叶的时候，如果保持5℃～15℃的低温3周时间，花芽即开始分化。

换盆：每年春天换盆1次，因植株不大，根系分布较浅，所以，适合选择盆口稍大一些的浅盆栽种。换盆时可以把植株埋得比原来深上2厘米，培养土可以参照上盆所用土壤，切忌用黏土，换盆不用换太大的花盆，只要稍大一号就可以。换完盆后要及时浇透水，以后正常养护即可。

越冬：对于紫罗兰的养花人来说，在霜降之前把花搬入室内向阳处越冬是明智的做法。同时，秋季播种的紫罗兰，在冬季正是花芽分化即将开花的时候，要注意保持一定的温度以利于花芽分化，通过增加光照或者人工补光等方法给植株增温，以便让植株如期开放。但不要突然让植株处在非常热的暖气旁边。

繁殖

紫罗兰的繁殖方法主要是播种繁殖。播种时间一般在8月中下旬至10月上旬，播前盆土要保持较潮润，播后要盖一层薄细土，不再浇水，在半月内如果盆土干燥，可以把盆的一半放在水中，让水从盆底进入。播种后要注意遮阴，大约15天后便可出苗。在幼苗的真叶展开前，进行一次分栽，在拔苗的时候不要伤根须，要带土球。等其生长一段时间，便可上盆定植，同样要注意保护好根系，根系受到损伤就很难成活。

名花保健

紫罗兰枯萎病：主要症状是植株变矮、萎蔫，幼株的叶片上产生明显的脉纹，较大的植株出现叶片下垂的现象。可用50℃～55℃水进行10分钟浸种，这样可杀死种子携带的病菌。种植紫罗兰用的土壤应用药剂消毒后再利用，药剂可用1000倍高锰酸钾溶液。如发现有严重感染的病株，应立即拔除烧毁，以防传染其他健康植株。

紫罗兰黄萎病：症状为植株下部叶片变黄、萎蔫，病株严重矮化，维管束内组织迅速变色。防治办法同紫罗兰枯萎病。

紫罗兰白锈病：可使紫罗兰植株病害部变为黄色，后期变为褐色。在叶片表皮下产生链状的无色孢子，可喷65%代森锌可湿性粉剂500～600倍液进行防治。

紫罗兰花叶病：这是一种病毒病，通过蚜虫传毒，也可通过汁液传播。可用内吸药剂10%吡虫啉2000倍液喷雾防治。

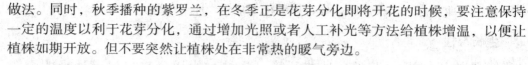

南美水仙

南美水仙又叫山百合、亚马逊百合，为石蒜科多年生常绿草本花卉。南美水仙原产于南美洲亚马逊河一带，是世界上著名花卉之一。南美水仙的植株健壮常绿，花色洁白，温润如玉，香味浓烈袭人，且一年多次开花，是一种非常理想的观赏花卉，既可地栽点缀庭园，也可盆栽做室内装饰。

【名花简介】

形态特征

南美水仙有鳞茎，叶宽长圆形，长25厘米左右，宽约6厘米，深绿色。花茎自叶丛基部抽出，高30厘米。伞形花序。花白色，有芳香气味。外佛焰苞片1对，卵状披针形；内佛焰苞片多数为丝状。花期为冬春、夏季，结蒴果。

生长习性

南美水仙性喜温润，对光照要求一般，夏季需要适当遮阴。适宜生长的温度为26℃，过冬温度不低于14℃。宜在疏松、排水透气的中性土壤中生长。在生长旺盛期不能损伤根系，若在移栽或换盆时伤根较多，则会使开花延期12个月左右。

名花品种

南美水仙是较为独立的花卉，暂未有分支品种。

【名花养护】

栽培

土壤：盆土多用腐叶土、园土与少量河沙、腐熟饼肥混合配制。

光照：对日照长度不敏感，但夏季要遮阴，并将盆株置于室内通风处。冬季应使植株充分接受阳光照射，使之花繁叶茂，长势良好。

湿度：盆栽植株由于花盆容量有限，土壤往往容易干燥，在生长季节一定要保持土壤的湿润。

浇水：如果环境条件适宜，每年可有2～3次花期，每次开花后要有短期的休眠，此时应节制浇水，使盆土保持适度干燥，时间为30天左右，然后再进行正常浇水直到下一次开花之后。冬季浇水要适度减少，以盆土不干燥为准。

施肥：南美水仙喜肥又不择肥，为使根系发达，在生长期每15天左右施1次液肥。

繁殖

南美水仙可用播种和分球法进行繁殖。

播种：种子采后即播，可播在河沙与腐叶土的混合土中。

分株：生长2～3年的植株，地上部分开始分化花芽，孕蕾开花，地下鳞茎周围萌发出一些小鳞茎，这些小鳞茎经过12个月左右的营养生长，便可成为一棵完整的幼株。分球繁殖时要特别注意，不能大量损伤根系，以免推迟花期。分球种植初期要少浇水，待恢复生长以后才逐渐增加浇水量。

名花保健

南美水仙属于中性花卉，常感染病毒和蚜虫危害，二者互为作用，蚜虫可传播病毒，促其发病。防治方法是拔除病株并销毁，清除周围杂草，消除蚜虫的越冬寄主。用40%的乐果或氧化乐果或氧化乐果乳油1000倍液防治蚜虫。。

🌿 风信子

风信子又名洋水仙、五色水仙，为百合科、风信子属植物，原产于欧洲、非洲南部及小亚细亚地区。风信子有洁白的球茎，碧绿的叶片，鲜艳的花朵，广受人们喜爱。风信子在荷兰栽培最盛，每年4月荷兰各地都举办风信子花会。可做盆栽、水栽，摆设在阳台、居室供人欣赏，是一种干净有趣的栽培方式，极适合家庭培养。

【名花简介】

形态特征

风信子为球根花卉，地下具扁球形鳞茎，叶基生，带状披针形，厚、肉质。花梗圆柱状，长15～40厘米，略高出叶丛，总状花序，着花10～20朵，花色丰富，有白、黄、蓝、红、粉红、雪青等，有单瓣，亦有重瓣，具诱人暗香，3～4月为花期。

风信子

生长习性

风信子性喜阳光，较耐寒，适宜生长于排水良好和肥沃的沙壤土，具有秋季生根，早春出芽，3～4月开花，6月休眠的习性。

名花品种

风信子的种类很多，常见的有以下几种：
花粉红色的安娜·玛丽、粉珍珠、软糖、粉皇后。
花红色的阿姆斯特丹、简·博斯。
花白色的卡内基、英诺森塞、白珍珠。
花蓝色的大西洋、巨蓝、蓝衣、蓝星。
花紫色的紫晶、安娜·利萨、紫珍珠。
花橙色的吉普赛女王以及花黄色的哈莱姆城。

【名花养护】

栽培

1. 盆栽

土壤：盆土用泥炭、园土、沙各1/3配制而成，栽植深度以鳞茎肩部与土面等平为宜，栽后充分浇水后放入冷室内，并用干沙土埋上，埋的厚度以不见花盆为度，室温保持在4℃～6℃，促使生根，待花茎开始生长时将花盆移到温暖处，并逐渐增温至22℃，3～4月即可开花。

光照：风信子喜光照充足和比较湿润的环境，生期间要放在阳光充足的地方。

湿度：需经常保持盆土湿润，抽出花葶后每天向叶面喷水1～2次，以增加空气湿度。

施肥：开花前后各施1～2次1%磷酸二氢钾，花后施肥可促进子球生长。

通风：6月气温渐热，叶片枯黄，将鳞茎从盆内磕出，略加干燥，放在室内通风阴凉处贮藏。

2. 水栽

选鳞茎：风信子水培关键是选好鳞茎，以大者为上，其外被膜需完好有光泽，用手掂量有沉重感。荷兰进口的种球是经促成栽培处理过的，故可直接在22℃左右温度下进行水培。

清洗：鳞茎要先用水洗净，再放入15%的多效唑溶液中浸泡。

容器：1周后，用特制的玻璃容器或塑料容器装营养液水培，容器的形状、风格与颜色都需与风信子协调，一般用圆球形平底容器，以使水培后的风信子能平稳放置，瓶口大小与鳞茎底盘相吻合，既不能使二者之间留有空隙，又不能使鳞茎盘直接接触到培养液，最后将其置于黑暗处，1个月后发生许多白根，并开始长出花芽，移到光照处，令其开花。

营养液：营养液用0.5%复合肥与0.5%磷酸二氢钾水溶液等量配制而成，1星期换营养液1次。

护理：放在冷凉处使其发根，后移入18℃的温棚中，经2周使其开花，水养期间，每隔2～3天换1次水，并在水中加少许木炭，吸附水中杂质、消毒防腐。

繁殖

风信子以分球繁殖为主，6月将鳞茎挖出，去掉泥土，阴干后放在冷凉通风处贮藏。秋植大球，当年开花，小球要培养3年才能开花。

风信子自然分球率低，为了增加繁殖系数宜在夏季对大球进行切割，刺激长出子球。即在8月把大球基部切成凹形的基盘，再向鳞茎中心作十字形切入，切时直接从鳞茎基部向顶芽切成十字形，待切口分泌的汁液稍干后，用0.1%升汞水或次氯酸溶液消毒，晾晒1～2小时，放入浅盆中摊成一层，室温保持21℃左右，使其产生愈合组织，当鳞茎基部膨大时温度逐渐升高到30℃，相对湿度保持在85%，约经3个月左右即可长出许多小鳞茎，分离栽种即可。

病害

如发现黄腐病，应及时拔除病株，发病后及时喷洒100毫克/升的链霉素。

如有灰霉病，可在发病期间用80%代森锌500倍液或75%百菌清800倍液防治。

如有菌核病，可在发病初期，用65%敌克松600～800倍液喷洒。

矢车菊

矢车菊又叫芙蓉菊、荔枝菊、翠蓝，菊科、矢车菊属一年生或二年生草本花卉。矢车菊花色美丽，是欧洲著名的花卉，有较高的观赏价值。矢车菊是德国国花。它以绚丽的色彩、芬芳的气息，博得了德国人民的赞美。在德国，山坡、田野、水畔、路边、房前屋后，都有它的踪迹。德国人民用它启示人民小心谨慎和虚心学习，用它象征日耳曼民族爱国、乐观、俭朴等特性。

【名花简介】

形态特征

矢车菊有高生种及矮生种，株高30～90厘米。枝细长，多分枝。叶线形，全缘，基生叶有锯齿或羽状裂。头状花序顶生，总梗细长。舌状花较大，偏漏斗形，花蓝色、紫色、粉红色或白色。花期4～8月。

矢车菊花和向日葵花相似，只是它的花形小一些。此花外围有一轮不发育的花冠，似舌状花，它虽不能结种子，但能发出清幽的香气，招引昆虫来采花粉。真正的花位于花序中部，全为管状花；管状花中，有1枚雌蕊和5枚雄蕊，只要轻轻碰一下细管子，花蕊就像有神经传导刺激一样，小孔里马上就冒出一小颗花粉来，昆虫将这些花粉带到另一朵矢车菊上面，也就完成了授粉的任务。

生长习性

矢车菊性喜冷凉，较耐寒，忌炎热，喜光好肥，宜生长在排水良好的土壤。矢车菊适应性强，能自播繁衍。矢车菊为直根性花应直播，不宜移栽。矢车菊可盆栽、地栽。春秋都可播种，秋播为宜，春播过晚，开花不旺。寒地在早春于温室内播种，生长旺盛。矢车菊生长较快，株高10～15厘米即可定植。

名花品种

矢车菊有紫、蓝、浅红、白色等多种品种。基本的生长习性没有太大差异，但因为颜色不同，所富含的寓意也不同，比如：紫色矢车菊的花语是遇见幸福。

【名花养护】

栽培

土壤：栽培土应尽量选用排水及通气良好的土壤，土壤若黏性较大，可混合3～4成的碎木屑或珍珠石来改良。

浇水：浇水原则为每日1次，夏日较干旱时，可早晚各浇1次，以保持盆土湿润并降低盆土的温度，但忌花盆积水。

施肥：矢车菊喜肥，生育期间应每月施用含氮磷钾稀释液肥1次。若叶片太繁茂，则应减少氮肥的比例，开花前宜多施磷钾肥，才能得到硕大而美丽的花朵。

修剪：矢车菊能自然分枝，侧枝多则花朵较小，必要时可摘去部分侧芽，只留较少的分枝，则可获得较大的花朵。

繁殖

矢车菊常用种子繁殖，春、秋播种均可，以秋天播种更好。9～10月份进行播种，当苗长至10厘米高时便可移植，移植后再定植，定植株距为20～40厘米。若室内盆栽，一年四季均可进行，盆土要疏松肥沃，最好用园土腐叶、草木灰等配以混合土，当苗具6～7枚叶时，进行一次移植。因矢车菊为直根系，大苗不耐移栽，小苗移栽时一定要多带土坨，避免伤到根系。

名花保健

菌核病是矢车菊的主要病害，雨季发病严重。病害先从基部发生，逐渐向茎和叶柄处扩展，后期茎内外可见黑色的菌核。发病初期可用25％粉锈宁可湿性粉剂2500倍液喷洒，或800倍液70％甲基托布津可湿性粉剂喷洒。染病严重的病株要及时去除并处理掉，以减少侵染源。

矢车菊的主要虫害为蚜虫，用菊脂类药物喷洒数次，即可治虫害。

第三篇

花卉的应用：

美化家居，健康养生

第一章
家居花卉养植与装饰

第一节 花卉装饰基本原则

花卉选择要符合空间风格

因为居室房间的大小、形状各不相同，所以必须巧用心思，尽量利用居室环境的特点及室内的装饰来进行花卉装饰，方能井井有条，合理美观。

寻找空间平衡

在现代居室构造中，必然会有凹凸之处，可利用植物花卉装饰来补救或寻找平衡。如在突出的柱面栽植常春藤、喜林芋等植物作缠绕式垂下，或沿着显眼的屋梁而下，则能制造出诗情画意般的意境。

合理的视觉效果

欣赏是花卉装饰的最终目的，为了更有效地体现绿化的价值，在布置中就应该更多地考虑无论在任何角度来看都感觉很美观。一方面要注意考虑最佳配置点。一般最佳的视觉效果，是距地面约2米的视线位置，这个位置从任何角度看都有较好的视觉效果。另一方面，若想集中配合几种植物来装饰，就要从距离排列的位置来考虑，在前面的植物，以选择细叶而株小、颜色鲜明的为宜，而深入角落的植物，则应选择大型且颜色深绿者。放置时应有一定的倾斜度，这样视觉效果才有美感。而盆吊植物的高度，尤其需仰望的，其位置和悬挂方向一定要讲究，以直接靠墙壁的吊架、盆架置放小型植物效果最佳。

合理摆放植物，废弃的壁炉也能让人眼前一亮。

突出空间感和层次感

如果把盆栽植物胡乱摆放，那么本已狭窄的居室就更显得杂乱和狭小。如果把植物按层次集中放置在居室的角落里，就会显得井井有条并具有深度感。

处理方法是把最大的植物放在最深度的位置，矮的植物放在前面，或利用架台放置植物，使其变得更高，更有层次感。

室内花卉装饰的基本要素

我们在利用花卉装饰居室的时候，要考虑到以下几个因素：

线条因素

植物的线条是由骨干和轮廓的线条共同表现出来的。线条普遍存在于室内空间与组件的边缘。

不仅室内空间的各种组件会给人以或直或曲的线条感，具有各自生长习性的植物也会给人以水平、垂直或不规则的线条感。不同性质的线条给人的情感感染不同，直线简洁但略显生硬，曲线平滑且舒缓柔和。

所以不同线条的花卉摆放的位置也不同，如整株的丝兰各个部位多由直线组成，给人以明朗利落的感觉，与以直线为主、造型硬朗的室内家具相符合，具有这种线条的植物不易摆放在卧室里。

相反，吊兰、文竹、波士顿蕨、袖珍椰子等这类具有柔和曲线的植物，摆放卧室里会给人以舒缓柔和的感觉。放在办公区的高大舒展的散尾葵，能缓解紧张工作给人带来的压力。线条的选择还要兼顾视觉感受、空间形成以及人为活动习惯等方面，以保证审美与功能的协调。

形态因素

花卉形态的变化范围更广，不仅有圆形、圆柱形、披散状、直立状、波浪式、喷泉式及各种不规则形状，大轮廓还会受到主干和枝条形态影响而处于动态变化之中，而且其枝、叶、花、果也有各种各样的形态。

从叶子的形态来分，花卉大体有以下几种：椭圆形叶，如橡皮树、绿萝；线形叶，如朱蕉、酒瓶兰、旱伞草等；条形叶，如一叶兰、吊兰；掌形叶，如春羽、龟背竹等；还有异形叶，如琴叶榕、变叶木、鹿角蕨等。

花的形态也十分丰富，有如天南星科花烛属的红掌类植物，黄色花序立于红色苞片上，叶片滴翠，花色娇艳，格外引人注目；银苞芋的花序恰似银帆点点，荡漾于碧波之上。另外，还有凤梨科果子蔓属凤梨类的植物，艳丽的花序亭亭玉立，可保持数月之久。另外，植物茎果的形态也不是千篇一律的。

用花卉装饰居室时，要充分考虑植物的大小。花卉的室内装饰布置，植物本身和室内空间及陈设之间应有一定的比例关系。大空间里只装饰小的植物，就无法烘托出气氛，也显得很不协调；小的空间装饰大而且形态夸张的植物，则显得臃肿闭塞，缺乏整体感。用花卉装饰居室绝不能无根据地盲目选择花卉。面积大而宽敞的空间可选择较高大的热带植物，如龟背竹、棕榈。墙上可利用蔓性、爬藤植物作背景。

另外，具有不同形态的植物与摆放的位置应相协调。如丛生蔓长的吊兰、吊竹梅、鸭趾草等枝叶倒垂的盆花，宜放在较高位置，使之向下飘落生长，显得十分潇洒。

枝叶直立生长且株形较高的花叶芋、竹芋、花叶万年青等盆花，则应放在较低的位置，这样会使人产生安全和稳定的感觉。

植株矮小的矮生非洲紫罗兰、斑叶芦荟、吊金钱、姬凤梨等盆花，宜放在近处欣赏，如书桌上；长蔓的藤本花卉，如花叶绿萝、花叶常春藤、喜林芋等宜作攀缘式或悬垂式盆栽，使之沿立柱攀缘而上或悬挂在窗前、门帘等处以供欣赏。

质感因素

花卉的质感是由花卉可视或可触摸的表面特性所表现出来的。总的来说，室内环境中的界面、家具和设备的质地大多细腻光洁，而室内装饰所用植物的整体质地比较粗糙，这样两者之间就会产生强烈的反差，花草树木受到室内界面和家具、设备的衬托，则显得形态丰满、富有层次，而在花卉的衬托下整个室内空间也显得更加丰富、更有活力。

根据各种室内花卉间可接触表面的微小区别，可将花卉质感分为粗、中、细3个基本类型。质感粗的植物叶子较为宽大，给人以豪放、简朴的观感，如棕榈类；中等质感的植物有中型的叶片，如龙血树等；质感细的植物通常表现纤巧、柔顺的情趣，此类花卉一般叶片较小、形态精致，如竹芋类。这种划分在选择植物、决定植物摆放的视觉距离时有参考价值，即质感粗的可作背景，而质感细的可供近观。设计中常用质感不同的植物组合来提供趣味的变化，可使花卉布置更有艺术气息。

室内装饰花卉的质感可以用刚柔两方面来概括。总的来说花草树木以其柔软飘逸的神态和生机勃勃的生命，与僵硬的室内界面、家具和设备形成强烈的对比，能使室内空间得以一定的柔化和使其富于生气。这也是其他任何室内装饰、陈设不能代替室内花卉装饰的原因。不同种类的室内花卉，所表现出来的质感又不尽相同，如巴西龙骨、虎刺梅等植物显现出刚性的质感，这类植物多是以直线条构成的；如吊兰、文竹、大多数的蕨类植物等则表现出柔性的质感，这类植物多是以曲线条构成。

不同质感植物摆放位置也有讲究。刚性质感的植物不宜摆放在休息的地方，如卧室、休息室等。相反这些地方宜摆放柔性质感的植物，这样的植物给人以舒缓的感觉。刚性质感的植物宜摆放在办公室等不宜产生倦意的地方。

居室内一般以摆放颜色淡雅、株形矮小的观叶植物为主，体态宜轻盈、纤细，形象上要显出缓和的曲线和柔软的质感。如可用波士顿蕨、袖珍椰子等装饰居室。

色彩因素

色彩给人以美的感受并直接影响人的感情，色彩的安排要与环境气氛相协调。根据色彩重量感，一般应上深下浅，使环境形成安定、稳重的感觉。通常把红、橙、紫、黄称为暖色，象征热情温暖；而把绿、青、白称为冷色，象征宁静幽雅。室内花卉装饰，对植物色彩的配置，一般应从以下几方面考虑：

第一，室内环境色彩，包括墙壁、地面和家具的色彩。环境如果是暖色，则应选偏冷色的花卉；反之则用暖色花装饰。这样既协调又能衬托花的美。

第二，室内空间大小和采光亮度。空间大、采光度好的宜用暖色花装饰；反之，宜用冷色花装饰。

第三，色调还应随着季节的变化而改变，春暖宜艳丽，夏暑要清凉，仲秋宜艳红，寒冬多青绿。色彩处理得当，能体现出植物清秀的轮廓，给人以深刻的印象。

植物的颜色包括叶色、花色和果色，有红色、橙色、黄色、蓝色、紫色、白色等，可谓是绚烂多彩。色彩本来只是一种物理现象，但它刺激人的视觉神经，会使人产生某种心理反应，从而产生色彩的温度感、胀缩感、质量感和兴奋感等。人们生活中会积累许多视觉经验，一旦这些经验与外来色彩刺激发生一定呼应，就会在心理上产生某种情感。例如，草绿色与黄色或粉红色搭配，会不知不觉地与我们儿时的一些生活经验呼应起来。那时我们躺在嫩绿色的草坪上晒太阳，周围盛开着黄色或粉红色的野花。当这样的色彩组合呈现时，就会引起欢快、朝气蓬勃的情绪。

室内花卉装饰的基本原则

创造美感是居室花卉装饰的最终目的。花卉的美是由多种因素构成的，如千姿百态的株形，色彩缤纷的花、叶、果实，匀称而协调的构图布局等。室内花卉设计就是将几何形状、色泽和质地不同的花卉，按美学的原理及规律组合起来，构成一幅新颖别致的立体造型画面，给人以清新明朗、赏心悦目的艺术享受。

室内花卉装饰要遵循以下几个原则：

主次分明

室内花卉的装饰应有明确的主题思想，并以此作为主调来构图，使各种花卉与厅室的氛围、家具及各种装饰物组合成一幅立体的美丽画面。主题思想应主要依据厅室的功能来确定，如客厅是接待客人、洽谈工作、社交活动的场所，应体现热情、大度、好客的主题思想，在设计上宜宽敞大方，应选具有一定体积和色泽的花卉来装饰。再如，书房是学习、思索的地方，应选择姿态优美、小巧玲珑、色泽淡雅的花卉来装饰，如文竹、茉莉等。

室内花卉装饰的核心是主景。既要能体现出主调，又要醒目、有艺术魅力。一般可选择1~2种花卉做主景，但其数量或大小、形态要占优势。此外，也可选用形态奇特、姿色优美、色彩绚丽、体形大的花卉做主景，摆放在引人注目的位置，以突出主景的中心效果。

在室内花卉装饰中，除了主调、主景外，还需要配景、配调来对比、陪衬，使之富于变化，不显得单调呆板。要合理地组织主景与配景，以取得良好的艺术效果。主景不可居中，居中则四平八稳而显呆板，最好在两条中线垂直相交点的四周；配景应在两侧或四角，高矮、大小均应小于主景，并与主景相呼应。如客厅可在沙发群后，装饰高大的盆栽构成主景，使人有如坐绿树下的感觉，显得悠闲、宾至如归。在沙发两侧或对角，宜配置鲜花，显得"有宾主、有照应、有烘托"，疏密得当，高低适体、大小合适。

对比突出

室内花卉装饰既要层次丰富，又要留有空白，有虚有实，虚实对比。虚，就是留有空白。空白给观赏者留下联想和思维的广阔空间。实就是用于装饰厅室的花卉是主体，但其装饰须疏密相间、高低错落、层次起伏。

室内花卉装饰只有做到有虚有实、虚实对比，才会显得生动活泼，寓情于景，富有艺术感染力。室内花卉的装饰切忌以多取胜，多则有实无虚，密密麻麻地陈列各类盆花，既妨碍行走，也缺乏艺术品位。

风格统一

室内花卉的装饰一定要注意风格的统一。所选用花卉（包括容器）的风格应与厅室的氛围相协调统一，以显示环境的和谐美。例如，中式古老的建筑，其厅室应陈设中式家具及装饰物，花卉应选择姿态盘曲、清秀雅致的梅、兰、竹、菊、松等盆栽或盆景并配以古朴、典雅的容器，也可以字画作衬景；若用插花作品装饰，宜采用东方式插花及相应的花器。而在西方现代式建筑中，应陈设西式家具、现代化设施及装饰物，宜选择体量适中、气质雍容华丽、色泽鲜艳的花卉，如花叶芋、万年青、君子兰等。

比例适度

一切造型艺术构图的基本要素是比例与尺度。比例适度，显得真实，使人感到大小、高低、宽窄既相称又合用，给人以愉快舒适的感觉。如果比例失当则会给人以一种压迫感和窒息感。室内花卉的装饰要注意以下比例关系：

第一，协调装饰部位与厅室空间、家具及陈设物的比例：应根据室内空间大小、高度来确定室内花卉的大小、高度及数量。狭小的空间，应充分发挥花卉的个体美、姿态美以及线条交织变化的特点，使人感到花卉虽小但充实、丰富、雅致，充分体现出"室雅无须大，花香不在多"的意趣。若能做到小中见大，则更能给人以联想，更显精妙。

开阔的大空间，宜摆放体形较高大的花卉，可显示花卉的群体美、色彩美及体量大等特点，以显示雄浑、豪华、大方的气魄。例如，一般居室高约2.7米，有14平方米

大小，不宜选用高度超过2.1米的花卉进行装饰，以免产生压迫感和窒息感，而应选择小巧、雅致、色彩相宜的中、小型盆花装饰。然而，宽敞、高大的厅室内摆放几盆中、小型盆花，则会给人以空旷的感觉，缺乏美感，可选用高大的盆栽花卉或采用组合盆栽等。

花卉体积大小还应与室内家具的大小和式样、各种装饰物的大小相合宜。只有这样才能显示出高低有致、错落多变、疏密得体的艺术美。反之，若比例不当，就会出现大小对比强烈，或重心不稳，或拥塞郁闭，或互不关联、缺乏联系，或分量不足而显得单薄空虚，而难以取得好的装饰效果。

第二，协调花卉与盆、架之间的比例。根据花卉体量的大小选择大小、式样均相宜的容器以及花架，从而取得良好的艺术效果。如果花卉与盆、架间的比例失当，则会破坏厅室的整体协调感。

色彩协调

花卉色彩要根据厅室环境色彩的设计意图以及采光条件等，从整体上综合考虑。

厅室花卉装饰，应通过对花卉色彩的选择运用，使之与厅室的基调色既有一定的对比，又能和谐统一。例如，厅室的墙壁、地面、家具等以红、橙、黄等暖色调为基调，则应选择绿、青、蓝、白等冷色调的花卉来装饰；反之，则应选择暖色调的花卉来装饰。若厅室环境是浅色调、亮色调或采光好，则宜应用叶色深沉的观叶或花色艳丽的花卉来装饰；厅室环境色调较深或光线不足，则宜用淡色调花卉，如用黄绿色、浅绿色的色叶花卉或粉色、淡黄色的花卉衬托，以达到突出与和谐相统一的效果。

在居室花卉的装饰中，色彩的选择运用还应与季节和时令相协调。如夏季可选用色彩淡雅的种类，如冷水花、亮白花叶芋等，让人在炎热季节感到清凉爽快。冬季可选用红、橙、黄等色彩热烈的花卉，如一品红、茶梅等，使人在严寒隆冬感到阵阵扑面而来的暖意；在喜庆的日子，可摆放欢快、热烈、鲜艳的花卉，如春节可摆放桃花、蜡梅和碧桃等盆景。而叶片以红色、金边、银边、金心、洒金、洒银为主的观叶花卉，色彩斑斓，一年四季都会给人一种明快、活泼的感受。

餐厅（室）、宾馆、厅堂、会场一般多采用彩度高、色泽艳亮、夺目而富有刺激的花卉。居室、书房如用暖色花卉装饰，则易引起疲劳感，而彩度低、色泽暗的冷色及中性色花卉，则给人以清淡、静谧、沉着、冷静、轻松、温馨、舒适的感觉。

布局均衡

造型艺术美的重要原则之一是讲究均衡，室内花卉的装饰也要求花卉在布局上保持均衡，有一个稳定的重心，给人以安全感。

大、中型花卉，如橡皮树、散尾葵、朱蕉、龙血树、棕竹、龟背竹等，一般宜摆放在角隅、沙发旁等处的地面上，给人以安全、稳定的感觉。中、小型盆花则根据株形不同作不同装饰，丛生蔓长的金边吊兰、吊竹梅、花叶常春藤等枝蔓倒垂的盆花，宜摆放在较高的家具上供悬挂欣赏；枝叶直立生长的竹芋、花叶芋等盆花，宜摆放在较矮的家具上；植株矮小的小型盆花，如非洲紫罗兰、斑叶芦荟、吊金钱等，以及插花作品，宜摆放在案头、茶几、台面上或组合柜中。这样的布局显得错落有致、上下交相辉映，给人以一种均衡、稳定的感觉。

在室内花卉的装饰中，花卉布局的均衡有对称与不对称两种情况：

第一，对称均衡。在轴线左右两侧用同样形状、大小、体量和色泽的花卉作对称装饰，使人产生端庄、整齐的艺术美感。如走廊两侧摆放同样大小的盆栽或栽植同样大小和体形的花卉，在客厅沙发两侧摆放同样的花卉，都属于对称性布局。

第二，不对称均衡。在轴线两侧虽用形体不同或不对称的花卉装饰，但给人以均衡的重量感。这种装饰手法自然、流畅、活泼，不拘一格，使人感觉轻松愉快。室内花卉的装饰常使用不对称均衡，如书房一角地面摆放一盆体量较大的棕竹或洒金榕，中间是座椅，而在另一角高几架上置放一盆下垂的盆景或藤本花卉，这一高一矮、一瘦一胖的组合，虽不对称，但给人以一致的重量感，使人觉得既协调又自然。

在以上原则的指导下，我们可以依据厅室的用途、风格、家具形式、墙壁色彩和光线明暗以及自己的性别、年龄、性格和爱好等来选择适宜厅室环境的花卉，周密地构思和布局，把居室装饰成具有艺术美感、优美宜人的居住环境。

选择最适摆放的位置

不同的植物有不同的摆放方式和位置，用花卉来装饰居室有很多讲究，不可随意为之。

居室的正门口每天人们进出的频率非常高，因此植物以不阻塞行动为佳，直立性的花卉不宜干扰视线，最适合摆放在门口。

家庭的卫生间一般比较潮湿、阴暗，适合羊齿类植物生存，为了避免植物被水淹也可以选择悬挂式的植物，摆放的位置越高越好。

书房装饰的植物不宜过多，以免干扰视线。书桌上摆一盆万年青是不错的选择，书架上适合摆悬吊植物，能使整个书房显得清幽文雅。考虑到书房是长时间用眼的地方，还可以在书房里摆上一盆观叶类花卉，如纤细的文竹、别致的龟背竹、素雅的吊兰等，当眼睛疲劳时细细观赏片刻，不仅有利于养目，还可调节中枢神经，使人产生清爽、凉快的感觉。

温度较高是厨房的特点，装饰花卉最好选择实用性强的蕨类植物。也可在餐桌上摆一盆能刺激食欲的花卉，如火红的石榴、紫红的玫瑰、清雅的玉兰等。就餐时观鲜花、品美味，不但能增进食欲，还可以增加浪漫气氛。

客厅是用来接待客人及家庭成员活动的空间，常以朴素、美观、大方为花卉装饰的宗旨。客厅装饰应选择观赏价值高，姿态优美，色彩鲜艳的盆栽花木或花篮、盆景。

进门的两旁、窗台、花架可布置枝叶繁茂下垂的小型盆花，花色应与家具环境相协调或稍有对比。在沙发两边及墙角处盆栽印度橡皮树、棕竹等，茶几上可适当布置鲜艳的插花；桌子上点缀小型盆景，摆设时不宜置于桌子正中央，以免影响主人与客人的视线。

装饰大型客厅，可利用局部空间创造立体花园，以突出主体植物、表现主人性格，还可采用吊挂花篮布置，借以平面装饰空间。

装饰小型客厅，不宜摆放过多的大中型盆景以免显得拥挤。在矮橱上可放置蝴蝶花、鸭跖草。值得注意的是，客厅是接待客人和家人聚会的地方，不宜在中间摆放高大的植物，花卉品种的数量也不要太多，点缀几株即可。另外，可在客厅摆一束满天星，气味淡雅，寓意朋友遍天下；茉莉、君子兰、文竹象征美好、友谊、纯朴、至爱等都适合装饰客厅。

卧室是休息的场所，是温馨的空间。卧室的装饰主要起点缀作用，可选择一些观叶植物，如多肉多浆类植物、水苔类植物或色彩淡雅的小型盆景，以创造安静、舒适、柔和的室内环境。一般卧室空间不

若喜欢栀子花浓烈的香味，可以在床头桌上摆上一盆，待花期结束后移到光照条件更好的位置恢复生机。

大，在茶几、案头可放置"迷你型"小花卉，在光线好的窗台可放置海棠、天竺葵等，在高的橱柜上放置小型观叶植物；夏夜就寝，暑热令人难以入眠，如果在卧室里摆放能净化空气的吊兰，或既能灭菌又有凉爽气味的紫薇、茉莉、柠檬、薄荷等，能令人尽快入眠。另外，值得注意的是，很多人认为植物会吸收二氧化碳释放氧气，因此在卧室放置很多植物来净化空气，这种观点是不对的。夜间植物只进行呼吸作用，即吸收氧气呼出二氧化碳，卧室的植物太多势必与人争夺氧气，时间一长会对人体造成伤害，因此卧室最好摆放少量的芦荟、文竹等小型植物，不要布置悬吊植物。

另外，花卉装饰室内时摆放得当还可起到分隔空间的作用，如在厅室之间，厅室与走道之间，放置绿色植物有助于区域分割，并可利用绿化的延伸，起到过渡的渗透作用。

在家中摆放植物时，还要考虑到它们能否在居室环境里生存，如光照、温度、湿度、通风条件等，并要注意和空间及环境的协调，尽量按空间大小来摆放植物。如空间比较大，采光比较好的地方，可以摆放高大一点、喜光性强一点的植物；儿童房可以摆放一些颜色艳丽一点的，但注意不要摆放仙人掌、仙人球等有刺、容易伤害儿童的花卉。

花卉之间的相生相克

其实，花卉之间也有着千丝万缕的联系，有些植物之间能够"和平相处、共存共荣"，有些植物之间则"以强凌弱、水火不容"。因此，在花卉栽培和养护中，要了解花卉的习性，做到既不影响花卉的生长，又能把居室装饰得美观。

另外，盆花的栽种，因不同花卉不种在同一盆钵中，因此可以不考虑根系分泌物的影响，只需考虑叶子、花朵、果实分泌物对放在同一室内的其他花卉的影响。

相克的花卉

（1）薄荷、月季等能分泌芳香物质，对周围花卉的生态有一定抑制作用。

（2）玫瑰花和木樨草放在一起，前者会排挤后者，使之凋谢，而木樨草在凋谢前后又会释放出一种化学物质，使玫瑰中毒死亡。

（3）成熟的苹果、香蕉如果和正开放的水仙、玫瑰、月季等放在一起，前者释放出的乙烯会使盆花早谢。

（4）丁香种在铃兰香的旁边，会立即萎蔫；丁香的香味也会危胁水仙的生命。将丁香、郁金香、勿忘我、紫罗兰养在一起，彼此都会受害。

（5）夹竹桃的叶、皮及根分泌出夹竹苷和胡桃醌，会伤害其他花卉。

（6）松树不能和接骨木共处，后者不但能强烈抑制前者的生长，还会使临近接骨木的松子不能发芽，松树与云杉、栎树、白蜡槭、白桦等都有对抗关系，会使松树凋萎。

相生的花卉

（1）山茶花、茶梅等与山苍子放在一起，可明显减少霉病。

（2）朱顶红和夜来香、洋绣球和月季、石榴花和太阳花、一串红和豌豆花种在一起，双方都有利。

（3）百合与玫瑰种养或瓶插在一起，比它们单独放置会开得更好。

（4）花期仅一天的旱金莲如与柏树放在一起，可有效延长花期。

家居花卉搭配诀窍：活用花器

不同的花卉需要用不同的花器来配置，才能相得益彰，增加观赏性。

白瓷花瓶带有东方沉郁、蓄含宁静感，扶兰的色彩热烈，两者形成了一种对比强烈的景致。

透明澄澈的小花器，瓶内即使只是几粒普通的石子，也能体现出瓶子的玲珑感觉。简洁的雪松、跃动的火龙珠，衬着怒放的红玫瑰，在弧线优雅的瓶形衬托下，有一种浪漫的非凡气质。

朴素大方的麻袋，把粗糙而庸常的花盆包起来，轻轻地束个口，薰衣草的花感也似乎为之一变。

大口径的高颈花瓶很适合大株的花材。青翠可人的天鹅绒和绿兰在摇曳之间轻轻带来了春的信息。

购物或装杂物的草编筐最适合装小盆绿色植物。几种植物集中在一个筐中，扑面而来就是田园气息。

时尚者总能以其灵敏的思绪、丰富的情感，捕捉生活中的灵感，寻找到更多的花卉素材，再搭配最灵秀艺术的花器，以此体现自己与众不同的生活品味。而那些造型设计独特的花器可以突出艺术性，更为家居生活增添艺术气息。

为花卉选择花器可以从材质、色泽、容量、形状等四个方面加以考虑。花器选用的材料非常广，凡是可以盛水的器物都可以作为花器。不过，花器的选择也要考虑到应用的实际环境。宽敞的空间，比如大客厅，鲜花宜插得茂密一些，花器也应较大；而在比较小的空间，比如书房，鲜花就宜简单一些，花器也可小一些。

选择花卉时要遵循以下原则：

第一，花与花器的颜色上要有一定的对比。色彩饱满的花朵宜配淡雅的素色花器，而色彩清丽的花朵宜配色彩浓郁的花器。

第二，要注意花与花器材质间的呼应。粗犷的沙石花器宜配清秀的草本及草木花卉，而丰盈的花朵则适合搭配轻盈材质的玻璃或陶瓷花器。

第三，花器的装饰性越小可搭配的花材也就越多，小瓶口的简单设计，搭配单枝花朵也可以创造出别样的美感。

学习简易花艺技巧很有必要

花艺是在传统插花艺术基础上发展起来的，更具现代气息和丰富艺术表现力的插花艺术。花艺是利用花卉和各种新型材料的造型艺术，以其较广的艺术表现性和实用装饰性，逐渐成为现代社会生活不可缺少的重要组成部分。在用花卉装饰居室时，学一些简单的花艺技巧，很有必要。

铺陈

铺陈即平铺陈设。此名出自珠宝设计，是将所有大小相同的宝石，紧密镶于底部，而其表面却非常光滑。该手法用于插花中，旨将每一种花紧密相连，覆盖于某一特定区域的表面。应用时，应当在同一区域内使用同一种类、同一大小的花，但每个区域内的花材都应有不同的质地和色彩变化。

栈积

栈积是指在插花中使用相同的花材，以同样长度群聚在一起，宛如一个个平台，且平台与平台之间能产生错落的层次感。

重叠

重叠是指利用面状花材或叶材，如红掌、巴西木叶、变叶木叶等，一片片紧密地重叠在一起，中间不留空隙，以表现其层次感。重叠能产生与花材单独使用完全不同的质感效果。

捆绑

捆绑是指将一定数量花材的茎干，集中捆绑成束，用以增加花材的质量感和力度。捆绑的手法自由，没有太多的限制。如把康乃馨、小菊捆绑在一起，形成花束，增加体量，显示个性。

缠绕

缠绕与捆绑基本相同。捆绑只需要一道或稀疏的几道，而缠绕则需要若干道并达到一定的宽度。一般在多枝花梗上进行缠绕，也可在一根花材的茎干上缠绕。"缠"的手法较为紧密，有规则性，而"绕"的手法则较松散，且不一定是同一方向。

分解

分解是指将花材分解，使其枝、茎、叶、花分离，或将其中的某一部分解开，再以另一形态重新组合，创造出新的造型素材，以产生意想不到的效果。

透视

透视是指用各种花材或其他材料，以层层重叠的方式，形成一定的空间，以表现空间感、朦胧感、通透感等。透视常以长条形花材、叶材为主，外层结构一般选用纤细、柔软的花材。

架构

架构又叫结构。由各类花材或异质材料插制成各种不同造型的组合，而把这些造型组合在一起的是由较粗硬的花材或其他材料搭构而成的框架。采用架构的插花作品一般体量相对较大，能够表达的内涵也较为丰富。现代花艺设计中常用此法创作大型作品。

编织

编织是指将柔软可以弯折的材料以合适的角度交织组合，有些类似于传统的竹篮、篾席的编织，可体现工艺美。常用来编织的材料主要有散尾葵、熊草、麦冬叶、兰花叶和一叶兰等。编织在形式上既可以是紧密的，也可以是松散的；既可以作为骨架让其他花材附于其上，也可以作为插花的欣赏主体。

粘贴

粘贴是指用植物材料粘贴成一个面或体，使原来单调的花器、桌面、背板等物体丰富起来，在自然之中体现手工之逸趣，例如用尤加利的叶子粘贴出类似羽毛、鳞片状的质感。常用来粘贴的植物材料有各种干燥叶片、干叶脉、花梗、细枝条等，鲜嫩花材用冷胶粘连，干叶、枝条可用热胶粘连。

加框

即以材料设计周界，周界可采用全部或部分框住，如一幅画的画框可以使你的注意力被集中在框内的区域。花艺中加框的原理即从画中而来。加框后，所有的视线都集中于框中。插花不应破坏框架效果。加框两边不一定一样长，要做出空间和厚度，不可太扁。

阶梯

阶梯是指借助楼梯的形式安置相同的花材，一级一级地上升。阶梯最好用非洲菊等树叶较为平展的材料来做，以体现出层次感。阶梯技巧可以使最少花材形成一种整体与一致感。

空间

空间分为正空间、副空间、留白空间。

正空间是指一个插花作品所占据的地方和面积大小。在一个插花组合中，正空间全为花材占据。

副空间是指花与花、花与叶、花与果之间的留白之处。

留白空间就是线条空间，留白之处将空间连在一起，留白可以给人更深的印象。

现代花艺中，强调每一种植物都有自己的位置，需要给每一小片叶片以恰当的空间，让其充分展示。

韵律

一个设计主题、形式，或主要花材以规则性或不规则性地重复出现，便形成了韵律。韵律可以用线条、形式、空间、色彩或简单的枝叶、弧度来表现。韵律的表现方法有连续韵律，即有组织排列地重复出现；渐变韵律，即有规律的增减；除此以外，还有间隔韵律和交替韵律。

第二节 家居花卉装饰主要形式

摆放式

居家花卉装饰最常用和最普通的装饰方式就是摆放式，它包括点式、线式和片式3种。其中以点式最为常见，即将盆栽植物置于桌面、茶几、柜角、窗台及墙角，构成绿色视点。

线式和片式是将一组盆栽植物摆放成一条线或组织成自由式、规则式的片状图形，起到组织室内空间，区分室内不同用途场所的作用，或与家具结合，起到划分范围的作用。

植物摆放过密往往显得呆板，但能形成有助于植物生长的小气候

几盆或几十盆组成的片状摆放，可形成一个花坛，产生群体效应，同时可突出中心植物主题。

　　此方法灵活性强，调整容易，管理方便，是最常用的花卉装饰方法。一般应根据居室面积和陈设空间的大小来选择绿化植物。

　　家庭活动的中心是客厅，它的面积一般较大，宜在角落里或沙发旁边放置大型的植物，一般以大盆观叶植物为宜，如棕榈树、橡皮树、龟背竹等高度较高、枝叶茂盛、色彩浓郁的植物为宜。

　　窗户周围可摆设四季花卉，如枝叶纤细而浓密的网纹草或亮丝草、文竹等植物。

　　门厅和其他房间面积较小，只宜放点小型植物，一般房间的植物，最好配置集中在一个角落或视线所及的地方。

　　如果你感觉还有些单调，再考虑分成一两组来装饰，但仍以小巧者为佳。切忌整个厅内绿化布置过多，要有重点，否则会显得毫无品味。

水养式

　　水养式是利用能在水中生长的植物，用水盆或玻璃器皿进行培养的花卉装饰技巧。

　　水仙、碗莲、水竹、旱伞草、富贵竹、广东万年青等都是最常见的水养花卉。

　　另外，也可剪取带叶的植物茎段插在盆中，如绿萝、鸭跖草，让其一端伸延在盆外，也别具情趣。

　　水养式除了观花之外，其器皿也是一种工艺品，可供观赏。水养器皿中，还可适当放入少量形态各异或色彩绚丽的陶石、卵石，使花卉、器皿、介质互为衬托，相映增辉。这种方法既方便，又卫生，深受现代人的喜爱。

瓶景式

　　瓶景式是一种最新潮流的花卉装饰方式，极富艺术感。方法是用多种小型植物混合种在一个玻璃瓶箱内，好似一个微型"玻璃花园"放在几架或桌上。

　　将一个制好的方形、菱形或圆形玻璃器皿内铺上5厘米左右厚度的泥炭土，或用珍珠岩、蛭石。把选定好的小植株种上，然后放一层小卵石或石砾，喷湿后加入少量无机液肥，基质湿透2/3即可。把盖子盖上封闭，也可留一小口。不久可见到瓶内水汽附在玻璃壁上，慢慢又沿壁回流到基质中。水分依此方式在瓶内反复循环，不必浇水，只要温度适宜，有一定光照，植物就会正常生长。

1.在干净的瓶子底部铺上一层木屑、鹅卵石或砂砾，用厚纸片或薄纸板卷成漏斗加入盆栽土。　2.移植小型植物。尽可能移除植物根部连带的培养土，方便放入瓶子。瓶口较大的花箱容易放入植物。　3.压实植物根部附近的盆栽土（可借助绑在园艺棒上的棉线团），喷水雾润湿植物和盆栽土，并将附着在瓶壁上的盆栽土冲刷干净。

瓶状花箱植物种植法

假如瓶内湿度过大，可适当打开盖子通气后再盖上。但瓶内如果不见蒸气，应用干净的水充分喷湿基质后盖上，这是一种一劳永逸、少花精力的管理方式。适合这种栽培的植物有铁线蕨、椒草、冷水花、鸭跖草、秋海棠、网纹草、万年青等耐湿易养的植物。另外，要注意瓶内如有掉叶要及时取出，以防止花卉根部腐烂。

悬垂式

悬垂式是指用吊兰、吊盆垂吊养植花卉。其栽培容器为各类质地轻巧的篮、盆、盂等。具体方法为：容器中装入轻质培养基质，栽植藤、蔓、匍匐类植物后，用绳索将容器悬吊在室内，以达到绿化美化装饰居室的目的。这种方式不占室内地面，向空中开拓绿化领域，丰富了厅室层次，增加了立体景观，是一种非常灵活而有趣的绿化装饰方法。

垂吊要注意选择好吊具、栽培基质、植物种类和吊挂位置，要让四者相互协调，融为一体。

塑料篮或盆

养垂吊类花卉可用穿孔篮筐，轻巧美观。使用时，先在篮底铺一层棕皮，再加土种入植物，最后用塑料绳将其吊挂在厅室的适当位置。也可在篮内放一个不透水的塑料盆，盆内放置盆栽垂吊花卉。这样，可以避免浇水时漏出水分。这种塑料篮除作吊具使用外，也可用作陶土盆栽的套盆。当然，市场上也有专用的塑料吊盆。

铁丝吊篮

铁丝吊篮是用铁丝编织成的一种篮状、球形或盒式容器。它自身重量轻但载重力较大，形状、大小可随意而定。为防止铁丝氧化锈蚀，常使用包塑胶的铁丝。为避免浇水时漏出水分，可在底部加一金属托盘。使用时，先在吊篮内壁贴一层塑料膜，紧靠薄膜铺一层苔藓（以利通气），内装基质。用小刀在植苗处划一个"十"字形口，栽入小苗，然后吊挂起来。也可在陶土等盆栽外套上铁丝吊篮。

编织吊篮

编织吊篮就是用白、蓝、红等颜色的宽尼龙包装袋，编织而成各种形状的吊篮。在编织中，利用不同色彩的尼龙带，巧妙组合，织出多种精巧、美丽的图案。编织时，还可用铁丝做骨架。尼龙带轻巧，软硬适宜，耐酸、碱和水渍，还具一定的透气、透水性，是制作吊篮的优良材料。用尼龙带编织的吊篮垂吊花卉装饰厅室，既可欣赏吊篮的编织工艺，又可欣赏花篮悬空、柔枝摇曳的美感。

绳制吊篮

利用棉绳或麻绳编织而成的吊篮，其底部较宽，用以衬托盆栽植物。绳制吊篮价廉而素雅美观，深受人们的青睐。但是绳制品不耐久用，尤其是不耐水渍，所以，应该经常检查其是否腐烂。

贝壳吊篮

贝壳吊篮是指用钢丝将小贝壳串起来并编织成吊篮，外形美观、新颖。

利用悬垂式花卉装饰居室时，组要注意：栽培基质、垂吊栽培的植物长期悬挂空中，切忌过重。因此，栽培基质也应以轻质为主，常用的培养基质有苔藓、蛭石、锯末、蚯蚓土等轻质材料。一般可采用如下配方：蛭石40%、蚯蚓土40%、锯末20%，或蛭石40%、锯末40%、蚯蚓土20%。按上述配方配制的基质不仅保水保肥性好，而且疏松透气，适宜于植物生长。垂吊栽培植物一般不要用黏重的土壤。

吊兰、紫露草、蔓长春花、绿萝、常春藤、条纹竹芋、波士顿蕨、心叶喜林芋、鸟巢蕨、紫鹅绒、文竹、天冬草、薜荔、吊金钱、翡翠珠、铁线莲等都可作垂吊栽植。

垂吊栽植方式特别适用于面积较小的厅室装饰，一般吊挂在门廊、楼顶、窗缘、天井等光线较暗或色彩单调的地方，以产生富丽堂皇、气象万千的装饰效果。在光照充足的厅堂，将四季草花垂吊栽植，也可取得良好的装饰效果。

另外，应用垂吊植物时要注意如下几点：

（1）陈设方式多样化：将垂吊植物装饰在不同层次是填满、柔化室内空间及角落处的好方法。整齐排列悬挂垂吊植物虽很整齐，但过于死板，缺乏韵味。

（2）悬挂的高度要适宜：吊挂得太高不吸引人，因为这样只能见到单调的盆底；而吊挂得过低，则达不到应有的装饰效果。

（3）陈设环境要适宜：通常吊挂在厅室内的植物，只有一侧受光，另一侧光照较弱，这一侧的新芽向光生长，会长得细长而不再美丽。解决方法是，在吊钩上装上转环，让吊盆可以转动，从而使盆内植物的各部分都能接受到光照。在陈设垂吊植物时应考虑陈设位置的光照、温度等条件是否适合花卉生长。

壁挂式

室内墙壁的美化是现代居室花卉装饰不可缺少的一环。墙壁装饰可采用壁挂式。壁挂式有挂壁悬垂法、挂壁摆设法、嵌壁法和开窗法。

预先在墙上设置局部凹凸不平的墙面和壁洞，供放置盆栽植物；或在地面放置花盆，或砌种植槽，然后种上攀附植物，使其沿墙面生长，形成室内局部绿色的空间；或在墙壁上设立支架，在不占用地面的情况下放置花盆，以丰富空间。

采用壁挂式装饰居室时，应主要考虑植物的姿态和色彩。以悬垂攀附植物材料最为常用，其他类型植物材料也常使用。

壁挂式花卉装饰像是一幅立体活壁画，景观独特、极富情趣，可以说是现代室内豪华装饰的标志。紧贴墙壁、角隅或柱面，悬挂特制的、一面平直的塑料花盆，选用耐阴、耐旱、管理粗放一类的花卉，如仙人掌、吊兰、绿萝；也在顶上配以彩灯，使装饰更加丰富多彩。

充分发挥想象利用蔓生植物。浴室通常窗户较小，相对阴暗，可将植物在浴室和其他房间之间轮换摆放，这样家中所有位置都会有漂亮的植物了。

镶嵌式

镶嵌式是指在墙壁及柱面适宜的位置，镶嵌上特制的半圆形盆、瓶、篮、斗等造型别致的容器，内装入轻介质，栽上一些别具特色的观赏植物；或在墙壁上设计制作不同形状的洞柜，摆放或栽植下垂或横生的耐阴植物，形成具有壁画般生动活泼的效果。

可做成梯级式花架，摆放花盆错落有致、层次分明。顶棚或墙壁装一盏套筒灯或射灯，夜晚灯光照在花木上缤纷绚丽。栽植时要大小相间，高低错落。

也可将种植容器制作成各种形状（如三角形、半圆形等），镶嵌在柱子、墙壁等竖向空间中，在其上栽种叶形纤细、枝茎柔软的植物，装单调的墙面装饰成一幅幅精致的壁画。

攀缘式

攀缘式是指将攀缘植物种植于床或盆内，上设支柱或立架，使其枝叶向上攀缘生长，形成花柱、花屏风等，形成较大的绿化面。室内植物不仅能从形式上起到美化空间的作用，而且它可以和其他陈设相配合，使空间环境产生某种气氛和意境，来满足人的精神需要，起到陶冶性情的作用。

当大厅和餐厅等室内某些区域需要分割时，可采用攀附植物，或者放置某种条形或图案花纹的栅栏再附以攀附植物进行隔离。

攀附材料应在形状、色彩等方面与攀附植物协调，以使室内空间分割合理、协调，而且实用。

对茎蔓长有气生根的植物，可用绳网或支架使其向上攀缘，布满墙壁或天棚，在室内打造一片绿茵环境。在酷暑天气，身居其境，会使人倍感清幽凉爽，如在寒冬腊月，又有春意盎然之感。

也可以用它做成绿色屏风，此外还可立支柱于盆中央，让其攀缘而上，宛如腾龙跃起，气势浩大壮观。立柱攀缘盆栽花卉多放居室角隅，也可放在门厅两侧。经过一段时间的生长，枝叶葱郁，花开吐妍，非常美观。

第三节 不同家居空间的花卉摆放

玄关

在一般家庭，玄关是大门与客厅的缓冲地带，对玄关进行花卉装饰可为居室带来别样风情，还可起到基本的遮掩作用，这是整个家居房间装饰中的画龙点睛之笔。

在玄关处摆放植物对整个家庭的外观形象有很大影响。通过绿色植物、花卉装饰可以帮你打造美丽又不失柔和温馨的玄关！

摆放在玄关的植物宜以常绿赏叶植物为主，比如铁树、发财树、绿萝及赏叶榕等。至于带刺的植物，比如仙人掌、玫瑰、杜鹃等切勿放在玄关处。另外，配合灯光的特点，许多大型植物、树木等设计，都适用于玄关。玄关处的植物必须保持常绿，若有枯黄就不要摆放在玄关了。

客厅

客厅是家人活动及接待亲朋好友的主要场所。为了营造温馨、舒适、健康的家居环境，客厅美化必不可少。客厅的常见污染有家电的电磁污染、噪声污染；涂料挥发的苯、甲苯、乙苯、二甲苯等有机物及铅、锰、五氯酚钠等有毒、有害物质；家具地板挥发的甲醛污染；光污染等。因此，根据客厅的面积、朝向、装修风格等，有针对性地选用具有不同抗污染功能的花卉不仅能美化居室还能净化室内空气。

装饰客厅花卉的选择与搭配反映主人的文化品位，因此应慎重对待。客厅绿饰的风格力求明快大方、典雅自然，营造温馨丰盈、盛情好客的氛围，可参考以下几个原则：

以客厅风格为准

要想营造古朴典雅的氛围，可选树桩盆景为主景，在屋角放置一盆高大直立、冠顶展开的巴西铁、朱蕉、变叶木之类的植物，再在矮几上放置一盆万年青，在茶几上置一款插花。如果你的居室气派豪华，则可选用叶片较大、株形较高大的橡皮树或棕榈等，在房间墙壁或隔板上放一盆藤蔓植物，让枝叶飘然而下，给整个房间营造一种"粗中有细，柔中带刚"的感觉。

如果想体现浪漫情怀的风格可选择一些藤蔓植物，如常春藤和吊兰等，另外沿边布置一盆千年木、万年青等，令气氛更加轻松、自然。客厅的朝向一般向南，光线在整个居室中应当是最佳的，也可以选择一些较喜光的、以赏花为主的观赏植物，如仙客来、报春花、瓜叶菊等。

选择合适的摆放位置

大型观赏植物易吸引人们的视线，在家具较少的客厅里，可用其来填补空间、创造暖意。同时，枝叶浓密的大株盆栽还可遮挡那些凌乱的地方和呆板的死角，并用它来分割空间，如发财树（马拉巴栗）、垂叶榕、散尾葵、南洋杉、橡皮树、苏铁、龟背竹、鹅掌柴及柱形喜林芋、巴西木、绿萝、龙血树、朱蕉、酒瓶兰、海芋等。中型观赏植物也是客厅不可缺少的，将它们摆放在家具、窗台上，显得大方、有格调。余下的空间可随意摆放小型观赏植物，这样布局才可使客厅显得活泼、有生气。

为了不影响活动空间，客厅中，花卉一般摆放在柜顶、沙发边或角落垂吊，装饰植物切勿居中，以稍偏一侧为佳。要注意尽量丰富空间层次，大型植物放在地上，小型植物可放在台面上，垂盆植物可悬吊，显得错落有致、层次分明。

花卉色彩与客厅色彩搭配

如果环境色调浓重，则观赏植物色调应浅淡些，如南方常见的万年青，叶面绿白相间，在浓重的背景下显得非常柔和；如果环境色调淡雅，植物的选择就相对广泛一些，叶色深绿、叶形硕大和小巧玲珑、色调柔和的植物都可选用。

客厅朝向与花卉摆放

南窗客厅：这是一天中光照时间最长、最充足的地方，可栽培大多数观花植物及彩叶植物，如茶花、杜鹃、孤挺花、龙吐珠、君子兰、三角梅、长寿花、米兰、圣诞花、天竺葵、红桑等。

东窗或西窗客厅：在早晨，东窗有3～4小时不太强烈的光照。西窗的阳光光照时间与东窗差不多，但下午的西晒日照对植物有害，可养仙客来、凤梨类等；东窗通常可养菖蒲、海芋、文竹、竹芋、秋海棠、花叶芋、银桦、鸟巢蕨、网纹草等。

喜欢花草但没有时间管理的人，可养银苞芋、广东万年青、吊兰、蜘蛛抱蛋、发财树、喜林芋、袖珍椰子、常春藤、椒草、宝石花及仙人掌等观赏品种。这类植物生命力极强、易于养护，也能为居室带来无限活力。

餐厅

餐厅是人们每日必聚的地方，一般在入口处餐桌区四周恰当位置摆放绿叶类室内植物。

餐桌上宜配置一些淡雅的插花。在喜庆的日子，可配置一些艳丽的盆栽或插花，如秋海棠和圣诞花等，以增添欢快、祥和、喜庆气息。

配膳台上可摆放中小型盆栽，有间隔作用。

餐厅的窗前、墙角或靠墙处可摆放各种造型的大型观叶植物，如散尾葵、香龙血树、春羽等，与华丽的灯具、浓艳的墙纸一起，使整个餐厅更优雅。

厨房

对于观念陈旧的人而言，厨房的主题就是油盐酱醋，与美丽、浪漫的花卉毫无关系，可是对于追求生活质量与情趣生活的人们来说，一个干净整洁、明亮宜人的厨房能够将人从烦琐、枯燥的烹饪中"解救"出来，充分享受烹饪的乐趣。

厨房的面积通常较小，可利用的空间有限，适宜摆放适应性较强的小型盆栽，如三色堇、小杜鹃、小型松树、小型龙血树、吊兰、绿萝以及蕨类植物等，这些花卉不仅能够净化厨房中的空气，翠绿的色彩与丰富的造型还能增加厨房的层次感，弱化了空间的狭窄感。应注意的是，在选择小型观叶类植物时，叶片越厚越好，厚厚的叶片抗油烟效果较好，且可以经常擦拭，不用担心叶片被擦坏。

厨房花卉摆放应当远离食物以及灶台，以免污染食物或被蒸气、油烟熏蒸，橱柜上方、窗台上、墙壁或窗户都是不错的位置，可以在盆底加一个漂亮的托盘，目的是防止泥水渗漏，并衬托出花卉的观赏效果。

如果想在挥动锅铲时也能看见美丽的花朵、嗅到淡雅的花香，不妨在造型别致的容器中种植水培植物或插入鲜切花，无土栽培的花卉会让厨房保持整洁干净，特别是鲜切花还可时时更新，每天都能带来不一样的感觉。

对于喜欢西式美食的朋友来说，不妨在厨房置放一些香草类植物，如迷迭香、百里香、鼠尾草、薄荷等；或放置一些可食用的花卉，如天竺葵、玫瑰花、玉兰花、桂花等，这些植物既可以作为小巧别致的盆栽装饰，也可以在烹饪过程中随手摘下一片放入锅中或盘中，给人带来一种身处田野中野炊的新奇感受。

还可利用其他天然的材料弥补厨房摆花的局限性，如一把香芹、几根胡萝卜、新鲜的水果等，将它们做成简单的造型与水培植物，或鲜切花搭配在一起，可谓美妙无穷。

🌿 卧室

卧室是比较隐私的地方，也是让人最放松的地方，特别是当人们撇去一天的喧嚣浮尘后，悠闲地躺在床上，或阅读书籍，或闭目静卧，将所有的烦恼都忘却。在这样一种舒适、安宁、恬静的环境中，花卉植物的风格与摆放也应当与之相协调。

如果卧室的光照为明亮的散光，那么不妨选择耐阴的观叶类植物以及观花类植物，如秋海棠、观赏凤梨、绿萝、白鹤芋、棕竹等。如果卧室阳光充足，不妨选择喜阳花卉，如茉莉、菊花、白玉兰、雏菊等，这些观花类植物可以摆放在窗台上或靠窗的位置，也可以用铁艺的小架子或编制的小筐吊在窗户上，再搭配几根自然垂下的枝条，整个房间仿佛是一座用花卉绿枝编制的城堡，让人足不出户就能享受到田园风情。

花卉的香气是一种天然的芳香剂，能够起到舒缓神经、放松心情的作用，躺在床上嗅着淡淡的花香，仿佛置身于大自然的花园之中。不过，并非所有的花香都能带来心旷神怡的感觉，像夜来香在夜晚会散发出浓浓的香味，非但不会令人产生愉悦感，还会给高血压及心脏病患者带来头晕目眩、胸口发闷等不适感，所以这类花卉不适合摆放在卧室。

中小型盆栽具有不错的点缀效果，它穿插点缀于床头柜、衣柜、五斗橱之间，与众多家具完美地融合为一体，既不过分突出，也不会因缺少特色而被埋没忽视，恰到好处地映入人们的眼帘。相反，大型的盆栽花卉在视觉上就会产生一种压迫感，使人们的视线会不由自主地集中于一点上，时间长了极易造成精神疲惫。

卧室中梳妆台的花卉摆放

装饰卧室宜选择花叶类花卉，这类植物的叶片呈圆弧形，没有了尖锐的线条，更贴合卧室的"舒适"主题。除了优美的曲线，在叶面上还有天然的奇幻图案，有的如同绽放的花瓣，有些图案的颜色还会随着光线明暗变化而变化，动中有静，静中有动，安谧中点缀丝丝绿意，使卧室成为一个真正舒适温馨的休憩场所。

书房

对于现代都市人而言，书房不再只注重笔墨桌椅、书香满楼，更非只能正襟危坐、严苛教训，而是逐渐向人性化靠近。例如，书房的功能虽然仍以学习、阅读、工作为主，是一个相对理性的空间，但越来越多的人挖掘出书房的另一面：是一种情趣，是一种氛围，更是一个陶冶情致的"世外桃源"。在这个"世外桃源"中，可以一边喝着咖啡、品着香茗，一边阅读心仪的书籍，可以沉思冥想、奋笔疾书、钻研探究，让学习成为一种享受。

与其他空间相比，书房是一个阅读、学习以及工作的地方，因此花卉植物应当以清新、宁静、优雅为主，并应遵循"宜少不宜多、宜小不宜大"的原则。如果书房的面积较大，不妨在书柜旁或墙壁拐角处摆放一盆落地盆栽，在书架或书桌上摆一盆中小型盆栽。如果书房空间有限，不妨在窗台、书桌、书架上摆放鲜切花或微型盆栽。只要结合空间的大小，选择适合的花卉，都能为书房营造一份清雅祥和的氛围。

营造书香情趣并非一定要复杂，有时一盆简单的花卉植物和其他辅助"道具"就能令书房大变模样。例如，电脑旁放置一盆多肉类植物，旁边装饰一个造型新奇的小玩具，就让人在工作学习之余放松心情；兰花、文竹等气质高雅、幽香满室的植物与古朴的花架搭配，使人不禁生出"墨香花香通幽处"之感。如果书柜过高，而房间狭窄，不妨在书柜顶部挂一盆吊兰或绿萝，绿色的枝蔓叶条螺旋式地垂在书柜前，能够淡化书柜带来的过于逼仄的不适感，并为书房增添绿意盎然与舒适感。

如果是光线较差的书房，而应选择瓷质或玻璃花器，不宜选择泥质花器，也可以选择水培的花卉。因为玻璃、瓷质以及水都具有吸收光线并将其折射于四周的作用，而花卉植物又能使光线保持稳定，避免明暗交错、光线闪烁，使人身处其中能充分享受安静宁和的愉悦感。

阳台

一般窗台可用盆花、插花或盆景来装饰。

有落地窗时可陈设小型花瓶、盆花或微型盆景等。

室内角落处最适合用盆花或花瓶加以屏蔽或装饰，常用常绿叶或花叶植物，如发财树、绿巨人、凤梨等。

桌柜台面等适宜选用体积较小、花色鲜艳或外形精美的盆花、盆景、插花、花篮及干花等布置，以供近处观赏。

若居室内自然光线较弱，最好选择喜阴或耐阴性较强的花卉材料。干花观赏持久，姿态活泼，是居室美化的必选品。

卫生间

一般而言，普通住宅的卫生间面积较小，采光不理想，又潮湿，给人一种阴冷的感觉，而且下水道会产生难闻的异味。

因此宜在卫生间放置一些耐阴、喜湿的盆栽，这类观赏植物应以蕨类植物为主，如波士顿蕨、肾蕨或吊竹梅、网纹草等悬吊植物，在洗面台上可放置一小篮小型观叶蕨类或冷水花、花叶芋，色彩淡雅且有花纹，极醒目，十分美观。

卫生间的白色瓷砖与浓绿色观叶植物相映衬，更显眼悦目。摆放位置要避免肥皂泡沫飞溅沾污。

某些陶瓷产品，尤其是表面看起来光洁美观的釉面会释放放射性物质，可放紫菀属、花烟草和鸡冠花，这些植物对吸收放射性物质有帮助。

此外，消除卫生间的下水道散发的二氧化碳、氨类化合物、硫化氢等内源性污染物，可选用绿萝、蜀葵、菊花、大丽花、木香、君子兰、月季、山茶等花卉，可大大降低空气污染。

洗手台的花卉摆放

🌿 楼梯

在楼梯口可摆放一对中型盆栽，或在楼梯口拐角处摆放大型观叶植物，或在楼梯的休息平台、拐角处摆放中型的观叶花卉或在高脚花架上配置鲜艳的盆栽，营造热情与好客氛围。

楼梯虽是连接上下交通的小空间，却可以较多地布置、陈设盆栽花卉。楼梯两侧和中部转角平台多成死角，往往使人感到生硬而不雅。但经花卉装饰后，感觉就完全不同了。

在楼梯的起步两侧，若有角落，可放置棕竹、橡皮树等高大的盆栽，中部平台角落则宜放置一叶兰、天门冬、冷水花等低矮盆栽。

如果家中盆栽较多，又无足够空间，可顺楼梯侧面次第排列，给人一种强烈的韵律感，从而使单调的楼梯变成一个生趣盎然的立体绿色空间。

楼梯处的花卉摆放

🌿 走廊

现代居室面积越来越大，很多家庭都有了或长或短的走廊，在居室装饰中，走廊是非常重要的部分，具有室内交通以及分隔与联络各个建筑空间的功能，而美丽新颖的走廊装饰能体现主人的生活情趣，提高家居装饰的品位。

因为我们在走廊停留驻足的时间较少，所以一般不采用复杂的手法造景，那么走廊应该怎么布置呢？可用适当的花卉点缀，装饰一个飘香的走廊。如此装饰走廊空间，还可增添其功能适应性。

走廊的花卉装饰，要特别注意不能妨碍通行和保持通风顺畅。另外，还可根据墙壁的颜色选择不同的植物。如果壁面为白、黄等浅色，应选择花色艳丽的植物；如果壁面为深色，则应选择颜色淡的植物。

一般家庭走廊比较窄，而且人来人往，因此在选择植物时，应选用花盆比较细小的花卉，比如袖珍椰子，蕨类植物、鸭跖草类、凤梨等。

若走廊较宽，可分段放置一些盆花或观叶植物，利用不同的植物种类突出走廊的特色。而对于一些走廊局部空间突然放大的地方，还可装饰一些较大型的植物，比如橡皮树、龙血树、龟背竹、棕竹等，效果都不错。

居室角落

居家空间中总有一些地方因为利用率低而成为死角，但通过花草的装饰，会使其成为居室空间中的亮点，给人一种"未见其人，先闻其声"的感觉。

在客厅入口处、大厅角落、楼梯旁可摆放大型盆栽植物，比如巴西木、假槟榔、香龙血树、南洋杉、苏铁树、橡皮树等；在茶几、矮柜上可摆放小型观叶植物，比如金边万年青、彩叶芋等；在桌柜、转角沙发处可摆放中型观叶植物，比如棕竹、龙舌兰、龟背竹等以及常春藤、鸭跖草等。

有一个不错的装饰角落的方法，就是将绿色植物和室内的其他装饰品交错摆放在一起，不过一定要注意花器的选择和周围的环境相协调，而且绿色植物最好用比较小型的。如果要制造丰富的层次感，可以适当增加花卉的数量。

庭院

拥有一个美丽的小庭院是每个人的心愿。其实，用花卉装饰小庭院还有很多学问。"移竹当窗""榴花照门""紫藤盘角""蔷薇扶壁"，这些都是花卉配植的典范。

利用花卉来装饰、美化家庭庭院，可以表现出四时的变化，营造美好的自然环境。不过，家庭庭院大小各不相同，建筑形式各异，应根据使用的需要和欣赏者的爱好进行设计。可以选择经济实用型、观赏型、绿化型、草花地被型。

庭院美化，植物树种的选择，按其目的分为3个类型。

经济实用型：一般可供食用或药用，如杏、梨、苹果、枣树、石榴、山楂、葡萄、金银花、枸杞、猕猴桃等。

观赏型：此类以观花或观果为主。有海棠、玉兰、木槿、丁香等。

绿化型：此类以绿化为目的。有梧桐、泡桐、雪松、五角疯等及爬山虎、常春藤、扶芳藤、薜荔等藤蔓类植物。

草花地被型：春季有雏菊、金盏菊、石竹、旱金莲等；夏季有凤仙花、黑心菊、万寿菊、金鱼草、大丽花等；秋季有雁来红、地肤、大花牵牛、五色草等，冬季有红叶甜菜、羽衣甘蓝。

另外，美化庭院可以选用攀援植物，比如爬山虎、凌霄、常春藤、野蔷薇等可爬墙而上，紫薇、葡萄、金银花、猕猴桃可做观赏棚架，架下还可休息乘凉。

第四节 家居内不宜摆放的花卉

一品红

一品红像是一位热情的西班牙女郎，其色彩艳丽的外表总是能吸引众人的关注。一品红又叫象牙红、老来娇、圣诞花、圣诞红、猩猩木，为大戟科、大戟属常绿灌木类花卉。

【花卉简介】

一品红的苞片变红的时间正好在圣诞节，所以西方人叫它"圣诞花""圣诞红""圣诞树"或"圣诞之星"。一品红株高一般为50~300厘米，茎干光滑，叶片为单生，呈椭圆形，表面有明显的脉纹，叶片背面有毛，杯状花序，呈聚伞状排列，总苞为淡绿色，花朵为朱红色。一品红原生于潮湿、林木谷地和岩石山坡地，主要分布于中美洲。如今，世界各地均有栽培，其中以美国、德国、以色列、荷兰、丹麦等国生产的一品红质量为好，又以美国生产量最大。一品红的主要栽培品种有：一品红、一品粉、一品黄、一品白、重瓣一品红、球状一品红、斑叶一品红等。

【不宜室内摆放的理由】

一品红散发的气味对人不利，另外，有的人和动物对其茎叶的乳汁过敏，但并非如夸张的那样有剧毒。但是为了保险起见，一品红最好不要摆放在卧室、休息间、书房等处。

🌿 洋绣球

洋绣球别名天竺葵、石腊红、洋葵，为牻牛儿苗科、天竺葵属亚灌木或多年生草本花卉，原产于南非地区。天竺葵代表果断和勇敢的爱情。

【花卉简介】

洋绣球的株高一般为30～60厘米。茎肉质、粗壮，多分枝，老茎木质化。全株密被细白毛，具特殊气味。性喜温暖，耐瘠薄，适宜排水良好的疏松土壤。喜阳光充足，阳光不足时不开花。洋绣球忌高温、高湿，生长适温为10℃～25℃，能耐0℃低温。夏季高温期进入半休眠状态；冬季保持10℃，四季开花。洋绣球在花期时，忌阳光直射。洋绣球可分为紧凑型洋绣球、旺盛型洋绣球、中等类型洋绣球、新奇观系列洋绣球、垂吊系列洋绣球。

【不宜室内摆放的理由】

洋绣球能吸收空气中的氯气和二氧化氮，对二氧化硫、氟化氢也有抗性。洋绣球花香有镇定神经、消除疲劳的作用，但这里需要注意的是，它所散发的微粒，会使人皮肤过敏而引发瘙痒症。所以，不宜放置在室内，封闭空间里。以免对有过敏肤质和疾病的人造成危害。

🌿 石蒜

石蒜又叫老鸦蒜、龙爪花、山乌毒、独蒜、蟑螂花、一支箭，石蒜科、石蒜属植物。

【花卉简介】

石蒜为夏眠花卉，入秋后花先叶萌发开放，并绽放出美丽的花朵，颇令人惊喜，因此国外有人称其为"魔术花"。可群植作地被植物，或点缀庭园小院，也可作盆栽或插花材料。

【不宜室内摆放的理由】

石蒜冬季绿叶葱翠，夏秋红花怒放，可以在庭院中种植，但最好不要在居室内摆放，因为石蒜全株有毒，以花为最，鳞茎次之。误食鳞茎后会引起恶心、呕吐、头晕、水泻、舌硬直、心动过缓、手足发冷、烦躁、惊厥、血压下降、虚脱甚至死亡。如果误食会发生语言障碍，严重的可以导致死亡。

🌿 夜来香

夜来香又名夜丁香、夜香花、洋素馨，茄科多年生常绿攀援状灌木，原产于美洲热带地区。

【花卉简介】

夜来香的枝叶柔软，有长而下垂的枝条。叶薄，嫩绿互生，矩圆状卵形。伞房花序顶生，花绿白色，夏秋开花不断，异香扑鼻，晚上香气浓郁，可使蚊子退避三舍，但由于有微毒，不宜放在室内。一般傍晚开花，花期5～10月。

夜来香性喜温暖、湿润和阳光充足的环境。其适应性强，不耐寒，怕水涝，耐干旱。夜来香不耐寒，10月下旬入室，保持5℃以上，如光照不足，通风不良，温度太低，会导致黄叶脱落。宜肥沃、疏松和排水良好的微酸性土壤，适应性强，生长健壮，栽培容易。

【不宜室内摆放的理由】

夜来香一到夜晚便香味浓郁，沁人心脾，有些人喜欢把它放在床头，其实这种做法是不正确的。浓郁的香气会对人体的健康造成不良影响。长期摆放在室内会使高血压和心脏病患者感到头晕、胸口憋闷，甚至病情加重，所以为了健康，最好不要摆放在居室内。

紫荆花

紫荆花，又叫红花羊蹄甲，为苏木科常绿中等乔木。

【花卉简介】

从外形上看，紫荆花叶片有圆形、宽卵形或肾形，顶端都裂为两半。这种植物很易扎根生长，并不需要特别养护，只要周围空间广阔，阳光充沛，常有和风吹拂，便可茁壮成长。喜光，喜暖热湿润气候，不耐寒。喜酸性肥沃的土壤。成活容易，生长较快。在3月或4月初开花，花期约半个月，花大如掌，略带芳香，五片花瓣均匀地轮生排列，红色或粉红色，十分美观。

【不宜室内摆放的理由】

紫荆花的花粉，可能会诱发哮喘症或使咳嗽症状加重，所以在家居室内不宜摆放。

五色梅

五色梅别名铺地锦、四季绣球、美女樱，为马鞭草科马缨丹属多年生草本类花卉。

【花卉简介】

五色梅恣态优美，花色丰富，色彩艳丽，顶生，穗状花序，数十朵小花聚生在一起，犹如绣球。五色梅原产于南美的巴西、秘鲁、阿根廷、智利，生于草原、荒地、路边和开阔林地。18世纪中叶引种到欧洲，通过杂交育种，培育出花大、色彩丰富的品种。由于繁殖容易、栽培简便、景观效果显著，如今，世界各地均引种栽培，栽培的主要种类有五色梅、深裂五色梅、细叶五色梅、加拿大五色梅和直立五色梅等。

【不宜室内摆放的理由】

五色梅所散发的微粒，如与人接触久了，会使人的皮肤过敏而引发瘙痒症。

曼陀罗花

曼陀罗花又名洋金花、押不芦等，属茄科一年生草本植物。

【花卉简介】

曼陀罗花形全体密被白色短柔毛；叶互生或近于对生，叶片广卵形，长8～20厘米，宽5～12厘米，全缘或微呈波状。花白色或淡蓝色，萼管基部宿存，边缘向外反折。蒴果近圆形，密生柔软针刺。花期5～9月。果期6～10月。主要分布于江苏、浙江、福建、广东、广西、湖北、四川等地。

【不宜室内摆放的理由】

由于曼陀罗花有剧毒，国家限制销售，特需时需经有关医生处方定点控制使用。

黄花杜鹃

黄花杜鹃属于杜鹃花科植物，是我国杜鹃中的特有品种。

【花卉简介】

黄花杜鹃生于高山灌丛，主要分布在甘肃、青海、四川等地。一般植株高2～3米。叶厚革质，披针形或长圆状披针形，两面均疏生黄色细小鳞片。花单生枝顶叶腋，少有2～3朵由一顶牙发出成丛生；花冠黄色或淡黄色，阔漏斗形。花期4～5月；果期10～11月。蒴果圆柱形，有密鳞片。

【不宜室内摆放的理由】

黄花杜鹃的花朵含有一种毒素，一旦误食，轻者会引起中毒，重者会引起休克，严重危害身体健康。所以，不适宜在居室内摆放，尤其是家里有老人和孩子的家庭更要注意。

石楠

石楠原产于我国长江流域及秦岭淮河以南地区，别名扇骨木、千年红，为蔷薇科、石楠属常绿乔木类植物。

【花卉简介】

石楠

石楠株高一般为4～6米，有时可高达12米。小枝褐灰色。叶互生；叶柄粗壮，长2～4厘米；叶为革质，呈长椭圆形、长倒卵形或倒卵状椭圆形，长9～22厘米，宽3～6.5厘米，边缘有疏生细锯齿，叶面光亮，幼时中脉有茸毛，成熟后两面皆无毛。石楠的新叶红色，后渐变为深绿色而具光泽，秋叶又呈红色。

顶生复伞房花序，花小，白绿色。果实球形，熟时红色。花期4～5月，果熟期10月。

石楠喜光照，喜温暖湿润的环境，石楠也比较耐阴。适生于肥沃湿润、质地疏松、排水良好的沙质壤土。石楠的萌生力很强，应及时修剪整形。

【不宜室内摆放的理由】

石楠早春嫩叶及霜后老叶均呈红色，初夏白花缀满枝头，晚秋红果累累，为庭院优良观赏树种。可作住宅基础栽植，亦可植为路边绿篱或周界绿墙。根、叶可入药。石楠花的香气浓烈，吸入过多，使人烦躁，有时会引起呕吐症状，因此不适合在居室内摆放。

朱顶红

朱顶红又名柱顶红、株顶红、孤挺花、百枝莲、百子莲、君子红、对红、对霄兰、对角花，石蒜科、朱顶红属多年生草本球根植物。

【花卉简介】

朱顶红株高约90厘米，鳞茎球状。叶基部簇生，二列状着生，带形，略肉质。4～5月开花，花葶粗壮，直立而中空，顶端着花2～4朵，呈伞形花序，花大型，有喇叭花型、蜘蛛花型、长筒花型等，按花色可分红色、白色、黄色、粉色、紫色、条纹等系列，还有单瓣和重瓣之分。朱顶红叶片宽如飘带，鲜绿洁净；花葶清秀挺立，花朵形似喇叭，雍容华贵，硕大鲜丽，在凉爽环境下，单朵花的观赏期可长达10～12天，极为俊美悦目，因而在欧美被誉为"美女之花"。

品种主要有：白条朱顶红，叶色的主脉为白色，晚秋开花，花粉红色，有浓香，花被片上有白色条纹；大花朱顶红，为园艺杂交种，花径达20厘米左右，有许多重瓣种。

【不宜室内摆放的理由】

朱顶红全株有毒，在分株时要及时洗手，最好不要在室内摆放。

凤仙花

凤仙花又名指甲草、金凤花，凤仙花科一年生草本植物，原产于中国、印度和马来西亚地区。

【花卉简介】

凤仙花的株高一般在50～60厘米之间，茎肉质，直立，粗壮，节部膨大。叶似桃叶，互生，狭披针形，先端越来越尖，基部越来越窄小，边缘有锐锯齿，叶柄两侧有数个腺点。花色繁多，常见有粉红、白、紫、红、白镶嵌等色，花朵着生在叶腋内。花为单瓣或重瓣，花

凤仙花

萼有3片，后面1片具有膨大中空而向内弯曲的距、呈花瓣状，侧面2片合生披针形；花瓣先端凹、侧生4片，多两两结合成宽展分裂的翼瓣。花期为6～8月。

凤仙花喜温暖、湿润和阳光充足的环境。适应性广，不耐寒，宜半阴。耐瘠薄土壤，喜肥沃和排水好的沙壤土。

【不宜室内摆放的理由】

凤仙花的花粉是有毒的，含有促癌物质。一般情况，不会直接导致癌症发生，但会间接致癌或促使病发生癌变。所以，凤仙花不宜摆放在居室内。另外，如果家中有

癌症患者，则不宜种植凤仙花。

🌿 虞美人

虞美人又叫丽春花、赛牡丹，为罂粟科、罂粟属一年生草本植物。

【花卉简介】

虞美人的株高一般为40～60厘米，分枝细弱，被短硬毛。全株被开展的粗毛有乳汁。叶片呈羽状深裂或全裂，裂片披针形，边缘有不规则的锯齿。花单生，有长梗，未开放时下垂，花萼2片，椭圆形，外被粗毛，花冠4瓣，近圆形，花径5～6厘米，花色丰富，花期为春夏两季。蒴果杯形，成熟时顶孔开裂，种子肾形。

虞美人原产欧、亚温带地区，喜阳光充足、温暖的环境，不耐寒，也不耐高温，忌高湿，对土壤要求不严。在排水良好、肥沃的沙质壤土中生长最佳。

【不宜室内摆放的理由】

虞美人对有毒气体硫化氢的反应极其敏感，当空气中有此气体时，叶子会发焦或有斑点，是硫化氢的理想监测指示植物。虞美人具有收敛、止泻、镇咳、镇痛作用；但虞美人全株有毒，内含有毒生物碱，误食会引起中枢神经中毒，严重时会导致生命危险。所以，虞美人不适合在室内摆放，只适宜在庭院中成片种植。

🌿 夹竹桃

夹竹桃又叫柳叶桃、半年红，为夹竹桃科、夹竹桃属常绿灌木类花卉，原产于地中海地区。

【花卉简介】

夹竹桃的分枝能力比较强，多成三权式生长，茎直立而且光滑，老枝和嫩枝分别为灰色和绿色。聚伞花序顶生，花两性，花冠合瓣，呈漏斗形，裂片5，覆瓦状排列，夏秋5～10月可陆续开花，花似桃花，常见花色有黄色、红色、玫瑰红色、白色等，微有香气。果长角状，长10～23厘米，直径1.5～2厘米；种子顶端具黄褐色种毛，果期12月至翌年1月。

夹竹桃原生于季节性干燥的山涧和林地边缘。夹竹桃喜温暖、湿润和阳光充足的环境。生长适温20℃～30℃，最喜沙质土壤。

夹竹桃

【不宜室内摆放的理由】

在外出旅游时，别坐在夹竹桃旁边，也不要让孩子接近夹竹桃，避免接触或误食而引起不良反应。夹竹桃是有毒植物，其叶、茎都有毒，尤其是茎叶中的汁液更是含有强心苷，误食后会引起头痛、头晕、恶心、呕吐、腹痛、腹泻等症状，严重时还会导致死亡。此外，夹竹桃的气味闻得太久也会使人昏昏欲睡，智力下降。所以，不宜在室内种养，但可以在庭院里养。其实，夹竹桃的毒性很小，一般不会给人造成伤害，往往口服十几片叶子后才有中毒反应。

第二章
花卉养植的保健功效

第一节 花卉养植保健作用

养花对人体健康的作用

众所周知，家庭养花对人体健康有很大的益处，其好处主要体现在以下几个方面：

调节感官

鲜花的颜色能刺激感官，影响心理活动，不同颜色的花作用也不同。例如：红、橙、黄色能使人感到温暖、热烈、兴奋；绿色能减少强光对眼睛的刺激，让人感觉舒适；白、蓝、青色给人以清爽、恬静的感觉。

花香令人心情愉快

花香能刺激味觉，对健康非常有益，花卉芳香油分子十分活跃，当它与鼻黏膜上的嗅觉细胞接触后，能使人产生舒适愉快的感觉：桂花香味沁人心脾，使人疲劳顿消；水仙和荷花的香味能令人产生温馨、浪漫的感情；茉莉的幽香可让人觉得轻松、恬静；玫瑰香味能使人心情爽朗。

美化居室

养花不仅能陶冶情操，丰富人们的精神生活，同时还能美化环境，增进人体健康。在室内外选择具有一定观赏价值的花卉，按一定的美学原理摆放，使人们居住、生活、学习的环境美丽舒适。让我们通过领略花卉的神韵，焕发出乐观、自信的精神，在工作、学习、生活中，保持一种美好的心情。

辅助治疗疾病

有些家庭花卉凋谢后，可以用来治疗疾病，如菊花、茉莉、洋绣球等具有清热解毒、益智安神的功效，金银花清热解毒，是广谱抗菌药。可入药的花卉主要有：牡丹、芍药、菊花、兰花、梅花、月季、桂花、凤仙花、百合花、荷花、莲花、茉莉、紫荆、迎春、蜡梅、山茶、杜鹃、石

扶桑
扶桑性味甘寒，具有解毒利尿，消肿凉血等功效。

榴、水仙、扶桑、无花果、芦荟、万年青、仙人掌等100多种。这些花卉对防治各种常见病，维护身体健康，有惊人的辅助治疗功效。

居家花卉的绿化作用

净化空气

花卉被人们誉为家庭环境的卫士，这是有科学依据的。一片叶子有成千上万的纤毛，能截留住空气中的飘尘微粒。植物叶面有无数的气孔，这些气孔可以吸收空气中的二氧化硫、氟、氯等有害气体。植物把这些有害气体吸入体内进行新陈代谢，吐出新鲜空气，对人体健康有很大的益处。

防尘

据统计，居室绿化较好的家庭，室内可减少20%～60%的尘埃，使室内空气清新怡人。植物不愧是空气中有害气体的过滤器。

降噪去热

如在窗口放置大型的植物，可隔噪声、吸收太阳辐射。

抗菌

有些植物的芳香有抗菌成分，可以清除空气中的细菌病毒。据统计，居室绿化较好的家庭，空气中的细菌可降低40%左右。

防污染

由于居室内装饰使用的化学材料和安装使用燃气灶具、空调器等原因，致使室内化学污染日趋严重，已对人们的身体健康造成了一定的危害。而在居室里种植花草植物，则是降低室内化学污染的有效办法。如：芦荟、菊花等，可以减少居室内苯的污染；雏菊、万年青等，可以有效消除三氟乙烯的污染；月季、蔷薇等，可吸收硫化氢、苯、苯酚、乙醚等有害气体。在室内养虎尾兰、龟背竹、一叶兰等叶片硕大的观叶花草植物，能吸收80%以上的有害气体。

养对地方，治病疗疾显奇效

居室中合理的放置一定数量的观赏植物能刺激人的呼吸中枢，从而加快吸氧和排出二氧化碳的速率，使大脑得到充足的氧。有些花香还能促进细胞发育，增强智力，对神经和心血管有很好的保护作用。

丁香、茉莉能使人安静、放松，放置在卧室有利于睡眠。

玫瑰、紫罗兰可使人精神愉快，焕发工作热情。

薄荷对孩子的智力发育大有好处。

夜来香、香叶天竺葵等散发的气体有驱蚊除蝇作用。

仙人掌、文竹、常春藤、秋海棠等散发的气体有杀菌、抑菌作用。

丁香花含有丁香油酚，其香气可镇痛镇静。

薰衣草的香气可治疗心率过快。

长期用眼和用脑的劳动者，一丛脆嫩欲滴的观赏植物，有助于消除身心疲劳。

红色系花卉给人以暖意，能激发人们的热情，使人精神亢奋、心旷神怡。

黄色系花卉使人联想到向上、愉悦的感情。

白色系花卉给人以纯洁的感觉。

蓝色系花卉能使人心情沉静、稳重，如在发烧病人床头摆上一盆盛开的蓝色鲜花，能使病人镇静。

紫色系花卉给人一种高贵、优雅、神秘的视角享受。

另外，我们可根据不同的情况及个人喜好配置不同花色的花卉，并摆放在合适的位置，以满足不同的生活需求。

赏花悦目，减压又安神

修身养性

在中国，人们对于花中四君子梅、兰、竹、菊的称赞由来已久，其风骨清高，不做媚世之态。涤人之秽肠而澄滢其神骨，致人胸襟、风度、品格、趣味于高尚的品性，深博世人爱意。不仅这4种花，各种花卉各有品性，培育、呵护自己欣赏的花卉，年深日久，心神为其所浸染，情操为其所陶冶。有人爱雍容华贵、艳绝群芳的牡丹，心中自有一种高贵的气度；有人爱清新脱俗的荷花，倾慕其出淤泥而不染的品格；有人爱"花中娇客"的茶花，有人爱凌波玉立的水仙，有人爱热情如火的月季……凡此种种，不一而足，无不在日常侍弄之时对人生和生活有所思考和感悟。

丰富知识

养植花卉首先要判断其种类、属性、喜好，再根据自己的认知程度来培育。在培育花卉过程中观察其生长来证实自己的认识，并不断改进。这是对花卉培育者认知的培养。虽不是短时间见效，但长期的培养往往使能力的提高稳固进行。

提高想象力

养花可以丰富表象储备，激发创造动机，使人积极、主动地思考，可以提高人的想象力。

强化注意力

在养花的过程中，我们会较仔细地查探花、茎、叶、果的生长特点，观察其生活习性，有的花卉很娇嫩，需要无微不至的呵护，这就需要我们集中注意力，所以，养花有助于注意力的提高。

能调节情绪

在个人的生活环境中摆设一些花卉，以其外形与内涵来调节人的情绪，使人感到清新、宁静。例如，菊花使人崇尚忠诚和真理；白色丁香给人以青春的微笑，朝气蓬勃气息；百合花代表纯洁、友爱；红枫让人热诚。

改善情绪

养花时，人会保持心境平和的情感，这样能用心来感受这些看似静止的生物的"呼吸"和真真实实的生命。这能使人变得安宁和理智。花卉是美的事物，它有利于人们对美感的培养。花卉形与色的融合，令人陶醉。

调节湿度，净化空气减少污染

美丽的花卉是美化环境的活材料，它以千姿百态的风韵给人以视觉和精神的享受，它既反映出大自然的自然美，也反映出人类匠心的艺术美，同时具有保护环境的作用。

调节室内湿度

科学证明，花卉能对室内空气的湿度、风速、空气对流起到很好的调节作用，对人的身心健康的益处很大。

防止和降低居室内环境污染

空气中二氧化碳含量一般为0.03%。当其含量达到0.05%时，人就会感到呼吸不适；其含量达到0.2%时，人就会头昏、心悸、血压升高；若其含量达到10%时，人就会因缺氧而死亡。一般情况下，1平方米花卉每小时可吸收1.5克二氧化碳，一个成年人每小时要呼出38克二氧化碳。由此可知25平方米的花卉即能消耗掉一个成年人呼吸时所排出的二氧化碳，并足以供给所需的新鲜氧气。

许多花卉能够有效吸收室内的有毒气体，合理配置花卉能长期保持室内空气清新。将具有互补功能的花卉同养一室，既可使二者互惠互利，又可平衡调节室内氧气和二氧化碳的含量，保持室内空气清新。此外，不光是叶子，花卉的根以及土壤里的有益微生物在清除有害气体方面也功不可没。

能消除有害气体污染的花卉主要有：

（1）消除甲醛的花卉：吊兰、芦荟、虎尾兰、兰花、龟背竹、一叶兰等。

（2）消除苯的花卉：常春藤、铁树、无花果、月季等。

（3）消除氨的花卉：绿萝。

（4）消除一氧化碳的花卉：水仙、惠兰、芦荟、吊兰、木香、君子兰、发财树、百合、兰花、橡皮树等。

（5）消除二氧化碳的花卉：大丽花、水仙、仙人掌、蜀葵、芦荟、木香、君子兰、发财树、无花果、月季、一叶兰、橡皮树等。

（6）消除氮氧化物的花卉：水仙、紫茉莉、菊花、鸡冠花、一串红、虎耳草、金橘等。

（7）消除二氧化硫的花卉：紫藤、美人蕉、紫薇、水仙、木槿、菊花、蜀葵、夹竹桃、芦荟、石榴、丁香、棕榈、广玉兰、海棠、无花果、木芙蓉、石竹、百合、杨梅、合欢、鸡冠花、蜡梅、金橘、山茶、桂花、天竺葵、枸骨、爬山虎、黄杨等。

（8）消除氯气的花卉：含笑、紫藤、紫薇、木槿、夹竹桃、凤尾兰、棕榈、木芙蓉、石竹、合欢、鸡冠花、扶桑、月季、山茶、桂花、天竺葵、枸骨、黄杨等。

（9）消除硫化氢的花卉：蜀葵、菊花、大丽花、木香、君子兰、月季、山茶等。

木槿
木槿能消除空气中的氯气。

（10）消除氟化氢的花卉：紫藤、一叶兰、菊花、蜀葵、夹竹桃、凤尾兰、木香、丁香、桂花、杨梅、合欢、鸡冠花、月季、山茶、天竺葵、枸骨、黄杨、橡皮树等。

（11）消除氯化氢的花卉：木槿、菊花、凤尾兰、木芙蓉等。

（12）消除三氯乙烯的花卉：常春藤、月季、蔷薇、芦荟、万年青。

（13）消除放射性污染的花卉：紫菀属花卉、鸡冠花。

（14）吸附可吸入颗粒物、消除烟雾污染的观赏植物：鸭掌木、君子兰、广玉兰、桂花、木槿、夹竹桃、常春藤、无花果、桂花、爬山虎、橡皮树、蓬莱蕉、芦荟。

（15）消除重金属污染的花卉：可消除铬污染的植物有紫藤、金橘；可消除汞污染的植物有菊花、蜡梅、夹竹桃、棕榈、广玉兰、金橘；可消除铅污染的植物有菊花。

（16）消除细菌污染的花卉：仙人掌、茉莉、丁香、金银花、牵牛花、桉树、天门冬、大戟、柑橘、迷迭香。

（17）消除油烟污染的花卉：冷水花。

空气健康指数的"预报员"

自然界中有不少花卉具有监测空气质量的作用，如您家里的观赏植物有异常变化，很可能就是因室内受污染的空气造成的。因此，可以把花卉作为既经济又环保的空气健康指数的"预报员"。

（1）虞美人：对有毒气体硫化氢反应极其敏感，如果周围有这类气体的存在，叶子便会发焦或有斑点。

（2）美人蕉：能清除和监测二氧化硫、氯气等有害气体。如果发现其叶子渐渐由绿变白、花果脱落时，要当心氯气污染。

（3）萱草：对空气中存在的氟很敏感，若萱草的叶子尖端变成褐红色，说明空气中存在氟污染。

（4）梅花：有监测甲醛、氟化氢、苯、二氧化硫的作用，在受毒气侵害后，叶片即会出现斑点。

（5）杜鹃：对臭氧和二氧化硫等有害气体有很强的抗性，对氨气也十分敏感。

（6）秋海棠：可清除空气中的氟化氢，对氮氧化物也很敏感，一旦受污染，叶子会有斑点。

（7）牵牛花：对二氧化硫有较强的监测作用，当叶子受到侵害时会出现斑点。

（8）芍药：对空气中的氟化氢敏感，受到侵害时，叶片上会出现斑点。

第二节 适合老人养植的花卉

老人居室花卉选择原则

室内花卉布置要与住房条件密切结合，在不妨碍日常生活的地方，因地制宜地选择不同的花卉品种和布置方式，老年人的居室花卉选择也同样要遵循这样的基本原则。此外，还要注意以下几点因素的影响：

首先要确定老人所在卧室的通风条件。如果通风良好，那么放一些淡雅的花草就行，如：米兰，各种兰花，芦荟，吊兰等。如果卧室通风不是很好，请不要在卧室里面放任何花草，这样做既不科学，也会对老人的身体健康造成危害。

其次，避免种植对老人身体有害的特殊花卉。这类花卉中，比较常见的有五色椒、金银花、小菊花等。有脾胃虚寒之症老人的居室不宜种植五色椒，患有高血压症的老人不适宜种植金银花和小菊花。

此外，相对应的，老年人居室周围可种植一些树木花草，以充实生活内容、绿化环境、净化空气、增加生活气息与情趣。养植花卉对老年人而言，不仅是打发闲暇时光的休闲方式，也是调畅情志的好方法。这里为老年朋友推荐的花卉种类有春兰、石斛、梅花等，它们寓意吉祥，有着积极的象征意义且对老人的身体健康有益。

佛手

佛手又名九爪木、五指橘、佛手柑，为芸香科常绿小乔木，原产于中国和印度，是一种名贵的观果花卉及药用植物。

【花卉简介】

佛手的叶色泽苍翠，四季常青，花朵洁白、香气扑鼻，并且一簇一簇开放，十分惹人喜爱。到了果实成熟期，果实色泽金黄，香气浓郁，佛手的形状犹如伸指形、握拳形，拳指形、手中套手形……状如人手，千姿百态，惟妙惟肖，让人感绝妙趣横生。佛手株高1～2米，干为褐绿色，小枝绿色，有刺。叶互生，椭圆形，有时有凹缺，边缘有微锯齿，叶面黄绿色，背面浅绿色，短柄。花为总状花序，白色，外缘略带紫晕。果实基部圆形，上部分裂成指状或顶端微裂，不完全开裂的称"拳佛手"；完全分裂如指状的称"开佛手"。初夏开花，秋末果成熟，鲜黄色，有浓香。

佛手为热带、亚热带植物，喜温暖湿润、阳光充足的环境，不耐严寒、怕冰霜及干旱，耐阴，耐瘠，耐涝。佛手的适宜生长温度为22℃～24℃，越冬温度5℃以上。佛手适合在土层深厚、疏松肥沃、富含腐殖质、排水良好的酸性壤土、沙壤土或黏壤土中生长。

【花卉养植与老年人养生】

在有老年人的家庭里，十分适宜种植佛手。这是因为佛手不但有较高的观赏价值，而且具有珍贵的药用价值。佛手的果实可泡酒、沏茶，还可制成饮料，具有较高药用价值。佛手的根、茎、叶、花、果可入药，辛、苦、甘、温，且无毒，入肝、脾、胃三经，有理气化痰、止呕消胀、疏肝健脾、和胃等多种药用功能，对老年人的气管炎、哮喘病有明显的缓解作用，且对一般人的消化不良、胸腹胀闷，有显著的辅助治疗作用。

【老花匠养花经】

栽培

栽植：佛手的栽植要选择土壤肥沃疏松、排水良好、酸性的地方，在阳光充足又通风良好的地方生长旺盛。

施肥：在佛手的幼龄期或生长期以施氮肥为主，在孕花结果期以施磷、钾肥为主。一般分基肥、花前肥、果实膨大肥等，无论哪种肥料肥都应避免浓肥、未腐熟肥和重肥，而应遵守"薄肥勤施"的原则。

浇水：佛手在生长期的浇水十分重要，生长旺盛期要多浇水，及时浇，尤其在夏季高温时，要早、晚各浇1次水，还要喷叶面水。入秋后，浇水量要相应减少。冬季休眠期，只要保持土壤湿润即可。开花、结果初期，为防止落花落果，应控制浇水量。

修剪：佛手的修剪主要有春剪和夏剪2种。春剪一般在春天发芽前进行。夏剪泛指生长季的修剪，主要是剪去枯枝、交叉枝、徒长枝和病虫枝，并应及时做好摘心和除萌蘖等工作。老树修剪应根据栽培条件的不同，采用短截、疏剪、拉枝等措施，以达到更新的目的。

给佛手树疏花时，要留下结果母枝先端的大朵花和有叶花，疏去单性花和瘦弱花，疏花程度视树势强弱和花量多少而定。一般中花树宜疏去总花量的50%～60%为宜。疏果宜分次进行，成年树疏果应掌握树冠中上部多留果，树冠下部少留果的原则。

繁殖

佛手的繁殖方法主要有扦插、压条和嫁接法。

扦插：宜在4～8月进行，先选取健壮的枝条，先截成长约12厘米的插穗，插穗上有4～5个芽，然后插入苗床或盆内，插深6～8厘米，上端留2个芽，扦插以后要浇透水，这样才能保证在1个月之内会顺利生根。也可在2月份埋条，即将插穗每50根为1捆，埋入室内土中，埋深3～5厘米，待4月上中旬，取出埋的插穗，此时愈合组织已产生，再进行室外或盆内扦插，成活率可高达98%。

高空压条：宜在5～7月份进行，选择生长健壮的高枝条或者结果枝，在适当部位由下向上斜向进行刻伤，在刻伤处放一小石片，然后用油毛毡或塑料薄膜套在刻伤处，下口绑紧，装上湿土，每天浇水，1个月后即可生根，8月份可以从母株上剪下移入盆内，放在阴凉处，保持盆土湿润。

盖头皮靠接：宜在5～8月份进行，最好在上午10点至下午18点之间进行操作，以2～3年生的枸橘或柚子做砧木。将砧木移植在盆内，靠近佛手母树适宜的地方放稳。将砧木距盆面10～15厘米处剪去，然后选砧木平滑的两边，用切接刀自下而上一长一短各削一刀，长的一边为3厘米左右的"盾"形疤，短的一边削成较短的"马蹄形"削口，将接穗一边稍带木质部自下而上削成砧木削口稍长的切口，使切口上的皮层盖住砧木的短削口为宜，然后将砧木靠近接穗的切口，进行靠接，两者形成层对准后，用麻坯缠紧，用泥糊严并用塑料膜复包一层，以利保湿。经30～40天后即可愈合成活。剪离母株放置阴凉处，适当浇水。

切接：宜在2月底至3月初进行，首先要选择培育成活的4～5年生的枸橘或酸橙子作砧木，剪断砧木主干，距地面高4～6厘米，沿着砧木选好的平面，用切接刀靠一边稍带木质部由上向下纵切，切口长度3厘米，选健壮的1～2生年佛手嫩枝做接穗，长6～9厘米，并带2～3个芽去叶留柄，再将接穗下两侧各斜削一刀长的一侧，削长3厘米，短的一侧削长为1厘米。然后插入切开的砧木中，注意对准形成层，用麻坯扎紧，埋盖湿土封住接穗，经40天后扒开土堆浇水。成活时嫩枝开始抽生，待接穗主干长到20厘米左右时，定干打头，8月份起苗上盆。

靠接：利用靠接可得1株2苗，其方法与盖头皮靠接法相同，只是在接穗成活后，从接穗的接口处向下保留10～12厘米长的枝条剪离母株，随时将接穗下端的剪口插入盆土中，然后正常管理；待剪口处生根后，再从靠接的接口处下端剪断。既可以得1株靠接苗，又可以得1株扦插苗。

花卉保健

佛手易受到炭疽病、溃疡病、疮痂病等病害的侵害，一般可用50%多菌灵800倍液或70%甲基托布津800～1000倍液防治。虫害主要有潜叶蝇和红蜘蛛，可相应采用氧化乐果、甲胺磷和螨特灵农药防治。此外 还有凤蝶、介壳虫、金龟子等害虫，可用40%水胺硫磷1000倍液或80%敌敌畏1000倍液等药物进行灭杀。

🌿 金橘

金橘又名金柑、金枣、罗浮、牛奶金柑、羊奶橘，为芸香科多年生常绿灌木，原产于我国南部地区。

【花卉简介】

金橘的树干通常无刺，小枝绿色。叶互生，长圆状披针形，表面深绿色，光亮，背面散生腺点，叶柄具狭翅。花白色，芳香。夏季6～7月开花。果实倒卵形，熟时金黄色，果皮肉质厚。

金橘喜温暖、湿润和阳光充足的环境。不耐寒，较耐阴和干旱，不耐水湿，适宜生长在肥沃、疏松和排水良好的微酸性沙质土壤。

【花卉养植与老年人养生】

盆栽金橘枝繁叶茂，冠姿秀雅，四季常青，夏初花开雪白如玉，浓香溢远；秋天金果灿灿，汁多香甜，还含有特殊的挥发油、金橘苷等特殊物质，具有令人愉悦的香

气，是集观花与赏果于一身的盆栽花卉。

金橘不仅美观，而且果实含有丰富的维生素C、金橘苷等成分，对维护老年人的心血管功能、防止血管硬化、高血压等疾病有一定的作用。作为食疗保健品，金橘蜜饯可以开胃，饮金橘汁能生津止渴，加入萝卜汁、梨汁饮服能治咳嗽。金橘药性甘温，能理气解郁，化痰，所以是老年人养花卉的首选。

【老花匠养花经】

栽培

土壤：盆栽金橘宜选用通透性好，较肥沃，呈微酸性或中性的沙质壤土，可选用腐叶土5份、田园土3份、细河沙2份配制栽培土，在使用前最好先喷药消毒。

温度：金橘喜温暖，秋末气温低于10℃时应及时搬入室内，冬季室温最好能保持在6℃~12℃，温度过低容易遭受冻害，过高会影响植株休眠，不利于来年开花结果；春季清明后可适当开窗通风，令其逐步适应室外的气温，谷雨节后方可出室。夏季应放置在遮阴通风处，还应经常喷水增湿降温。

浇水：金橘喜湿润但忌积水，盆土过湿容易烂根。所以，生育期间保持盆土适度湿润为好。春季干燥多风。需每天向叶面上喷水1次，以增加空气湿度。夏季每天喷水2~3次，并向地面喷水。不过，开花期应避免喷水，以防烂花，影响结果。遇雨季应及时倾倒盆内积水，以免烂根。夏天放室外时，最好用砖将花盆垫起，可利排水。金橘开花期到幼果期对水分的要求较敏感。此时，盆土过干，花梗和果柄易产生离层而脱落；而浇水过量，盆土透水性能又差，也易引起落花落果。

施肥：金橘喜肥，盆栽时宜选用腐叶土4份、沙土5份、饼肥1份混合配制的培养土。在换盆时，在盆底施入腐熟的饼肥作基肥。从新芽萌发开始到开花前为止，可每7~10天施1次腐熟的稀浅酱渣水，相间浇几次矾肥水。进入夏季之后，宜多施一些磷肥，以利孕蕾和结果。结果初期需暂停施肥，等幼果长到约1厘米大小时，可继续每周施1次液肥直至9月底。

繁殖

金橘常用嫁接法繁殖。砧木用枸橘，酸橙或播种的实生苗，嫁接方法有枝接、芽接以及靠接。枝接在春季3~4月中用切接法，芽接在6~9月，盆栽常用靠接法，在6月进行。砧木需提前1年盆栽，还可地栽砧木。嫁接成活后的第二年萌芽前可移植，需多带宿土。

花卉保健

金橘的病虫害常有介壳虫、红蜘蛛、凤蝶等，其中介壳虫危害比较普遍，常在4~5月发生，发现后要及时刮除，也可用药物进行防治。

万寿菊

万寿菊又叫臭芙蓉、蜂窝菊，为菊科、万寿菊属一年生草本植物，原产于墨西哥地区。

【花卉简介】

万寿菊的茎很粗壮，为绿色，呈直立状，全株具异味。单叶羽状全裂对生，裂片披针形，具锯齿，上部叶时有互生，裂片边缘有油腺，锯齿有芒。头状花序着生枝顶，花径可达10厘米，黄或橙色，总花梗肿大，花期8~9月。瘦果黑色，冠毛淡黄色。

万寿菊喜阳光充足的环境，耐寒、耐干旱，在多湿气候下生长不良。对土质要求不严，但以肥沃疏松、排水良好的土壤为宜。

【花卉养植与老年人养生】

第一，万寿菊象征长寿，寓意吉祥，能给老年人带来几分快乐。

第二，万寿菊可吸收空气中的氟化氢、二氧化硫等有害气体，净化空气。万寿菊含有丰富的叶黄素。叶黄素是一种广泛存在于蔬菜、花卉、水果与某些藻类生物中的天然色素。万寿菊能够延缓老年人因黄斑退化而引起的视力退化和失明症，以及因机体衰老引发的心血管硬化、冠心病和肿瘤疾病。

第三，万寿菊有长寿之效。在我国，人们视它为"金光璀璨"的象征，并选用万寿菊作为敬老之花，祝贺老人健康长寿。

【老花匠养花经】

栽培

光照：万寿菊喜光，不耐阴，必须栽在光照充足的地块。盆栽万寿菊也必须置放在具有较好光照条件下进行管理，否则，植株会衰弱或茎叶细嫩徒长，花少且小。

浇水：浇水不得使土壤过干或过湿，保持土壤湿润即可。

施肥：万寿菊花期较长，需要追施肥料供给养分，但不能多施肥，必须控施氮肥，否则枝叶会徒长不开花。一般每月施1次腐熟稀薄有机液肥或氮、磷、钾复合液肥。

修剪：在万寿菊养护管理过程中，定植或上盆的幼苗成活后，要及时摘心，促发分枝，以利于多开花。为使花朵大，对徒长枝、枯枝、弱枝及花后枝应及时疏剪或摘心，对过密枝通过疏剪，改善光照，保留壮枝，但不能摘心，使顶部的花蕾发育充实。在多风季节，还应通过修剪、摘心控制植株高度，以免倒伏。植株较高时要立支柱，以防风吹倒伏。

繁殖

万寿菊以播种繁殖为主，也可扦插繁殖。

播种繁殖：春播，3月下旬至4月上旬在露地播种。如果室内盆栽播种一年四季均可进行，播后要覆土、浇水。种子发芽适温为20℃～25℃，播后1周出苗，发芽率约50%。待苗长到5厘米高时，进行一次移栽，再待苗长出7～8枚叶片时进行定植。为了控制植株高度，可在夏季播种，夏播出苗后60天可开花。

扦插繁殖：扦插宜在夏季进行，容易发根，成苗快。从母株剪取8～12厘米嫩枝作插穗，去掉下部叶片，插入盆土中，每盆插3株，插后浇足水，略加遮阴，2周后可生根。然后，逐渐移至有阳光处进行日常管理，约1个月后开花。

花卉保健

防治万寿菊立枯病，可在出苗后，结合浇水，用50%多菌灵或50%代森锰锌1000倍液喷洒，7～10天1次。

防治万寿菊斑枯病，可在发病始期开始喷洒50%甲基硫菌灵800倍液或甲基托布津500倍液，每隔10～15天喷洒1次。

防治万寿菊枯萎病，可在发病初期喷洒或根灌50%多菌灵500倍液，根灌量为每株灌药液0.4升～0.5升，视病情防治2～3次。

如有红蜘蛛，在虫害不严重时可人工防治。

🌿 石斛

石斛又名吊兰花、金钗石斛，属兰科石斛属的多年生草本花卉，主要分布在热带和亚热带地区、澳大利亚和太平洋岛屿及我国华西、华南地区。

【花卉简介】

石斛有丛生假鳞茎，茎为圆柱形或稍扁；革质或纸质叶呈矩圆形；总状花序，大花半垂，色有黄、粉红、白等。

石斛虽然生长在热带和亚热带地区，但其生长环境，荫蔽凉爽，上午10时有直射光，其余时间遮去70%阳光，春夏旺盛生长期光可少些，冬季休眠期光强些，冬季北方不遮光。

石斛的品种主要有：金钗石斛、鼓槌石斛、密花石斛、樱花石斛、疏花石斛、蝴蝶石斛等。

【花卉养植与老年人养生】

石斛青翠的叶片，鲜艳夺目的花序，显得亲切可爱。石斛的花枝具有秉性刚强、祥和可亲的气质，有"父亲节之花"的称呼。石斛种类繁多，花大有香，具有较高的观赏价值，宜作盆花或吊挂花卉，也可做切花。茎可入药。

【老花匠养花经】

栽培

土壤：石斛可以用瓦粒、蛭石、珍珠岩、蕨根、泥炭藓作基质，用四壁多孔花盆栽植。

上盆：春季是上盆与换盆的好时机。花后剪残花，换盆。

施肥：新芽长出2~3厘米时，每周淋施以氮为主的1：10~1：8有机稀液肥，也可喷4000倍的花宝或0.1%尿素。春天是开花季节，花前可10~15天施1次磷酸二氢钾溶液，将花放在光照充足，通风良好，不淋雨的地方，直至初花期停肥。

浇水：春季浇水随干随浇，保持半干状态，天热时，早晚浇水1次。入夏后生长旺盛，要遮光30%~40%，早晚浇1次水，喷水2~4次。秋石斛夏末花芽形成，可3~4天浇1次水。秋石斛开花后3~5天浇1次水，秋末新芽停止生长，2~3天浇水1次。冬季石斛生长停止，应停止浇水，喷水增湿。

光照：春季可全日照，温度20℃以上时防日灼。秋季是新芽增粗和老茎花芽分化期，要给予充足的阳光。秋石斛开花时，将花放在窗口光线较强处，并喷水保湿。

温度：春石斛秋季日温保持在20℃~30℃，夜温保持在10℃~14℃，1.5个月后可形成花芽，花芽形成后夜温18℃~20℃，2~3个月可开花，花前可施0.1%磷酸二氢钾水溶液。秋石斛花芽形成无须低温，花后日温保持在20℃~25℃，夜温保持在15℃~20℃，数月后可重新开花。

促花：盆栽石斛，由于植物栽培在优越的基质中，加之肥水充足，有时会出现植株徒长的情况。若遇这种情况，可从10月中下旬起，逐渐减少浇水量，控制其营养生长，促进花芽分化，保证来年孕蕾开花。

繁殖

石斛常用分株和扦插法繁殖。

分株：可在春季进行，将生长密集的母株，从盆内拖出，尽量不要伤到根部和叶子，把母株轻轻掰开，选用15厘米的花盆移植。

扦插：选择生长苗壮的假鳞茎，从根部剪下，再切成小段，插入泥炭苔藓中，保持湿润，过30~40天即可生根。

花卉保健

石斛常有黑斑病，可用10%抗菌灵剂401醋酸液1000倍喷洒；对于介壳虫，可用40%氧化乐果乳油2000倍液喷杀。

金银花

金银花别名为忍冬、金银藤、鸳鸯藤、鸳鸯花、左缠藤、二色花藤、双花、二宝花、二色花藤，为忍冬科、忍冬属半常绿缠绕性藤本植物。

【花卉简介】

金银花的茎皮条状剥落，枝中空，幼枝暗红褐色，密被黄褐色糙毛及腺毛。单叶对生，卵形或椭圆状卵形，先端短钝尖，基部圆形或近心形，全缘，幼时两面被毛，后渐光滑。5～7月开花，花成对腋生，开时白色，略带紫晕；后转黄色，有香气。浆果球形，蓝黑色。金银花藤蔓缠绕；经冬不凋，冬叶微红；春夏之间，开花不绝，黄白相间，酷似金银，芳香溢荡。用老桩制作的树桩盆景更是姿态古雅，情趣盎然。

金银花喜温暖，生长适宜温度为15℃～28℃。耐寒，冬季可露地越冬。喜光，也耐阴。生长期应置于阳光充足处，夏季高温时需略加遮阴。

品种主要有黄脉金银花，叶有黄色网纹；红金银花，花冠外面带红色；紫脉金银花，叶脉紫色，花冠白色带紫晕。

【花卉养植与老年人养生】

金银花的茎叶和花有很强的抗病毒作用，对伤寒杆菌、痢疾杆菌、葡萄球菌、大肠杆菌、绿脓杆菌、肺炎双球菌和百日咳杆菌有较强的抑制作用。如庭园地栽或室内盆栽，不但能改善居住环境，而且能杀灭空气中的病菌。

【老花匠养花经】

栽培

浇水：金银花耐干旱，又耐水湿。生长期要充分浇水，尤其在开花时不可缺水，过干会影响生长与开花。浇水应掌握"间干间湿"的原则，不要频频浇水，梅雨季要注意防涝。夏季高温时除增加浇水外，还要经常向叶面及四周喷水。冬季休眠时要减少浇水，但露地越冬的盆株在寒流侵袭时应及时浇水，保持盆土湿润。

施肥：春天萌芽前追施1～2次以氮为主的"促芽肥"。春天5月后追施1次以磷为主的"花芽肥"，以促使花芽分化；在花芽形成且密布枝头时，再施1次以磷为主的"促花肥"；第一轮花盛开后，应每10～15天追施1次氮磷钾结合的肥料，促进植株不断生长与开花。冬季停止施肥。

修剪：金银花的萌芽力很强。休眠期应进行1次修剪，除剪去瘦弱枝和影响株形的枝条外，还要对留下的1年生枝条进行短截。在第1次花谢后进行摘心，可促使第2次开花。经修剪后萌发的新枝，长至10～20厘米即可开花。树龄6～12年为盛花期，20年后趋于衰弱。如植株衰老，要进行更新，即剪去老藤，施以重肥，可恢复良好的生长势头，仍能使老株开花繁盛。

翻盆：每2年翻盆1次，宜在早春萌芽时进行。对土壤要求不严，酸性、碱性土都能适应，但以肥沃疏松且排水良好的土壤为佳。基质可用园土、腐叶土，粗沙或砻糠灰等材料配制，并施入有机肥作基肥。

繁殖

播种：8～10月果熟采收，去除果肉并阴干后层积沙藏，于翌春4月上旬播种。播前用25℃左右的温水浸泡1昼夜，播后约10天出苗。

扦插：春季或梅雨季进行，以梅雨季为最好。选择粗壮的1年生或半成熟枝，剪成长8～10厘米的插穗。插穗长的1/3左右插入基质，经2周可生根成活。第2年移植后即可开花。

　　压条：宜在6～10月进行。

　　分株：宜在春、秋两季进行。

花卉保健

　　金银花易受蚜虫危害，严重时会导致叶片和花蕾反卷、皱缩、生长停滞，即使是喷药杀死害虫后，受害叶片也难以恢复正常状态，从而影响观赏，因此应及早防治。其他还有白粉病和蝙蝠蛾、叶蜂、介壳虫等病虫危害，发现后要及早防治。

🌿 榕树

　　榕树又叫孟加拉榕树、印度榕，为桑科榕属绿色植物，原产于亚洲热带地区。

【花卉简介】

　　榕树的主干与侧枝能长出大量气生根。幼枝灰褐色，老枝黑褐色，较光滑。单叶互生，椭圆状卵形，尖端渐尖，基部浑圆，长4～10厘米，宽2～4厘米，革质，全缘或浅波状。

　　榕树喜温暖多雨气候和肥沃、湿润、酸性土壤，在亚热带南部及热带地区的普通土壤均能生长。阳性树种，不怕烈日暴晒，也耐阴。具有一定的耐寒能力。

【花卉养植与老年人养生】

　　榕树四季苍翠，特别是它的气生根或丝丝悬挂，十分有趣；或互相缠绕，形如盘龙，壮观而富有生机，被人们誉为"美人须"。由于树姿苍劲古朴，飘逸潇洒，寿命又可长达数百年，因而被认为是长寿、吉祥的象征，是重阳敬老节馈送老人的适宜花卉种类。另外，榕树可吸收空气中的二氧化硫和氯气，所以，适合老年人种养。

【老花匠养花经】

栽培

　　温度：榕树喜温暖的环境，20℃～30℃最好。不甚耐寒，当气温降低至3℃以下时会产生大量的落叶；0℃以下时植株会遭受冻害而枯死。越冬温度应不低于5℃，冬季应置室内防寒。

　　光照：光照不足时不但影响榕树的长势，而且叶片会变得大、稀而薄，甚至枯黄脱落。特别是变种黄金榕更需要阳光充足的环境，光照越强烈，金黄色的叶色越鲜艳；光照不足时叶片会转成绿色，从而降低观赏价值。

　　浇水：榕树喜湿润的土壤环境，虽也能耐干旱，但盆土干旱时不利于植株的生长。生长期应充足供应水分，保持盆土湿润状态。但盆土也不宜过湿，光照不足而盆土过湿时，会引起大量落叶。梅雨季的雨后，应及时检查并倒去盆中积水。冬季需严格控制浇水的次数和分量，保持盆土稍为干燥的状态。

　　施肥：榕树喜肥，每月追施1次氮磷钾结合的肥料。施肥不足而缺肥时，叶缘会发黄，部分下层的叶片会脱落。施肥时氮肥不宜多，否则会造成枝叶徒长而影响观赏。生长期施用矾肥水，可使叶面油绿而不黄化。10月以后停止施肥。

　　修剪：在春季进行1次修剪，剪除过密枝和短截突出树冠的枝条，以保持植株内部良好的通风透光条件、维持良好的树形。造型树桩则在整个生长期随时剪去或短截影响枝片平整的枝条。初夏时如将盆栽树桩的叶片全部摘去，并控制浇水和给予充足的光照，会促使新叶萌发并长得又厚又小，从而提高盆树的观赏价值。

　　栽植：栽植的盆株不宜大，否则容易导致枝叶徒长。喜酸性土壤，培养土如为碱性，叶片会发生黄化。基质可用腐叶土、泥炭土、园土、珍珠岩或粗沙等材料配制。

繁殖

播种：夏季选成熟落下的种子，经水中搓洗，去掉果皮，晾干后播种。播后稍覆薄土，上筑荫棚，在保持25℃左右的温度和土壤湿润的条件下，10天左右可发芽。

扦插：在春季或梅雨季进行。春插在4~5月时剪取粗约1厘米的健壮枝条，制成长15~20厘米的插穗。插后保持较高的空气相对湿度并进行遮阴，20~25天可生根成活，成活率可达95%以上。梅雨季则采用半成熟枝做插穗。

压条：在榕树生长时进行，上部的枝条可用高空压条法，下部的枝条则宜用堆土压条法。压条后2~3个月可生根，生根多时可剪离母株，分别栽植。

花卉保健

榕树常有叶斑病、灰霉病、煤污病和介壳虫、榕母蓟马等病虫危害，应及时给予防治。

第三节 病房花卉养植与摆放

病房花卉养植要谨慎

由于病人身体虚弱，不可与健康人相比，而有些花草、植物虽然外观美丽动人、香味迷人，却是诱发某些疾病，甚至加重某些疾病的根源，对于这些花卉我们要加倍小心。

还有，花盆中泥土产生的真菌孢子会扩散到室内空气中，可能会引起人体表面或深部感染，也可能侵入人的皮肤、呼吸道、外耳道、脑膜及大脑等部位。这些对原本就患有疾病、体质不好的人来说，也如雪上加霜，尤其对白血病患者和器官移植者危害更大，所以病房内最好不要养植花卉。

当我们看望病人时，总习惯带上一束鲜花，特别喜欢送给病人一些香气浓烈的花，比如郁金香，以为是不错的选择，其实恰恰相反。这些植物开花时会释放出生物碱等物质，而长时间身处此种气味中，人会头晕、胸闷，尤其不适宜高血压、心脏病等患者。

哪些病人的房间不宜摆放花卉

一个细菌检验发现，鲜花插入花瓶1小时后，花瓶中一茶匙的水即含有细菌约10万个，3天之后可增至2000万个。这些细菌多来自种植观赏植物的土壤。所以，病人室内最好不要养花，因为花盆中的泥土产生的真菌和细菌会扩散到室内空气中。

有呼吸道疾病、过敏性疾病、有伤口或免疫力低下的患者，不要摆放鲜花或者种植正当季的花。鲜花是常见的过敏源，可能引发或加重呼吸道等器官疾病。如今卖花者常在花篮上喷洒香水，更容易诱发过敏性疾病，加重皮肤及呼吸道疾病的病情。

病房内不适宜摆放的植物主要有：夜来香、百合、水仙等。

1.夜来香

闻之过久，会使高血压和心脏病患者感到头晕目眩、郁闷不适，甚至使病情加重，其花粉有致敏性，哮喘病人不宜种养或在病房摆放。

2.百合

百合香味会令人的神经过度兴奋。因此，家人若有神经衰弱，不宜选择百合。

3.水仙

水仙香气袭人，也会令人的神经系统产生不适，时间一长，特别是在睡房里长时

间摆放会对人的神经系统产生不良影响。

在病房内摆放花卉，一定要先了解相关的保健常识，切勿仅仅为追求赏心悦目，而给病人的病情与恢复健康带来不利影响。

花卉的辅助治疗作用

有些花卉能分泌芳香物质，如柠檬油、百里香油、肉桂油等。这些物质含有的醇、醛、酮、酯等成分，具有杀菌和调节中枢神经的作用。关于花卉对病症的辅助治疗功效可归纳为以下6个方面：

清热理气，辅助治疗胃肠疾病

若脾失于健运，湿热盘踞中脏，斡旋失调，气滞、气逆、气虚、气陷蜂起，或吐，或泻，可选用具有理滞气、清湿热等功效的花卉，常用的有木槿、木芙蓉、金银花、石榴花等。

疏风散热，辅助治疗头痛

凡头目为风邪所侵，流涕、鼻塞、头痛、目眩、咽喉肿痛等，可选用菊花、辛夷花、栀子花、梅花等药用花卉进行辅助治疗。

化痰止咳，辅助治疗呼吸道疾病

以咳、痰、喘为主的呼吸道疾病，正所谓"肺主宣气，肾主纳气"，"脾为生痰之源，肺为贮痰之器"。常用的药用观赏植物有款冬、千日红、杜鹃花、昙花等。

活血化瘀，辅助治疗心血管类疾病

菊花、番红花、鸡冠花等可用于治疗冠心病、高血压、高血脂等；洋金花、闹羊花用于治疗心律失常等。

凉血解毒，辅助治疗皮肤类疾病

药用花卉在皮肤科方面的应用比较广泛，如金银花、菊花、凌霄、鸡冠花、玫瑰花等。

引血止滞，辅助治疗妇科病

药用花卉在行血、止滞、引产等方面均有调理作用，如月季花、玫瑰花、番红花等对淤血之闭经、痛经、崩漏有良好的效果；玉簪、木槿花有避孕之功效。

其实花卉对疾病的辅助治疗作用，只是从药力的角度而言，在具体生活中，不可擅自配制和服用。

第四节 有毒花卉，室内谨慎养

毛地黄

毛地黄又名洋地黄，原产于欧洲，是二年生或多年生草本植物。

【花卉简介】

形态：茎直立，少分枝，全株被灰白色短柔毛和腺毛，叶粗糙、皱缩、叶基生呈莲座状，毛地黄成串的钟状花朵，色彩鲜艳，有黄、紫红、白、红等色。适用于花境、岩石园点缀，也是庭院中自然式布置的重要材料，矮生种还可盆栽观赏。

习性：喜温暖湿润和阳光充足环境，耐寒，怕多雨、积水和高温，耐半阴、干旱。

养护：冬季注意幼苗越冬保护，早春有5～6片真叶时可移栽定植或盆栽，栽植时少伤须根，稍带土壤。梅雨季节注意排水，防止积水受涝而烂根。生长期每半月施肥1次，注意肥液不要沾污叶片，抽苔时增施1次磷、钾肥。

常发生枯萎病、花叶病和蚜虫危害。发主病害时，及时清除病株，用石灰进行消毒。发生虫害时，可用40%氧化乐果乳油2000倍液喷杀，同时也能减少花叶病发生。

【慎养理由】

因为毛地黄具有强心的效果，所以也被用于医学治疗领域。但在平日的生活中，并不是适宜养植的植物。如果误食了它的任何一部分，就会先后出现恶心、呕吐、腹部绞痛、腹泻和口腔疼痛症状，甚至会出现心跳异常。医生对此会用洗胃等方法促进排毒，并通过服用药物稳定心脏。

黄蝉

黄蝉，为夹竹桃科、黄蝉属多年生常绿直立灌木植物，主要分布于热带美洲地区，原产于巴西。

【花卉简介】

形态：黄蝉的枝茎都为紫色，披有茸毛，叶子3～4片轮生，先端渐尖，形状为长椭圆形或者倒卵状披针形；花冠像一个漏斗，金黄色，冠筒细长，喉部为橙褐色，"漏斗"边上有5瓣裂片，裂片也为卵圆形。

习性：黄蝉喜阳光充足的环境，尤其是花期，将其放置在阳光充足的地方，开花会更多，且枝叶更繁茂。如果长期置于阴凉处，则会导致植株生命力不旺盛。适宜于富含腐殖质的土壤或沙质土壤。

养护：夏季生长期可每天浇水1～2次；到了冬季，则要减少浇水，只需要保持盆土不干燥即可。栽种时要施基肥；幼苗时和生长初期还要加施氮肥；开花时期更要多施磷肥和钾肥，这样可以让花开更多，花期更长。生长时期可7～10天施肥1次，其他时间一般1个月至1个半月施肥1次。黄蝉的病害主要有锈病、叶斑病、叶枯病等，可用代森锌、粉锈宁等药来防治；虫害主要是叶螨、菜青虫等，可用吡虫啉、克螨特等药喷杀。黄蝉主要以扦插方式来繁殖。幼苗成活后要及时摘心，宜在春季进行。

【慎养理由】

生物学家指出，黄蝉是一种有毒的植物，其汁液、树皮和种子都有毒，人误食后会出现腹痛、腹泻、呼吸困难、心跳加速等症状，如果不及时治疗会产生严重的后果。所以，如果在种植过程中用手接触过黄蝉的汁液，记得一定要洗手。如果家中有小孩，一定要防止黄蝉被误食，最好的办法是将盆栽放置在小孩接触不到的地方。

马蹄莲

马蹄莲又叫水芋马、慈姑花，天南星科、马蹄莲属多年生草本植物，原产于非洲南部。

【花卉简介】

形态：马蹄莲具有肥大肉质块茎，叶基生，叶柄较长上部棱形，下部呈鞘状折叠茎。叶呈卵状箭形，为绿色或有时有白色斑点，花茎高于叶，肉质花穗为黄色，圆柱形，佛焰苞有白、黄、粉等色，宛如马蹄，所以叫"马蹄莲"。

习性：马蹄莲喜光，但要避免烈日直射。适宜腐叶土或者普通培养土再加50%的腐叶土。

养护：马蹄莲在抽芽前，应尽量保持盆土的湿润，而后可随着叶片的增多而增加浇水量；到了生长期，要多浇水，但也不宜过量；花后期宜减少浇水量，以利于休眠。马蹄莲喜肥，可每隔10～15天施1次腐熟液肥，苗期不必施肥，生长盛期及开花期间以施磷肥为主，休眠期则停止施肥。马蹄莲易生软腐病或腐烂病，防治时可先对土壤进行消毒，将有病的植株拣出并及时销毁。虫害主要有红蜘蛛和蚜虫，一旦发现，可用50%乙酯杀螨醇1000倍液或者40%的氧化乐果1000倍液喷洒，每10天1次，连续喷洒3次即可。

【慎养理由】

马蹄莲的有毒部位是花朵，其内含大量草酸钙结晶和生物碱等，所以，不要随意触摸花茎切口及误食，以防毒素入口而引起昏迷等中毒症状。一般而言，只要不破坏马蹄莲，就不会对人体造成巨大伤害，但家庭应慎养。

含羞草

含羞草是不少小朋友的最爱，因为其有趣的叶面收合而得名。含羞草又名怕羞草，为豆科多年生草本植物，原产美洲热带地区。

【花卉简介】

形态：含羞草的株高30～50厘米，全株具刚毛和皮刺。羽状复叶，小叶7～20余对。秋季开花，花为头状花序，腋生，花小，雄蕊长，与花瓣均为淡紫或粉红色，整个花序看上去像一只直径约2厘米的紫红色小绒球，颇觉玲珑可爱。叶形有点像合欢树叶，一经触碰就会闭合。

习性：喜温暖、湿润和阳光充足的环境。含羞草不耐寒；怕炎热，宜生长在肥沃、疏松和排水良好的沙质壤土或培养土。

养护：含羞草既可地栽亦可盆栽。苗高7～8厘米时定植于10厘米盆，置于朝南阳光充足处，土壤不宜太湿，夏季开花前，可多施肥，以促使花叶茂盛。4月春播或室内盆播，种子播前用温水浸种1～2天，可使发芽快而整齐，发芽适温20℃～25℃，播后10～15天发芽，当小苗长到2～3片真叶时，移植上苗盆，长到10～15厘米以上时，上大盆定植。含羞草小苗时期生长较缓慢，到5～6月份以后，开始旺盛生长。含羞草的病害有枯梢病和根腐病，虫害有介壳虫和盲蝽。

【慎养理由】

含羞草全株都有毒，草内含有黄酮类、含羞草碱等化合物，含羞草的叶子内含有似肌凝蛋白质的收缩性蛋白，如果人误食含羞草后，头发、眉毛有可能会突然脱落，因此，最好不要在室内养或摆放。

羊角拗

羊角拗又叫羊角藤、倒钩笔、羊角柳，为夹竹桃科、黄蝉属植物。

【花卉简介】

形态：羊角拗四季常绿，栽培方便，花大而艳，如金黄色垂丝挂满枝头，十分奇特有趣；其果双生，又开如一对羊角，更是妙趣横生。

习性：羊角拗喜温暖，不耐寒，越冬温度应不低于10℃。喜充足阳光，栽培地应保证阳光直射。生长时期应保持盆土湿润，入冬后则需控制水分。喜湿润的环境，应经常向枝叶喷水。生长时每半月追施1次肥料，因根系生长旺盛，最好每年翻盆1次。

养护：羊角拗的繁殖以扦插为主，于春末夏初剪取半成熟枝条作插穗，扦插后在21℃～24℃条件下，约20天生根。小苗长至10厘米时，可摘心并栽植养护。

【慎养理由】

羊角拗全株有毒，根和种子内的毒性更大，其中含有多种强心苷等化学成分。接触植株时，千万要注意勿让汁液进入口、眼内。

鸡蛋花

鸡蛋花又名缅栀子、蛋黄花，为夹竹桃科，落叶灌木，原产于委内瑞拉至墨西哥地区。

【花卉简介】

形态：鸡蛋花小枝肥厚多肉，末梢分枝呈二叉状，叶互生，叶大，倒卵状长椭圆形，长20～40厘米，全缘。多聚生于枝顶，叶脉近叶缘处连成一边脉。花冠筒状，花径5～6厘米，5裂，花芳香，漏斗形，花瓣外面乳白色，中心鲜黄色，似煮熟后切成两半的鸡蛋。鸡蛋花的花期在5～10月。

习性：鸡蛋花性喜阳光充足及高温环境。耐干旱，不耐寒，适栽植于肥沃、排水良好的土壤中。

养护：鸡蛋花栽植盆土用园土、腐叶土、河沙等量混合而成。生长期每月施1～2次氮、磷为主的液肥，花前应施以磷为主的薄肥1～2次，保持盆土湿润，夏季除每天浇1次水外，还要喷洒叶面，盆内不能积水。夏季适当庇荫，要浇水防干，又要防过湿根基腐烂。翻盆换土2～3年1次，盆土中加入骨粉、过磷酸钙等含磷丰富的肥料，以保证多开花。鸡蛋花常以扦插繁殖，南方1～2月，北方6～8月。剪取1～2年生肉质壮枝，长约15厘米，放阴处晾至切口乳汁干燥后沙插，温度保持18℃～25℃，湿度65%～75%，3周生根。鸡蛋花的病害为叶斑病，虫害有蚜虫和粉虱，应提前防治。

【慎养理由】

鸡蛋花的树皮和枝叶的汁液有毒，如接触应及时清洗，最好不要在室内养。

香豌豆

香豌豆又叫花豌豆、麝香豌豆、香豆花、豌豆花，为豆科、香豌豆属植物。

【花卉简介】

形态：香豌豆的枝蔓柔软飘逸，花色绚丽多彩，香气浓郁远溢，是冬季切花的主要种类。

习性：香豌豆生长开花的适温为10℃～15℃，5℃～20℃范围内均可生长，20℃～25℃时生长衰退，连续30℃以上气温时枯黄死亡。喜充足光照，接连阴雨时需人工补光。

养护：香豌豆常采取播种法进行繁殖，播前用温水浸种。9月上旬播于小盆，发芽适温为20℃。苗高15～20厘米时进行摘心。然后随着枝蔓的生长，需用绳索绑在支架上，同时除去所有侧枝和卷须。初开的花常质量较差，应剪除。喜冬暖夏凉的气候。因枝蔓多，生长时期需较多的肥水，每7～10天要结合浇水施1次肥料。香豌豆宜在深厚、干燥的土壤里生长，怕水湿。

【慎养理由】

香豌豆种子及茎、叶有毒，以未成熟的种子毒性较大。人误食中毒后会出现一系列脊髓功能障碍，初时两腿无力，举步困难，行走时足内翻或贴地不易抬起，小便失禁，甚至导致痉挛瘫痪，所以，家居内要慎养香豌豆。

飞燕草

飞燕草又叫南欧翠雀，为毛茛科、翠雀花属多年生草本植物。因为飞燕草外形别致，酷似一只只燕子，所以叫"飞燕草"。

【花卉简介】

形状：飞燕草的花有4厘米左右大小，形状优雅，惹人喜爱。飞燕草的株高一般为35～65厘米，茎具分枝，叶掌状全裂，花为蓝色和紫蓝色。

习性：飞燕草喜排水良好的土壤，忌涝，忌冬季长期低温多湿。喜冷凉气候，耐寒，能耐-7℃低温。早春应控制温度与水分供应，使幼苗生长健壮，根系发达，避免徒长。做切花栽培时，在苗高30厘米时应及时拉网，以防影响切花质量。

养护：飞燕草宜在凉爽、通风、日照充足的环境里成长。栽植用土宜选肥沃、疏松和排水良好的土壤。飞燕草可用分株、扦插、播种法繁殖。因其植株较大，容易倒伏，需要支架固定。

【慎养理由】

飞燕草全草有毒，其中以种子的毒性最大，动物中毒后有行走困难、脉搏及呼吸变慢、体温降低等症状；严重时肌肉抽搐乃至运动失调，最后发生全身性痉挛、呼吸衰竭而死。有小孩的家庭不宜养，有宠物的家庭也要慎养。

乌头

乌头又叫川乌、草乌、乌药、盐乌头、紫花乌头、附子，为毛茛科、乌头属植物。

【花卉简介】

习性：乌头耐寒性较强，喜夏季凉爽的气候，长江流域夏季高温高湿时越夏困难。喜阳光充足和湿润的环境，但烈日下需遮阳防护。宜在肥沃、排水良好、pH值5～6的沙质的土壤里生长。

养护：平时应注意浇水、除草和中耕。株高30厘米左右时可进行摘心，以控制生长高度。茎干较脆，易折断，生长至一定高度后，应立支柱，忌移栽，需要精心养护。

【慎养理由】

乌头全草有毒，尤其以块根毒性最大。人如果中毒后有流口水、恶心、呕吐、腹泻、头昏、全身发麻、脉搏减少、呼吸困难、手足抽搐、神志不清、大小便失禁、血压及体温下降、心慌气闷、心律快而不规则等症状，所以家庭要慎养。黄花乌头块根有剧毒，中毒症状同乌头。做种用的块根要注意储藏，接触植物后要及时洗手，居家要慎养。

嘉兰

嘉兰又叫珈蓝，百合科、嘉兰属蔓性植物。

【花卉简介】

形态：嘉兰花期长，每朵花可开放10～11天，每棵可开50～60天，花姿奇特，花大艳丽，是一种美丽的盆栽蔓性花卉。

习性：嘉兰喜温暖，湿润环境，生长适温为22℃～24℃，夏季进入生长旺盛期。不耐寒，低于22℃时花发育不佳，低于15℃时局部易受冻伤。

养护：在嘉兰的生长期间，要充分供给水分，开花以后则停止浇水；休眠期保持土壤干燥。繁殖用切割块茎和播种法。早春，利用每1块茎有两个分叉，每一分叉顶端有1个芽眼的特点，将其一分为二，并分别种植；或将母株旁边的小球分开，各自种植，2～3年后，分植的小球即可开花。

【慎养理由】

嘉兰全株有毒，其中以根头的水液最甚，食后中毒，开始时唇、舌、咽喉刺痛，继而麻木，腹上部烧灼痛，身体各部分皮肤麻木，恶心、呕吐、腹泻带血、眩晕、四肢无力、眼睑沉重、怕光、呼吸困难、脉搏快而弱，最后失去知觉而死亡，所以居室内要慎养。

家庭养花 实用宝典

第四篇

花卉档案簿：

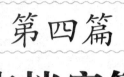

繁花似锦，各有所长

第一章
观叶类花卉

万年青

【花卉简介】

万年青又名亮丝草、粤万年青、粗肋草。万年青为天南星科多年生常绿草本植物。万年青叶片硕大，光亮翠绿，株形丰满美观，且极为耐阴，是特别值得推荐的优良室内观赏盆栽植物。适宜装饰居室内的几架、案头，书桌，夏季观叶，有清凉爽目之感，也可做切花。若剪取枝条插入贮水的瓶中，可生长几个月的时间，且能自发生根。

【生长条件】

万年青原产于我国和东南亚一带，其喜温暖、多湿和半阴环境。忌强光暴晒，极为耐阴，只需极弱的光照即可生长，怕阳光直射。万年青不耐寒，怕干旱，喜湿润，在贮有清水的容器中就能生长，并且可以生根。万年青宜在微酸性土壤里生长。

【栽植】

栽植万年青常用15～20厘米口径盆。盆底可垫碎瓦片、碎砖或火山块石，以利排水透气，有益于根系生长。盆土要求肥沃、疏松且保水性强的酸性壤土。不耐盐碱土。盆栽土以培养土、腐叶土、泥炭土和沙等混合基质配制而成。

【浇水与修剪】

万年青较耐干旱。夏季高温季节茎叶生长期需充足水分，每天浇水1～2次。冬季要节制浇水宜保持盆土湿润，否则会引起根部腐烂，叶片发黄。喜空气湿度大的环境，忌干燥生长期除正常浇水外，宜每天早晚向植株喷水，以提高周围环境的湿度。夏季保持60%～70%的空气湿度。

【施肥】

在万年青的生长旺盛期，每个月施1～2次含氮、钾较多的复合肥。如果缺氮肥，则叶片变小，生长不良，严重时会引起下部叶片枯黄脱落。肥料充足，则茎干粗壮，叶片苗壮。

【四季养护】

冬季万年青在室内可安然越冬，室温宜保持在10℃以上。如果温度在8℃以下，叶缘和叶尖会受冻枯萎。要避免阳光直射，若光线过强，会引起叶片变黄变小，甚至因被灼伤而枯死；但在100勒克斯的条件下虽能正常生长，但叶色变差，缺乏层次和光泽。在明亮的散射光下，叶片生长和叶色表现最佳，宜长期置于半阴的室内或荫棚下养护。

【繁殖状况】

万年青的繁殖常用扦插、分株法繁殖，两种繁殖方式都很容易成活。

扦插：可在春、夏季进行，方法是截取长约15～25厘米的粗壮嫩茎，保留顶端2片叶，基部削平。晾干浆汁，插入花盆中或插床中，并应保持较高的空气湿度。在25℃温度下，约3周即可生根。生根后数株合栽于1盆。

分株：分株繁殖可于春季结合换盆进行。方法是将植株从盆中取出后，按上部的分枝情况，从茎的基部切开，在伤口处涂上草木灰或稍放半天，待切口干燥后再盆栽。栽后应控制浇水，浇水不宜过多。

◇花友经验◇

Q：我听说万年青可以用水插法繁殖，具体的步骤怎么做呢？

A：万年青最好在春末或秋初进行水插，剪取接近基部的健壮分枝，长20～30厘米，放入较深的直筒玻璃瓶中，瓶中注入约1/3的清水。应保持水质清洁，每2天更换和添加洁净水。1个多月后，下部节上可生出新根，到新根长到4～5厘米以上且生出新叶时，即可移植。

滴水观音

【花卉简介】

滴水观音，又名"滴水莲"，佛手莲，是天南星科、海芋属植物。滴水观音原产于南非热带雨林，喜欢生长在温暖潮湿、土壤水分充足的条件下。因为其在适宜的环境中，会从叶尖端或叶边缘向下滴水，开的花很像是观音，因此称为滴水观音。

【生长条件】

滴水观音是热带雨林的林下耐阴植物，喜欢半阴环境，应放置在既能遮阴又可通风的环境中。故其生长在高湿度，有散射光的环境中才好。

【栽植】

可用腐叶土、泥炭土、河沙加少量沤透的饼肥混合配制的营养土栽培，另也可水培，但要注意防止烂根和添加营养液。通常每年春季换盆1次，可每月松土1次保持盆土处于通透良好的状态。

【浇水与修剪】

水分要充足。尤其在蒸发量较大的夏季。

一般不需要额外的修剪整形。如果叶片出现枯黄可以适当修剪。

【施肥】

滴水观音较喜肥。一般的施肥频率是每月施1～2次氮、磷、钾复合肥。如能施一点硫酸亚铁会使叶片更大更绿，长期缺肥容易造成滴水观音茎部下端空秃，影响观赏价值。当气温降低进入休眠期后可以减少或不施肥。温度低于15℃时应停止施肥。

【四季养护】

夏季应该将花盆放在半阴通风处，并经常向周围及叶面喷水，以加大空气湿度，降低叶片温度，保持叶片清洁。入冬停止施肥，控制浇水次数。

【繁殖状况】

在繁殖方式上主要有分株、播种。每逢夏、秋季节，海芋块茎都会萌发出带叶的小海芋，可结合翻盆换土进行分株。秋后果熟时，采收桔红色的种子，随采随播，或晾干贮藏，在翌年春后播种。截干是针对多年生的老株而言，可结合植株的更新，自株体基部离出土面约5厘米处截干，进行茎干扦插繁殖。

◇花友经验◇

Q：海芋常见病害有哪些?

A：有海芋花叶病（CMT）、海芋灰霉病等，防治方法：加强检疫，不引种带病苗，加强栽培管理，增强抗御能力，切断传播途径、控制传播病害的蚜虫，于初病期喷施化学药剂进行防治。

蒲葵

【花卉简介】

蒲葵又名葵树、蒲叶葵、扇叶葵铁力木，棕榈科、蒲葵属常绿乔木类植物。蒲葵树冠漂亮，叶扇形，四季常青，是热带和南亚热带地方绿化、美化的树种，常作园林、庭院的风景树和人行道树，形态之美比棕榈还要略胜一筹，观赏价值也比棕榈还要高。蒲葵的叶子、种子和根都可入药治病。

【生长条件】

蒲葵原产于我国南部，喜高温多湿气候，能耐-1℃左右的低温。喜阳光，也耐荫蔽，还能耐短期水浸。宜在湿润、肥沃的黏土里生长。

【栽植】

栽植蒲葵应带宿根土，不要裸根苗栽植，否则不易成活。根据植株的大小选择合适的花盆，以选比植株大一些的盆为好。蒲葵的适应性强，冬季盆栽在北方要放到室内，保持0℃以上就能安全过冬。但盆土要稍干，不能过湿，因为低温或盆土过湿会引起烂根。

【浇水与修剪】

夏季要放在半阴处，不可在强烈阳光下暴晒，炎夏浇水可采取叶面洒水或地面洒水的办法，使空气湿度提高，保持叶面翠绿漂亮。冬天养蒲葵，要控制浇水。蒲葵植株生长出新叶片后，要适当剪去部分老叶和全部枯叶。对于茎上留下的部分老叶可修剪成不同形态，以提高观赏效果。

【施肥】

春夏秋三季是蒲葵的生长季节，应加强肥水管理，每20～30天施肥1次，以施氮肥为主。

【繁殖状况】

蒲葵常采用播种法繁殖，先用沙藏层积催芽，挑出幼芽刚突破种皮的种子，点播在盆内或苗床。播后，生长快的20～25天就发芽，多数需2个月才发芽。苗期要保证有充足的水分和日照。苗长至5～7片大叶时，可出圃定植或装盆。移栽时要带根土。

◇花友经验◇

Q：到了冬天，该如何养护蒲葵呢?

A：冬天养蒲葵，要控制浇水，也要停止施肥。

🌿 孔雀竹芋

【花卉简介】

孔雀竹芋又叫蓝花蕉、玉色葛玉金，为竹芋科多年生常绿草本植物。孔雀竹芋植株密集丛生，株高30～60厘米左右，叶柄从根状茎长出，紫红色。叶片宽5～10厘米，长15～20厘米，呈卵状椭圆形，叶薄革质。叶面上有墨绿色、白色或淡黄绿色相间的羽状斑纹。孔雀竹芋叶色美丽多彩，斑纹奇异，犹如画家精心绘制的图案，像是栩栩如生的开屏孔雀，具有独特的风采，是当今风靡世界、最具有代表性的一种花卉佳品。

【生长条件】

孔雀竹芋原生于南美地区，性喜温暖、湿润和半阴的环境，不耐寒。最佳生长温度为22℃左右。冬季温度低于15℃时，生长变缓，低于10℃时，叶片会卷起。适宜在疏松肥沃的土壤里栽植。

【栽植】

孔雀竹芋为浅根性植物，栽植容器应该选择大口浅盆，一般用培养土或无土基质。盆土宜选用腐叶土（或泥炭土）、园土混合配制的培养土为佳。

【浇水与修剪】

养孔雀竹芋忌盆土发干，但也忌盆土内积水，否则极易造成植株烂根。入冬后严格控制水分，以利安全越冬。要求有较高的空气湿度，最好能达到70%～80%，忌空气干燥。当温度适宜、湿度大时，叶枕内水分饱满，叶片明显直立，富有生机活力；如果温度高而湿度低，或暴晒于阳光下，由于叶枕失去水分，则表现萎蔫无力。在室内养护期间，夏季需每天向叶面上喷水2～3次，以使叶子更清新秀丽。

【施肥】

在孔雀竹芋的生长季节，每个月追施1次沤透的稀薄饼肥液，补充新老叶更迭所需的养分，并可促进植株肥壮，叶色艳丽。冬季停止施肥。如果采用无土栽培法，生长期间每个月浇1～2次营养液。

【四季养护】

孔雀竹芋越冬虽处于半休眠状态，但室温不得低于13℃～16℃，其他季节维持正常室温即可。孔雀竹芋比较耐阴，可常年放置室内向阳的窗前，也能保持旺盛的生长势。夏季应给予50%的遮光，忌强光直射，否则很容易出现叶面灼伤，或引起叶片枯焦。当然，若长期放于光线暗淡处，叶片会暗淡无光。

【繁殖状况】

孔雀竹芋的繁殖主要用分株法，可结合春季换盆进行。待盆土稍干时，将植株从花盆中脱出，轻轻抖去一些宿土，用利刀将植株间结合薄弱处的茎节切断，以具有2～4个叶片的根茎为一丛，使用新鲜肥沃的培养土进行移植。

◇花友经验◇

Q：养孔雀竹芋时，在夏、秋季增大空气湿度有什么技巧？

A：为保持较高的空气湿度，有一个小技巧：夏、秋季放在室内时，可在盆底置一浅碟，放入适量的水后供蒸发保湿，最好放在靠窗边的位置。

🌿 棕榈

【花卉简介】

棕榈又叫棕树、唐棕、中国扇棕、山棕，棕榈科、棕榈属常绿乔木类观叶植物。棕榈树干圆柱形，直立不分枝。有不易脱落的残存老叶柄。叶大如扇，簇生梢顶，向外扩展。在温暖的南方，每月生一片，但在北方栽培，2~3个月才生叶1片，冬季还不生叶。雌雄异株，4~5月开花，花黄白色，肉穗花序，仿佛盛开着玉米穗子似的花朵。10月末11月初左右果熟，初为青色，后为蓝黑色，为球形小果。

棕榈

棕榈秀丽挺拔，碧绿幽雅，可敛人之躁，是观叶类优良花卉。园林、庭院、学校、工厂、绿地广泛栽种成条形、丛植，或与其他树种搭配种植，或用不同年龄的棕榈成片种植，高高矮矮，相映成趣，郁郁葱葱，生机勃勃呈现一派南国风光。盆、缸、桶栽棕榈，可供室内或建筑物前装饰及布置会场之用。棕榈是中国传统的中药，根能利尿，皮可收敛止血，叶治虚热，花降血压等多种功效。

【生长条件】

棕榈原产于中国南方，喜温暖、湿润气候，但有一定的抗旱能力，耐阴，不耐严寒。棕榈的根为浅性根，无主根，易被风吹倒，生长比较缓慢。

【栽植】

先繁殖幼苗，幼苗早期生长缓慢，第3年可移植于庭院或花盆中。移植时，小苗可不带土，但要多留须根；大苗需带土球，并剪除叶子1/2，减少水分蒸腾。

【浇水与修剪】

棕榈树管理上比较粗放。盆栽棕榈，冬天少浇水，放在干燥向阳处即可。修剪上来说，要及时松土除草。新叶发芽后，老叶可以适当剪掉一些。

【施肥】

每年冬春季节，可施豆渣或厩肥在根旁土内。3~4月小苗上盆，施足饼肥等作基肥，填入培养土，夯实，浇透水，放阴处2周，再逐渐移到阳光下。夏季高温季节除浇水外，还要向叶面喷水。

【繁殖状况】

棕榈用播种繁殖，11月果熟，连果穗剪下，阴干后脱粒，随采随播，也可沙藏至次年春天播种于庭院苗床。播种前，用65℃左右的温水浸种一昼夜进行催芽。播后55天左右开始发芽。还可在母树下挖取自生幼苗进行移植。

Q：养棕榈冬季需要做哪些养护措施呢？

A：虽然棕榈可以在极端的气温条件下生存，但是在寒冷的气候条件下，也要多加养护，因为寒冷的天气会影响棕榈根部的正常生长，损坏植物组织并导致疾病。在冬天，最好使用麻布袋包裹棕榈的树干，并在根部区域覆盖稻草，冬季过后，再将麻布袋和稻草移除。

菜豆树

【花卉简介】

菜豆树又叫幸福树，为紫葳科、菜豆树属直立小乔木。菜豆树四季都可在室内欣赏，其碧绿油光的叶片十分可爱，近几年已成为世界著名观叶植物类的新宠儿。菜豆树原产于我国台湾、广东、广西、贵州、云南等地区。生于山谷或平地疏林中，菜豆树有二回羽状复叶对生于枝条两侧，叶轴长约30厘米，卵形至卵状披针形小叶长4~7厘米，宽2~3.5厘米，排列于叶轴的左右两侧，成羽毛状，顶端尾状渐尖，基部阔楔形，全缘，侧脉5~6对，两面均无毛。炎炎夏日的夜晚，呈钟状漏斗形的白色小花盛开于枝丫上，秋去冬来，果实呈蒴果条状垂挂于枝头，形似菜豆，所以才有"山菜豆"之美称。在我国云南地区，还称之为"豇豆树"。

【生长条件】

菜豆树由于性喜高温，不耐寒，冬季很难在室外越冬。对新环境的适应能力很差，经常改变栽培环境，将会大量落叶，而对光照、水分、温度等气候因素也要求较严格，是一种较难栽培的室内观叶花卉。

【栽植】

盆栽菜豆树选用疏松肥沃、排水透气良好、富含有机质的培养土为佳。通常用5份园土、3份腐叶土和1份珍珠岩混合配制，并在盆土中均匀撒上少许腐熟的有机肥与部分不易损失的无机肥料配合作基肥使用，也称为底肥，能提供整个营养期的养分。生长季节每2周松土1次，确保土壤透气性良好。

【浇水与修剪】

在5~9月生长旺盛期，待土壤表面干燥时，及时补充水分，浇则浇透，直到盆底排水孔流出多余的重力水，但栽培介质需保持排水良好，最忌盆土积水或长期栽植于水中。如果土壤中水分过多，不能及时排出，则土壤中空气减少，会阻碍根部的呼吸作用，一旦根毛失去吸收水分的能力，叶尖就会出现发黑枯焦的现象，甚至还会使整株死亡。

盆栽菜豆树可在5~9月生长期间多加修剪，促使剪口下叶腋萌发，长出更多的分枝，形成姿态优美的树冠。修剪时应注意叶芽的位置，留芽的方向将决定今后长出枝条的位置。在内侧枝分布均匀的情况下，应多留外侧芽，枝条多向外方生长，形成茂密的枝叶。

【施肥】

当菜豆树处于生长期时，每隔1个月追肥2~3次可溶性液态肥，及时提供生长发育过程中所需要的养分，或选择颗粒状控释性肥料撒于盆土表面，按植物整个生长期吸收养分的规律，让肥料慢慢释放出营养成分供持续吸收利用。冬季气温低，植株吸水、吸肥能力下降，处于休眠期，不用再施肥。若是新栽植，至少需等待4个月后，植株恢复生长，并且适应新环境后，方可施肥养护。

【四季养护】

20℃～30℃是菜豆树的适宜生长温度。在20℃时枝叶开始萌发时，要小心枝上的嫩叶或嫩茎上常被黄色、绿色或黑色成群的蚜虫密集吸吮汁液，也称为腻虫，如不及时消除，会造成叶子向内卷曲，数日后就成一片枯黄。因此，一旦发现即可用鱼藤精1000～1500倍液喷杀。气温超过30℃时也无妨，但要适当遮阴。只是对低温较为敏感，夜间温度维持在10℃～15℃较为适宜，植株在生存最低温度8℃时，会被迫处于休眠状态，生理活动处于停滞状态，以度过不良气候。

冬季最好能采取防寒保暖措施，盆栽尽可能放置在朝南向阳处，而在中午室温较高时，要开窗通风，保持新鲜空气对流，以免温度过高，室内闷热，叉枝处会滋生红蜘蛛和介壳虫。

菜豆树对日照要求较高，日照不足会造成枝叶徒长，组织柔软，叶色发黄变淡，还会引起落叶，严重影响观赏。所以，每天必须保证4～5小时的自然光照，若是室内环境不能满足，就应考虑摆放的位置，尽可能地放置在朝南、朝东、朝西的环境下。

在阴雨季节，最好另用40瓦的日光灯进行人工补光。夏季6月上旬至9月下旬，加盖遮阳网或铺设竹帘，以创造半遮阳的环境，避免强烈的直射光照射，上午10时至下午16时遮盖，其余时间可揭去。

在冬末初春时节，即10月至翌年4月，气温较低，应保持盆土稍干燥这样会比较容易越冬，但也不能过分干燥，尤其是在室内有暖气供应的北方地区，多留意盆土的干湿度以及适当提高周围环境的空气相对湿度，会更有利于菜豆树的生长。

【繁殖状况】

菜豆树常用扦插繁殖法。扦插通常分为休眠期扦插和生长期扦插。菜豆树多在生长期扦插，也可结合修剪整形同时进行。时间以5月下旬至6月中旬为宜，选取当年生枝条，具有3～5节，长10～15厘米，将下部叶片全部摘去，仅保留上部和顶端叶片2～3片，下端切口剪成马蹄形，目的是扩大切口与土壤的接触面，利于养分和水分的吸收，提高扦插枝条的成活率。切口应在节下0.5厘米处。深度为枝条长度的1/3～1/2，扦插完后浇透水，放于半阴环境下，平日注意留心盆土的湿润度，天气晴朗干燥时，可用喷雾器每天向枝条喷雾2～3次，以减少水分蒸发。在室温20℃～25℃下，20～30天后即可生根，然后再另行栽植。

◇花友经验◇

Q：购买菜豆树时要注意什么？

A：选购时应注意株形的美观，以低矮紧凑、丰满型、枝叶青翠光亮为优，但要注意观察叶面，是否因喷洒过叶面光亮剂而呈现出光泽，辨别的方法是将枝叶放入盛有清水的容器中，水面即时浮现出数朵油花便是。数日后，便会逐渐返回原来的色泽。另外，花商多以幸福树、辣椒树等商品名出售菜豆树，这个常识应该了解。

鸡爪槭

【花卉简介】

鸡爪槭又叫鸡爪枫，为槭树科、槭属落叶小乔木类观叶植物。鸡爪槭树皮平滑呈灰褐色。小枝细长开张。叶交互对生、掌状，6～9裂，通常为7裂，裂片长卵形或披针形，边缘有锐齿。春、夏季叶片呈绿色，入秋后转为红色，全株火红。伞房花序顶生，杂性花，花期长达5个月。翅果，幼时紫红色，成熟后棕黄色。鸡爪槭树姿婀娜，叶形窈窕，且有多种园艺品种，有些常年红色，有些平时为绿色，但入秋后叶色变红，其艳如花，均为珍贵的观叶佳品。植于草坪、土丘、池畔，或于墙隅、亭廊、山石间点缀，均十分得体，若以常绿树或白粉墙作背景衬托，观赏效果更佳。

【生长条件】

鸡爪槭原产于中国长江流域，朝鲜、日本也有分布，性喜温暖、湿润的环境，喜阳光，较耐阴，忌烈日直晒。耐旱，怕水涝。鸡爪槭对土壤要求不严，但以富含腐殖质的微酸性土壤最为佳。

【栽植】

鸡爪槭的生命力很顽强，露地栽培宜选地势高燥向阳、疏松肥沃、土层深厚的地方。忌栽在低洼积水、土壤黏重的地方，这样会生长不良。栽植前深翻土壤并施入腐熟有机肥。栽植时宜带宿根土，以便保护根系，提高成活率。栽后浇足水。盆栽鸡爪槭，可用腐叶土、园土和适量河沙混合配制的培养土，另加少量腐熟饼肥来做基肥使用。

【浇水与修剪】

在鸡爪槭的生长季节，水分要足但不宜过多，盆土感觉潮潮的就可以了。天旱时注意给鸡爪槭浇水，并经常松土除草，增加土壤透气性，以利于根系发育。每年冬季落叶后应结合整形对鸡爪槭进行修剪。

【施肥】

鸡爪槭一般每年施3次有机肥，防止偏施氮肥，注意多施些磷、钾肥，否则叶色反而不鲜艳。一般从春天萌芽开始每月施1次稀薄饼肥水，从9月份起改施钾肥，如施用0.4%～0.9%硫酸钾溶液或草木灰浸出液，则叶色艳丽。

【四季养护】

在春、秋两季可放在阳台上或庭院内培养，夏季移至半阴处，注意适当遮阴，防止烈日暴晒，导致叶缘焦枯。若需要放在室内观赏时宜放在光线充足处，并注意空气流通，放置一段时间后，再移至室外向阳处培养。北方入冬前要及时移至冷室内过冬，放在室温1℃～5℃的房间，保持盆土干燥即能越冬。

【繁殖状况】

鸡爪槭可用播种、扦插或嫁接法繁殖。

播种：秋季采种后，应立即进行播种，或用湿沙贮藏翌春播种。

扦插：扦插繁殖时，插穗要选直径0.5厘米左右的半木质化健壮嫩枝，每段长约9厘米，剪去下部叶片，顶部留3～4片叶，基部剪成斜口，在50～100毫克/千克ABT生根粉液中浸泡40分钟左右，或在500～1000毫克/千克的萘乙酸溶液中浸泡8秒钟左右，取出后插于泥炭土或蛭石基质中，放在遮阴处，经常喷水，约经2～3个月即可成活。

嫁接：常选用亲和力强的其他槭属植物作砧木，嫁接时间宜在5月20日至6月10日左右，此时温度适宜，正值砧木和接穗的旺盛生长期，接口容易愈合。嫁接方法可用靠接、腹接、芽接等。

◇花友经验◇

Q：鸡爪槭与红枫两者极其相似，如何区别它们呢？

A：从枝干上看，红枫的枝干为红褐色，鸡爪槭的枝干为绿色；红枫的枝干粗而硬，鸡爪槭的枝干细而柔软。从叶子上看，鸡爪槭叶片的裂片长超过全长的一半，但不深达基部，而红枫的裂片裂得更深，几乎达到基部。鸡爪槭春天和夏天叶子是绿色的，等到秋天变红，冬天落叶。而红枫春夏秋都是红色的，冬天也是落叶的。

紫杉

【花卉简介】

紫杉又叫东北红豆杉、赤柏松，为红豆杉科、红豆杉属常绿乔木或灌木。紫杉树形端正，枝繁叶茂，又极耐阴，因此是北方地区庭院绿化和盆栽观赏的良好材料，而且适合于整剪为各种雕塑物式样。栽培品种有矮丛紫杉，半球状密纵灌木，大连等地有栽培；微型紫杉，高在16厘米以下，常作盆景材料。

【生长条件】

紫杉原产于中国吉林及辽宁东部，俄罗斯东部，朝鲜北部及日本北部。性喜阴凉寒冷、湿润气候，浅根性，侧根发达，喜生于富含有机质的潮润土壤中。紫杉的寿命比较长，甚至有千余年的古树。

【栽植】

栽植紫杉宜选用腐殖土或泥炭土、园土各等份配制的培养土。栽植时可将直根略剪短，以促须根发生。

【浇水与修剪】

在紫杉的生长期内，水分是不可或缺的，干燥季节和夏季除每天浇水外，还要经常往叶面上喷水，这样可以保持叶色苍翠。秋凉后浇水量逐渐减少，每隔2天左右浇1次水即可。

【施肥】

在紫杉生长旺期，每月施1次稀薄饼肥水或复合肥。

【繁殖状况】

紫杉常用播种和扦插法繁殖。

播种：最好采后即播或用湿沙层积贮藏，第二年春天播种，而干藏的种子，常有延迟发芽达1年之久的情况。条播、撒播均可。幼苗生长极缓慢，1年生苗高约6～10厘米，2年生苗可移植上盆。

扦插：在雨季剪切当年生而带一部分去年生枝者作插穗，长12厘米左右，插于沙床（盆）中，保持湿润，并设荫棚，约2～3个月即可生根。扦插苗的生长特点与实生苗常有不同，通常易长歪曲，体形不匀称，应及时进行修剪。

◇花友经验◇

Q：盆栽紫杉摆放在居室什么地方好一些呢？

A：春、秋季可把盆栽紫杉摆放在阳台上或南面窗台，使其多见些阳光；夏季中午前后日照较强，应避免让紫杉被强光直射，宜摆放在阴凉处。

红花蕉

【花卉简介】

红花蕉又叫红蕉，芭蕉科、芭蕉属多年生草本植物。红花蕉茎高1.5～3米。叶长椭圆形，叶面黄绿色，有光泽。花序直立，苞片鲜红色，小花黄色。盆栽用于室内装饰布置，摆放宾馆大堂、商厦橱窗和会议室等处，花红叶绿，格外惹眼。鲜艳挺拔的红色花序也可作插花素材。

【生长条件】

红花蕉原产于中国云南东部，广东、广西等地也有分布。红花蕉喜温暖、湿润和阳光充足的环境。红花蕉不耐寒，生长适温为25℃～30℃，夜间温度不低于16℃，夏季温度不宜超过34℃，冬季不低于6℃。充足阳光对红花蕉的叶片萌发和花序抽生极为有利，花苞露色期如果遮阴度过大则着色差，不鲜艳。不耐干燥，土壤要求保持湿润，但忌水涝。

【栽植】

地栽红花蕉宜选择避风、向阳处，以防风大吹倒、吹折叶片。栽前整地，施入适量有机肥作基肥。栽植后充分浇水，但不能过度。盆栽用腐叶土、园土和沙等量混合基质制成的培养土，采用30～40厘米花盆，底层多垫瓦片，以利排水。

【浇水与修剪】

夏季干旱和花期应充分浇水，并经常向植株上喷水，有利叶片的展开和花茎的伸长。应及时剪去老叶和花后残枝。每隔2年换盆1次。

【施肥】

在红花蕉的生长期内，经常保持基质湿润，每半月施1次腐熟饼肥水或复合花肥，花前增施1～2次磷钾肥，以利色艳花繁。

【繁殖状况】

红花蕉可用播种和分株法繁殖。

播种：红花蕉种子细小，播种前种子外围肉质要清洗干净，播后覆浅土，发芽适温为24℃～27℃，播后25天左右发芽。幼苗生长适温为25℃～28℃。

分株：分株宜在5～8月植株生长旺盛时进行，从健壮的母株旁挖取生长良好的根茎分蘖的幼株进行移植。分栽后可剪除部分叶片，多向叶片喷水，以利于其生长。

◇花友经验◇

Q：红花蕉易患哪些病虫害？

A：红花蕉的病虫害主要有叶斑病、束顶病及象鼻虫、卷叶虫害。

🌿 红背桂

【花卉简介】

红背桂又叫青紫木、红背桂花，大戟科、土沉香属常绿灌木。红背桂分枝多，叶对生，矩圆形、倒披针形或长圆形，长8～12厘米，表面绿色，背面红紫色，先端尖锐；缘有小锯齿。花单性，雌雄异株，仅长5毫米，穗状花序腋生。花初开时黄色，渐变为淡黄色。花期6～8月。红背桂对二氧化硫、氯气的抗性及吸收能力较强，可置于室内有散射光处或较明亮的客厅、书房的窗台附近。

【生长条件】

红背桂原产我国广东、广西及越南的部分地区，它喜欢温暖又湿润的环境，因为不耐寒所以冬季不宜将其放在低于5℃的地方，红背桂喜肥沃、排水好的沙壤土。

【栽植】

盆栽宜种植在通透性较好的土陶盆中，如置于室内欠美观，可外套一个瓷盆，或直接用塑料盆或瓷盆栽种，在盆底垫1层5～8厘米厚的碎砖或碎硬塑料泡沫，增强其透气滤水，以防烂根。培养土宜选用疏松肥沃的微酸性沙质壤土，可用腐叶土和菜园土等量混合后，加10%～20%的河沙或珍珠岩。2年翻盆换土1次，并随植株的长大而换用大一号的盆，忌用大盆种小苗，不然会发生烂根现象。

【浇水与修剪】

生长期要常浇水，保持盆土偏湿润，但忌积水，以增加空气的湿度而降低温度。室内栽培可用一只较大的盘托在盆下，常向盘中注水，使之自然蒸发，达到小范围增湿、降温的效果。冬季7～10天浇1次水即可，以偏干一些为好，过湿易烂根，过干植株失水，叶黄脱落，甚至整株死亡。

【施肥】

种植红背桂或翻盆换土时，可适时施些复合肥作底肥，生长期15天左右施1次含氮磷钾的复合肥即可，花期可加喷2次0.2%的磷酸二氢钾溶液，盛夏和冬季不施肥。

【繁殖状况】

红背桂常用扦插法进行繁殖。以6～7月梅雨季节扦插最好，此时成活率高。剪取成熟枝条15厘米，去除下部叶片，插入素沙床，30天左右生根，50天后可移栽上盆。

◇花友经验◇

Q：当线虫危害红背桂的根部时，该如何防治呢？

A：对这种情况，可以用辛硫磷乳剂800～1000倍液灌根，有较好的效果。

十大功劳

【花卉简介】

十大功劳又叫黄天竹，为小檗科、十大功劳属常绿灌木。十大功劳的茎干丛生直立，奇数羽状复叶，伞形开展，小叶7～15枚，顶生小叶较大，有柄，侧生小叶无柄，卵形，厚革质，端渐尖，基部广楔形或近圆形，边缘有2～8个刺锯齿，缘反卷，叶面蓝绿色，有光泽，叶背黄绿色。7～10月开花，花朵直立簇生，花鲜黄色，有香味。浆果卵形，暗蓝色。十大功劳对二氧化硫抗性较强，居家养植时，适宜摆放在客厅、书房等无阳光直射的位置。

【生长条件】

十大功劳原产日本及我国湖北、四川、浙江等省，长江流域各地有栽培。同类的阔叶、狭叶十大功劳均产于我国。十大功劳喜温暖、湿润的环境，不耐严寒，耐阴，生性强健，对土壤要求不严，可在酸性土、中性土至弱碱性土中生长，但以排水良好的沙质壤土为宜。

【栽植】

盆栽十大功劳时，在培养土中应多掺沙，以防盆内积水，可2年翻盆换土1次，施加少量基肥，要保持盆土湿润，但不能积水，见干见湿就行。夏季最好见柔和充足的阳光，不必追肥，并及时剪去枯枝败叶，保持株姿清新丰满。随着根蘖条的抽生和株丛不断扩大，逐渐换入大盆。冬季应移入冷室越冬，以利于十大功劳渡过休眠期。

【施肥】

生长旺季可追肥3～4次，春、夏两季适当蔽荫。冬季应移入室内越冬，注意控水，保持盆土微湿与光照充足，并适时通风，防止介壳虫滋生为害。

【繁殖状况】

十大功劳的繁殖以分株为主，也可扦插或播种。

分株：分株可在10月中旬至11月中旬，或2月下旬至3月下旬进行。将地栽丛状植株掘起，或将盆栽大丛植株从花盆中脱出，从根茎结合薄弱处剪开或撕裂，每丛带2～3个茎干和一部分完好的根系，对叶片稍作修剪后，进行地栽或上盆。

扦插：扦插宜在2～3月份进行，剪取1～2年生健壮硬枝条，截成长15厘米左右的穗段，2/3插入沙壤苗床里，保持苗床湿润，5月份开始搭棚遮阴，晴天每天进行喷雾保湿，插后约过2个月即可生根。嫩枝扦插可在雨季进行，选择当年生充实的枝条，或用一年生枝条，长15～20厘米，苗床温度控制在25℃～30℃，1个月后即可成活。

播种：播种宜在12月份进行，也可沙藏至翌年3月播种。移栽于春、秋两季均可，应带土坨栽植。

◇花友经验◇

Q：让十大功劳长势良好有什么诀窍？

A：当十大功劳通风透光不良时，易发生介壳虫危害，危害较轻时，可用毛刷蘸洗衣粉水刷除。所以，摆放时一定要选择阳光充足、通风良好的地方。

鸭跖草

【花卉简介】

鸭跖草又叫紫露草，为鸭跖草科、鸭跖草属一年或多年生草本花卉。鸭跖草植株高20～60厘米，茎多分枝，基部匍匐而节上生根，上部直立。单叶互生，披针形或卵状披针形，长4～9厘米，宽1.5～2厘米，叶无柄或几乎无柄。佛焰苞片有柄，心状卵形，长1.2～2厘米，边缘对合折叠，基部不相连，有毛，花蓝色。鸭跖草的果实呈椭圆形，6～10月为花果期。

【生长条件】

鸭跖草原产于南美洲地区，性喜温暖、湿润和通风良好的环境，要求土壤疏松、肥沃、排水良好，但对各类土壤均能适应。

【栽植】

鸭跖草在盆栽时对土壤要求不严格，以疏松、肥沃、排水良好为宜，常用等量的腐叶土、泥炭土和粗沙混合作为基质。

鸭跖草

【浇水与修剪】

平时应保持土壤湿润，要经常向叶面喷水，增加空气湿度。冬季可节制浇水，但应经常喷洗枝叶，以防烟尘沾污叶面。

鸭跖草的茎常匍匐，开展下垂，因此宜选用高盆或将盆吊起。养护一段时间后，下部叶片易干，影响观赏效果，此时可从脱叶处短截，令其重新发枝。如出现黄叶，应及时剪除。

【施肥】

在鸭跖草的生长季节，应每隔2周左右施1次以氮肥为主的复合化肥。

【四季养护】

夏季盆栽鸭跖草应适当蔽荫，忌阳光直射，否则会灼伤叶片，冬季应置于阳光充足处。鸭跖草也可在阴处培养，但长期光照不足，易使茎节变长，细弱瘦小，叶色变浅。冬季越冬温度不能低于5℃，以10℃为宜。

鸭跖草生性强健，病虫害较少。病害主要有炭疽病和叶斑病，可用70%托布津800～1000倍液或代森锌600倍液喷洒。

【繁殖状况】

鸭跖草可用分株、扦插、压条法繁殖，而扦插繁殖极易成活，所以一般采用扦插繁殖。

扦插：春、夏、秋三季均可进行，以夏季生根最易。剪取生长健壮的匍匐茎2～3节为一段，插入装有素沙土或培养土的盆中，深3～4厘米，喷透水置于荫处。生长旺季一般10～15天即可生根。也可直接用水插，生根后再上盆养护。因其匍匐茎多节，节处易生根，故分株繁殖时只需将其已生根的膨大茎节剪下，另行栽入盆中即可，全年均可进行。

压条：鸭跖草压条繁殖简便易行，只需在茎节上覆土，生根快。

◇花友经验◇

Q：养鸭跖草有哪些好处？

A：鸭跖草可吸收居室内的油漆、涂料、黏合剂、干洗剂等释放出的甲醛、苯等有害气体。美国宇航局在为太空站研制空气净化系统的实验中，发现在充满甲醛气体的密封室内，吊兰、鸭跖草和竹能在6小时后使甲醛减少50%左右，24小时后即减少90%左右，可见鸭跖草是家居空气的卫士。

彩叶草

【花卉简介】

彩叶草又称洋紫苏、锦紫苏、老来变、五彩苏、五色草，为唇形科鞘蕊花属多年生常绿草本植物。有很多变种，目前栽培的多为各种颜色的优良杂交品种，所以又叫杂种彩叶草。彩叶草原产于印度尼西亚，以及亚洲、大洋洲、热带及亚热带地区，约有150种。

彩叶草株高30～50厘米，茎上有四棱，分枝性很强。叶对生，叶形变化丰富，叶缘有锯齿，阔披针形至卵形，渐尖。叶色有大红脉筋黄色边的、有红紫纹深红边的、黄叶绿边的，还有深绿镶红纹的及各种丰富的彩色图案组成，那些争奇斗艳的色泽，更像是美术家们艺术灵感的随意泼洒，给人以浑然天成而又错落有致的美感。夏秋季开花，圆锥状花序，花较小，为唇形，呈白色或淡蓝色。

彩叶草适合成片布置花坛、庭院等处，还可将彩叶吊兰做垂吊装饰，枝叶还可以做切花材料。

【生长条件】

彩叶草性喜温暖、光照充足、空气流通的环境。在生长期需要较强的自然光照射，叶片的光合作用也会特别旺盛。如果在寒冷、光线较弱的环境下，会使叶色变淡，茎节明显细长。

【栽植】

盆栽彩叶草的土壤以疏松、肥沃、排水良好的或富含腐殖质的壤土为佳。栽植彩叶草以直径10厘米的盆种植一棵为宜。

【浇水与修剪】

彩叶草喜湿润，不耐干旱。因叶面大，水分蒸发量大，所以生长过程中需要及时补充水分，不让盆土干燥，植株才能生长良好。在春、秋两季，待盆土有白苤出现，容器重量明显变轻，就可大量补充水分，浇灌应于上午10时前进行为宜，浇则浇透。春秋多雨时节，还要防止盆土积水，一旦造成积水，就会导致土壤缺乏氧气，迫使植物进行无氧呼吸，致使吸水和吸肥受阻，生长受阻。需特别注意的是，夏季气温高，容器栽培不同于地栽，水分蒸发快，容易造成盆土脱水，植株顶芽萎缩，茎干和叶片低垂，此时应先将盆株移至半阴处，待容器温度稍凉后，再浇透水，使根系不会因温差而受损伤，影响后期的吸水能力。夏季浇水应选择在没有阳光照射下进行。

幼苗期应进行1~3次摘心，使株形丰满。如需要培养成树状的柱形，则不要摘心。成株如果有开花的趋势，应将花蕾及顶芽摘除，以减少养分消耗，防止植物老化。栽植一年以后的植物会逐渐老化，如需继续养，入冬后要进行一次重度修剪，每个侧枝只保留基部的2~3节，剪去以上的部分，让植物重新抽发枝叶。

【施肥】

因彩叶草生长迅速，所以需及时补充养分，可追施干鸽粪作为基肥，其优点为肥效长而且使用后不容易流失。在生长发育的关键期，每隔15天施放1次腐熟的稀薄肥，能促进叶形匀称，叶色鲜艳。盛夏温度高，肥料分解快，宜分次施用，同时防止肥力过大，且施肥不宜过浓或过量，否则易导致新叶生长畸形，严重时，新叶及老叶枯萎、脱落。增施磷钾肥，可使叶片上的彩色斑纹更为鲜艳。

【四季养护】

彩叶草生性强健，很少有虫害。若长期置于室内观赏，要注意观察叶背面、茎节处，常易受到介壳虫和红蜘蛛为害。在发病初期，可用40%的氧化乐果乳油1000倍液进行喷杀。

彩叶草的生长适宜温度为15℃~25℃。彩叶草能耐高温，气温在32℃以下不会对其生长带来影响。若是连续20天以上，平均气温在10℃左右，就要考虑移入室内暖和避风处管理，此时盆土略为干燥会比较适宜，过冬温度宜在8℃以上，低于5℃时就会大量落叶。彩叶草生性不耐阴，除冬季外，春、夏、秋生长旺季，都应置于室外阳光充足处栽培，冬季可放置在朝南房间内，充分接受日光浴。

【繁殖状况】

彩叶草可使用播种或扦插法繁殖。

播种：南方播种以3月中旬较为合适，可用泥炭土加入20%的珍珠岩作为播种介质。播种前，先使盆土充分湿润，因种子细小，可用镊子小心翼翼地将种子播于盆内，并覆盖细土。置于有阳光处，保持20℃~25℃适温，播后10~15天发芽，待子叶出苗后，每周用50%百菌清可湿性粉剂1000倍液喷施，防猝倒病，至少要连续喷洒2次。随后逐渐移至阳光充足处，待长出4片真叶时，即可另行移栽。

扦插：宜在5～6月进行。选择色彩鲜艳、观赏性较好的植株剪取长5～10厘米、有2～3个节的枝条作插穗。在遮阴70%、基质湿润、温度为15℃～25℃的条件下，经过1周左右的时间即可成活。也可以进行水插，剪取枝梢插于水中，几天之后即可生根。

◇花友经验◇

Q：在花卉市场上，如何选购品质优良的彩叶草呢？

A：一般彩叶草多以在花市购买盆栽成株栽培，选购时以没有花蕾者为佳。

紫叶酢浆草

【花卉简介】

紫叶酢浆草又名堇花酢浆草，为酢浆草属多年生宿根草本植物，原产于非洲南部。紫叶酢浆草的生长期很长，栽植于庭院灌木群下或点缀假山旁，可长时间欣赏到美丽娇小的花朵。

紫叶酢浆草株高15～30厘米，地下部分生长有肉质小鳞茎。叶丛生，具长柄，为掌状复叶，每片复叶均由3枚小叶组成，小叶倒三角形，叶大而色泽为紫红色，花葶高出叶面5～10厘米。部分原产南美洲的品种，中央还有深色或浅色斑纹，远看仿佛数万只斑斓的蝴蝶在微风中翩翩起舞。因此，又被称为紫蝴蝶。紫叶酢浆草还有一个特别之处，就是小叶具有感夜性，在光线变暗时像快要熟睡了似的，自动闭合后下垂，当光线明亮时，又会舒展张开。紫叶酢浆草的花为聚伞形花序，5～8朵聚生于花茎顶端，小花淡粉色，花瓣一共有5枚，呈瓦状排列。紫叶酢浆草通常在晴空万里的白天绽放，夜晚则闭合，若遇阴雨天，则呈含苞欲放的状态。花后果实呈蒴果，成熟后自动开裂，十分有趣。

【生长条件】

紫叶酢浆草性喜温暖、湿润和半阴的环境。较耐干旱且较耐寒，生长适宜温度为15℃～30℃。紫叶酢浆草性喜肥。不仅适合露地栽培而且还适合于盆栽观赏，管理粗放，一般情况下不易得病虫害。

【栽植】

紫色酢浆草天性强健，不择土壤，盆栽用2份园土、1份腐殖土、1份蛭石调制后的培养土即可，另外，可在滤水层上铺盖1层干鸽粪，则茎叶在日后的生长则更旺盛。因紫叶酢浆草怕积水，滤水层可用陶粒或兰石垫底，可防止渗水不畅。日常管理上，还需要经常对土壤进行松土，改善土壤通气状况，增加土壤含氧量，以促进根系对矿质离子的主动吸收，也能加速根系生长。

由于生长速度较快，地下母鳞茎周围会生出很多小鳞茎，盆栽最好每年换1次土，将小鳞茎分离出来另行栽植，时间以春季4～5月或秋季9月为宜。

【浇水与修剪】

紫叶酢浆草喜欢湿润的环境，需要人为创造一个与原生境相仿的环境。春、秋两季生长旺盛季节，要保持盆土湿润，勿让水分缺乏。盆土表面发白且茎叶下垂，植株出现临时萎蔫现象，此时就需要迅速补充水分，直到有多余水分从盆底排出。若是土壤出现板结，浇水后无法下渗，可将盆株直接浸于水中，水位低于盆面5～10厘米，利用虹吸原理，将水从盆底吸入，待盆土表面湿润后，即可将盆取出。但要注意，使用"浸盆法"时间不宜超过20分钟，否则会出现根系缺氧，进而导致紫叶酢浆草死亡。

在炎热的夏季，气温高于35℃，此时呼吸作用高于同化作用，植株生长缓慢，被迫处于半休眠状态，盆栽则不宜浇水过多，保持稍润的状态，以接触栽培基质不粘手但有润的感觉为宜。冬季气温下降，植株停止生长，进入休眠期，需控制浇水，鳞茎可仍置于盆内过冬，但不可过分潮湿，以防止鳞茎腐烂。

【施肥】

在春、秋生长季节，每月追肥1～2次，最好以腐熟充分发酵后的有机肥液为佳，多施化学肥料易使盆土板结。夏、冬两季植株处于休眠状态，应停止施肥。

【四季养护】

夏季气温超过35℃，紫叶酢浆草叶边缘就会出现枯焦，向上翻卷。所以，庭院栽培应早、晚各1次对植株进行喷雾，时间以清晨日出前，傍晚以日落后为宜。盆栽可在栽培环境周围洒水，由于空气湿度增加了，周围环境小气候温度也就相对降低了。

冬季气温下降到-5℃～10℃时，庭院栽培可通过覆盖松树皮或松针、枯叶等覆盖物，来增加对地下鳞茎的保温防寒。而地上部分的茎叶会逐渐枯萎，待翌年春季，会重新萌发新叶。

盆栽可放置在封闭式阳台内，这样能保持茎叶常青，叶片不易受寒害枯萎。

盆栽在春、秋、冬三季都可置于阳光充足处，此时的日照强度较为柔和，不会对株苗造成伤害，反而会利于其生长，开花不断。夏季，日照强度大，可放置在朝东的窗台附近，接受早上3～4小时的日照。

【繁殖状况】

家庭盆栽紫叶酢浆草多用分株法进行繁殖。利用鳞茎萌发力强的生物学特性，时间在春、秋两季气温凉爽时进行。将植株从盆中直接脱出，除去一部分包裹在鳞茎附近的土壤，用手指轻轻掰开鳞茎，按4～6株为一丛，栽于直径为15厘米的盆器内。栽植时可摘除部分茎叶，这样成活率更高一些。栽种后须置于半阴、通风的环境下养护1～2周的时间，待服盆过后，可进行正常管理，但不要急于为其施肥，以免烧伤根部。

◇花友经验◇

Q：我养的紫叶酢浆草茎叶周围滋生有蜗牛或其他啃食嫩叶的螺钉类生物，有什么好对策？

A：最笨的方法就是动手清除，只是蜗牛喜欢在黄昏夜晚时才出来活动，也可以将呋喃丹撒于土壤中。因呋喃丹的毒性较大，皮肤有过敏者，在使用时需注意防护。

🌿 银脉爵床

【花卉简介】

银脉爵床为爵床科、银脉爵床属草本植物，别名花脉爵床、白叶单药花等。银脉爵床是花叶俱美的室内盆栽观赏植物。银脉爵床的叶片有光泽，浓绿与雪白两色相间，非常醒目；开花时，橙苞黄花，十分艳丽，深受人们喜爱。

银脉爵床株高一般为25～50厘米，顶端钝尖且基部宽楔形的卵圆形叶片，长15～20厘米，对生于枝条上，叶脉在阳光闪耀下呈现银白色，十分独特。穗状花序着生于枝顶叶腋间，呈金字塔形，由下向上依次开放，苞片较大，好似屋顶的瓦片，层层叠叠，十分有趣。

银脉爵床

【生长条件】

银脉爵床性喜高温、湿润的气候条件，喜光照良好，但最忌强光直接照射。不耐寒，在北方，需要搬入室内越冬。

【栽植】

栽植银脉爵床时，宜用疏松、肥沃且排水良好的微酸性壤土，最好不要用排水不良的黏质土壤，否则会时常引起盆土积水，使根系缺氧而腐烂，甚至死亡。栽培基质可用园土6份、腐叶土3份、珍珠岩1份混合配置，再拌入少量的过磷酸钙与骨粉作基肥。

银脉爵床需2~3年翻1次盆，宜在5月上旬进行，因为此时气温较为稳定，温度逐渐上升，枝叶开始萌动。如果想换6寸新盆，要合理控制株数，一盆栽2~3株即可。

【浇水与修剪】

浇水时间以早晨或傍晚较好，一般在清晨7~8时，傍晚19~20时进行。在夏季，不要在中午浇水，因为浇水会产生大量热气，对根系的生长极其不利。春、秋两季，待枝叶稍下垂或发现盆土干燥表面可见白茬，则需要浇水，平日需多观察天气变化、摆放的位置、植株大小等，以此来判断是否需浇水，切忌以天数来计算。冬季室温能维持15℃以上，盆土可持续保持湿润，如果达不到该温度，要保持盆土稍微干燥。

【施肥】

银脉爵床的生长旺盛期在5~9月，此时，应该每隔10~15天施1次液态肥，以促进茎叶生长，肥料可用化学肥料或有机肥液。使用的有机肥，至少需经过1年以上的发酵腐熟，才可使用，如果使用生肥，会"烧伤"植株。给银脉爵床施肥要掌握"薄肥勤施"的原则，转入生殖期后，要少施氮肥，以磷、钾肥为主，以防植株徒长，影响开花率。在冬季则不用施肥。

【四季养护】

在炎热的夏季，当气温上升至35℃时，银脉爵床就会停止生长，而且叶片还会向外卷曲。冬季养护时需注意防冻保暖，所以北方地区，在10月下旬就需移入室内向阳处越冬，夜间最好能维持12℃。若气温低于10℃时，在潮湿的环境下叶片很容易受损脱落，降低观赏价值，甚至导致整株死亡。

挑剔的银脉爵床对光照要求苛刻，在强烈的日照下或弱光的室内均会对营养生长不利，还会影响开花。所以，除了冬季外，其他季节银脉爵床都应放置在阳光充足的地方，这样才能使其茎节短，叶片宽，银白色网脉更明显，并且还能促进生殖生长，盛开金黄色小花。长期在人工照明下，缺乏自然光照射，叶片会小，叶色会泛黄无光泽，银白色斑纹也会逐渐褪去，否则植株生长又细又高，容易徒长，会大大降低其观赏效果。

【繁殖状况】

银脉爵床常用扦插法繁殖，宜在春、秋两季进行。先剪下8~10厘米枝条，需留3~4个节，剪去底部叶片，切口剪成马蹄形，以扩大插穗的发根面积。然后插入介质中，插入深度为枝条长度的一半，有1~2个节入土即可。扦插介质宜用保水性强和透气较好的扦插介质，可用泥炭土和珍珠岩混合后使用。之后，每天往叶面、茎部和周围环境喷雾，以提高空气湿度，并遮阴，在25℃下过20～30天后，即可生根。

◇花友经验◇

Q：夏天，银脉爵床枝干尖端变黄，该如何处理呢？

A：在夏天，银脉爵床应该放置在遮阳网下或朝东窗台边，尤其是新叶刚抽生时，要注意适当遮阴，以免强光照射而使枝干尖端变黄。

罗汉松

【花卉简介】

罗汉松又叫土杉、罗汉杉，罗汉松科、罗汉松属常绿乔木类观叶花卉。因为罗汉松树形古雅，种子与种柄组合奇特，因此深得人们喜爱，在南方寺庙、宅院多有种植。可门前对植，中庭孤植，或于墙垣一隅与假山、湖石相配。斑叶罗汉松可作花台栽植，也可布置花坛或盆栽置于室内欣赏。罗汉松树干灰褐色，浅纵裂成薄片状脱落，一年生枝淡红褐色或淡红黄色。叶螺旋状互生，条状披针形，前端尖，两面中脉隆起，暗绿色，背面黄绿色。罗汉松在5月开花，雌雄异株，雄球花穗状，簇生于叶腋，雌球花单生于叶腋。种子核果状，卵圆形，淡绿色，熟时外带白粉，生长在紫色、膨大、肉质的种托上面。

【生长条件】

罗汉松喜温暖湿润和半阴环境，耐寒性略差，怕水涝和强光直射，要求肥沃、排水良好的沙壤土。

【栽植】

栽培罗汉松基质可用泥炭土、腐叶土、素沙等材料配制。移植时间以春季3～4月最好，小苗需带土，大苗带土球，也可盆栽，栽后应浇透水。因罗汉松生长较缓慢，可每隔3～4年翻盆1次，翻盆宜在春季3～4月萌芽前操作。

【浇水与修剪】

罗汉松喜湿润的环境条件，生长期间应充分供给水分，保持盆土湿润。但水分过多时，易使叶片硕大而影响观赏，浇水应掌握"干干湿湿而偏干"的原则。冬季植株停止生长，需要减少浇水量，不能使盆土过湿。但露地置放如遇寒流侵袭时，应及时浇水，以利于植株的抗寒。夏季温度高而气候干燥时，应经常向枝叶及四周喷水，这样可以使叶片保持青翠。

已经造型的罗汉松一般在每年6月及10月各进行1次修剪。修剪时视小枝突出枝片的长短决定短截的长度，以枝片平整为宜。罗汉松1年生长能形成2～3次芽，抽2～3次枝。每次萌芽后，芽鳞脱落会形成密集的芽鳞痕。短截部位在枝节处，日后萌发的芽少，短截部位在芽鳞痕密集处，日后能多萌芽，从而有利于枝叶的形成和成熟。

修剪时应对每个小枝进行短截，因为不经短截的小枝会因得到充足养分而旺盛生长，会影响整个枝片的平整。

【施肥】

罗汉松适应性强，对肥料要求不多，每月追施一次以氮为主的肥料。如植株生长旺盛，可以不施肥，以免营养生长过旺而使叶片长得过于硕大。进入秋天之后，适量施2次磷钾肥，不再使用氮肥，以防生长过旺而枝叶过嫩，使其防寒能力降低。

【四季养护】

罗汉松有一定的抗寒能力，冬季能耐-5℃左右的低温。在南方，大型盆栽可露地越冬，但中小型盆栽的抗寒能力较弱，冬季时应将盆株移入室内保温。夏秋高温而光照强烈时，最好能遮去中午前后的光照，可保持叶片青翠光亮；但不宜过于庇荫，否则叶片长而柔软，还会引发病虫害。

【繁殖状况】

扦插：春、秋均可进行。春插在早春末萌芽时进行，选择健壮的1年生枝条，剪成长8～12厘米的插穗，剪去中部以下的叶片。插入基质后搭棚遮阴，保持土壤与空气湿润，经90天左右可生根成活。也可以在梅雨季或入秋后剪取半成熟枝进行扦插，成活率都可达80%以上。但秋插者冬季需覆盖塑料薄膜保温。

播种：8月下旬种子成熟后随采随播，当年可出苗，但冬季需搭棚覆盖塑料薄膜保温。也可阴干后沙藏，于翌年2～3月播种，播后覆盖塑料薄膜保持湿润，4月下旬可萌芽出土。

嫁接：主要用于雀舌罗汉松的繁殖。砧木可用大中叶的普通种。在萌芽前、梅雨季及秋后均可进行，可用普通的中小型树桩，采用高位腹接的方法，将其改换成小叶罗汉松树桩，可极大地提高观赏价值和经济价值。嫁接后用塑料袋套住接穗，小中型盆桩也可用塑料袋把整个植株套住，并置半阴处。成活后拆去塑料袋，以确保高成活率。

◇花友经验◇

Q：罗汉松常见病虫害有哪些？

A：罗汉松有叶斑病、灰枯病、煤污病和蚜虫、介壳虫、红蜘蛛等病虫危害，如有发现，应及时给予防治。

🌿 鱼尾葵

【花卉简介】

鱼尾葵又叫假桃榔，为棕榈科、鱼尾葵属常绿小乔木，为散尾葵的同属植物。鱼尾葵原产地株高可达5～8米，丛生性多分蘖。二回羽状复叶。盆栽植株可达1.2～1.5米，小叶呈鱼尾形，折叠成"V"形，淡绿色，质薄而脆，花序长达30～40厘米，多分枝，悬垂，花3朵聚生，黄色。果球形，约0.5厘米，成熟后淡红色。

【生长条件】

原产亚洲热带地区的鱼尾葵耐寒性强于其他同属植物，盆栽植株在5℃～8℃即可安全越冬，但处于半休眠状态。

【栽植】

栽植鱼尾葵时，盆底先垫3厘米厚粗粒土或纯净石砾作排水层，然后再装培养土（园土2份、腐叶土2份、沙1份的混合土）进行栽植。栽后浇透水，放存背阴处，并且每天叶面喷水数次。待恢复生长后正常管理。最初几年，每年换土1次。3年后换"水桶"盆，可2～3年换土一次。换土时应除去部分旧盆土，并进行修剪，把老根和枯根剪去。

【浇水与修剪】

鱼尾葵喜湿润，应勤浇水，盛夏期在托盘中填以等高的砖块或中小形卵石，并在盘中注水，以防止盆土脱水。鱼尾葵生长到一定程度，下部叶片会枯萎，应及时剪去，促进新叶生长。对于下部过密枝、交叉枝应疏除，以保持通风透光。每次施肥前都要进行松土，利于土壤透气，对根系生长十分有利。

【施肥】

鱼尾蕨的耐肥力强，生长季节应多供给水肥。肥料以氮肥为好，4～8月每月施1次稀薄液肥。

【四季养护】

在南方地区，冬季鱼尾葵宜放置在室内南向窗口附近，令其接受较好的光照。若无空调，在严寒期可将植株加罩大型塑料袋。保温越冬的鱼尾葵，在3月份或夏季多雨季节的露地植株，常易感染霜霉病，可用75%百菌清600～800倍液于发病初期及早喷药防治。

【繁殖状况】

鱼尾葵可用分株、播种法繁殖。

分株法：多用于栽培4～5个月后，且生长过于拥挤的情况下，在春季结合翻盆换土时进行，但只能选取不影响母株树形的蘖生小株，将其带根切离母本，另行上盆栽种即可。

播种法：先将成熟种子进行沙藏越冬，翌年春季4月气温回暖后取出播于育苗盆或苗床。覆土2厘米左右，经2～3个月出苗。一般当年不做分栽，于翌年春季进行分栽。越冬小苗要做好防寒保暖工作，以免植株受冻。

◇花友经验◇

Q：盆栽鱼尾葵的摆放有哪些讲究？

A：夏季可用鱼尾葵布置庭院和阳台，冬季可用作厅堂等大空间室内摆设。

🌿 花叶芋

【花卉简介】

花叶芋为南天星科、属多年常绿草本植物，别名彩叶芋、二色堇。花叶芋属于球根花卉，以观叶为主。花叶芋地下有球状块茎，冬季植株进入休眠期。花叶芋的品种繁多，叶基生，叶薄如纸，叶型多样，从卵状心形至披针形皆有，花叶芋按叶形大体分为广叶型和狭叶型两种不同的类型。花叶芋的叶色更是 变化多样，明显的主脉及明显的对比色等为其主要特征，主要由红色、白色及绿色等主要色系组合各种各种的斑点和斑纹，十分艳丽。

【生长条件】

花叶芋原产于南美热带地区，在巴西和亚马逊河流域分布最广；我国广东、福建、云南南部栽培广泛。花叶芋喜欢半阴的环境，害怕烈日暴晒，喜温暖，耐寒力差，宜在疏松、肥沃，排水良好的酸性土壤里生长。

【栽植】

花叶芋的种植最佳时间在4月底至5月初，种植事先催好芽的块根。家庭栽培中，也常采用此法，操作简单，而且容易成活。花叶芋根系发达，属浅根性，上盆覆土不宜太厚，以不见块茎为准，栽后将盆土压实，放置在半阴处，上完盆后暂不浇水，等土面发干时可喷些水，待到生根发芽后再浇透水，防止阳光直射，温度保持在20℃～25℃之间，一般在10～15天后，植株就会抽芽，再过些日子等叶子长出后，要逐渐把花盆放在室内明亮、散射光较强的地方养护，要避免遭受强光直射。

【浇水与修剪】

在花叶芋的生长时期内，应保证供给充足的水分，保证盆土湿润，否则，盆土短时间的干燥都会导致叶片枯萎。

在炎热的夏季要增加浇水次数，每天上午和下午要分别浇1次水。同时，还要经常向植株叶片喷水和向花盆周围洒水，来提高空气湿度。

秋末花叶芋准备进入休眠，这时要减少浇水，保持盆土适当干燥，以利于块茎肥大，使其进入休眠期。

在花叶芋的生长期内，要及时摘除变黄下垂的老叶；如果有抽生花茎也要及时剪除，以便使养分集中在促发新叶上。

【施肥】

花叶芋的生长期为4～10月，在其生长期内，每半个月施用1次稀薄肥水，如豆饼、腐熟酱渣浸泡液，也可施用少量复合肥，施肥后要立即浇水、喷水，否则肥料容易烧伤根系和叶片。秋季是块茎生长发育阶段，此时需要增施磷、钾肥，以促进块茎生长。秋末及冬季是花叶芋的休眠期，此时应该停止施肥。

【四季养护】

花叶芋属于热带植物，所以不耐低温和霜雪，在秋季要采取适当的保护措施。冬季室温宜保持在15℃～18℃，休眠期可以将块茎取出，也可以留在原盆中。为了能够保证花叶芋的块茎能够安全过冬，我们可以采取以下措施。在入秋后，花叶芋块茎逐渐进入冬眠，土上部的叶片会相继枯萎，这时可以把盆中的块茎倒出，注意不要损伤到球茎，然后剪掉块茎上的枯叶，放在通风处晾干，然后装入盛偏干沙子的盆中，放在室内阴凉处沙藏。注意沙子不要过干，也不要过湿，尤其不要过湿，否则容易导致块茎腐烂，可以每半个月用喷壶喷水1次，保持沙面微湿。等到第二年春后，从沙盆中挖出块茎，重新种植到盆中。没有挖出来沙藏的块茎，要移入室内通风处越冬，保持盆土偏干。

【繁殖状况】

花叶芋的繁殖方法有分株繁殖、分割繁殖或播种繁殖。

分株：宜在4～5月进行，在块茎还没有萌芽前，把块茎周围的小块茎剥下，然后用草木灰或硫黄粉涂抹伤口，晾干数日，等伤口干燥后上盆栽种。

分割：如果是块茎较大、芽点较多的母球，可以用刀把母球进行切块分割，进行分割繁殖，注意要保证每一个切块都有2～3个芽点，等到切面干燥愈合后再上盆。

播种：因为彩叶芋的种子不容易储藏，所以等彩叶芋的种子采收后要立即播种繁殖，否则发芽率会很低。

◇花友经验◇

Q：花叶芋的病虫害有哪些，该怎样防治呢？

A：花叶芋容易受到干腐病、叶斑病、红蜘蛛等病虫害影响。干腐病：这种病害多发生在块茎储藏期间，发生块茎染病的时候要及时挑出块茎，或者用50%多菌灵500倍液浸泡或喷粉防治。叶斑病：这种病害多发生在植株的生长期，发现这种病害可以用50%甲基托布津可湿性粉剂700倍液喷雾防治。如有红蜘蛛，可以用40%乐果1500～2000倍液、58%风雷激乳油1500～2500倍液等进行喷杀。

第二章
观花类花卉

芍药

【花卉简介】

芍药名将离、殿草、婪尾草，为芍药科、芍药属草本花卉。在我国已有1500年的栽培历史。芍药以优美多姿的株形、硕大的花朵、艳丽多彩的花色，深受人们喜爱，曾有许多诗人、学者吟诗作词，予以赞美，封牡丹为花王，封芍药为花相，其观赏价值可与牡丹媲美。芍药株高可达1米左右，根部肉质。下部叶2回三出复叶，小叶狭卵形，花单生于当年生枝条的顶端，具较长的花梗，花朵有千瓣（重瓣花）、多瓣、单瓣、楼子（花中心堆起耸立的花瓣，状如楼阁）、冠子（指状如发髻的花瓣）、平顶（指花瓣齐平的千叶花）、丝头（指大叶中心耸立一簇丝状的花瓣）等类型，有白、黄、粉红、紫、玫瑰等多种花色。4～6月间为芍药的花期。

【生长条件】

芍药是典型的温带植物，温暖的气候更适宜它的生长，年平均气温14℃～16℃，年平均相对湿度70%～80%。土壤以沙质壤土至轻壤土，疏松、肥沃，土层深厚处为佳。潮湿、排水不良的积水处不宜生长。要求光照充足，在树下林边也能生长。芍药较耐旱，耐寒，北方稍加保护可露地过冬。

【栽植】

芍药的块根，必须经过冬季30～50天的低温（－1℃～10℃），才能发芽。否则即使在25℃～30℃的适温条件下，也不发芽，更不能开花。"七月芍药，八月牡丹"，说明春季不能栽培芍药。

芍药喜欢肥沃疏松，而又略带酸性的沙质土壤，不宜在碱性土壤中生长，如果土壤碱性过大，会引起叶片黄化，甚至萎缩枯死。芍药适于露地栽培，宜选向阳、旱能灌、涝能排的地方。

排水不良，土壤板结（碱化），阳光照射不足，是栽植芍药的三大忌。露地栽培，应施厩肥深翻，整细后理成高畦。一般畦高为10～15厘米，畦宽为70厘米，长度不限。栽培的株距为80厘米。栽培时，应依据根系长短、大小挖坑，注意根部要舒展，不宜过深，覆土以盖上顶芽4～5厘米为度，栽完后浇1次透水，壅土越冬。

芍药在生长期，如因欣赏或其他特殊需要，非盆栽不可时，只能在花蕾即将开放前，于傍晚带土团挖起，移栽于花盆内。挖时土团要大，尽量少伤根系。盆栽用土栽花前半年沤制，饼肥、厩肥、腐叶土加水堆沤，使其发酵，充分腐烂；按比例加入2～3千克过磷酸钙充分拌匀，再喷水堆沤1～2月，使土肥相融，如果土壤呈碱性，要适当掺入硫酸亚铁，直到土壤呈微酸性为宜，收堆待用。

芍药进行盆栽的最佳时期是9月下旬到10月上旬，要选择深盆栽植，家庭养花一般应选择直径30厘米，深40～50厘米的深盆为好，每盆栽2～3株为宜，要讲究栽植技术，盖好排水孔，先铺3～5厘米的煤渣作滤水层，再填15～20厘米备好的盆土，再将种苗分散直立于盆，理顺根系，再填盆土，边填土边轻压，使根系与土壤充分结合，填土高度以超过根芽顶端4～5厘米为好。栽种好后，浇透定根水，放于通风向阳处养护。

【浇水与修剪】

春、夏两季是芍药需水较多的时期，除了保持土壤的湿润状态外，还要十分注意阴雨天，及时排除花盆积水，秋、冬两季要减少浇水。

生长较好的芍药，不仅枝繁叶茂，而且每枝花茎上都要长出3～5个花蕾，为了使花大色艳，一般疏蕾两次：第一次在花蕾有黄豆大小时，选在晴天上午进行疏蕾，第一次疏蕾花茎上只留顶端的1～2个花蕾，其余全部剪掉；第二次在花蕾2厘米大时，剪掉一个预备蕾只留花茎顶端的主蕾。到含苞绽放时，细软的花茎已无力支撑膨大的花蕾，要及时插入细竹竿加以支撑，以防倒伏。

【施肥】

芍药的营养生长和生殖生长并进阶段在春季。当早春根芽出土时要结合浇水，轻施一次以氮肥为主的稀薄液肥，加速营养生长。到4月中旬芍药进入蕾期。从现蕾到开花大约有1个月左右时间，在此期间可追施1～2次复合肥（2千克肥兑100千克水），喷施2～3次0.2%的磷酸二氢钾肥液，以促进花大色艳。花期过后，要及时剪去凋谢的花朵，同时要追施1次以氮肥为主的液肥，加速根部幼芽的生长。冬季，芍药进入休眠状态，对水分需求量减少，只要土壤保持湿润就行，但必须结合中耕松土埋施适量腐熟的饼肥或厩肥，以补充土壤消耗的养分，为明年壮苗做好准备。

【四季养护】

芍药的四季管理重点是要结合浇水施肥，搞好松土除草，常年保持盆内土壤疏松、透气、保墒、无杂草的状态，促进根系健康生长。

【繁殖状况】

芍药的繁殖方式有：分株、播种、扦插等。

分株：以秋后叶片枯落后进行为宜。先将植株掘起，抖落泥土，然后顺其自然裂缝纹理处用利刀劈开。3～4年生母株可分为3～5丛，每丛要有3～5个芽。通常在芽下5～6厘米处剪去部分粗根，所留种根宜阴干，待伤口收干后，以草木灰、硫黄粉涂抹伤口，防止细菌浸入，然后将株丛种植。

播种：在种子成熟后随采随播。播种地应选择背风向阳处，土壤为深厚肥沃、排水良好、腐殖质丰富的沙质壤土。播种前深耕一次，深翻达20厘米以上，再纵横细耙3～4遍，并结合施腐熟堆肥、厩肥、豆饼等为基肥。条播、穴播均可，行距40厘米，穴距20厘米，播深6～7厘米，播后覆土，并及时浇水。

扦插：秋季剪根，每段长5～10厘米，扦插于沙床即可成活。

◇花友经验◇

Q：牡丹和芍药如何区分？

A：牡丹和芍药是两种很相似的花，植株的外形和花朵的样子都很相像，但是仔细对比会发现，牡丹叶片宽大，叶对生，正面为绿色并略带黄色，无毛，背面有白粉。芍药的近花处为单叶，叶片正反两面均为浓绿色，叶片着生较密。牡丹的茎为木质，为多年生落叶灌木，枝较粗壮且繁多。而芍药的茎为草质，它的根内没有木质部。从花朵上看，牡丹的花都是单朵顶生，花径为20厘米左右，有的还要大。而芍药则是一朵或几朵顶生或近顶端叶腋生，花形较小，芍药的开花时间也比牡丹迟约两周时间。

🌿 白玉兰

【花卉简介】

玉兰又名白玉兰、木兰、玉树、应春花、迎春花、望春花、玉堂春，木兰科落叶乔木，原产我国。

玉兰树冠宽卵形，小枝淡灰色，嫩枝芽大，有灰黄色长茸毛。叶互生，为倒卵状长椭圆形，先端突尖，幼时叶背有柔毛。花大，先叶开放，单生枝顶为钟状，色白微碧，香气似兰，花径12～15厘米，萼与花瓣相似，花被瓣共9片。花期3～4月；玉兰花白玉无瑕，开花时枝头犹如竖立着千百只玉杯。微绿的花朵颇似被阳光映绿的白色荷莲，清香扑鼻，满树犹如堆上阳春白雪，十分高雅。

玉兰常见的品种主要有：二乔玉兰，又名朱砂玉兰、紫砂玉兰，树形较矮、枝叶细瘦，花白色，形似玉兰而稍小，表面有玫瑰色红晕。

木兰又名紫玉兰。由于花蕾的形状酷似毛笔头，故又有"木笔"之称。花瓣表面紫红色，里面色较浅，并有紫红色晕或是斑纹。木兰的花蕾是珍贵的药材。

荷花玉兰又名大花玉兰、广玉兰，花朵硕大，形似荷花，花白色，夏季开花，幽香阵阵。

宝华玉兰，花瓣上部白色，下部和脉纹紫色。

天女木兰，花单生，白色，花径7～10厘米，花柄细长，花盛开时随风飘荡，芬芳扑鼻，宛如天女散花，所以又叫天女花。

【生长条件】

玉兰喜光和温暖的气候，较耐寒，亦稍耐干旱，适生于肥沃、深厚、湿润之地，酸性土、中性土均能生长。萌芽性强。玉兰因其根肉质，所以不耐积水。

【栽植】

玉兰树不宜裸根移植，移栽时要带土坨，所以定植时要认真选好位置，栽后就不要轻易搬动。定植玉兰时要选背风向阳、温暖湿润、侧方有庇荫的地方，玉兰对土壤要求不严，微酸或微碱性土都可适应，以排水良好的中性沙壤土为适宜。定植时，每穴要施腐熟堆肥数锹，栽好后连浇数次透水。栽后最初两年要防寒保护越冬。

【浇水与修剪】

在生长季节要保持土壤湿润，每月要浇透水一次，因土壤干旱会导致花芽脱落，影响翌年开花，但雨季停浇，并注意排水防涝。11月中旬浇足冻水，水渗下后及时封土，以使花木安全越冬，防止早春抽条。

玉兰秋季落叶后要适度修剪，除应剪去枯病枝外，对短于15厘米的中枝及短枝一般不剪，对长枝要剪短12～15厘米。剪口要平滑并微外斜，剪口距芽不短于5毫米。玉兰枝干愈伤能力差，剪后如能及时在伤口处涂抹波尔多液等防腐剂更好。

【施肥】

养玉兰花每年至少要施肥2次，第一次在头一年入冬时结合浇封冻水施用，于树冠边缘，在地上开一条深20厘米、宽30厘米的外形沟，将腐熟粪肥均匀撒入沟中，然后埋土浇冻水。开花后5～6月份可再施追肥1次，以利花芽的形成，用腐熟液肥或复合肥皆宜。

【繁殖状况】

玉兰可用嫁接、扦插、播种等方式繁殖。

播种：必须掌握种子成熟期，早采不发芽，迟采易脱落。9月中、下旬采收后，从蓇葖果中取出种子，放入凉水中浸泡搓洗，除去带红色假种皮，在室内阴干，置于低温处保湿即可。翌年春季2～3月进行播种，育苗地施足基肥，整干耙细打畦。播后覆土2厘米，浇透水，保持土壤湿润，最好进行催芽播种，在温水中浸泡24小时，可提高发芽率，使发芽较整齐。

扦插：选择当年生嫩枝顶部2～3节为插穗，5～6月扦插（北方可稍迟），插床用沙土，上方庇荫，每日喷水保湿，一般15～25天可生根。插前如用50毫克/升萘乙酸浸泡基部6小时，或用100毫克/升萘乙酸浸泡3小时，可提高生根成活率。

嫁接：繁殖玉兰常用的嫁接方法有芽接和切接。选2～3年生壮实生苗做砧木，芽接6～8月份进行，在秋季切接成活率高。切接后嫁接植株全部用土覆盖，第2年4～5月扒去覆土，也可在6～7月份进行靠接。

◇花友经验◇

Q：在夏天，为什么我养的玉兰花出现了枯叶现象？

A：导致盆栽玉兰花夏季枯叶的原因有：第一，盆土过干。盆土过干出现枯叶是从树身基部开始逐步延伸至顶部的。第二，浇水过多，使盆土积水。这种枯黄的表现是从树身上端开始向下延伸，并先从叶尖开始枯焦，然后扩大到全叶，最后脱落。第三，土壤问题。种植玉兰最好是采用疏松、肥沃、富含有机质的偏酸性土壤，如果用重碱性土种植或施入浓度过高的化肥，就会引起叶片枯黄。查明原因后对症下药，就能防治玉兰枯叶脱落。

翠菊

【花卉简介】

翠菊又叫江西腊、蓝菊，为菊科、翠菊属一年生草本观花类花卉。翠菊是原产中国的传统草花，已有上千年的栽培历史，其花期长，花色花型丰富多彩，矮型种适宜盆栽，布置庭院花台和阳台，也可与中型种配置，应用于露地花境、花坛、花带，高生种可做切花，也可摆放于室内阳光充足的窗台边、客厅或书房。翠菊茎直立，多分枝，叶互生，卵形至椭圆形，具有粗钝锯齿，上部叶无叶柄，叶两面疏生短毛及全株疏生短毛。头状花序单生于茎顶，花径3～15厘米，总苞具多层苞片，外层革质、内层膜质，花盘边缘为舌状花，原种舌状花1～2轮，栽培品种的舌状花为多轮。有很多栽培变种，花色多样，深浅不一，花期夏秋。瘦果呈楔形，浅褐色，成熟期为9～10月。

【生长条件】

翠菊原产我国北部，为特产花卉，翠菊喜光照充足、温暖湿润环境，耐寒性不强，越冬最低温度为2℃～3℃。

【栽植】

在翠菊苗高10厘米时，定植于盆内，宜用10～12厘米的盆。盆土保持湿润，放在向阳、通风良好处养护，每半个月施1次稀薄液肥，则生长旺盛。每年换1次新土。

家庭养花 实用宝典

【浇水与修剪】

翠菊是浅根性草本植物，在生长过程中要保持盆土湿润，不能过干也不能过湿，这样才有利于其茎叶的生长。盆土过湿对翠菊的影响很大，往往引起徒长、倒伏或出现各种病害，如果发生积水很容易就烂根死亡。栽种最好采用喜肥沃湿润和排水良好的壤土、砂壤土，夏天的时候，为了保持正常的湿度，可以在盆土上方覆盖一些透气保水的材料，如木屑。现蕾时期更需要注意浇水的频率和浇水量，以免出现徒长，形成高瘦型的株型，不仅株型不好看，还容易造成开花期间因花头过重而倒伏。

【施肥】

在翠菊的生长期内，每月施肥1次，施肥要均衡。盆栽后45～80天增施磷钾肥1次。

【四季养护】

要想改变翠菊的花期，可用控制播种期的方法，3～4月播种，7～8月开花，8～9月播种，年底开花。

翠菊常见病害有锈病、枯萎病和根腐病，可用60%甲基托布津500倍液喷洒防治。虫害有红蜘蛛和蚜虫，可用辛硫磷乳剂1000～1500倍液喷杀。

【繁殖状况】

翠菊常采用播种法繁殖，翠菊出苗容易。在21℃气温下，8～10天发芽。一般多春播，也可夏播，播后2～3个月开花。北方室内也可于11月播种，4个半月之后就会开花。

◇花友经验◇

Q：翠菊对光照和温度有什么要求？

A：翠菊的耐寒性弱，也不喜酷热，在通风良好且阳光充足的地方可以生长旺盛。生长适温为15～25℃，冬季温度不低于3℃。如夏季温度超过30℃，翠菊往往会开花延迟或开花品质不良。所以，夏天，光照过强和温度过高的时候要注意遮阳。

🌿 百合

【花卉简介】

百合又叫杂种百合、中逢花、蒜脑薯、百合蒜，为百合科多年生草本球根花卉。百合的株高通常为50～100厘米，鳞茎无皮、球形，茎直立。叶散生，披针形。花顶生，喇叭形，向外反卷，花朵下垂，有红、橘红、黄白、乳白、白等色，有的香味浓。花期多数在夏秋间。

百合常见品种主要有以下几种：

麝香百合，植株刚直挺秀，株高40～60厘米，鳞茎球形或扁球形，黄白色，茎直立，叶披针形，花顶生，数朵至10余朵，大而洁白，长12～15厘米，喇叭形，平展，花被稍反卷，有芳香气味。6～7月为麝香百合的花期。

沙紫百合：鳞茎紫赤色，卵形。叶狭披针形，叶腋内有浓绿色珠芽。花顶生，2～3朵，多的可达10多朵，喇叭形，开展，里面白色，背面紫褐色，有芳香气味。6～7月为开花期。

细叶百合：鳞茎长椭圆形或圆锥形，白色。叶片密集在茎的中部，狭线形，主脉一条。花下垂，鲜红色，花瓣反卷。7～8月为花期。

兴安百合：鳞茎白色，茎高30~90厘米。花杯状。花瓣分离，无筒部，黄赤色，自中心到底部有淡紫色小斑点，花药褐色，花丝及花柱绿色。花期5~6月。

松叶百合：鳞茎白色，卵形。花下垂，淡青色有紫色斑点，花瓣反卷。花期6月。

条叶百合：鳞茎小，卵圆形。花色橘红或橙黄，基部有不明显的斑点，上半部反卷，下部狭管状。8月为花期。

鹿子百合：株高60~100厘米。鳞茎扁球形，叶较宽，黄白色。花色变化较多，从粉色至浅红色以至浓红色均有，花1~10朵排列成总状，花下垂，花瓣自基部向外反卷，基部有鲜红色的突起。花药一般呈红褐色。花朵大而美丽，似鹿纹，花白色或淡红色，分别称白鹿子百合或赤鹿子百合。

王百合：鳞茎卵形至椭圆形，直径10厘米以上，紫红色。茎高1.5米，叶细线状。花顶生4~5朵，多至10余朵，呈水平状，花形似喇叭，白色，基部呈黄色，花被开裂并向外反卷，有芳香。王百合通常在6~7月开花。

白花百合：茎高70~150厘米。鳞茎球形，白色略带紫色。叶倒卵状披针形。花顶生1~4朵，平伸，乳白色，背带紫色，先端微向外反卷。花期6~8月。花极香，是形、色、香俱佳的品种。

川百合：鳞茎小，卵状球形，直径3~4厘米，白色。叶狭长成线状披针形，主脉一条明显。花7~20朵排列为总状花序，下垂，花被反卷，橙红色，有紫色斑点，花瓣极度反卷，背部疏生白茸毛。7~8月为花期。

台湾百合：鳞茎球状，黄白色。叶线状披针形。花生在顶部1~8朵不等，喇叭形，平展，内白色，背有紫红色条纹，芳香。花期6~7月。

天香百合：花为扁球形，黄白色。花平展，白色，有红褐色大斑点，在花被中央有辐射状黄色纵条纹，花朵有浓香。花期一般在6~7月。

山丹：鳞茎卵状球形，白色，直径约2.5厘米。叶条形。总状花序着花1~20朵，花星状直立，深红色无斑点，有光泽，一至数朵顶生。花期5~7月。

青岛百合：轮生的绿叶衬托着橙红色星状花朵，鳞茎近球形，白色或略呈黄色。花单生或2~7朵排列呈总状。花橙黄至橙红色，花被不反卷，有淡紫色小斑点。6月为花期。

湖北百合：鳞茎呈淡褐色，球形极大。总状花序着花6~12朵，橙黄色，具有稀疏红褐色斑点，花被基部的中央为绿色，花粉橙色，花期在7~8月。

甜百合：鳞茎黄色，味甘甜，茎高约40厘米。初夏开黄花，全株有花30多朵，花期长。

【生长条件】

百合怕炎热，喜肥沃、疏松、排水良好的偏酸性土壤，百合喜凉爽，较耐寒，耐阴性强，生长适宜温度为12℃~18℃。

【栽植】

百合花露地种植适期为8~9月，盆栽宜在9~10月，盆栽培养土用腐叶土、粗沙、菜园土按3∶2∶5比例混合而成，可施适量草木灰等有机肥，或施3~5克复合肥。定植后土壤应保持湿润，20~30天新芽破土。盆底用粗沙或煤渣块铺垫3~4厘米厚作排水层，宜用深盆，口径20~25厘米的花盆可种2~3个球根。

【浇水与修剪】

盆植尽可能放置在凉爽环境下管理，也可用遮光网或草帘遮阳避直射阳光，并适当浇水，见干见湿为宜。秋季高温季节，每天中午向叶面喷水2~3次。

【施肥】

在百合的生长期内，每隔15天施1次肥，以腐熟有机肥为宜，或施合成肥或尿素，现蕾至开花期，每15天喷0.2%～0.3%磷酸二氢钾溶液1次，花后要追1～2次富含磷钾的速效肥。盆栽在2～7月，每2个月施1次肥，用肥与露植相同。施后要浅松盆土，将肥混入盆土。冬季温度降至5℃～8℃时每月施肥1次，低于5℃停止施肥，待温度回升再施。现蕾至开花每月施2次0.2%磷酸二氢钾、少量硼砂、硝酸镁等或根施专用壮花肥，花期不宜施用，花后每月薄施2次营养液肥，可保茎叶翠绿，促进地下新鳞茎生长。

【繁殖状况】

分小鳞茎繁殖：百合老鳞茎（母球）生长过程中，于茎轴上逐渐形成多个小鳞茎，称"茎生小球"。经1年栽培，可分生1～3个甚至7～9个小球，适当深栽及摘除花蕾，均有助于子球发生。小鳞茎待明春播于苗床。小鳞茎培养2年后，少量会抽出花蕾，应及时摘去这些花蕾。

鳞片扦插繁殖：取成熟健壮、无病的老鳞茎，阴干数日后剥下鳞片，剥掉外层发干、有伤痕的鳞片，将内部肥厚、健壮的鳞片小心剥下斜插于湿润木屑或颗粒泥炭中，温度以20℃～25℃为适合，一般8～9月扦插，经2～4个月生根发叶，并在鳞片基部生长出小鳞片。基质含水量在60%～80%。1片鳞片多者可获50～60个子球。自鳞片扦插、生根、发芽至植株开花，一般需2～3年。

叶插繁殖：将开花植株的茎生叶自茎上拉下，扦插到湿润介质如蛭石、木屑中，保持20℃左右温度，每日光照16～17小时，经3～4周后产生愈伤组织和小鳞茎，1个半月后，小鳞茎产生新根。

播种繁殖：宜在12月上旬进行。采用条播或撒播。播种用土，以土壤、腐叶土、河沙为4∶4∶2的比例混合。播后覆土以不见种子为宜，充分灌水、覆盖，温度白天25℃以下，夜间10℃左右，播后约1个月即可发芽。

组织培养繁殖：百合的组织培养比较容易成活，可用于组织培养的外植体有鳞片、叶片、珠芽、花、幼嫩茎段、根段等。

◇花友经验◇

Q：百合怎样过冬？

A：秋季栽种的百合只长根，不出叶，保持土壤湿润即可。百合不畏寒冷，南方冬季可放置在未封闭的阳台上培养。但北方气温较低，应放置在3℃以上的环境中越冬。冬季搬入温室，或放置在封闭的南面阳台上，保持温度10℃以上，有利于来年提前开花。

🌿 报春花

【花卉简介】

报春花又名四季报春、樱草、年景花，为报春花科、报春花属观花类花卉。早春开花为本属植物的重要特征。报春花植株低矮，株高20～30厘米，全株具毛。叶全部基生，形成莲座状叶丛，叶具长柄，近卵圆形，基部心脏形，边缘具缺刻状齿牙。花有红、黄、橙、蓝、紫、白等色，在花蕾上排成伞形花序，总状花序。报春花可以生长出球状的蒴果。

【生长条件】

报春花是一典型的暖温带植物，喜温和凉爽，忌高温、炎热，除了少数耐寒品种以外，大多数要求5℃以上的温度越冬，生长期适温是12℃～15℃。报春花有一定的耐湿能力，在营养生长期要求充足的水分。喜光，但是忌强烈的日光。报春花对土壤要求比较宽松，宜在排水良好、富含腐殖质的微酸性土壤里生长。

【栽植】

在穴盘中播种，种植后6～8周可定植。撒播5～6周后定植。第一次移植，株距约2厘米，或直接上8厘米小盆，土壤为微酸性土为好，然后直接上12厘米盆。栽植深度要适中，太深易烂根，太浅易倒伏。装盆后，不必人工补光。根部在盆中完全伸展之前应对植株遮阳。叶片失绿的原因除盆土酸性大外，还可能是太湿或排水不良。不仅夏季要遮阳，在冬季阳光强烈时，也要庇荫，以保证花色鲜艳。真叶4～5枚时上盆，盆大小为9～10厘米。装盆直至缓苗后，温度应保持在15℃，不可低于8℃。以后应保持在7℃～10℃。现蕾后，温度可升为12℃～14℃。温度升高会导致质量下降。发芽后，保持14小时光照，以促进植物生长。当自然光照低于8000勒克斯时，要补充光照。

【浇水与修剪】

假如温度较低，土壤过湿，报春花会发生白叶病，此时应减少浇水次数。如浇水过多，加上温度过高，将造成叶片生长旺盛。浇水过少，易造成叶片畸形。结实期间，注意通风，如湿度过大则结实不良。花后剪去花梗可促进再开花，人工授粉在5～6月，种子黄熟时采收，花后夏天置通风湿润处阴凉休眠，9～10月换盆，第二、三年可以再开花。

【施肥】

在报春花的幼苗期间，施肥2～3次。以10%的稀薄肥料为妥，切忌肥水沾污叶片，以免伤叶。定植时盆中应拌以基肥。植株在盆中定植后，施以均衡的氮、磷、钾肥，2周追肥1次，肥水浓度可增加到30%。保证持续供肥很重要，可以保证植株生长紧凑，品质高。如在种植初期供肥量不足，后期很难补上。施肥过重可能导致带状叶。报春对盐分过高很敏感，应控制盐分以避免根腐问题。开花期宜适当增施肥料，有利于结实。但在大部分花谢后即停止施肥。

【繁殖状况】

报春花以种子繁殖为主。种子寿命一般较短，最好采后即播。自春季3～4月采种后直到8～9月间，都可播种。但多在6～7月播种，11月开花，1～2月为盛花期。采用穴盘点播或播种箱撒播。因种子细小，播后可不覆土。种子发芽需光，喜湿润，故需加盖玻璃并遮以报纸，或放半阴处，10～28天发芽完毕。适温15℃～21℃，超过25℃，发芽率明显下降，故播种应避开盛夏季节。

播种时期根据所需开花期而定，如为冷温室冬季开花，可在晚春播种；如为早春开花，可在早秋播种。春季露地花坛用花，亦可在早秋播种。

◇花友经验◇

Q：报春花有哪些品种？

A：报春花主要有以下几种品种：

报春花：原产我国云贵高原。园艺品种繁多，为优良冷温室冬季盆花。

鄂报春：又名四季樱草。原产我国西南。园艺品种花色丰富，色彩鲜明，既有单瓣，又有重瓣型，为冷室冬季早春盆花。现广泛栽种于世界各地。在昆明全年开花不辍，所以又叫四季报春。

藏报春：又名中国樱草。原产四川、湖北等地。原种花玫瑰紫色。园艺品种花型更大。花色有桃红、橙、深红、蓝及白色等，为重要的冷室冬春盆花。

欧报春：原产西欧和南欧，现代园艺品种除单瓣、重瓣外，还有套瓣。花色丰富，性耐寒，在西欧可露地越冬，为早春花坛优良品种，盆栽也可。

🌿 网球花

【花卉简介】

网球花又名绣球百合、网球石蒜，为石蒜科多年生草本植物。网球花花色艳丽，有血红、白和鲜红等色。花朵密集，放射如球，是常见的室内盆栽观花类花卉。南方室外丛植成片布置，或点缀庭院，鲜艳宜人，花期景观别具一格。网球花株高约90厘米，根鳞茎呈扁球形，叶自鳞茎上部短茎上抽出，3～6枚集生，椭圆形至矩圆形，全缘。花梗先叶而出，圆球状伞形花序，顶生。花小奇特，由血红色的小花30～100朵聚集成球形，异常美丽。浆果球形，网球花的花期在6～8月。

【生长条件】

网球花原产于南非热带地区，我国云南有野生分布，现我国上海、广州和北京等地有栽培。网球花喜高温、湿润及半阴环境，喜排水良好的沙质壤土或泥炭土，不耐寒，耐干旱。

【栽植】

盆栽网球花宜用疏松肥沃、排水畅通的培养土。一般是培养土加沙10：1拌匀使用，最好在盆底铺上约3厘米厚粗沙以利排水。盆栽时可施入少量饼肥末作基肥。成株一般于每年春季换1次盆，换盆时注意剪去部分老枯根，添加新的培养土。生长适温为16℃～26℃，夜间保持10℃～12℃。冬季休眠时温度不能低于5℃，否则易受冻害。露地栽培的网球花，需将鳞茎挖出，放室内埋沙越冬。

【浇水与修剪】

平时盆土保持湿润即可，忌浇水过多，盆内积水或盆土过湿，鳞茎易腐烂。华东地区霜降后（11月）网球花叶子开始枯黄，逐渐进入休眠期，应少浇水，使盆土逐渐干燥，叶子全枯时停止浇水。

【施肥】

在网球花的生长季节，需每10天左右施1次稀薄饼肥水或复合化肥。

【四季养护】

春、秋两季宜放半阴处培养，夏季光线太强时，需移至有遮阴的凉爽处，避免强光暴晒，否则易灼伤叶片。开花期间放置在温度较低的地方，可延长观花期。

【繁殖状况】

网球花可用分球和播种法繁殖。分球繁殖在5月换盆时将母株上的小球分开，另行栽植，一般需要培养2年才能开花。在温暖地区可用播种法繁殖。花谢后50～60天种子成熟，一边采集一边播种，播后约15天出苗，长成第1片叶时移栽一次，从播种至开花，需培养4～5年时间。

◇花友经验◇

Q：我养的网球花出现了线虫和蛞蝓，该怎么办呢？

A：如果盆土过湿，鳞茎内易发生线虫和蛞蝓危害，可用0.5%福尔马林液浸泡鳞茎3小时，蛞蝓用3%石灰水喷杀。

六出花

【花卉简介】

六出花又名秘鲁百合、百合水仙，为石蒜科、六出花属多年生草本观花类花卉。六出花一般栽植于花坛、花园及岩石园，亦可温室盆栽。由于六出花花朵大、色彩丰富、花期长、栽培管理较简单、病虫害少，因而作为切花品种新秀日益受到人们的喜爱与重视。六出花有肥厚肉质的根茎，水平伸长，多须根。地上自根茎处萌发，直立而细长。叶片多数，叶披针形至倒卵形。聚生伞形花序，花漏斗状，花瓣6枚，花期较长一般为半年。

【生长条件】

原产南美秘鲁、巴西的六出花，喜光，为长日照植物，喜温暖湿润，不耐寒，亦忌高温，六出花怕积水，喜排水良好的壤土。

【栽植】

盆栽六出花常用12～15厘米盆。地栽定植处应以疏松、肥沃和排水良好的微酸性沙质壤土，土层厚度在50厘米以上，pH值在6.5左右为好。盆栽土用腐叶土或泥炭土、培养土和粗沙的混合土。

【浇水与修剪】

六出花在生长期需充足水分，但高温高湿不利于茎叶生长，且易发生灼叶和弯头现象。花后地上部枯萎进入休眠状态，应停止浇水，保持基质干燥。待块茎重新萌芽后恢复供水，但盆内湿度不宜过高。入冬后，新芽生长迅速，茎叶密生，影响基部花芽生长，需疏叶，去除细小的叶芽，保留粗壮的花芽，达到株矮、花多的目的。

【施肥】

定植六出花时，可施基肥。2月下旬至3月上旬施1次尿素等氮肥，促其营养生长。3月下旬至6月上旬为产花期，此间每隔2～3周追施1次肥料。

【四季养护】

六出花的生长适温为15℃～25℃，最佳花芽分化温度为20℃～22℃，如果六出花长期处于20℃的温度下，将会不断形成花芽。如气温超过25℃，则营养生长旺盛，而不利花芽分化。当温度升高至35℃以上时，植株将会处于半休眠状态。冬季温度保持在10℃～12℃可越冬。

六出花是强阳性植物，生长季节应有充足光照。生长期日照在60％～70％最佳，但又忌烈日直晒，夏季可适当遮阴。

六出花常有根腐病危害，在发病初期可用65％代森锌可湿性粉剂600倍液喷洒。六出花的主要虫害为蚜虫，在发病初期，可用40％乐果乳油2000倍液喷杀。

【繁殖状况】

六出花可用播种和分株法进行繁殖。

播种：以春、秋播为好，用播种盘播种，基质可用草炭土与沙以1：1的比例混合，经高温消毒后使用。撒播，覆土厚度为1厘米，在16℃～18℃的保湿条件下，播后20～28天发芽，当幼苗有2～3片叶时可进行分栽定植，注意勿伤根系。一般秋播株，翌年夏季开花，春播苗，秋季开花。

分株：常在秋季进行。当地上部茎叶枯萎进入休眠状态时，将地下茎小心挖出，抖去周围土壤，然后用手把根茎掰开，每棵新株要带一部分根茎和2～3个芽，一般每丛母株可分10～15个新株。

◇花友经验◇

Q：如何提高六出花的开花率？

A：秋季因日照时间短，影响开花时，采用加光措施，每天日照时间在13～14小时，可提高六出花的开花率。

🌿 球根海棠

【花卉简介】

球根海棠又叫茶花海棠、夫妻花、球根秋海棠等，为多年生球根类花卉。球根海棠的株高约30厘米，块茎呈不规则扁球形。叶为不规则心形，先端锐尖，基部偏斜，绿色，叶缘有粗齿及纤毛。腋生聚伞花序，花大而美丽。球根海棠品种也很多，有单瓣、半重瓣、重瓣、花瓣皱边等。花色有红、白、粉红、复色等。春季是球根海棠的花期。

【生长条件】

球根海棠性喜温暖、湿润及通风良好的半阴环境。不耐寒，忌高温、多湿和强光。适宜生长在疏松、肥沃和排水良好的微酸性沙壤土中。生长适温16℃～21℃，相对湿度为70%～80%。

【栽植】

盆栽常用口径20厘米的花盆。球根海棠属浅根性植物，定植时盆土宜用腐叶土、泥炭上和粗沙进行混合配制；栽前在盆底施入少量腐熟的饼肥末或骨粉作基肥，这样有利于根系的发育。

【浇水与修剪】

球根海棠属浅根性花卉，在生长过程中应根据植株和气温变化灵活掌握浇水次数和分量。萌芽期应严格控制浇水，保持盆土略干燥，太过潮湿的盆土环境对根系损害较大。生长期每周浇3～4次水，避免盆土过度干燥与过于潮湿，浇水要做到盆土不干不浇，干必浇透。为增加空气湿度，在夏季炎热干燥时，特别是在花期，应经常用清水向叶面及花盆周围喷雾，并将盆株放置于凉爽通风处，每周浇2～3次水。如果浇水不当，气温过高，加上通风不良，很可能会导致块茎死亡。

【施肥】

在球根海棠的生长期内，每隔10天左右施1次腐熟的稀薄饼肥水。花蕾形成后，每隔15天左右施1次过磷酸钙等磷肥。在其生长发育过程中，如果发现叶片呈淡紫色并产生卷曲现象，就说明氮肥施用过量，此时应减少施肥量或延长施肥期；而叶片呈淡绿色则又表明缺乏氮肥，应适当增加施肥量。正常的叶色应是深绿色，且植株挺拔，富有生机。

【四季养护】

球根海棠的生长规律是春季萌发生长，夏秋季开花，冬季休眠。平时养护光线太强和气温太高都会造成叶片边缘皱缩，花芽脱落，甚至块茎死亡。但又不可过度萌蔽，不然植株徒长，开花减少。另外，球根海棠茎较柔嫩，生长期不宜多搬动。同时，为避免风吹雨打折断花茎，花蕾期前要设置支柱。

【繁殖状况】

球根海棠常用扦插、块茎分割法进行繁殖。

扦插：此法更适用于不结果实的重瓣品种。扦插多在春末夏初进行。剪取优良块茎上带顶芽的茎枝，长约10厘米，除去基部叶片，保留顶端1~2片叶，待切口稍干后插入沙床中。插前应先用细木棍子在基质上插个孔，然后再将插穗插入。一般20天左右生根，2个月左右可上盆，当年即可开花。

块茎分割法：早春块茎将要萌芽前，用消毒过的利刀将块茎切割成数块，每块至少有1个芽眼，伤口处涂以草木灰，稍晾干后栽入口径8~10厘米的小盆中，栽植不要太深，以块茎顶部与土面平齐为宜。栽后保持基质稍湿润，2~3周后即可萌生新芽。

◇花友经验◇

Q：球根海棠怎样越冬呢？

A：球根海棠不耐寒，到了秋末气温下降后，叶片逐渐枯黄脱落，进入休眠期，此时可将枯黄的茎叶从基部剪去，从盆土中取出块茎进行沙藏，也可以仍保留在盆土中。不论块茎沙藏或仍保留在盆土中，均需注意不能过湿，否则极易导致块茎腐烂。块茎贮藏的适宜温度为8℃~10℃。

茉莉

【花卉简介】

茉莉又叫末利、抹历、玉麝等，为木樨科、素馨属常绿灌木。

茉莉品种主要有：

红茉莉，幼枝四棱形，有条纹。单叶对生，三出脉，卵圆至椭圆形。聚伞花序，单花或数花顶生，花冠红色至玫瑰紫色，芳香，花期5月。

广东茉莉，枝条直立，坚实粗壮，花头大，花瓣二层或多层，蕾为圆形，花朵不如金华茉莉多，香气也较淡。

千重茉莉，枝条比广东茉莉柔软，特别是新生枝条似藤本状，最外二层花瓣完整，花心的花瓣碎裂，香气较浓。

栀子素馨，花纽扣形，重瓣花，花径3~4厘米，白色。

阿拉伯素馨，叶大，深绿色，半重瓣花，白色，花径2~3厘米。

大花茉莉，花大，白色。

金华茉莉，枝条蔓生，花单瓣，花数多，花蕾较尖，香气比重瓣茉莉花浓烈。

素方花，叶对生，羽状复叶，小叶5~9枚，有花数朵，白色，芳香，花期通常为7个月。

毛茉莉，叶对生卵圆形，花萼被黄褐色柔毛，复聚伞花序顶生，花白色，高脚碟状，芳香，花期冬春季。

【生长条件】

原产于我国西部和印度的茉莉喜温暖、湿润和阳光充足的环境，茉莉不耐寒，怕干旱，不耐阴，怕水湿。茉莉宜在肥沃、疏松的酸性沙壤土里生长。

【栽植】

在4~5月份，最适合栽植茉莉。按苗株大小选用合适的花盆。把瓦片覆盖在盆底的排水孔上，便于排水、透气。瓦片不能仰放，这样会把盆孔阻塞住，不利于排水、

透气。然后在瓦片上加上少许的培养土，接着把植株放到盆中，左手持植株的茎，让根系均匀分布在盆中；右手持小铲覆土。覆土不要过满，以免浇水时水流出盆，不能渗入土内。栽植深度要适度，太浅，根会露在外面，不利于植株的稳定和生长；太深，根系通气不畅，也不利于植株的生长。覆土以到根茎为准。当覆土到一半时，把植株略向上提一下，以便使根系舒展，和土密切结合。覆土完毕后，把土稍微压实，再浇足量水。之后把它放在稍微遮阴的地方7～10天，之后进入正常管理阶段。

换盆是栽植茉莉的主要工作，需每年换1次盆，尤其是当植株长一两年后，花盆内壁根群会长得非常浓密，需要及时换盆。换盆时间一般在4月下旬或7月上中旬最好，换盆前要停施水肥，以方便换盆。换盆时把盆倒置于手掌中，用左手拍盆底，让根系和土球完整地脱出来。然后用小花锹削去土球外围的泥土，把枯死根和过长根修剪掉或截短。然后用相应的大盆重新栽植。重新栽植的时候要注意，保证花卉的根和土紧密结合，否则会影响到植株成活与生长。换好盆后，要浇透水，以利根土密接，使植株恢复生机。

【浇水与修剪】

因为茉莉怕旱忌涝，所以，浇水量应随季节、植株生长情况等因素灵活把握。4～5月份，2～3天浇1次透水。花蕾刚形成时，当天上午不浇水，等到傍晚时候再浇水，这样可以促使植株粗壮，花开整齐。

茉莉的盛花期在夏季，此时应多浇水，每天早晚各浇1次水，除正常浇水外可以向叶面和地面进行喷水，以降低环境温度，提高空气湿度。秋季每天浇1次水，冬至到立春期间，搬入室内越冬前应该浇1次透水，之后等到盆土见干后再少浇水，冬季浇水宜用温水。

茉莉花呈聚伞花序生长在新枝顶上，每抽一次新枝就开一次花，所以，对茉莉应该采取短截、摘心等方法促使其抽出更多的芽、更多的壮枝。

茉莉花从春季萌芽到越冬前都需要修剪，见到有枯枝、徒长枝、衰弱枝、病虫枝、盲枝要随时剪掉。每次植株开花后要及时剪去花柄和过密的枝条，以便促使腋芽萌发，使植株多长侧枝、多发蕾、多开花。在每批花开后，可以酌情摘除过多叶片，以促使花蕾生长。

植株整形可在春季结合换盆进行，这个时候可以把植株上的细弱枝剪去，清除病虫枝、枯枝，一年生枝只留下粗壮枝条的基部10～15厘米长，每枝留下4个节，这样有利于植株的生长、孕蕾和开花。多留靠近根部抽发的枝条，并使之分布均匀。

换盆时，如果发现有生长过长过密的老根、病根，就要除去，根部如果有数枝相聚成丛，可从基部将其劈开进行分株。

在夏天茉莉花常长出蘖枝，消耗营养，这时要及时剪短，留下1～2个叶节。这样很快就会从该枝叶节处长出强壮的花枝，然后再剪去枝端两对叶片以及第三对叶片上的细弱枝，保证植株枝条均匀、美观。然后再把老叶摘除，摘时不要伤到叶片，也不宜在过湿的情况下摘。通过修剪和摘叶，可以使新梢长得更多，花蕾孕育更多。

为了保留营养，在春梢长到4～5节时，再进行摘心，对于不长花蕾的枝端，也要摘去顶端2对瘦弱的嫩叶。

另外，修剪应在晴天进行，可结合疏叶，将病枝去掉，这样既调整了植株，也有利于植株的生长。

【施肥】

茉莉需肥量很大，要保持盆土有充足的肥力，这样才能保证茉莉花多开花。盆栽茉莉施肥以有机液肥为佳，但最好采用腐熟的人粪尿或腐熟的人粪尿掺鸡鸭粪、猪粪、豆饼、菜饼等，注意这些都要腐熟。

茉莉越冬后，要施一次浓肥，以便促其迅速抽生新芽，以金宝贝发酵剂充分发酵的有机肥最好。在盆土刚白皮、盆壁周围土表刚出现小干裂缝时施肥最合适。当新梢开始萌发时，可以施稀粪水，一般粪、水是1∶9的比例，并每隔7天施1次。

快开花时，可适当增加粪水浓度，并每隔3天施1次。等到第二三批花开放的时候，可以1～2天追施1次。秋后应少施或停止施肥，以免植株徒长，组织柔嫩，难以过冬。施肥前，先把盆土弄松，等土壤吹干后再行施肥，这样肥效比较明显。

【四季养护】

茉莉花喜光喜温，如果阳光充足并且温度较高，枝条会长得粗壮，叶片碧绿，孕蕾多，香气更浓。如果光照不足，就会出现枝条细弱，叶色淡，花孕蕾少，花香淡的现象。在室内栽植茉莉，可以将其放置在有阳光的地方，比如阳台、窗台等。盆栽茉莉花在冬季要移到室内，放在光照充足的地方，并且适当通风，以避免叶片脱落。

新栽植或刚上盆的茉莉要注意遮阴，需要在室内荫处养护7～10天左右，然后才能移入光照充足处。

茉莉花生长的最适宜温度为25℃～35℃。当气温达到20℃以上时植株就开始孕蕾，等到气温升到30℃以上时，花蕾发育速度会增快；温度降至10℃以下时花会立即进入休眠期，如果气温在-2℃～3℃时，枝条就会被冻伤。因此，养护茉莉花的最低温度也要达到3℃。

【繁殖状况】

扦插：宜在4～10月进行，硬枝扦插在3月底或4月初进行，可以选择2～3年的健壮枝作插穗；软枝扦插在5～8月间进行，插穗选择当年生的嫩枝。在梅雨季节最佳，因为此时雨水充足，空气湿度大，插条容易生根。育苗床泥沙掺半最好。按10～15厘米的长度剪截插穗，去掉插穗上的叶片，插穗两端的剪口需要离腋芽1厘米左右，顶端剪成45°左右的光滑斜面，以防止积水腐烂。下端要剪平，这样可以方便识别上下端，不至于插倒。扦插时，先用竹筷在盆内插一个小孔，深度占插穗的2/3，再把插条插入孔中，留一个节位在上面，紧贴土面。扦插完毕，立即浇足水，使插穗与泥土紧紧融合。之后要经常浇水，以保持土壤湿润，为了促使插穗早发芽，可以架设简单的塑料薄膜进行覆盖增温催芽，在30℃下，经过1个多月便可生根发芽。

水插：茉莉也可采用水插，一般在4～10月都可以，最适时期在春季气温回升而枝条未发芽前。可以选择两年生芽眼饱满的健壮枝条，长15厘米左右带4～6个腋芽，顶端留2～3片叶。选择容器最好是不透光的，这样利于发根，容器内装上凉开水，把插穗洗净后插入瓶中，插穗浸入水中约2/3，瓶口用脱脂棉卡住枝条，使插穗悬在瓶里，不接触瓶底。然后放置在阴凉处，保持气温高于20℃以上，不要让阳光直射到植株，2～3天便可换1次凉开水。10～15天后节下便可生根。

分株：茉莉分株一般结合换盆进行，选择发育好、生长旺盛；枝条多的植株，把植株的根部劈开，每株有5个枝条，栽进疏松、肥沃的土壤中，放到背

栀子花

阴的地方，大约半个月后，便会萌发新芽，然后可以进行正常管理。

压条：在4～7月份，选择1～2年生的健壮枝条，在节下部刻伤枝条，埋入盛沙泥的小盆中，覆土大概在5～10厘米，注意枝条必须有节才能长出不定根。压条后应该立刻浇水，要保持基质较高湿度，20～30天后即可生根。

◇花友经验◇

Q：茉莉花的常见病虫害有哪些，又应该如何防治呢？

A：茉莉最常发生叶枯病、枯枝病和白绢病，可以用代森锌可湿性粉剂800倍液喷洒。常见病虫害主要是红蜘蛛、蚜虫等，春季以红蜘蛛最多，常使叶片黄变白，逐渐脱落。家庭可用烟叶或烟卷泡制的烟水喷洒，这样既能起到杀虫效果，又保证了室内的环境卫生。

栀子花

【花卉简介】

栀子花又叫栀子、黄栀子，为茜草科、栀子属常绿灌木。栀子花果实像古代盛酒器具——"卮"而得名，栀子花叶片翠绿发亮，花形独特，花色乳白，清香宜人，远在汉代已为名花。

栀子花的花蕾花苞，像一颗颗柔润的珍珠豆，花蕾长大象一枚晶莹的碧玉簪，临近开放，像一尊玲珑剔透的古瓷瓶，亦绿、亦黄、亦白，洒脱匀称、粗犷柔媚、古朴清新，纵使神工妙手也不能尽其形神。

栀子栽培的变种与品种有：

大花栀子又名荷包栀子，叶片大，长椭圆形，花大，花期较晚，多为重瓣，香味浓烈。

小栀子又名雀舌花、四季栀子、狭叶栀子。株形矮小，枝条平展，花朵较小，重瓣，香味很浓。

卵叶栀子，叶较小，倒卵形，花小，白色，单瓣，香味比较淡。

核桃纹栀子又名斑叶栀子。叶片大，卵形，叶脉明显突出，呈斑纹状，花型大，香味淡淡的。

【生长条件】

秀丽的栀子花喜温暖湿润，喜阳光又害怕烈日暴晒，也能耐阴，但不适应寒凉温度，生长适温为18℃～22℃，越冬温度5℃以上，可耐-5℃的低温。

【栽植】

栀子花对土壤酸碱度非常敏感，最适宜的土壤pH值为4.5～6.0，当土壤pH值大于6.5时，就会出现缺铁的黄叶，因为北方的土和水都是碱性的，由于不断浇水，使土壤逐渐碱化，缺铁主要表现为新叶上先发黄，叶脉还是绿色，严重时叶片变成黄白色，叶尖和边缘焦枯。高温、高湿、强光、不通风亦会造成下部叶片发黄脱落。还有冬季冻害或生长期土温低于18℃，亦会造成功能性的缺铁。因此，栽培栀子花必须用排水良好、疏松、肥沃，pH值为5～6的沙壤土，南方用山土或稻田土栽培，北方要配培养土，一般可用腐叶土（泥炭）、园土、沙、堆厩肥按4：4：1：1的比例配置。

【浇水与修剪】

因为栀子花喜湿怕涝，春秋季每2～3天1次水，夏季每天1次水，冬季5～7天1次水。浇水一定要用10～20倍的矾肥水。夏季早晚向叶面喷水，使叶面油绿光亮。

入春后，剪除主干上的小弱枝和冗长枝，落花后摘去残花，当枝条长到10～20厘米时，留2～3对叶摘心，并调整枝条方位，使之疏密适度，长短相宜。栀子花萌发力强，如树冠太高或太密，可适当疏剪，在花后对花枝进行修剪，8月份对二茬枝摘心。

【施肥】

栀子花喜肥，可施用畜粪水或饼肥水，在生长期，每隔10～15天施1次矾肥水，在早春孕蕾期加施氮磷肥，花后要施补肥，一般用复合肥。

【四季养护】

栀子花在夏季应放在通风、湿度较大、透光的荫棚内，可防止下部黄叶。还有盆内积水、冬季根系受冻，化肥浓度太大烧根，都会造成黄叶，要引起注意，及时改正不正确的养护行为。

栀子花常见的病害有炭疽病、叶斑病，在发病初期，可用75%百菌清600倍液或50%多菌灵800倍液防治，每隔1周喷洒1次，持续3周即可见效。

【繁殖状况】

栀子花常用扦插和压条法进行繁殖。

扦插：在梅雨季节用嫩枝15厘米长，插入培养基，10～12天生根。

压条：4月选取二年生枝条，长20～25厘米，压埋在土中，保持湿润，约30天生根，夏季与母株分离，即可移植。

◇花友经验◇

Q：栀子花如何换盆？

A：每年春季把植株换到更大些的花盆中，换盆时尽量不要伤害根团。

瓜叶菊

【花卉简介】

瓜叶菊又叫黄瓜花、千里光、瓜叶莲。菊科、千里光属多年生草本植物。瓜叶菊的全株密生有茸毛。叶具长柄，形似瓜叶。头状花序多数聚集成伞房状，有蓝、红、紫等色，有的品种还具有斑纹。花期较长，从11月至次年4月。瓜叶菊观赏价值较高，而且花期长，是冬季或春季装饰室内、厅堂、会场的重要花卉。

【生长条件】

瓜叶菊原产于大西洋加那利群岛。瓜叶菊喜欢冬暖夏凉的气候条件，不耐寒冷霜冻或高温、高湿。当气温在5℃时，生长受抑制，长期低温或遇霜冻，植株死亡。喜肥沃、排水良好的土壤，忌积水；水分过多，根部容易腐烂。

【栽植】

夏季播种10～20天后，待小苗长出2～3片叶时进行第一次移植，株行距1.5厘米×2厘米，移植后5～7天可施一次薄液肥。再经30天左右，当长出5～6片叶时移植于10厘米口径的花盆中，增加光照，促进植株健壮生长。10月中旬定植于10～20厘米口径的盆中。

【浇水与修剪】

在夏季炎热温度高时，不能浇水过多使盆土过湿，以免植株徒长。应每天早晚各喷1次叶面水，既可降温，又可提高空气湿度，空气湿度持在70%～80%为宜。浇水应在植株出现微蔫时进行，盆土以潮润偏干为宜。

瓜叶菊需要修剪时，主茎上一般留15～20根长势强的主枝，其余主枝和侧枝全部打掉。开花期去边缘花，打萌蘖，可以集中营养，减少消耗。

【施肥】

瓜叶菊在生长期应保持空气湿润，夏季室外培养应注意遮阴，半个月喷1次稀薄液肥，但雨季忌施肥。

【四季养护】

在酷热的夏季，每日早、中、晚应向叶面及附近地表喷水，以便降低温度增加空气湿度。冬季置于11℃～14℃温室内，降低空气湿度，并要控制温度和湿度，温、湿度过高花小叶大，开花早，花期短；温、湿度适当则花大叶薄而嫩，花色鲜艳且花期长。

【繁殖状况】

瓜叶菊的繁殖以播种繁殖为主，重瓣品种不易结实，可用扦插或分株法繁殖。采种的母株应强壮、色泽鲜艳、免疫力强，采集有阳光照射的花朵结成的种子。从播种到开花，约有8个月，为获得不同花期的植株，一般在4～10月在浅盆内播种。发芽最适温度为20℃，播种后覆盖塑料薄膜保持湿度，放阴凉处，约15天发芽。苗出齐后可去掉薄膜，温度可降至15℃，并逐渐移至阳光处。出苗约1个月左右，待幼苗具有2片左右真叶时分苗，缓苗后温度可升至17℃～20℃，以便加速幼苗生长。再经30天即可单株上盆，上盆前，盆底应略施长效性基肥。扦插繁殖为1～6月剪根部萌芽或花后的腋芽作插穗，插于沙中25天左右可生根。另外，瓜叶菊还可用根部嫩芽分株的方式进行繁殖。

◇花友经验◇

Q：请问，瓜叶菊越冬需要采取什么保护措施？

A：瓜叶菊能耐0℃左右的低温，家庭如没有加温的条件，可将瓜叶菊放置在0℃以上、光照充足的窗台或封闭式阳台上培养。低温时瓜叶菊停止生长，此时应保证充足的光照，减少浇水，使盆土偏干，并停止施肥。

蔷薇

【花卉简介】

蔷薇又名多花蔷薇、野蔷薇，为蔷薇科蔷薇属落叶灌木类植物。奇数羽状叶复生，小叶5～9片，倒卵形或椭圆形。多花簇生组成圆锥状的伞房花序，花径2～3厘米，花瓣为5枚左右，有红、白、粉、黄、紫、黑等色。果实为红褐色或紫褐色，近球形，光滑无毛。

蔷薇是庭院中常见的垂直绿化材料，可配植在花架、绿廊、园门，或攀援于墙垣、岩壁、池畔土坡等处，繁枝倒悬，繁花耀眼，别有风趣。

蔷薇的品种主要有以下四种：

红枝蔷薇，枝带红色，花多数簇生呈多花丛生的伞形花序，略有香气；

光叶蔷薇，小叶7～9枚，近于圆形或广卵形；圆锥状伞房花序，花白色，芳香。

七姊妹，枝伏地蔓性生长，花7～10朵集生成扁平伞房花序，重瓣，深红色。

荷花蔷薇，花重瓣，粉红色，花瓣大而张开。

【生长条件】

蔷薇稍耐阴，耐寒，耐旱，不耐涝，喜肥沃湿润的微酸性、中性土壤。蔷薇性强健，耐修剪，抗污染力很强。

【栽植】

春秋两季均可栽植蔷薇，高温干旱期不宜栽植。裸根或带宿土移栽都能成活。地栽时，株行距应大于2米。虽然蔷薇对土壤的要求不高，但无论是地栽还是盆植，都以在腐殖质丰富的沙质壤土中生长最佳。栽前应挖较大的定植穴，施入基肥。

【浇水与修剪】

春季要经常浇水，如果受旱，会使开花量减少。雨季要注意排水防涝。入冬前要灌足冬水。

剪枝可于早春进行，如有花架、花格设施，开花前后，应予适当修剪，以改善通风透光条件，有利繁育滋生。花蕾过密时，应酌量疏摘。

【施肥】

新株定植时要施入腐熟有机肥，植后第一、第二年深秋施一次基肥，在孕蕾期施1～2次稀薄饼肥水。

【繁殖状况】

扦插：可在早春采用硬枝扦插，也可在梅雨季节采用当年生枝条插于露地苗床。枝条可于花后剪取，切取中、下部带3个芽一段。

分株：在蔷薇的休眠期进行，以早春萌芽前为好。挖起全株，抖散株丛宿土，一枝一枝剪开。

压条：于春季选取去年健壮枝，每节用刀刻去一块皮，除先端露出土外，其余皆平压在土中。1～2月后，检查若已发根，则先在近母株处将压条剪断一半，经7～10天后，再与母株部剪断，过几天即可移栽。

◇花友经验◇

Q：玫瑰与蔷薇极为相似，如何区别两者呢？

A：玫瑰与蔷薇虽然从外形上极为相似，在选购时要注意两者的不同之处：蔷薇叶片平展，表面生有细毛，茎较高，有时蔓生，花朵较多，呈圆球状，玫瑰则没有这些特点。

🌿 龙吐珠

【花卉简介】

龙吐珠又名麒麟吐珠、珍珠宝莲，为马鞭草科、赪页桐属多年生常绿藤本花卉。龙吐珠株高2～5米，茎四棱，叶对生，深绿色，卵状长圆形或卵形，先端渐尖，全缘，有短柄。聚伞花序，顶生或腋生。春夏开花，花色美丽，花萼白色较大，花冠上部深红色，花开时红色的花冠从白色的萼片伸出，雄蕊及花柱较长，伸出花冠外，白里透红，宛如游龙含珠，故得其名。

【生长条件】

原产非洲热带地区的龙吐珠喜温暖、湿润的气候，不耐寒，不耐水湿。喜阳光，但不宜烈日暴晒，较耐阴，花芽分化不受光周期的影响，但较强的光照对花芽分化和发育有促进作用。龙吐珠的生长适温为18℃～24℃，2～10月为18℃～30℃，10月至翌年2月为13℃～16℃。冬季温度不低于8℃，5℃以下的环境易使茎叶受冻害，轻者引起落叶，重则嫩茎枯萎。营养生长期温度可较高，30℃以上的高温，只需供水充足，仍可正常生长。开花期的温度宜较低，约为17℃。

【栽植】

盆栽龙吐珠常用12～15厘米盆，每盆可栽3株，上盆后先浇水，水要浇够量，使小苗与基质充分接触。

【浇水与修剪】

在龙吐珠的生长期内，要浇充足的水，但忌过多，盆土需经常保持湿润，开花时不能浇过多水，更不能将水溅到花朵上，暴雨时应把植株移入室内，防止水多导致提前落花，缩短花期。夏季在阴凉处需适当浇水，不可过湿或过干。冬季要控制浇水，保持盆土稍干。雨后应及时倒去盆内积水。冬季进入休眠期，要停止浇水。

因为龙吐珠的生长速度较快，如不及时修剪，会只长蔓不开花。一般移栽后幼苗长到8～10厘米左右时，可打顶摘心，经过多次摘心，使株形圆整。摘心后半个月，施用比久或矮壮素控制株高，使株矮、叶茂、花多。龙吐珠花期长，花期在4～11月，如管理得当可持续到12月。花后应及时剪掉残花，进行重剪。施足水肥，使其萌发新枝继续开花。

【施肥】

在龙吐珠栽植入盆的10～12天之后，可施定植肥。以浓度为0.4%的尿素为主。此后每周施1次，浓度可逐渐增加或多加0.7%复合肥。生长期要少施氮肥，多施磷、钾肥，以施充分腐熟鸡粪或饼肥等为主。花期每周需施1次充分腐熟的稀薄有机肥，浓度为20%，并加入0.2%硫酸亚铁。花芽分化后期开花前施肥，需加入1%磷酸二氢钾。冬季进入休眠后应停止施肥。

【四季养护】

在龙吐珠的生长期间要保证植株有充足的光照，如缺少光照，会只长蔓不开花，或叶片发黄、凋落、甚至根部腐烂死亡。在高温时节应适当遮阴，避免烈日暴晒。移入室内的阴凉通风处，周围需经常喷水，以增加环境湿度。

龙吐珠的病害主要有锈病、灰霉病和花叶病，平时需要多加防治。锈病发病初期可喷洒15%粉锈宁可湿性粉剂200倍液，或20%萎锈灵乳油400倍液。灰霉病发病初期，可选用70%甲基托布津可湿性粉剂800～1000倍液，或50%苯菌灵可湿性粉剂2000倍液防治，每周喷1次，连喷2～3次。龙吐珠的虫害常见有刺蛾、介壳虫、粉虱。刺蛾用2.5%敌杀死2000倍液防治。介壳虫用75%扑虱灵1500倍液或50%除虫菊酯2000倍液连喷2～3次。白粉虱在生长期可用10%扑虱灵乳油1000倍液进行喷洒。

【繁殖状况】

龙吐珠常用扦插、分株和播种法繁殖。

扦插：龙吐珠的扦插以枝插、芽插和根插均可。枝插可选健壮无病枝条的顶端嫩枝，也可将下部的老枝剪成8～10厘米的茎段作为插穗。

芽插是取枝条上的侧生芽，带一部分木质部，作为插穗。根插是根状匍匐茎剪成8～10厘米长作插穗。插床可用泥炭、珍珠岩、腐叶土、河沙和蛭石等作基质，以春、秋季扦插最好，扦插适温为21℃，插床温度为26℃，对生根十分有利。

分株：龙吐珠的分株繁殖宜在花后进行，挖取地下匍匐茎上萌发的新枝，带根直接盆栽，放半阴处养护。

播种：龙吐珠的播种繁殖宜在3~4月进行。种子较大，采用室内播盆，室温保持24℃条件下，播后10天左右相继发芽，苗高10厘米时移入小盆养护，第二年就能开花。

◇花友经验◇

Q：龙吐珠开花与光线有关系吗？

A：关系很大。光线不足时，会引起蔓性生长，不开花。花芽分化不受光周期影响，但充足的光照对花卉的生长有一定的促进作用。龙吐珠在黑暗中不宜置放时间过长，在温度21℃以上，超过24小时就会导致花朵脱落。

樱花

【花卉简介】

樱花别称山樱花、福岛樱、青肤樱、荆桃等，为蔷薇科樱属落叶乔木类植物，原产北半球温带环喜马拉雅山地区，在各地都有栽培，但在日本栽培最为普遍。樱花的树皮紫褐色，花叶互生，边缘有芒齿，表面深绿色，有光泽。花每支三五朵，成伞状花序，花瓣先端有缺刻，花色多为白色、红色。花期在4~5月。花色幽香艳丽，常用于园林观赏。

【生长条件】

樱花性喜阳光充足的环境，因此应种植于光照充足处。由于樱花的根系较浅，既不耐旱也不耐涝，喜湿润而不积水的环境，在草坪中种植生长旺盛，不宜种植在沟渠边和低洼处，否则会因根系腐烂而死亡。适合种植在透水、透气性好的沙质壤土中，喜肥沃而不耐贫瘠，有一定的耐盐碱力，甚至在pH值为8.7含盐量为0.15%的轻度盐碱土中也能正常生长；樱花对空气质量要求相对较高，对烟尘、二氧化硫等有毒有害气体的抗性较差，不宜应用于工矿区绿化；樱花喜温暖环境，在华北地区及东北南部尽量选择背风向阳处种植。

【栽植】

可在早春或深秋落叶后进行，秋植成活率要高于春植，而且萌芽要早。春植应在早春萌芽前进行，种植后要将花蕾摘除，以减少养分的消耗，保证其成活。春植樱花最好带土球，秋季也可以不带土球，但应该尽量缩短栽种时间。栽种时要施入适量经腐熟发酵的圈肥做基肥，基肥要与底土充分拌匀，以免发生肥害。秋植应当适当深栽，春季则应与土球或土痕平齐，过深容易发生闷芽，种植后应该立即浇"头水"，两天后浇"二水"，三天后再浇"三水"。

【浇水与修剪】

春季3月初萌芽前浇一次返青水，此次浇水必需浇足浇透，这样可以降低地温，延缓发芽，有种植株抵御倒春寒，及时提供萌芽所需要的水分。华北地区春季季风风力大且持续时间长，植株蒸腾量较大，故在4、5月份也应该适当浇水。种植于草坪中的植株，可随浇灌草坪时一同浇水，不需要另外浇水。在夏季降水较多时，应该及时排水，防止水大烂根。对于当年种植的植株在气候比较干燥时，也可以进行叶面喷雾，喷雾一般于上午9点以前和下午5点以后进行。入冬前应结合施肥浇足浇透防冻水，可在11月下旬至12月初进行浇水。

【施肥】

在花期之后，可施入芝麻酱渣和100克左右的硫酸铵，能及时补充因开花而消耗的养分。秋季落叶可施入一些腐熟发酵的圈肥或堆肥。对于一些长势比较弱、枝叶细小的植株，可进行叶面施肥，春季可施用0.5%尿素溶液，夏季可使用0.2%磷酸二氢钾，秋季一般不施肥，否则会引发疯长现象。

【繁殖状况】

樱花的繁殖方式有播种、扦插和嫁接。播种繁殖樱花时，不要使种胚干燥，应随采随播或湿沙层积后第二年春播。嫁接繁殖可用樱桃、山樱桃的实生苗作砧木，在3月下旬切接或8月下旬芽接，接活后经3～4年培育即可移植。

◇花友经验◇

Q：夏季樱花叶上发生黄绿色的圆形斑点，后变褐色，散生黑色小粒点，病叶枯死但并不脱落，该怎么办呢？

A：首先，摘除并焚烧病叶，发芽前喷波尔多液。5～6月再喷65%代森锌可湿性粉剂500倍液，每隔7～10天喷1次，连喷2～3次即可防治此病。

玫瑰

【花卉简介】

玫瑰又叫梅桂、离娘草，为蔷薇科落叶灌木。玫瑰的枝干多刺毛，叶子是奇数分布，一般是5～9枚的范围，椭圆形或椭圆状倒卵形，叶背有柔毛。花单生或数朵簇生，花为紫红色，娇艳色媚，芬馥芳香。玫瑰花色艳味香，使人留恋徘徊，所以又叫"徘徊花"。

玫瑰根据花瓣的颜色可分为紫红色、大红色、粉红色、白色、黄色等；根据花瓣数量的多少可分为重瓣花型、复瓣花型、单瓣花型；根据叶片形状，又可分为皱叶玫瑰、光叶玫瑰、蔷薇型玫瑰、小叶玫瑰等。

重瓣紫红玫瑰：花瓣紫红色，花径6～7厘米，大小花瓣在100片以上，香气甚浓，鲜花出油率约为0.03%，这种玫瑰是目前我国玫瑰花的主要栽培品种。

重瓣大红玫瑰：花瓣鲜红色，花径4～5厘米，大小花瓣60～100片，香气较浓，鲜花出油率约为0.02%。

重瓣白玫瑰：花瓣白色，花径6～7厘米，大小花瓣60～90片，香气较浓。

复瓣花型：花瓣有紫红色、大红色、粉红色和白色等，具微香。

单瓣花型：花瓣紫红色和黄色，花瓣5片，香气较淡，鲜花出油率很低。

蔷薇型玫瑰：其外形很像蔷薇，只在5月里开1次花。

【生长条件】

玫瑰性喜光，耐寒，耐旱，宜在肥沃疏松、背风向阳、排水良好的沙质壤土里生长，中性土及微碱性土也能适应。玫瑰怕积水。

【栽植】

玫瑰栽种地点要选择适合其生长发育的地方。如将其栽种在阴山背后或大树荫下，则生长不良，枝叶瘦弱，花蕾很少，花朵也小，香气也淡，花丛会提早衰枯死亡。如果栽种在低洼、地下水位高、排水不良的地方，易引起烂根、落叶，甚至成片死亡。若将其栽种在土层浅、肥力差、土壤容易板结的地方则根系发育受阻，枝叶瘦黄，花少味淡。栽种前要在穴内施入腐熟的有机肥作基肥，栽后灌足水。

【浇水与修剪】

盆栽玫瑰2天浇1次水，夏季或春旱时需1天浇1次水。

修剪是玫瑰管理工作中的重要一环。由于玫瑰花是在当年生枝条上开花。因此经常修剪可使植株生长旺盛，花繁色艳，树形端正，并可延长开花年限。

玫瑰修剪分为花期修剪和休眠期修剪。

花期修剪：第一批花开放后，在花枝基部以上15～20厘米处短截，促发新枝，则第二次开花多且质好。

休眠期修剪：早春发芽前每株留4～5个枝条，距地面40～50厘米处短截，每枝留1～2个侧枝，每个侧枝上留2个芽。

【施肥】

玫瑰较喜肥，一般情况下每年约施4次肥。早春施一次催芽肥，5月份施一次催花肥，花期再施一次肥，入冬前再施一次有机肥，则翌年花多、朵大、色香。早春天气干旱时应充分灌水，以促进花芽分化，可以延长开花时间。生育期间要经常进行中耕除草。

【繁殖状况】

玫瑰的繁殖方式有分株、扦插、嫁接、播种等。

分株：落叶后萌芽前将生长健壮的多年生大株玫瑰连根掘起，视植株的大小及生长情况将母株连根分成数株，分别栽植，浇足水分即可成活。

扦插：采用硬枝扦插、嫩枝扦插均可。多在梅雨季节用嫩枝扦插。在南方春季空气湿度高，扦插也易成活，而北方只能在夏季用嫩枝在塑料薄膜罩下扦插。家庭可在6月采新生嫩枝插入花盆，浇足水后用塑料薄膜将盆口盖严，放在阴凉处，约1个月可以生根。生根后撤掉薄膜仍放在阴凉处生长。苗高10厘米后要进行移植，移植初期也要放在散光处10～15天，第二年可栽到露地。

嫁接：以野蔷薇为砧本，在早春3月采用劈接法或切接法进行。玫瑰还可于6～9月进行芽接。

播种：单瓣玫瑰可用种子播种，宜于秋季采后即播，否则第二年不易发芽，要再过1年才能出苗。重瓣花的变种，因雄蕊都变成了花瓣，故无果实，不能用播种法繁殖。

◇花友经验◇

Q：玫瑰花有什么保健功效？

A：玫瑰花朵可提炼芳香油、制花茶，花瓣晒干可入药。

🌿 波斯菊

【花卉简介】

波斯菊又叫大波斯菊、秋英、秋樱，为菊科、波斯菊属一年生草本花卉。波斯菊的株高可达1米，茎细长多分枝，对生羽状深裂叶，小叶纤细线形。头状花序顶生或腋生，单瓣或重瓣，花色有紫红、粉红、黄、白及双色系统等，花期夏秋，瘦果长线形。波斯菊对氯气敏感，可用作监测氯气的指示植物。可植于庭院向阳处和墙边，形成花篱或花境，也可盆栽摆放在阳光充足的窗台边和客厅里。

【生长条件】

原产于墨西哥地区的波斯菊不耐寒，喜阳光，忌酷暑，对土壤要求不严，耐瘠土，但不能积水。在排水良好、湿润、有一定肥力的土壤能较好生长，但在肥沃的土壤中生长反而不佳。

【栽植】

由于波斯菊的根系比较浅，不宜多移栽，移栽宜早、多带宿根土。栽种时，以泥炭土、有机土、珍珠岩及少量复合肥混合作为栽培基质。

【浇水与修剪】

天旱时，浇2～3次水，即能生长良好。在生长期进行摘心，促使分枝，控制长高，以免后期倒伏。花谢后若不留籽，应及时剪除残花，可继续开花。

【施肥】

生长期可不追施复合肥，以免枝叶徒长，减少开花。

【繁殖状况】

播种：波斯菊一般在早春播种，5～6月开花，8～9月气候炎热，多阴雨，开花较少。秋凉后又继续开花直至霜降。如在7～8月播种，则10月份即可开花，且株矮而整齐。波斯菊的种子有自播能力，一经栽种，以后就会生出大量自播苗，只要条件适宜并稍加保护，可照常开花。

扦插：波斯菊在生长期间可在茎节下剪取15厘米左右的健壮枝梢，插入沙壤土内，适当遮阴保持湿度，5～6天即可生根。

◇花友经验◇

Q：怎样防止波斯菊倒伏？

A：波斯菊株因为植株相对较高而稀疏，所以容易出现倒伏的现象，影响美观。对波斯菊的倒伏，可采取以下措施来防止：选择在8月份播种。因为，在此期间播种的波斯菊10月份就能开花，并且植株矮而整齐。此外，还可以在波斯菊的生长期需进行多次摘心，促使萌发分枝。最后就要少施肥浇水。过多的肥水容易引起植株的徒长而产生倒伏现象。

🌿 鸡冠花

【花卉简介】

鸡冠花别名老来红、芦花鸡冠、大头鸡冠、红鸡冠等，为苋科青葙属一年生草本植物。鸡冠花原产于非洲、美洲、印度等地区，在我国有广泛种植。鸡冠花艳丽可爱，具有一定的观赏价值，还是很好的切花材料。

鸡冠花植株20～90厘米，通常把植株高的叫鸡冠；矮的叫寿星鸡冠；杂色的叫鸳鸯鸡冠。单叶互生，卵状披针形。花顶生，穗状花序，肉质化

鸡冠花

成鸡冠状。鸡冠花的花有鲜红、紫红、橙红、白、红黄、洒金等色。

鸡冠花的品种主要有以下四种：

大鸡冠：植株高，分枝少。顶生一个有皱褶的大而扁平的花序。

子母鸡冠：植株较矮小，高常不足50厘米，分枝多。中央有一个特大花序而周围有许多小花序。

矮鸡冠：花形似大鸡冠，但植株矮小，高约30厘米。

凤尾鸡冠花：植株高矮不等，分枝特多，可达30余个。叶较小，花头众多，颜色艳丽，不耐寒。

【生长条件】

鸡冠花性喜阳光充足、温暖、干燥的环境，不耐寒，耐半阴，耐干旱。鸡冠花对于土壤土质有较高的需求，需肥沃、排水好的沙质壤土，耐肥，不耐瘠薄土壤，在瘠薄土壤中生长的鸡冠花花序变小。

【栽植】

地栽：当鸡冠花的幼苗生出5～6片真叶时可移栽，小苗定植后，生长期间肥、水不宜过多，过多时易引起徒长，导致叶色不鲜艳。一些矮生多分枝的品种，定植后应进行摘心；一些直立少分枝的品种，不必摘心。平时管理较简便，适当施肥，浇灌，除草松土，以促进植株生长健壮。9～10月种子成熟阶段，宜少浇肥水，以利种子成熟，并有利较长时间保持花色浓艳。采种时宜注意选种工作。采收有品种特征者，以采花穗中部以下的种子为佳。

盆栽：盆栽宜选矮生型鸡冠花，多接受阳光，控制水肥。但在刚上盆时要稍注意庇荫、浇水，以防发生萎蔫现象。花期要加施磷、钾肥，以使花色更加艳丽。鸡冠花为异花授粉植物，种子容易杂交变异，在采种时要注意精选。鸡冠花植株高矮相差很大，家庭盆栽最好选矮型的寿星鸡冠。

【浇水与修剪】

鸡冠花耐干旱，在生长期内浇水不宜过多，以土壤偏干为宜。

【施肥】

花期可追施1～2次含磷钾较高的肥料。

【繁殖状况】

鸡冠花常用播种法繁殖。露地、温室均可繁殖。播前，应先给盆土浇足水（不施肥），然后播种。播种后，应在花盆上盖一块玻璃，以保证盆土的湿度，促进种子萌发。见种子出土时，应将玻璃撤去。当幼苗长出2～3片真叶时，要及时分苗。无论盆栽、地栽，均应施用少量沤熟腐叶肥，栽后要浇透水，隔3天再浇第二次水，再隔5～6天浇第三次水。过20～30天后即可移植。

◇花友经验◇

Q：怎样才能使鸡冠花植株粗壮，花冠肥大，色彩艳丽呢？

A：第一，生长期浇水不能过多，开花后控制浇水，在天气干旱时要适当浇水，阴雨天要及时排水。第二，从苗期开始摘除全部腋芽。第三，换大盆。可在花序形成后换大盆养育，但需要注意在移植时不能散坨。

🌿 金鱼草

【花卉简介】

金鱼草别名龙头花、龙口花、洋彩雀，为玄参科、金鱼草属多年生草本花卉，常作一二年生草花栽培。

金鱼草的株高一般为20～70厘米，叶片长圆状披针形。总状花序，花冠筒状唇形，基部膨大成囊状，上唇直立2裂，下唇3裂，开展外曲，有白、淡红、深红、肉色、深黄、浅黄、黄橙等色，花期夏秋。

【生长条件】

原产于地中海沿岸的金鱼草较耐寒，不耐热，喜阳光，也耐半阴。生长期为9月至翌年3月适温为7℃～10℃；3～9月适温为13℃～16℃。适宜生长在肥沃、疏松和排水良好的微酸性沙质壤土。

【栽植】

金鱼草的栽培基质为黄泥、谷壳、蘑菇泥、鸡粪以6：3：1：0.5的比例拌匀，堆沤半年后使用。当扦插苗根系长到6～8厘米时可移植上盆。

【浇水与修剪】

上盆后需马上浇足水，使小苗与介质结合。在金鱼草幼苗长至10厘米左右时，就可以做摘心处理，以缩短植株高度，增加侧枝数量，增加花朵数量。如需留作扦插苗繁殖用，可在10～12厘米高时进行摘心，第二次摘心仅在原来基础上留2～3节为宜，以促使植株矮壮丰满，花密。

【施肥】

在金鱼草的生长期内，结合浇水25～30天施1次鸡粪或饼肥，出现花蕾时，用1%～2%磷酸二氢钾溶液喷洒更佳，每次施肥前应先松土除草。

【繁殖状况】

金鱼草常用播种和扦插法进行繁殖。

扦插：插穗可以选用当年播种健壮小苗的腋芽或顶芽（结合摘心）进行扦插。插穗长度约为3～4个节，尽量在节间下剪取，去掉下部叶片，保留上部1～2片叶。然后用"根太阳"生根剂400倍液和黄泥混合成泥浆，将插穗剪口蘸点泥浆，等泥浆干后插育苗池内，育苗池要用70%的遮光网遮盖，育苗池介质可直接用新鲜河沙或新鲜黄泥，用一根细竹棒预先在基质上打孔，一边打孔一边插入插穗，并用两个手指轻轻压实插穗基部的培养土，使插穗与介质结合。扦插密度为2.5厘米×3.0厘米左右，以插穗的叶片相互碰到而不重叠为标准，插入的深度控制在有一个节入土即可。插后浇透水，以后每天喷1～2次水。

播种：播种一般在秋后进行，10～11月为好。金鱼草种子细小，约6500～7000粒/克，在18℃～21℃的温度范围内播种，1周后出苗。播种前用浓度为0.5%左右的高锰酸钾溶液浸泡种子1～2小时。播种一般可采用苗床播种或穴盘播种。穴盘播种每立方米介质（约20袋）中加入甲基托布津粉剂150～200克，搅拌2～3次，使药物与介质充分混合，然后边喷水边搅拌，调至介质"手握成团，松而不散"为宜，用薄膜覆盖堆放8～10个小时后装于穴盘内。每个穴盘可播200粒种子，每穴放1粒种子，播后轻轻用手挤压，使种子与介质黏合，然后用喷雾器喷透水再盖上报纸或塑料薄膜。

◇花友经验◇

Q：我想盆栽金鱼草，但不知道什么样的品种好养，该如何选购呢？

A：盆栽金鱼草宜选植株低矮，花繁叶茂的品种，以提高盆栽的观赏价值。

鼠尾草

【花卉简介】

鼠尾草又名洋苏草、普通鼠尾草、庭园鼠尾草，为唇形科、鼠尾草属亚灌木状多年生草本植物。

鼠尾草的株高一般为25～60厘米。具白色绵状毛，全株组织内含挥发油，具强烈芳香和苦味。鼠尾草的茎为四方形，基部略木质化，分枝较多。叶对生，长椭圆形，先端圆，长3～5厘米，全缘或具钝锯齿，叶面有折皱。8月开花，总状花序顶生，花序上花轮不多，轮间距明显，每轮有花多朵，花冠筒长约2厘米，花冠唇形，花色为蓝色、白色。

药用鼠尾草在阳光下略呈银白色的光泽，夏季开出的花序也有几分俏美，可用于花境和庭园布置，是一种普遍栽植的香草植物，故而被称为"香草平民"。鼠尾草也是十分重要的药用植物，在欧洲作药物使用已有1000多年的历史，被美国人称为基督的草药。

【生长条件】

原产于地中海地区的鼠尾草喜温暖，生长适宜温度为15℃～30℃，抗寒能力强，可忍耐-15℃的低温。喜充足的阳光和稍庇荫的环境，盆栽应置阳光充足处。光照不足时枝叶发生徒长，香气变淡。鼠尾草耐干旱，但在湿润的土壤中生长更好，不耐湿涝，怕积水。

【栽植】

盆栽应选口径18厘米以上的花盆，每盆栽1株。基质可用腐叶土、园土、泥炭土、砻糠灰或粗沙等材料配制。盆栽鼠尾草每年都需要翻盆。

【浇水与修剪】

在鼠尾草的生长期间，浇水应以基本保持盆土潮湿状态为宜。梅雨季的雨后要及时倒去盆中的积水，防止盆土过于湿涝；夏季则要注意干时及时浇水，不让盆土过于干旱。

鼠尾草的幼苗期应注意摘心，以促进植株分枝，形成低矮丰满的株形；成苗则应随时剪去过密的枝条，尤其是需疏去瘦弱枝和病虫枝，以使植株内部的通风透光良好，从而有利于植株的生长和减少病虫害的发生。

【施肥】

鼠尾草喜肥，除施足基肥外，生长季节应每半月追施1次肥料，前期的施肥应以氮肥为主。后期应增施磷钾肥，这样可提高芳香植物的品质和产量。

【繁殖状况】

播种：春季或初秋季均可进行。由于鼠尾草种子的外壳比较坚硬，播前需用50℃的温水浸种，保温5分钟，待温度降至30℃时用清水冲洗几遍，再放在25℃～30℃温床中催芽，也可用40℃左右的温水浸种24小时，能提高出苗率并提早出苗。春播如在

4月下旬至5月上旬进行，经2~3周出苗，当年即可开花，但不结实，2~3年生的植株开花才能结实。

    扦插：通常以5~6月进行扦插为宜。选择发育充实、健壮的枝梢，剪成长5~7厘米的插穗，插后在遮阴和盖薄膜保持湿润的条件下，经20~30天可生根。如用生根粉处理后扦插，7~10天即可生根成活。

    ◇花友经验◇

    Q：请问，鼠尾草长势差，株形不整齐是什么原因呢？
    A：这主要是因为采用分株法繁殖的缘故，所以，尽量采取播种方法繁殖。

一串红

【花卉简介】

    一串红又叫塞尔维亚、西洋红，为唇形科、鼠尾草属多年生草本植物，常作一年生草花栽培。
    一串红的叶片卵圆形或三角状卵圆形，总状花序每轮具2~6朵小花，花冠长筒状红色，花萼钟状，与花冠同为红色，宿存，花期夏秋季。小坚果椭圆形。一串红有吸收二氧化硫和抵抗氯气的作用，可植于庭院向阳处或于何阳处墙角种植，也可摆放在阳光充足的阳台或室内客厅等处。

【生长条件】

    原产于巴西地区的一串红喜温暖、阳光充足的环境。不耐寒，耐半阴，忌霜雪和高温，怕积水和碱性土壤，适用于花坛布置和盆栽。

【栽植】

    盆栽一串红，盆内要施足基肥，生长前期不宜多浇水，可2天浇1次，以免叶片发黄、脱落。

【浇水与修剪】

    在一串红进入生长旺期后，可适当增加浇水量，开始施追肥，每月施2次，可使花开茂盛，延长花期。当生有4枚叶片时，开始摘心，一般可摘心3~4次，以促使多分枝，株形矮壮，枝密、花多。

【施肥】

    开花前追施1次磷肥有利于开花结实。

【繁殖状况】

    一串红通常采用播种法繁殖，也可用扦插法繁殖。
    播种：露地播种通常于3月下旬至5月上旬进行，室内播种则全年均可进行。为了促使其提早出苗和提高出苗率，在播种前可将种子在30℃左右的温水中浸泡5~6小时，然后装在纱布袋中搓揉，洗去种子表面的黏液，然后进行播种。播种后保持苗床面潮湿，一星期后即可发芽出苗。小苗发叶后要少浇水，使苗挺拔。
    扦插：可在清明前后进行，在室内越冬的一串红母本上剪取新梢，或在6~8月份一串红打头时，利用嫩梢作插穗进行露地扦插。插穗长度一般留2~3节即可，插于透水、透气的基质中（如糠灰、珍珠岩等）。插后需浇透水，并注意遮阴和叶面喷水，保持空气潮湿，7天后即可生根。

◇花友经验◇

Q：怎样才能让一串红一年多次开花？

A：一串红以其花色鲜艳、开花整齐、花期恰在国庆期间而备受人们青睐。大部分一串红花落以后被废弃，这是非常可惜的，只需掌握简单的技术，剪除残花枯叶，精心养护，12月底至元旦，一串红仍然可开放出灿烂迷人的花朵。

2月下旬一串红播种，6月上旬上盆，7月上旬打头，使株形丰满，同时打下的枝条可扦插于垄糠灰中。到7月下旬，一串红生根后又可上盆，将上盆的一串红做正常的肥水管理，到国庆节时用于装饰城市的街道、绿地，摇曳的火红，让人赏心悦目。国庆节过后半个月，一串红开始凋谢、落花。将凋谢的一串红取回，重新排放在场地上，留下叶子较好、株形丰满的，剪掉黄叶及上部的花枝，每天浇透1次水，隔2～3天，施1次磷钾复合肥，使其恢复生长。11月初，再次施用磷钾复合肥，为防止病害喷施多菌灵。经过以上养护，一串红可再次开花。

矮牵牛

【花卉简介】

矮牵牛又叫碧冬茄、灵芝牡丹、撞羽牵牛等，为一年生或多年生半蔓性草本花卉。

矮牵牛的株高一般为30～60厘米，全株密被黏质软毛。茎直立或匍匐生长，带有茄科植物的特殊气味。上部叶对生，下部叶互生，叶柄短，叶质柔软，卵形，先端渐尖，全缘。矮牵牛的花着生于梢顶或叶腋，花冠漏斗状，花筒长5～7厘米，茎长5～10厘米，花5裂，裂片呈现针形，雄蕊5枚。

矮牵牛的花瓣变化较多，有重瓣、半重瓣与单瓣，边缘有褶皱、锯齿或呈波状浅裂，微香。花期4月份至霜降。花色有白、粉、红、紫、堇紫、蓝、粉红、玫瑰红、雪青甚至近黑色，以及各种彩斑镶边等。有一花一色的，也有一花双色或三色的。蒴果卵形，先端尖，成熟后2瓣裂。

矮牵牛的常见品种有：矮生种、大花种、花坛种、长枝种和重瓣种。

矮生种株高仅20厘米，花小，单瓣。

大花种花径10厘米以上，花瓣边缘波皱明显，有的呈卷曲状。

花坛种株高30～40厘米，适合花坛种植，花单瓣。

长枝种枝茎很长，可人工牵引作垂直美化材料，花径5～7厘米。

重瓣种雄蕊往往瓣化成花瓣，雌蕊畸形，花形大小不一。

【生长条件】

原产于南美地区的矮牵牛喜温耐热，怕冷，忌霜；炎热的夏季照常开花，阴雨连绵，气温较低开花不良，多不结实；矮牵牛较耐干旱，怕积水，要求排水良好、疏松的酸性沙质土壤。最适的昼温为25℃～28℃，最适夜温为15℃～17℃。从播种到开花需70～84天。

【栽植】

栽植矮牵牛幼苗可定植于露地，也可定植于花盆。苗高15厘米可定植。露地定植按行距40厘米，株距30厘米。盆栽定植于20厘米直径的花盆中。

【浇水与修剪】

栽培好幼苗后，盆栽浇水不宜过多。为了防止偏冠，每周最好转动花盆1次，每次转180°。

修剪矮牵牛除了调整株形外，还有控制开花期的作用。第一次摘心在育苗期间进行，幼苗7～8厘米高时摘心，促进分枝。定植缓苗后，观察植株长势，较长的枝条重剪，较短枝条轻摘，株形偏斜的植株通过剪枝来调整。当植株成型后，摘心可有效地使其花期后延。在盛花期后将枝条剪短，仅保留各分枝基部2～3厘米，使其重新分枝。

【施肥】

矮牵牛的追肥需根据植株的长势而定，发现长势差，可追施发酵的饼肥，同时结合浇水。

【四季养护】

冬季在日光温室中，温度保持在20℃以上，并能照到充足的阳光，矮牵牛仍开花。

【繁殖状况】

播种：矮牵牛属中日照花卉，对播种期要求不严格。矮牵牛种子小，可采用穴盘点播或苗床撒播。穴盘点播出苗率高，一般在90%左右。而撒播一般出苗率只有50%左右，每平方米播种量需1克左右。土壤温度，水分适宜条件下10天左右幼苗可出齐。一片真叶时即可移植，根茎再生能力弱，移植应带宿土。

扦插：重瓣和大花品种不易结实，需用扦插法繁殖。花后剪去枝叶，促发新的嫩枝，5～6月份，8～9月份扦插成活率高。准备采集插条的母株，剪掉老株，利用根际萌发的新枝做插穗，3～4厘米长即可扦插。利用河沙做基质，过筛清洗后做沙床，扦插深度约为1.5厘米，扦插后地温保持20℃左右，微光处理，15～20天可生根。

◇花友经验◇

Q：矮牵牛与牵牛极其相似，那么牵牛花有什么特点呢？
A：矮牵牛和牵牛的花冠外形相似，容易被人误认为是同一种花卉，但实际上它们是属于不同科属的植物。牵牛茎高可达3米。叶近卵状心形，常呈三浅裂。花冠漏斗状，形似喇叭，花大，花径可达10厘米，花色有红、紫、蓝、白等。6～10月为牵牛花的花期。

紫花满天星

【花卉简介】

紫花满天星能够提取一种有利用价值的油。这种油具有很高的医药价值，是生活中为数不多的食疗养生花草。紫花满天星体态娇小，优雅妩媚，宜在女性卧室、书房等处摆放。

【生长条件】

紫花满天星性喜高温，稍耐阴，不耐寒，在5℃以下时常受冻害，耐贫瘠土壤。紫花满天星的最适生长温度为18℃～30℃，忌寒冷霜冻，越冬温度需要保持在10℃以上，在冬季气温降到4℃以下进入休眠状态，如果环境温度接近0℃时，会因冻伤而死亡。在光照方面，紫花满天星怕强光直射，需要放在半阴处养护，或者遮阴70%养护。

【栽植】

紫花满天星的基质要求肥沃疏松、排水好的土壤，可用壤土2份，泥炭土1份，沙

1份混合。地栽时注意改良土壤的透水性，可加入沙和有机肥改良土壤。

【浇水与修剪】

定植后要注意保持土壤湿润，恢复后3～5天浇水1次。

【施肥】

平时每10天施用稀薄液肥1次，生育期间每1～2个月施肥1次，有机肥料或氮、磷、钾复合肥皆可。

【繁殖状况】

紫花满天星主要采用扦插法进行繁殖，扦插基质一般家庭使用中粗河沙，在使用前用清水冲洗几次。海沙及盐碱地区的河沙不要使用，它们不适合花卉植物的生长。把茎秆剪成5～8厘米长一段，每段带3个以上的叶节，也可用顶梢做插穗。插穗生根的最适温度为18℃～25℃。扦插后遇到低温时，就用薄膜把用来扦插的花盆或容器包起来；扦插后温度太高温时，需要给插穗遮阴，要遮去阳光的50%～80%，扦插后必须保持空气的相对湿度在75%～85%左右。

◇花友经验◇

Q：养紫花满天星如何防治病虫害？

A：紫花满天星易受到春季毒蛾危害，可用敌杀死、扑灭松等药物喷涂防治。

含笑

【花卉简介】

含笑原产于我国南部广东、福建一带，现我国各地均有栽培，含笑别名香蕉花、酥瓜花、含笑梅等，为木兰科、白兰花属常绿灌木类植物。含笑的树皮和叶上均密被褐色茸毛，单叶互生，叶椭圆形，绿色，光亮，厚革质，全缘。花单生叶腋，花形小，呈圆形，花瓣6枚，肉质淡黄色，边缘常带紫晕，花香袭人，沁人心脾，有香蕉的气味，这种花不常开全，有如含笑之美人，因此而得名。花期3～4个月，果卵圆形，9月果熟。

含笑苞润如玉、香幽若兰，陈列室内，馨香四溢，是花叶兼美的观赏珍品；另外，含笑还是一种天然的香料，花香香醇浓郁，具有镇静养神、消除疲劳的功效。

【生长条件】

含笑喜温暖、湿润和半阴环境。不耐严寒，怕干旱，忌积水，不耐强光暴晒。含笑适合在肥沃、疏松和微酸性土壤里生长。

【栽植】

因为含笑的根系稍带肉质根，所以盆土要疏松且具有较好的透气性，可用腐叶土、厩肥、河沙按照4∶3∶3的比例混合配置成培养土；南方盆栽可用塘泥直接上盆，也可以用塘泥和泥炭土以及河沙混合调制出来的土壤。北方可以选择田土、松针土、泥炭土、河沙按照3∶4∶2∶1的比例混合配制出来的培养土。

3月中旬至4月中旬是栽植含笑的最佳时机，此时昼夜温差小，气候温暖湿润，有利于含笑花服盆生长。选择的植株无论大小，都应该带土球，并要适当疏剪枝叶，如果土球松散，要及时重包裹上土，并减去上部枝叶，否则会导致全株枯死。移栽时植株要带宿根土。首先要在盆底垫上约3～5厘米厚的粗沙或木炭屑作为排水层，然后在其上面填入少量培养土，之后埋入少量骨粉做基肥，再放入一层培养土，然后把植株放入盆中央，边填土边压实，以便让根系和土壤紧密结合。栽后不要浇水，放在半阴地方，3~4天后，浇水1次；7~10天后，每天浇水1次，10天后可以进入正常养护。

每年应给含笑换1次盆，换盆宜在花谢后即4月下旬进行。换盆用土及方法均和移栽上盆相同。但要注意，在换盆时要把植株上的宿土去掉一部分，剪掉部分病根、过长过密的根，疏松根系土壤。换完盆后浇透水，放置在荫处3~5天后，可让其见弱光。

【浇水与修剪】

含笑对浇水的要求比较苛刻，虽然比较怕干旱喜阴湿，但因为其根系略带肉质根，浇水太多或雨后受涝，容易导致烂根或引起病虫害，因此，含笑的生长环境不要过度潮湿，见干见湿即可。一般在其上盆后浇1次透水，以后随着气温升高和生长加快，再逐渐增加浇水次数和浇水量，同时注意浇水的水温和土温差异不要太大，并且要根据季节掌握浇水时间。

3~5月份，要每隔1~2天浇1次水。夏季天气炎热，可以在上、下午各浇1次水，如果空气偏干，可以在傍晚用清水向植株叶面和花盆周围喷雾，来增加空气湿度。如果遇到连续阴雨天，要注意及时倾倒盆中积水，以免含笑的根部腐烂。秋季浇水次数和春季大致相当，但水量可以适当增加，深秋后要逐渐减少浇水量。冬季不要多浇水，保持盆土略湿润即可。

松盆结合浇水同时进行，可以用小耙子松土，这样可以减少水分的蒸发，也可以提高土温，保证土壤通透性，促进土壤养分的分解，为根系的生长和养分的吸收创造良好的条件。松土的时候根茎部位要松得浅些，以免损伤到根系，在花盆边沿部位，可以松得稍深一些。

为了保证含笑生长健壮，开花多，在每年换盆换土时和花期结束后要进行适当的修剪，应剪掉徒长枝、过密枝、纤弱枝、干枯枝，以保证植株内部的通风透光性。花谢后如果不留籽，要及时剪掉果实，为植株保留养分。

【施肥】

给含笑施肥时应注意薄肥勤施，春夏生长旺盛，可以多施肥，秋季生长缓慢，要少施肥；冬季休眠或半休眠，要停施肥。应该多施腐熟的饼肥、骨粉、鱼肚肠等沤肥掺水后的液肥。

在生长期内，应该每15天左右施肥1次，可以是稀薄的饼肥水和淡肥水交替施用，肥料要求充分腐熟。如果遇到连续阴雨天气，可以在盆面上施15~20克充分腐熟的干饼肥。在孕蕾期要适当多施一些磷肥和钾肥，这样，有利于植株开花色艳。在开花期和10月份以后应该停止施肥，如果发现叶色不鲜明浓绿，可以施1次淡矾肥水。

【四季养护】

盆栽含笑在弱光下有利于生长，因此，在夏季不要让它受到强光暴晒，要注意遮阴，比如用遮阴网进行遮阴，一般遮阴度在30%，也可以将其放在光线柔弱的半阴湿润的地方养护，天气干燥时可以用向叶面和地面喷雾的方法降温，同时也能保持环境湿润。

含笑生长的温度为：白天为18℃~22℃，夜间温度为10℃~13℃，昼夜温差不要太大，越冬温度不得低于10℃。

含笑的花期通常在2~4月份，要想让含笑在国庆或春节的时候开花，需要对含笑进行催花处理。

8~9月份，将含笑移入室内，稍加遮阴，并对其经常浇水，每1~2天就浇水1次，每周浇矾肥水1次，通过这样勤浇水、勤施肥的方法，保证其有良好的生长环境，可以让它在国庆节开花。想要让其在春节开放，可以在节前40天时，把盆花放入

18℃~22℃以上温度的环境中，每2~3天浇1次水，7天左右施肥1次，春节期间即可开放。

在含笑的花蕾膨大初期，把花放置在15℃的环境中培养。也可以在需花前50天左右，摘除嫩梢，向花蕾涂抹0.5~1克/升的赤霉素，2天1次，以后逐渐1天1次，等到花蕾膨大正常生长时再停止，这样花蕾能够按时开花。

【繁殖状况】

含笑花的繁殖的方法主要有扦插、压条、嫁接和播种。

扦插：扦插的时间在春、夏季均可。

含笑的春插宜在3月下旬进行，需选择1~2生的健壮枝梢，剪取10~15厘米，然后放入插床，一般插床基质要具有良好的透水、透气性，插入的深度约10厘米左右即可，插后要求遮阴，遮阴度在50%左右，还要保持床面的湿润，也可以罩上塑料薄膜保湿，待生根后上盆定植。

含笑的夏插宜在6月份进行，可以用当年生半木质化健壮枝条，剪去10厘米左右，然后和春插方法一样，一般1个月左右就可以生根。因为夏季温度高，湿度大，容易发生各种病虫害，所以要注意对扦插基质的消毒。

压条：家养含笑的繁殖方法常用压条法，这种繁殖方法在一年四季均可进行，当然在4月份压条成功率更高。选取发育健壮的2年生长枝条，然后在枝条上选定1个发根部位，进行环剥，环剥宽度在0.5~1厘米即可，环剥要深达木质部，然后在伤口处涂上浓度为40ppm左右的萘乙酸。再将其套上塑料袋，下端扎实，在袋内填入苔藓、培养土或吸足水分的蛭石，上端扎紧，但要留孔，以利于以后灌水和通气，要保持袋中土壤湿润，不要太干也不要太湿。大概经2个多月就可以生根。等到新根充分生长后，再切离母株，上盆栽植。

嫁接：紫玉兰、天目木兰可作为含笑的嫁接砧木。因为老龄植株开花早，所以可以从老龄植株的树冠外围选择中上部皮色青绿、腋芽饱满、无病虫害的1~2年生的枝条作插穗。嫁接时间以3月下旬至9月上旬均可。另外，还可以用胶接法。在砧木离土7厘米左右处下刀，深及木质部。然后把穗端削出一个30度左右斜面，然后插入砧木切口，对准形成层，用塑料薄膜带自上而下把整个削面包扎完，露出顶梢，以后要注意防止伤口进水，大概经25天后，伤口便可愈合并开始发芽，这时要及时抹掉砧木上的萌芽。如果在夏、秋季嫁接包扎完削面后，需要遮阴。

播种：宜在3月进行，直接播在花盆中即可。播种后，用焦炭泥土覆盖，放置在比较阴凉的地方，大概10天左右即可发芽，大约30天后，幼苗长势良好，此时即可进行移植。

◇花友经验◇

Q：怎样对含笑花进行越冬管理？

A：含笑越冬的最低温度不低于5℃，如果温度低于5℃，植株生长就会受到影响，植株嫩枝和叶片就会萎蔫。最高温度也不要超过15℃，如果温度过高，植株内部养分就会消耗过多，不利于第二年的生长。含笑冬季以保持室温为6℃~12℃最好。冬季室内空气干燥，要注意冬季保湿，含笑要求相对湿度要在65%以上，冬季可以经常用与室温接近的清水向叶面或地面喷湿，可以使其叶子更美观。

玉簪

【花卉简介】

玉簪的原产地是中国和日本，别名玉春棒、玉泡花、白玉簪、白鹤花等，为百合

科玉簪属多年生草本类观花类花卉。玉簪的株高30～50厘米，根茎粗壮，叶基生，呈卵形或心状卵形，叶有长柄。总状花序，高出叶片；花被筒细长，花丝基部和花被筒合生，花白色，有芳香气味。玉簪外形优雅，芳香袭人，并且蒸发量大，可增加室内湿度，能净化室内空气，还对二氧化硫有一定的吸收能力，因此深受人们喜爱。

【生长条件】

玉簪喜温暖、湿润和半阴环境。耐寒、怕强光直射和暴晒。不耐干旱和高温。生长适宜温度为15℃～25℃，冬季温度不低于5℃。入冬后地上部枯萎，休眠芽露地越冬。

【栽植】

栽植玉簪花可选用直径20厘米的陶盆或瓦盆。家庭养植玉簪可用泥炭土、腐叶土、沙、珍珠岩按照4∶2∶3∶1的比例配置。栽植玉簪之前，先在花盆渗水处铺一瓦片，然后铺上一层培养土，再把植株放入盆中，栽植深浅要适中，浅不露根，深不埋心，栽后第一次浇水一定要浇透，然后放到阴凉处缓苗。

每年春天换1次盆，新株栽植后放在遮阴处，待恢复生长后便可进行正常管理。换盆时可以结合分株进行，把植株的烂根、枯根或病根，切除，涂上木炭粉后再栽植。

【浇水与修剪】

由于玉簪花不耐干旱，在其生长期内盆土不宜过干，但也不能浇水过量而产生积水，积水过多很容易造成玉簪死亡。浇水时间一般在日出时最宜，晚上应该保持叶片干燥，以便防止发病。如果在傍晚日落时浇水，要喷施一些杀菌剂。高温的中午也不要给花卉浇水，否则，容易造成灼伤和染病。浇水要均匀一致，防止局部过干过湿，过湿易引起根部病害。每次施肥后要进行浇水。

花后不需结实的，可剪去残花。秋冬地上部分枯萎，植株进入休眠期，这时应将地上部分剪除。

【施肥】

玉簪花不耐重肥，所以，给玉簪施肥时以淡肥为宜，每次施肥要少，但是施肥要勤，这样才能做到营养足够。在发芽期要追施以氮肥为主的肥料，在孕蕾期需施磷肥为主的液肥。

从玉簪新芽萌发后开始，每2～3周施1次氮磷结合的稀薄液肥，入夏后要施以含磷钾元素为主的肥料，这可以促进花芽分化，还可以保证花色纯正。

当玉簪花进入花期后，就不要施肥了。入秋后继续追施液肥，直到地上部分枯萎后再停止，这样可以保证根部吸收足够营养，能够大大增强其抗寒能力。

【四季养护】

在夏季，当温度过高时要注意庇荫，温度低时可以考虑让其接受直射阳光，这样有利于其进行光合作用和形成花芽、开花、结实。高温庇荫是因为植株接受暴晒后，生长会变得十分缓慢或进入半休眠的状态，并且叶片也会受到灼伤而慢慢地变黄、脱落。

如果是在室内养植玉簪，则需要将其放在有明亮光线的地方。玉簪喜欢温暖气候，但夏季高温、闷热，尤其是在温度35℃以上，且空气相对湿度在80%以上的环境中不利于植株生长。此时要加强空气流通，以利于其进行蒸腾作用，帮助其降低体内温度，并且还要向叶面喷雾降温。

越冬时，要严格控制温度，一定要保持在10℃以上，如果在10℃以下，玉簪便会停止生长，在霜冻出现时不能安全越冬。

【繁殖状况】

家庭养植玉簪多采用分株繁殖，也可以用播种繁殖。

分株：家庭养植玉簪常用分株繁殖法，因为这种繁殖方法很容易成活。玉簪栽植一年后，便可萌发3～4个芽，能够进行分株。玉簪在北方多在春季3～4月植株萌芽前进行分株，分株时把老株从盆中挖出，晾晒1～2天，让水分蒸发，这时植株根系较软，在分株的时候可以减少对根系的损伤，然后用快刀切分植株，可以分成1株1个芽，或每丛3～4个芽，切口处要涂上木炭粉，以防止病菌侵入，然后再栽植，栽植后浇1次透水，以后浇水量不宜过多。一般分株栽植后当年便可开花。玉簪的母株，隔2～3年必须进行分株，否则植株生长不旺盛。

播种：宜在9月份于室内盆播，在播种前，先要对基质进行消毒，可以将基质放入热锅中翻炒即可。如果种子不容易发芽，可以先催芽，用温热水把种子浸泡12～24个小时，直到种子吸水并膨胀，便可取出上盆。把种子播到育苗盆上，然后覆基质1厘米厚，再把播种的花盆放入水中，让水从盆底慢慢浸入盆土中。之后维持温度在20℃左右，大约30天左右，种子就可发芽出苗。等到春季把小苗移栽上盆，2～3年后即可开花。

播种也可以在春天的3～4月间进行，把秋收的种子晾干贮存在干燥、冷凉的位置，在第二年3～4月间播于盆中即可。

◇花友经验◇

Q：盆栽玉簪如何越冬？

A：盆栽玉簪可在霜降后移入室内，室温保持在2℃～3℃，便可使玉簪安全越冬，次年4月出室。地栽玉簪冬季可以采取以下防冻措施：浇封冻水，并在根际附近覆盖细沙，以防宿根受冻。当冬季温度在0℃以下时，为了不让其冻坏，可以将其搬到温度高的室内越冬，用稻草把植株包起来或用土把它埋起来。当温度进一步降低时，还可以考虑用薄膜把它包起来，但要每隔2天在中午温度稍高时把薄膜取下，以利于玉簪花呼吸。

凌霄花

【花卉简介】

凌霄花又叫紫葳、中国凌霄、大花凌霄、七九藤、红花倒水莲、九爪龙，为紫葳科、紫葳属落叶藤木花卉。

凌霄的生长势强健，有攀援用气生根，攀援他物，努力向空中攀缘，而得名。凌霄株高3～8米，树皮灰褐色，具纵裂沟纹。生有多数气生根，可攀附于其他物体上，老茎灰白色，嫩枝向阳面紫红色。羽状叶，对生，小叶7～11片，长卵形，边缘有粗锯齿。花大，聚伞状花序，花冠漏斗状钟形，5瓣，花径6～8厘米，橙红色。蒴果细长如豆荚，种子多数，薄片状有膜。花期在7～8月，10月为果实成熟期。

凌霄花

凌霄花的常见品种有：中国凌霄、美洲凌霄、南非凌霄。

【生长条件】

凌霄花性喜温暖、湿润和阳光充足环境。耐寒，耐半阴和干旱，忌积水。萌生力强，萌蘖性亦强，宜生长在肥沃、疏松和排水良好的沙质壤土。

【栽植】

地栽：在南方移栽定植春、秋季节均可进行，北方宜于早春定植。须带宿土，植后立引竿，使其攀附生长。凌霄于4月上旬萌芽，萌芽前剪除枯枝与密枝，并修整株形。发芽后施1次稍浓的液肥，生长期间要进行中耕除草，改善土壤条件，减少养分消耗，每半月施肥1次，7～9月花期增施2～3次磷、钾肥。冬季落叶后，在根部进行培土，并在根际周围开沟施1次腐熟堆肥，以利翌年萌发新芽。地栽需搭架支撑，或通过修剪形成主茎。由于凌霄幼苗期耐寒力较差，华北地区在庭院栽培，冬季宜稍加保护，东北和西北的大部分地区入冬前需开挖纵沟，将枝蔓修剪后埋入沟内，上覆落叶和草帘越冬。

盆栽：宜选择五年以上植株，将主干保留30～40厘米短截，同时要修根系，只保留主要根系。上盆后利用其萌发能力强的特点，萌生新枝。

【浇水与修剪】

当凌霄花萌发出侧枝后只留上部3～5个枝条，将下部枝条剪去，使之呈伞形，并控制水肥，不使生长过旺，经过1年培养即可成型。

盆栽要搭好支架任其攀附，次年夏季现蕾后及时疏去一些花蕾，并施1次液肥，则花朵大而鲜丽。

冬季放在不结冰的室内越冬，此时要严格控制浇水，保持盆土稍有潮气即可。早春萌芽之前进行适当修剪。天气转暖后（约于4月中旬）移至室外，放在向阳处培养。

【施肥】

每年开花前后各施1次追肥，生长季节保持盆土适度湿润。

【繁殖状况】

家庭养植凌霄花常用扦插、压条法繁殖。

分株：在2～3月，利用根际上的萌蘖苗进行分株繁殖。

扦插：如果在春天进行，剪取具有气根枝条，长15～20厘米，具2～3个节，插深2/3，插后充分浇水，行间盖草，以利保湿，50～60天即可生根。如果在11～12月进行，可剪取长10～15厘米的健壮枝条作插穗，进行沙藏，每个插条上有3个节。第二年3～4月插于苗床，扦插深度为插条的1/2，插后保持湿润，经2个月即可生根，成活率可达90%以上。

压条：在生长季节，将凌霄带有气根的枝条波浪式一次性压入土中，深约10厘米，保持土壤湿润，极易生根。约1个月可生根盆栽，秋季割断另栽，第二年可开花。可在春秋季进行移植，植株通常带宿土，植后应立引竿，使其攀附。在萌芽前剪除枯枝和密枝，以整树形。发芽后应施1次稍浓的液肥，浇1次水，以促其枝叶生长和发育。

◇花友经验◇

Q：凌霄花的病虫害有哪些？

A：凌霄花的病害主要有叶斑病和白粉病，虫害有粉虱、介壳虫、蚜虫和蓑蛾，应及时防治。

五角星花

【花卉简介】

五角星花原产于墨西哥，现在中国各地都有分布，别名茑萝、狮子草、茑萝松等，为旋花科茑萝属一两年生草本类观花类花卉。五角星花纤细妩媚，碟状小花，色泽鲜艳，极具观赏价值；五角星花的全株可入药，有清热解毒消肿功效。对治疗发热感冒、痈疮肿毒有一定的效果。

五角星花茎部纤细柔弱，无毛，有羽状细裂，裂片呈线形。单叶互生，聚伞状花序腋生，小花花冠呈高脚杯状，有深红、粉、白等花色。

【生长条件】

五角星花是热带阳性花卉，喜暖喜光，生长在日照充足处，才能叶茂花繁，过阴环境则使其花少，甚至无花。幼苗时期光照不要太强，稍大后可以移到阳光充足处养护。五角星花发芽最适宜温度在20℃～30℃，生长最适宜温度为15℃～30℃。花期在7～9月。想要调控花期，可以通过调整播种时间来进行，在养护过程中要充分满足植株的生长，这样植株就会定期开放。

【栽植】

栽植前，先在盆底放少量蹄片做底肥，铺上一层培养土，把苗放在盆中间，再向其四周添上培养土，并轻压，上完盆后浇1次透水，保证苗株根系与土壤紧密结合在一起。在上盆时可以在埋入细竹扎成的支架以供其日后攀爬。放在阴凉处养护几天，转入正常管理。

五角星花是一两年生植物，通常不需要换盆，如果随着苗株生长，花盆过小，可以换盆，但换盆的时候不要伤到根系，保留原土坨。

【浇水与修剪】

因为五角星花喜湿，怕涝，定植后浇透水，以植株大小和气温高低调整浇水频率，从3～5天浇1次水，改为每天浇1次水。

【施肥】

给五角星花施肥应以用氮磷钾复合肥或颗粒肥为好，忌单施氮肥，以防徒长花少。种植时放有底肥的，则每月追肥1次，如果盆土中无底肥，可每15～20天追施1次。

【繁殖状况】

五角星花通常采用播种繁殖法。在3月下旬到4月下旬间播种最好，在播种前可以把种子先放入水中浸泡2小时，然后再播种。

一个中盆可以点播5～7粒种子，然后覆土0.5厘米，保持盆土湿润，10天左右便可出苗，半月后可以间去弱苗，留下3～4株健壮苗。

如果是在苗床上播种，当花苗长出3～4片叶的时候，可以取苗上盆，注意不要伤到小苗根系。

◇花友经验◇

Q：五角星花的病虫害有哪些？

A：五角星花的生命力很强，适应性好，但容易受到叶斑病、锈病和蚜虫的侵染。叶斑病可以喷施多菌灵或代森锌，也可灌根，并注意植株的通风透光。锈病可用50%萎锈灵可湿性粉剂1500倍液防治。蚜虫可以用乐果或氧化乐果进行喷杀。

紫藤

【花卉简介】

紫藤又叫朱藤、藤萝、藤花、黄环、葛花、葛萝树，为豆科、紫藤属落叶木质藤本植物。紫藤的枝蔓可长达18～30米。小枝淡褐色至赤褐色，被柔毛。叶互生，奇数羽状叶，小叶7～13枚，卵状长椭圆形至卵状披针形。4月开花，总状花序侧生，花密集下垂，蓝紫色，略有香气。荚果扁平，长条形，质坚硬，密被黄棕色茸毛。紫藤有扁圆形的种子。

【生长条件】

紫藤喜温暖，所以，20℃～30℃间的温度最适宜。耐寒性较强，冬季可忍耐-8℃左右的低温。耐干旱，忌水湿。性喜光，略耐阴。

【栽植】

盆栽应选择株形矮小的种类或品种。紫藤喜湿润肥沃、排水良好的土壤，对土壤的酸碱度适应性强，在微碱性土中亦可良好生长。基质可选择腐叶土、泥炭土、砻糠灰等材料配制。盆栽者应每2～3年进行1次翻盆，通常于春季发芽前进行。

【浇水与修剪】

在紫藤的生长期间，开花时应充足供应水分，以保证花序的正常开放，盆土过干会使花期缩短。8月正值花芽分化之时，应控制浇水，保持盆土稍微干燥的状态，可促进花芽分化，使翌年的开花更为繁盛。

在栽养过程中应加强修剪和摘心，以控制树形。紫藤的花芽通常生于一年枝的基部，春季萌芽前应进行一次修剪，除剪去瘦弱枝、病虫枝、过密枝和徒长枝外，还要对留下的一年生枝条进行短截，剪去枝长1/3～2/3，可控制树形，并使春季抽枝粗壮，开花繁盛。生长期间应随时剪去病弱枝、过密枝和徒长枝，以保持良好的树形，并有利于植株内部的通风透光。若植株生长过于旺盛，可采用限制肥水、修剪枝叶的方法进行控制。

【施肥】

在紫藤开花前施1次以磷为主的肥料，可使开花繁盛且花色艳。开花后每月追施1次稀薄的氮肥，以促进抽发壮枝。7月下旬起每月追施1次以磷为主的肥料，以促使花芽分化。如缺少肥料而树势衰弱，或施用氮肥过多而营养生长过旺，都会影响正常的开花。树势衰弱时，应及时追施肥料。冬季停止施肥。

【繁殖状况】

播种：在种子干藏后于翌年早春2～3月进行。播前用50℃温水浸种1～2天，发芽适宜温度为15℃～20℃。播后经30～40天发芽，发芽率约为90%。

扦插：3月行硬枝插。选取健壮的一年生枝条，截成长15～20厘米的插穗，插入土中1/2左右。以后保持插壤湿润，插后25～30天生根，很容易成活。由于根部能萌生不定芽，也可用根插繁殖，利用移栽或翻盆时剪下的侧根，选取粗壮者剪成长约10厘米的插穗，斜插于苗床。

压条：秋季落叶后进行。将枝条压埋部分略去皮后埋入土中，保持土壤湿润，促其生根，翌年春天即可与母株分离种植。

嫁接：通常于春季萌芽前进行，枝接、根接均可，主要用于优良品种的繁殖。砧木采用通常的紫藤，如在紫藤老桩上嫁接优良品种，可以提高其观赏性。

◇花友经验◇

Q：紫藤进入休眠期如何养护？

A：紫藤冬季落叶后进入休眠期，对水分的要求不多，应节制浇水。但置室外而遇寒潮侵袭时，则需及时浇水保持盆土湿润，可防止根系受冻。

瑞香

【花卉简介】

瑞香又名睡香、露甲、蓬莱花、瑞兰、风流树、千里香等，为瑞香科瑞香属常绿小灌木。

【生长条件】

原产于我国和日本地区的瑞香性喜温暖、湿润和通风良好的半阴环境。不耐寒，怕积水，忌强光，怕高温，气温超过25℃即停止生长。适宜生长在疏松、肥沃、湿润和排水良好的酸性土壤中。生长适温为15℃～25℃。

【栽植】

南方地栽瑞香可于春秋季进行栽植，一般与落叶灌木混栽，可使其夏季避免阳光暴晒，而冬季又能得到充分阳光。栽种时，可在穴中施以堆肥或厩肥作基肥，但不要施得过多。

盆栽用园土、腐叶土和沙以5：4：1的比例配制培养土，栽植前宜加入少量的腐熟饼肥作基肥。每隔2年于3月份进行翻盆换土1次。

【浇水与修剪】

瑞香庭院地栽雨水即可满足其生长要求。盆栽生长期保持盆土湿润。春季花期过后仍要保持盆土湿润，不能缺水。夏季瑞香几乎处于休眠状态，浇水掌握宁干勿湿、少浇多喷的原则。秋季孕蕾期，不可大水，否则其生殖生长会变为营养生长。

瑞香萌生力较强，所以需要经常修剪。春季可对过旺的枝条加以修剪，以保持株形的优美。花后可进行整形修剪，主要是将影响株形的枝条修去，如干枯枝、病弱枝、过密枝、徒长枝等，压低生长过旺的枝条，使株形端正，观赏性强。

【施肥】

地栽生长过程中施1～2次追肥即可，冬季可在植株四周开沟施肥。盆栽生长期每月施1～2次稀薄矾肥水，花期应增施一些磷钾肥，花后施氮肥为主，以保证营养生长的需要。夏季停止施肥。

【四季养护】

瑞香喜半阴，忌阳光直晒，怕高温炎热，夏季宜放置在通风阴凉处，避雨淋，避阳光直晒，避热风吹袭。

瑞香不耐寒，盆栽入冬前需搬入室内，放在阳光充足处养护，室温保持在5℃以上可安全越冬。若温度过低，叶片易遭受冻害。中午气温较高时，可向盆株四周喷雾几次。

【繁殖状况】

瑞香一般以扦插法和高压法进行繁殖，其中以扦插繁殖为主。

扦插：春夏秋3季均可进行。春插于2～3月进行，在植株萌发前选取一年生健壮枝条，剪成每段10厘米左右，保留枝条上端2～3片叶。夏插和秋插，分别于6～7月和8～9月进行，选取当年生健壮枝条作插穗。插床用河沙或蛭石，枝条插入1/3～1/2为度，插后浇透水，再用塑料薄膜作拱棚封闭，要保持插床土壤湿润，不可过干和过湿。夏插的要注意遮阳，秋插的要注意防寒防冻。一般1～2个月可生根，然后移栽上盆即可。

高压：宜在3～4月植株萌发新芽时进行。首先选取一二年生健壮枝条，作1～2厘米宽环状剥皮处理，再用塑料布卷住切口处，里面填上土，将下端扎紧，上端也扎紧，但要留一小孔，以便透气和灌水，一般经2个多月即可生根。秋后剪离母体后才可以移植。

◇花友经验◇

Q：瑞香为什么会落叶？

A：瑞香在栽培过程中容易出现落叶现象，其原因有：

第一，浇水过多。冬季浇水过多，或因淋雨后未及时倒出盆中积水，使根部呼吸不到氧气而导致烂根出现落叶。

第二，用土不当。瑞香喜疏松肥沃略带酸性的土壤，若使用碱性土栽培，很可能会出现落叶的状况。

第三，盆土太干。瑞香喜湿润环境，忌高温和干旱，若盆土过干，根系长期吸收不到水分，叶片会萎蔫。

第四，施肥不当。对瑞香要施充分腐熟的薄肥，若用肥过浓或用未腐熟的生肥，则会将植株烧伤，导致叶片萎黄脱落。

第五，高温受害。瑞香最怕高温和干旱，在炎热的夏季若浇水不及时，或花盆放置地点温度过高，瑞香会出现叶片枯黄现象。

第三章
观果类花卉

樱桃

【花卉简介】

樱桃外形娇小玲珑、惹人怜爱，吃起来口感甜中带微酸、果肉滋味纯美，因此深受人们喜欢，在我国有广泛栽植。樱桃又名荆桃、朱樱，为蔷薇科樱属落叶乔木类植物。樱桃的树皮为紫红色，表面光滑。叶子为卵形或椭圆形，边缘有锯齿。伞形总状花序，花3～6朵，白色而略带红晕。果近球形，熟时呈鲜红色。花期4月，果熟期5～6月。樱桃为珍贵的观果树种。庭院中孤植、丛植均宜。

樱桃的品种有：中国樱桃，适应温暖潮湿的气候，耐寒力较差。甜樱桃，适应凉爽而干燥的气候，在北方种植较适宜。

【生长条件】

樱桃不仅喜光还喜欢温暖湿润的气候，有一定耐寒与耐旱能力。适宜生长在深厚疏松、排水良好的沙壤土或砾质壤土。樱桃的萌蘖性强，生长迅速。

【栽植】

樱桃栽植以春季为宜，也可在秋季进行栽植。选择1～2年生的苗木时，要用直径25～30厘米的花盆。花盆的透气性要好、对根系无毒害作用。素烧盆和木桶养樱桃效果最好；紫砂盆、塑料盆次之；含釉质的盆器最差，樱桃上盆后不易成活。樱桃根系呼吸作用旺盛、耗氧量大，所以养植樱桃的土壤的透气性必须要高。营养土配置比例为草皮土：圈肥：沙子=5：3：2。移栽前，先将损伤的根系、枝条进行修剪，露出新茬，再将有病虫害的部分剪除。其次，检查容器的排水孔，保持花盆排水畅通。将一片瓦倒扣在排水孔上，然后铺一层20厘米左右的炉灰渣，装上营养土，最后放树苗，经过2～3次提苗、压土，最终土面与容器口沿相距5厘米左右。

【浇水与修剪】

给樱桃浇水要掌握"见干见湿，浇透浇漏"的原则。在夏季，每日浇1次水，并经常往叶面喷一些水，起到给植株降温和清洁的作用。春秋两季浇水次数要少。浇水量以花盆底稍稍滴水为佳。

在樱桃的生长期内，不宜作强度修剪，因其伤口较难愈合。但在生长过密之处，可酌量疏枝，并改善通风、光照条件，有利于樱桃结果。

【施肥】

"少施勤施"是樱桃施肥的原则。秋季落叶后，施以腐熟厩肥为基肥。

【繁殖状况】

嫁接：以山樱桃实生苗或插条苗为砧木，用枝接或芽接均可，枝接宜在3～4月间进行，芽接在7～8月进行。

分蘖：樱桃发育快，结果繁多，可于春分前后在基部壅土，翌年春即可掘取生根萌蘖，再进行移植。

扦插：于6月用嫩枝扦插，盖以塑料薄膜，1个月后即可生根，成活率可达60%。

◇花友经验◇

Q：樱桃平时该如何养护？

A：樱桃果实红熟时，易为鸟雀啄食，应加保护措施。病害有流胶病、腐烂病、叶穿孔病和根癌肿病，虫害有红颈天牛、金缘吉丁虫和牡蛎介壳虫，发现病虫害后要及时剪除病害枝叶并消毁，同时喷施农药防治。

🌿 观赏葫芦

【花卉简介】

观赏葫芦又叫小葫芦、腰葫芦，为葫芦科、葫芦属一年生攀援草本观果花卉。观赏葫芦为葫芦的栽培变种。观赏葫芦茎叶蔓生，又可结果供观赏，为极好的垂直绿化材料和观果花卉。在阳台或庭园种植，既可遮去夏秋的烈日，又有众多的小葫芦垂挂于架上，随风摇曳。由于葫芦谐音"福禄"，为我国传统的吉祥之物，因而更得人们的喜欢。

观赏葫芦为蔓生，长可达10米，生有柔软茸毛。根系不发达。茎横切面呈三角形或五角形。叶互生，心脏形或肾形，不分裂或稍浅裂。花期在7～9月，花为雌雄同株，雄花梗比雌花梗长，花白色，单生于叶腋，清晨开放，日中即枯。瓠果淡黄白色，长10厘米左右，中间细，下部大于上部；嫩果有茸毛，成熟果光滑无毛，果皮变成坚硬的木质，有矩圆形的种子。

观赏葫芦的品种与变种很多，主要有：

长柄葫芦：根系发达，肉质根。茎节着地处易生不定根，蔓长8～10米，分枝多，长势旺盛。叶较大，浅缺刻，近圆形。花白色，单生，傍晚时开放。果实有一细长的柄，长40～50厘米，下部似圆球体，横径14～20厘米，单果重1～2千克。皮色以青绿为主，间有白斑，老熟果果皮坚硬。

鹤首葫芦：果实近长柄葫芦，因果实外形似鹤首而得名。果实上面具细长柄，下面似球体，表面有明显的棱线突起，墨绿色，果实长40～50厘米，横径15～20厘米，果重1.5～2.5千克。

天鹅：果实颈部上方略膨胀而似天鹅的头部，高35～45厘米，下方近圆球形，直径15～20厘米，表面光滑，有淡绿色斑纹。

特长葫芦：每株只产2～3个葫芦，果实老熟时可长达1.5米以上。

梨形葫芦：长出的葫芦很像梨。

【生长条件】

观赏葫芦性喜高温，不耐寒，生长适宜温度为20℃～32℃。喜阳，种植观赏葫芦应选择有充足光照的地方。

【栽植】

播种后7～10天待子叶完全张开后，每盆选留1株壮苗，拔去多余苗。穴盘育苗的应移栽到盆中，或先栽到营养钵中，在长出4~6片叶时再定植，定植株距为40~50厘米。观赏葫芦喜疏松肥沃和排水良好的中性土壤，微酸或微碱土也能适应，基质可用腐叶土、园土、泥炭土、砻糠灰或珍珠岩等材料配制。由于观赏葫芦的生长期长、耐肥力强，基质中应拌入适量的有机肥作基肥。

【浇水与修剪】

在观赏葫芦的生长期间，苗期应控制水分，防止幼苗徒长。在植株坐果前及开花期应适当节制浇水，以利花芽分化和顺利坐果。坐果后特别在结葫芦盛期要浇足水，以保证果实的生长发育。生长时期，水分不足时，植株的生长与开花结果不良。但基质也不宜过湿，否则会引起根腐。

观赏葫芦以子蔓和孙蔓结果为主，应在主蔓长至50厘米左右后摘心打梢，以促使子蔓的抽生，并提早开花结果，降低支架的高度；在子蔓长出3~4片叶时即能现蕾开花。若侧枝长成无蕾的徒长枝，应在其长出3~4片叶处再次打顶，使之长出开花结果的孙蔓；否则其生长势极强，会消耗大量的养分而影响开花与结果。地栽时，应在子蔓抽生后留第1和第2侧枝，并在长到25厘米长时再摘心打顶，来提高挂果率。

【施肥】

因为观赏葫芦的生长与结果量大，所以需肥量也较大，生长前期应追施数次以氮为主的稀薄肥料，以使幼苗生长苗壮。长柄葫芦和鹤首葫芦的生长势旺盛，前期要控制植株的营养生长，以防枝叶徒长而影响坐果率。开花结果期应多施磷钾肥，施肥的种类及次数应视植株的生长情况而定，如枝叶生长过于旺盛，应减少氮肥的施用，以免造成营养生长过盛而影响开花结果。

【繁殖状况】

观赏葫芦常用播种法繁殖。1月中下旬播种后行设施保护地春栽，或在7月中下旬播种后秋植。通常可将成熟的瓠果带梗悬挂于室内，至春天3月后取出种子盆播或苗床育苗。因种子皮厚，不易吸收水分，故播前先用30℃温水浸种3~4小时。长柄葫芦和鹤首葫芦的浸种时间宜长些，以7~8小时为宜，使其充分吸收水分。早春播种由于温度低，故需电热丝加温，并搭棚覆盖塑料薄膜保温，秋季播种需覆盖遮阳网降温。盆播可用口径12~15厘米的小盆，每盆播种子1~2粒。播种时要将种子的尖端向下，播后覆土1~1.5厘米。种子发芽适宜温度为30℃~35℃，播后保持基质与环境湿润，3~4天后，即可长出新苗。

◇花友经验◇

Q：我养的观赏葫芦结果很少，这是什么原因呢？

A：导致观赏葫芦结果少的原因主要有：第一，种植处太荫蔽；第二，开花坐果期前浇水过多；第三，施用氮肥过多而营养生长过盛；第四，开花期没有施用磷钾肥或施用太少；第五，没有人工辅助授粉。所以，要根据具体原因进行改善。

🌿 南天竹

【花卉简介】

南天竹又名红杷子，属小檗科南天竹属常绿灌木。株高约2米左右。直立，少分枝。老茎浅褐色，幼枝红色。叶对生，叶子形状是椭圆状披针形。圆锥花序顶生；花小，白色；浆果球形，鲜红色。

【生长条件】

南天竹多生于湿润的沟谷旁、树林下或灌丛中，为钙质土壤指示植物。喜温暖多湿及通风良好的半阴环境，较耐寒，能耐微碱性土壤。

【栽植】

山坡、平地排水良好的中性及微碱性土壤也可栽植。栽培土要求肥沃、排水良好的沙质壤土。对水分要求不甚严格，既能耐湿也能耐旱。比较喜肥，可多施磷、钾肥。

【浇水与修剪】

盆栽植株观赏几年后，枝叶老化脱落，可对植株进行整型修剪，一般主茎留15厘米左右便可，4月修剪，秋后可恢复到1米高，并且树冠丰满。如有断根、撕碎根、发黑根或多余根应剪去，按常规法加土栽好植株，浇足水后放在荫凉处，约15天后，可见阳光。在冬季植株进入休眠或半休眠期，要把瘦弱、病虫、枯死、过密等枝条剪掉。也可结合扦插对枝条进行整理。

【施肥】

生长期每月施1~2次液肥。成年植株每年施3次干肥，分别在5、8、10月份进行，第3次应在移进室内越冬时施肥，肥料可用充分发酵后的饼肥和麻酱渣等。施肥量一般第1、2次宜少，第3次可增加用量。

【四季养护】

干旱季节要勤浇水，保持土壤湿润；夏季每天浇水1次。浇水时间，夏季宜在早、晚进行，冬季宜在中午进行。

【繁殖状况】

南天竹繁殖以播种、分株为主，也可扦插。播种繁殖可于果实成熟时随采随播，也可春播。分株宜在春季萌芽前或秋季进行。扦插宜新芽萌动前或夏季新梢停止生长时进行。

◇花友经验◇

Q：为什么有的南天竹开花很少或花期很短？

A：这和不同季节的浇水习惯有关系。一般说来，夏季时候保持盆土湿润即可。开花时，浇水的时间和水量需保持稳定，防止忽多忽少，忽湿忽干，不然易引起落花落果，冬季植株处于半休眠状态，要控制浇水。若浇水过多则植株易徒长，妨碍其休眠，影响来年开花的数量和花期。

🌿 石榴

【花卉简介】

石榴又名丹若、安石榴、钟石榴、珍珠石榴、西安榴等，为安石榴科落叶灌木或小乔木类观果花卉。石榴春初枝叶茂盛，夏天花红如火，金秋彩果悬枝。从近年马王堆出土史料得知，石榴在我国西汉以前就有种植。在民间，石榴象征着多福多寿、多子多孙、富贵吉祥。

石榴树的株高一般为3~5米，盆栽石榴高在1米以下。石榴生长强健，易生根蕊。花有单瓣和重瓣之分，有白色、黄色、粉红色、玛瑙色等。果实外皮为鲜红色、淡红色或白色，多汁，甜而带酸。5～7月为花期，9～10月为果实成熟期。常见的观果品种主要有墨石榴、玛瑙石榴、月季石榴；观花品种有红色重瓣花石榴、白色重瓣花石榴。

石榴可谓是人间的一大宝物，果皮、根皮、石榴花、石榴叶均具有药用价值。

石榴

【生长条件】

原产于中亚地区的石榴性喜温暖、干燥、阳光充足的环境。石榴耐寒，耐干旱，怕水涝，不耐阴，石榴对土壤要求不高，在疏松、肥沃的土壤中生长良好。石榴的生长适温为20℃～30℃。

【栽植】

种植石榴有地栽和盆栽2种，盆栽石榴一般1～2年翻1次盆。除去弱小细根，更新盆土。石榴喜阳，故应放在阳光充足处，即便是炎夏烈日也不用遮阴，但忌西晒。

【浇水与修剪】

石榴较耐干旱，所以在春、秋两季可3天浇1次水，在夏季，每天在夕阳下浇1次水。冬季由于植株处于休眠期，故应少浇水。石榴怕水涝，一年四季，保持盆土湿润，不可使盆内积水。

由于石榴是丛生灌木，枝叶繁多，通风透光差，故应经常疏枝修剪，一般在春季新枝萌发初期抹芽1次，冬季落叶后修剪整形。

【施肥】

在冬季，宜给石榴施基肥1次，夏季可追肥1～2次。开花、结果时宜多施含磷、钾的肥料。

【繁殖状况】

石榴的繁殖多用扦插和分株法，也可用压条法。

生活中常用的是嫩枝扦插法，在每年的5～9月都可以进行，在花盆内放入一些粗沙或珍珠岩作为插床，剪取2～3厘米的嫩枝梢，剪去基部嫩叶，2/3插入土中，浇足水分，约2～3周就能生根，为保持插床基质湿润可用透明塑料袋罩住。在培养期间，如果发现盆内缺水，应该把盆浸入水中半小时，以让水充分渗入盆土中。

◇花友经验◇

Q：如何让石榴枝繁叶茂呢？

A：石榴属于强阳性植物，性喜阳光。俗话说："石榴越晒花越红，果越多。"实验证明，只有在整个生长季节都将其放在阳光充足处，且每天日照至少要保持在5个小时以上，才能使其生长健壮、花色鲜艳。否则，如果光照不足，石榴极易徒长而不能开花结果，所以盆栽石榴要放在光照充足的地方。

无花果

【花卉简介】

无花果又叫映日果、奶浆果、蜜果、树地瓜、文先果、明目果，为桑科、榕属观果类花卉。无花果的枝条粗壮，树冠张开，呈圆形或广圆形；叶互生，大且厚，表面粗糙，背面有柔软毛；隐头花序，从叶腋间生出；果实肉质肥大，状如馒头，成熟的呈紫色或白色，果实甜，可食用。

【生长条件】

无花果原产于欧洲地中海沿岸和中亚地区。无花果性喜温暖、湿润气候，宜生长在土层深厚肥沃的土壤。不耐旱，也不耐寒。

【栽植】

无花果的栽培时间以在落叶后或春季发芽前进行为宜。栽前可先向盆中填入一半的营养土压实，栽前被移栽的苗木要先浇透水，等水渗完后立刻带土移栽到盆中，然后再填培养土，让其根部和培养土紧密结合在一起，然后浇1次透水，放到阴凉处养护10天左右，再搬到阳光充足的地方养护。

因为盆栽无花果在盆中生长很多年后，其根系会密布在盆中，会沿盆壁转圈生长，这时盆土肥力会大大降低，影响植株的正常生长，所以要及时换盆。一般15～20厘米的小盆无花果经1年更换到直径为20～35厘米的中型盆中或更换新盆。中盆中的植株可以2年后更换到口径为40厘米以上的大盆中或者更换新盆，大盆无花果3年更换1次新盆。换盆时先把植株根系上的部分老根和沿壁卷曲过长须根剪去或剪短，以利于其恢复生长，然后再进行栽植。

【浇水与修剪】

无花果怕积水，浇水不宜过勤。一般在冬季，植株进入休眠期，可以隔1～2周浇1次小水，保持盆土湿润即可。早春和秋季每日浇水1次，保持盆土潮湿。夏季正是果实渐熟时期，且蒸发量大，需要多浇水，可以每天早、晚各浇1次水。如果浇水不及时容易出现蔫叶落果现象；但浇水过多会导致植株徒长和果裂。

无花果生长快、发枝能力强，应该在冬季或夏季进行修剪，修剪去较为杂乱的交叉枝、重叠枝、侧枝留几个芽后进行截顶让分枝向四周扩展，保证树冠匀称美观。在结果盛期，如果植株结果多，可以适当进行疏果，以便结果好。

【施肥】

对无花果要合理施肥，要薄施，不要施肥过量，否则会造成肥害。一般生长季节可以每隔半个月施1次浸泡发酵好的豆饼水。在秋季8月下旬可以施1次氮磷钾复合肥或过磷酸钙、骨粉和草木灰皆可。

【四季养护】

无花果喜光，宜放置在通风、光照良好的地方，尤其是能够获得直射阳光的地方，这样才能保证其光合作用和蒸腾作用的正常进行。

无花果

无花果喜欢温暖的环境，其适宜生长的温度为25℃～30℃，休眠期温度要求保持在0℃左右。

盆栽无花果因为盆土少，根系密集，所以很容易受冻，尤其是在我国北方地区，冬季气温低，况且5年生以前的枝条更易遭冻害，所以，要格外注意盆栽无花果的冬季保护。有条件的家庭，可以在冬季把经过修剪后，浇足水分的植株连盆埋入地下，埋土深度距地面30～50厘米即可。如果气候寒冷，还可再加上塑料布或堆草等，这样便可安全越冬。也可以把盆栽无花果放到避风的墙角，用湿润的河沙或落叶、麦草等堆积在盆上，再盖上塑料布和草帘子，并随时注意盆土，干了要及时浇水，这样无花果便可安全越冬。

在我国的中部、南部地区栽培的盆栽无花果可以不用这样麻烦地进行防寒越冬处理，只需要把花盆埋入地下，让无花果树露在地表，盆上稍堆些土，保证花盆不被冻裂便可，无花果树不会被冻。经冬的无花果苗株要进行剪苗，否则，苗株很容易死亡。也可以在3月下旬把花盆移到阳光充足的向阳窗台，等到4月中下旬开始出室，在天气晴朗的时候，上午10～11时移出室外晒1小时后再移入室内，这样反复10天以上，等到5月上旬便可移到室外阳光充足处。

【繁殖状况】

无花果繁殖主要通过扦插繁殖。扦插繁殖在4月下旬结合修剪进行，剪取一条长20～30厘米的充实枝，斜埋入花盆土中，然后再覆盖一层厚土，压实。保持盆土湿润，大约经历20～30天后，插条便可长出愈伤组织，此时便可移栽上盆。

◇花友经验◇

Q：无花果的病虫害有哪些，又该如何防治呢？

A：无花果的病虫害主要有红蜘蛛、桑天牛、褐刺蛾、大蓑蛾等。防治果实炭疽病，可用75%百菌清600～800倍液。防治红蜘蛛，可用1000～1500倍乐果稀释液喷洒叶面进行防治。

草莓

【花卉简介】

草莓又叫凤梨草莓、大果草莓、士多啤梨，为蔷薇科、草莓属观果类花卉。草莓果实肉质、柔软、多汁，具有香味，酸甜可口，营养价值高，除了含有糖、蛋白质外，还富含磷、铁、钙等矿质元素和多种维生素。草莓中的磷、铁含量是苹果和梨的3～4倍，而糖和热量仅为它们的一半。草莓还具有润肺、健脾、解热、利尿等功能，对贫血、肠胃病、心血管病等疗效甚佳。

因为草莓植株矮小，而且其绿叶、白花、红果相映成趣，特别在南方于冬春结果，而且挂果时间长，果实又可食用，因而草莓具有相当好的盆栽观赏价值。除了可作为一般的盆栽外，也很适合种在吊盆中，其果实和匍匐枝悬挂而下，颇具情调。

【生长条件】

草莓有喜温凉、厌炎热、较耐低温的特性，5℃以下或30℃以上生长停止。根系的生长适温为15℃～20℃，茎叶的生长适温为20℃～25℃。草莓不抗高温，干旱、炎热、日照强烈的地区会抑制植株的正常生长。平均温度在10℃以上时可开花，最适宜的开花温度为20℃～25℃。花芽分化要求17℃以下低温和12小时以下短日照，休眠则要求5℃以下的低温。

【栽植】

栽植草莓前要选择好的品种。草莓品种多，所有的品种都适合盆栽，但是以选择休眠浅、果形好、香味浓郁的品种更佳，如达斯莱克特、丰香、静香、泰达1号等。

草莓适宜在富含有机质、排水透气良好的沙壤土中生长，在重黏土、盐渍土或含有大量石灰质的土壤中会生长不良。盆栽时，所用的土壤如果太沙或者太黏，可混入约1/3的量富含有机质的材料，如泥炭、腐叶土、堆沤过的蘑菇渣等，对基质能起到良好的改良效果。即使是壤土，加入有机质也是有益的。要注意不要选用栽过草莓的旧土，否则容易加重病害的发生。虽然草莓耐土壤酸性，但pH值以6.0左右为好。

草莓繁殖苗上盆时间没有严格限制，只要生长条件适合，随时都可以进行上盆。但是，结合通常的无性繁殖时间，一般来说，在南方一带，幼苗以10月至11月上旬上盆为宜，在北方一带幼苗以9月至10月上旬上盆为宜。

由于草莓根系分布浅，可不需要用深盆。根据花盆的大小来确定上盆苗数，盆径为25~30厘米的花盆（盆高有20厘米左右即可）可种上3~4株苗。幼苗原则上要求带土移植，以利于成活，并且要去掉老叶，以减少病源。栽植时注意根茎与地面平齐，如果过深则土压苗心，易致腐烂；过浅则根系外露，易于枯死。多株栽植的要分布均匀，并且要注意让短缩茎弓背朝向盆外，因为草莓开花挂果方向与弓背方向一致，所以这样可以使花果露在花盆外边悬垂下来，且果实着色均匀一致，整齐美观。

栽植完毕后即浇定根水，然后把盆株放在有遮阴的地方进行缓苗。缓苗期间要注意浇水，保持盆土湿润，直至成活为止。

【浇水与修剪】

草莓喜光，盆株在秋冬春季需放在太阳能直射的地方，光照不足时茎叶生长旺盛而开花少，夏季则需要放在阴凉的地方。草莓喜潮湿不耐干旱，但又怕积水，在生长期可等表土一干就浇水，冬季休眠期则需减少浇水次数，且冬季浇水宜在中午进行，夏季若生长停顿也应控制浇水。

平时见盆土有板结现象时就要进行松土，随时进行除草工作。随着植株的生长，新生匍匐枝也相继出现，如果为了多结果、结好果，应及时将其摘除。如果在开花前见到植株叶片长得太密，需要进行适当的疏叶。

在草莓的花期和果期，要进行疏花疏果的工作。小花、弱花以及畸形果、病果、小果都要摘掉，每个花序上仅留4~6个果。另外，植株进入花期后，分蘖也开始长出，应及时掰除，最多留1~2个；同时注意摘除老叶和病叶，以保持植株内部通风透光。

果实如果接触到土面极易腐烂，所以结果后果实要牵引至盆外，或者在果实下垫上塑料薄膜或细软的杂草，病果和烂果也要及时摘除。从开花到果实成熟需要30~60天。

在草莓挂果结束后，不再摘除侧芽，保留侧芽3~5个，形成匍匐茎，继续悬吊观赏。

【施肥】

每个月向盆中施1次氮∶磷∶钾＝4∶3∶3的复合肥，特别在开花结果期间不能偏施氮肥。

【四季养护】

冬天温度低于5℃时，要给草莓防寒。在家庭栽培时，放置在室外的草莓，冬季可移入室内或放在向阳的封闭式阳台上。严寒时，还可用塑料薄膜袋罩住盆株保温，但在中午气温高时应拿掉薄膜。

草莓茎和根随生长逐步上移，为了保证基部有适宜的发根环境，必须常往基部培土，厚度以露出苗心为准。夏季天气炎热，特别需要注意给草莓勤浇水，否则叶会遭受严重灼伤。立秋前后可换一次盆。

【繁殖状况】

分株：当果实成熟后，植株能产生不少的匍匐茎，其茎节接触到土壤会生根及发芽，当芽长出有3叶以上的叶簇以后就可进行分株，即把匍匐茎切断，把小株挖起重新上盆种植即可，第二年即可挂果。如果盆栽植株老化或者观赏价值变劣时，也可用此方法来进行更新。

水培：草莓也可采用水培叶丛法进行繁殖，即把匍匐茎上抽出的叶丛在未发根前摘离母株，放入盛有少量温水的培养皿或小碗中，让叶丛基部接触水，隔天换一次水，在立秋前后凉爽的气候条件下，一般10天左右即可发根。待长出5～6条根后，可栽入盆内。

播种：将成熟的草莓摘下放置1周，用清水洗出小瘦果，经5℃低温处理45天，当年即可成苗。但是，由于播种苗变异大，不易保持品种的固有特性，播种一般仅在育种时采用。

◇花友经验◇

Q：家庭栽植草莓，如何防治病虫害？

A：家庭栽培草莓时，由于环境较卫生，发病率较低，若有发生，在发病初期把病叶摘除即可。虫害主要有红蜘蛛、蚜虫、壁虱等，家庭可用肥皂水或洗衣粉水喷雾来防治蚜虫，但注意不要喷在草莓的果子上。

五色椒

【花卉简介】

五色椒又名朝天椒，原产于美洲热带，常作一年生栽培。株高30～60厘米，分枝多，茎直立，单叶互生，花白色，花期5～7月，果实簇生于枝端，同一株果实可有红、黄、紫、白、橙等各种颜色，有光泽，盆栽观赏逗人喜爱。

【生长条件】

五色椒喜温暖湿润和阳光充足的环境，不耐寒，耐高温、干燥，怕积水，宜生长在肥沃、排水良好的沙壤土。

【栽植】

幼苗出现2～3片真叶时移栽1次，苗高10～15厘米时定植露地或盆栽。生长期每半月施肥1次，以使植株茎叶繁茂，开花时浇水不宜多，以免落花，增施磷、钾肥1～2次，以利着果，使果实鲜艳而有光泽。

【浇水与修剪】

盆土保持湿润，可延长观果期。盆栽要施足基肥。栽后注意浇水和施肥。苗长至20厘米高时摘心1次，以增加分枝。浇水一般晴天2天1次即可，切忌根部积水，否则会烂根。

【施肥】

对五色椒施肥需遵循"淡肥勤施、量少次多、营养齐全"的施肥原则，并且在施肥过后，晚上要保持叶片和花朵干燥。

【四季养护】

春、夏、秋季是五色椒的生长旺季，肥水管理按照花肥—花肥—清水—花肥—花肥—清水的顺序循环。每周至少要保证2次"花宝"。进入开花期后适当控肥，以利种子成熟。

【繁殖状况】

五色椒常用播种法繁殖，4月春播，播后7~10天发芽，发芽迅速整齐。

◇花友经验◇

Q：五色椒遇到叶斑病的危害怎么办？

A：五色椒常有叶斑病危害，可用50%托布津可湿性粉剂500倍液喷洒。虫害有蚜虫和蓟马危害，可用50%杀螟松乳油1500倍液喷杀。

气球果

【花卉简介】

气球果又名气球花、棒头果、钉头果、风船唐绵，为萝藦科、萝藦属观果花卉。气球果繁茂悬垂的小白花，玲珑可爱。时常可见花、果同时并存于植株上，为花果俱佳的观赏植物，常用来盆栽，布置在厅堂、客厅和阳台等处，在南方还可露地栽培点缀庭院。在插花中适度使用，可以让花束营造出活泼可爱的感觉，因此还是一种很受欢迎的切花原料。

【生长条件】

气球果原产于热带非洲地区，喜高温多湿和阳光充足环境。不耐寒，稍耐阴和干旱，要求肥沃、疏松和微酸性的沙质壤土。气球果用盆栽或露地栽培均可。

【栽植】

栽植气球果时，宜用疏松肥沃、排水透气性良好的微酸性沙质壤土，可用腐叶土2份、沙土2份、园土1份混匀后使用。

【浇水与修剪】

生长期浇水以"干透浇透"为主要原则。

【施肥】

在气球果的生长期内，每半个月施1次有机肥料，开花结果后可施1~2次0.2%的磷酸二氢钾液。

【四季养护】

气球果的生长适温为20℃~28℃，冬季时也不宜不低于10℃。宜置于光照充足、通风良好的场所养护。

【繁殖状况】

气球果主要用播种和扦插法繁殖。

播种：春季播种，种子发芽适温为20℃~25℃，将种子播种于疏松土中，稍覆细土，保持湿度，播后15~20天发芽，苗高15厘米左右时移植栽培。

扦插：春、秋季均可进行，剪取10～15厘米长的成熟枝条，插前用清水洗掉伤口处流出的白色浆液，斜插入土，大约经过25～30天后新根即可长出。

◇花友经验◇

Q：为什么气球果在生长期内会出现长得很慢的情况？

A：这多是由于水肥吸收不均衡所致。生长期浇水一定要避免盆内积水，而且，新栽的植株要放在避风的半阴处养护，保持土壤和空气湿润，等恢复长势后再进行正常的管理。

观赏苦瓜

【花卉简介】

观赏苦瓜又叫小苦瓜、凉瓜、癞葡萄，为葫芦科、苦瓜属一年生草质藤本植物。

观赏苦瓜的茎柔弱，五棱，绿色，多分枝，有柔毛。卷须不分叉，长约20厘米。叶互生，5～7掌状深裂，裂片深达中部或近基部。6～7月开花，花雌雄同株，黄色。7～8月果熟，果纺锤形，长度在15厘米以下，表面有10条不规则的瘤状突起，初为绿色，成熟时橘黄色。种子长圆形，包于红色肉质的假种皮内，表面龟甲状。

观赏苦瓜叶片翠绿光亮，果形玲珑可爱，瓜色橘黄鲜艳。其生性随便，无须精细管理。宜种植于阳台、晒台及庭园等处，既可让枝叶遮阴盖阳，又可在荫棚底下观花赏果。

【生长条件】

观赏苦瓜喜温暖，生长适宜温度为20℃～25℃。不耐寒，15℃以下的低温对植株生长和结果均不利。在15℃～25℃的范围内，温度越高，对植株的发育越有利。开花结果的适宜温度为20℃以上，以25℃左右为最佳。忌高温，在气温达30℃以上时，观赏苦瓜的生长与结果均不良。观赏苦瓜喜充足的阳光，不耐阴。充足的光照有利于植株进行光合作用，积累较多的养分，从而有利于植株的生长和开花结果。光照不良时植株徒长，并严重影响开花与授粉，从而产生落蕾和落花等现象。

【栽植】

小苗长出1片真叶后移于口径20～30厘米的大盆中。观赏苦瓜对土壤要求不严，但喜肥沃疏松、保水保肥力强的土壤，在土壤有机质充足时植株生长健壮、茎叶繁茂、开花结果量大。栽培观赏苦瓜的基质可用腐叶土、园土、奢糠灰或珍珠岩等材料配制，并拌入适量的有机肥作基肥。

【浇水与修剪】

观赏苦瓜喜湿润的土壤环境，生长期间特别是结果期应供给充足水分，以保持盆土湿润。忌湿涝，浇水应掌握"干湿相间"的原则。雨后应及时检查，倒去盆中的积水，否则会导致植株烂根。

观赏苦瓜喜湿润的环境，生长季要求有70%～80%的空气相对湿度，应经常向植株及四周喷水。但环境湿度过大时，易滋生病害。

通常观赏苦瓜先见雄花，后现雌花，而侧枝的雌花出现较早。因此在小苗长出5～6片叶时应进行摘心，以促发侧枝，可使植株的雌花早开而早结果。植株的生长势强、侧蔓较多，生长期应及时摘去过密的枝蔓及衰老的叶片，以利植株的通风透光。幼苗长至20厘米左右时，需搭建支架或拉绳子，让其攀援。

【施肥】

在观赏苦瓜出苗后，需追施2～3次以氮为主的薄肥，促使幼苗生长苗壮。从开花前起每半月追施1次氮磷钾结合的肥料，促使开花结果繁盛。由于枝叶生长快、开花结果量大，故后期的肥力要足，否则植株会发生早衰、叶色变浅、开花结果量减少、果实变小等现象。所以在结果盛期必须加强肥水管理。

【繁殖状况】

观赏苦瓜常采用播种繁殖，宜在春季进行。观赏苦瓜种子的种皮厚，但易吸收水分，为促进发芽，播前先用清水泡1～2天，或用40℃～45℃的温水浸种4～6小时后再在30℃左右的条件下催芽。播后覆土2厘米左右并浇透水。发芽适宜温度为30℃～35℃，温度低于20℃时发芽缓慢，13℃以下时发芽困难。播种可在苗床进行，也可直接播于小盆，从播种到结果约需2个月的时间。

◇花友经验◇

Q：为什么观赏苦瓜植株早衰，叶色变浅，开花结果少？
A：主要原因是肥力不足，所以平时要加强对观赏苦瓜的施肥管理。

代代

【花卉简介】

代代又叫酸橙、回春橙，为芸香科常绿灌木或小乔木。代代株高一般为2～5米。代代的枝条上有刺，叶为革质，卵状椭圆形，叶柄通常具宽翅。花洁白，极芳香，单生或数朵簇生于叶腋，果扁球形，当年冬季呈橙黄色，压枝头，次年夏季又变为青色，能经4～5年不脱落，为观花、观果类花卉的著名品种。

【生长条件】

代代喜温暖湿润气候，喜光，喜肥。代代宜在肥沃疏松而富含有机质的沙质壤土里生长。冬季将其放入室内阳光充足处，温度在0℃以上，即可安全越冬。

【栽植】

南方可露地栽培代代。长江流域及其以北地区，多采用盆栽。盆土可选用腐叶土、园土、沙土等配制的培养土，并在盆底放入适量骨粉作基肥。

【浇水与修剪】

给代代浇水，要控制水量，只要能保持盆土湿润即可。5～8月份每天需向枝叶上喷水1～2次（花期不可喷水，不然易烂花），增加空气湿度。

雨季要注意防止积水，避免涝害。秋凉后应逐渐减少浇水次数和浇水量，否则易引起冬季落叶。北方地区，10月下旬以后将盆栽移入室内，放在向阳处，室温以不结冰为度。

每年早春要进行1次重剪，除了要剪除枯枝、过密枝、纤弱枝、病虫枝和徒长枝外，对1年生的粗壮夏梢和秋梢均需短截约1/2。一般每株留3～5个健壮枝条，每个枝条上保留基部3～4个芽，其余的芽全部剪除，促使新枝生长粗壮。开花时适当疏去一些花，有利提高挂果率。

【施肥】

在代代的生长发育期间，每隔10天左右施1次稀薄饼肥水，同时每隔10天左右施1次矾肥水，两者宜相间进行。花芽分化期，增施1~2次速效性磷肥，有利孕蕾和结果。代代生长快，根系又较发达，因此宜每隔1年在早春换盆土1次。

【繁殖状况】

扦插：宜于梅雨季节进行。选用当年生健壮嫩枝为插穗，长10厘米左右，基部插入疏松的沙壤土中，浇透水，并搭棚庇荫，经常保持床土湿润，注意管理，2个月后即可生根成活。

嫁接：在4月下旬至5月中旬进行为宜。用2~3年生的枳实生苗为砧木，接穗选用去年生的健壮枝条，将砧苗离地面约10厘米处截顶，进行切接，用塑料薄膜带缚紧，接活后3年即可开花结果。

◇花友经验◇

Q：家庭养代代花有什么好处?

A：代代春夏之交开花，花色洁白，香浓扑鼻，冬季果实橙黄挂枝，夏季又转青，可挂果数年之久，为家庭观果花木佳品，可陈设于书房、门厅、客厅，气势不凡。

朱砂根

【花卉简介】

朱砂根又叫富贵籽（仔）、黄金万两、万两金等，为紫金牛科观果花卉。地下具肥粗的匍匐根状茎，根断面有红点，故名朱砂根。单叶互生，椭圆状披针形至倒披针形。花期夏季。花长在群叶下部，伞形花序，小花星形，白色或淡红色。花谢后，在与主茎接近成90°横生的枝条上结出与花差不多大小的球形浆果，开始淡绿色，成熟时呈鲜红色，具斑点。

朱砂根

【生长条件】

原产于我国南方地区的朱砂根喜欢明亮的光照，每天有数小时不强的阳光直射为佳，但是忌强烈的阳光直射。喜欢较冷凉的气温，生长适温为15℃~25℃。朱砂根喜湿润的环境。

【栽植】

栽植朱砂根的盆土宜用腐叶土、培养土和河沙按照4∶4∶2的比例混合配制。上盆时应选用小号盆（以后再换盆），先在盆底垫上3厘米厚的瓦砾，以利排水，然后将小苗栽于盆中。每盆栽1株，浇足定根水，放在室内或排放在室外荫棚下养护。只要养护得法，朱砂根就会生长很快，当生长到一定的大小时，就要考虑给它换个大一点的盆。

【浇水与修剪】

平时盆土表面一干即需浇水，天气干燥时需每天向叶面喷水多次，否则未成熟的果实易脱落。冬季在15℃以下时，可等盆土至少一半干后再浇水。新梢长至8厘米长以上时去顶摘心，促进分枝。在朱砂根结果后应把残果枝及时剪去。

【施肥】

从春至秋每半个月施1次氮∶磷∶钾＝1∶1∶1的复合肥，冬季可不进行施肥。

【四季养护】

在夏季朱砂根养护力求通风凉爽，温度太高会使朱砂根停止生长。冬季温度最好保持在5℃以上，但是也不要很高。

【繁殖状况】

家庭养朱砂根，一般在春末或初夏进行扦插繁殖。扦插基质可用河沙与泥炭各半混合而成。剪取当年半木质化的新枝，剪成约10厘米长作为插穗。如果用手把侧枝从基部连同一小块主茎皮摘下来作为插穗，生根效果更好。插穗基部用生根剂处理后再插，在有遮阴的地方保持基质湿润及较高空气湿度，经6～8周即可成活。

◇花友经验◇

Q：朱砂根如何进行越冬管理？
A：冬季果实转为红色，浇水量宜减少，越冬温度不低于5℃即可。

番石榴

【花卉简介】

番石榴又叫鸡矢果、拔子、番稔、花稔、番桃树、缅桃、胶子果，为桃金娘科、番石榴属常绿小乔木或灌木。

番石榴是一种热带果树，目前世界各热带地区都有栽培。16世纪由西班牙人和葡萄牙人传入菲律宾后引进中国，目前主要在广东、台湾、福建、海南、广西、云南等地栽培。

番石榴的果实为浆果，球形、倒卵形或洋梨形，果肉由花托及子房壁发育而成；幼果绿色，成熟果淡黄至粉红色或全红色；果肉白色，也有淡黄色或淡红色，有特殊香味。番石榴四季常绿，果实可食可赏，是一种比较容易栽培的盆栽果树，也可制作成盆景。其果实含营养丰富，尤其是富含维生素。番石榴还可入药，其鲜果汁和叶具很强的降血糖活性，对糖尿病有一定的治疗功效。

【生长条件】

原产美洲墨西哥和秘鲁地区的番石榴生长适宜温度为23℃～28℃。但其耐寒力也比较强，能够忍受短期轻霜，所以也可在南亚热带栽培。成年树在-4℃下虽然地上部分大部分会受冻枯死，但第二年春自树干基部或地下部仍能萌芽生长。喜光，也比较耐阴。但是在阳光充足处，生长和开花结果更好，果实品质优良，着色更佳。

【栽植】

番石榴对土壤条件要求比较宽松，pH值为4.5～8.2的沙质土至黏质土均可栽培。其树势强健，如果土壤过于肥沃容易引起徒长，反而结果不良。盆栽培养土可用沙壤土与部分泥炭混合而成。花盆需要用大的深性盆。上盆时，先在盆底放一层小碎石或陶粒或粗泥块等，以利于排水。上盆后随即进行浇定根水，把盆放在阴湿处缓苗数日，待苗恢复生长后再置于阳光充足和空气流通处进行正常管理。

【浇水与修剪】

番石榴花期雨水过多或过于干旱会引起落花落果，果实发育期间雨水过多会导致裂果。平时可等到盆土约一半干时再进行浇水，冬季等盆土完全干了才进行浇水。

番石榴的修剪十分重要，目的是矮化植株、培养树型及利于开花结果。上盆后的植株在主干嫁接口以上15～20厘米处摘去顶梢，促发3～4个不同高度、不同方向的枝梢作为第一级分枝，其余枝梢抹除。当第一级分枝长到10～15厘米时再摘心，促发2～4个第二级分枝，就可以让其开花结果，其余的芽抹除。为了让树冠更加丰满或者培养更大的树型，可以继续摘心让第三级分枝甚至第四级分枝再开花结果。结果太多时可进行疏果。

对于结果期后的番石榴，要疏去过密和过于下垂的枝条，然后再对剩下的枝条进行短剪，让其重新抽出新枝。新枝长出后，继续疏去过密枝、交叉枝、病虫枝和徒长枝，使剩余枝条分布均匀。如果枝条太长还未开花，还要进行短剪和疏剪。

【施肥】

每个月追施1次氮：磷：钾＝1：1：1的复合肥，冬季停止施肥。平时还要注意进行松土除草，雨季来临时要注意防止盆内积水，积水会导致叶片变黄，生长缓慢，严重时发生烂根。

【四季养护】

危害番石榴的病害主要有炭疽病和焦腐病，虫害主要有果实蝇、蚜虫、跗线螨、粉蚧、星天牛、咖啡豹蠹蛾幼虫等，其中最严重的是果实蝇，如果实需要食用，最好的办法是对果实进行套袋。

【繁殖状况】

番石榴的繁殖可用播种、分株、扦插、空中压条和嫁接等方法。番石榴的根系能够发生根蘖，所以可进行分株。空中压条和扦插均选二年生健壮枝条，于3～4月间进行，成活率高。嫁接繁殖用1～2年生实生番石榴苗作砧木，用切接、芽接、劈接等方法来嫁接繁殖。

◇花友经验◇

Q：番石榴应该在什么季节进行换盆呢？

A：每1～2年换盆1次，多在春季进行，也可在果期后结合修剪一起进行。换盆时去掉1/2的旧土，剪去腐烂根和过长的老根，用新的培养土重新上盆栽种。

火龙果

【花卉简介】

火龙果又叫红龙果、仙蜜果、情人果，为仙人掌科、量天尺属攀援生观果类植物。火龙果为攀援性植物，叶已退化成刺。火龙果的茎呈三棱形，粗壮，分节，每节长30～60厘米，深绿色，棱边缘有刺座。茎节上会长出气生根，用于附着在树干、墙垣或其他物体上。花大型呈喇叭状，白色，有芳香气味。火龙果的花期在5～10月，早晨开放，下午就会凋谢。火龙果可生长椭圆或圆形果实，味道鲜美。

火龙果的果实营养丰富，具有低脂肪、高纤维素、高维生素C、高磷质、低热量等特点，有预防便秘及降低血糖、血脂、血压和尿酸之功效。果皮及种子可促进人体大肠和胃的消化功能，果皮还有加强心脏及神经系统功能的作用，因此火龙果的食疗和保健功能相当显著。

拉丁美洲当地居民代代相传食用火龙果，据说可以增进男女的生殖功能。火龙果果实还可加工成甜果汁、果酱冰淇淋及制成药酒等。

火龙果作为一种新奇的观果植物，可以作为大型盆栽，观果和食果皆宜，其开花期与结果期可超过半年。

【生长条件】

原产于中美洲热带地区的火龙果性喜高温，不耐寒。生长适温为24℃～30℃，冬季最好保持在5℃以上。火龙果喜阳光，需要在全日照下进行栽培。如果在阴处栽培，茎生长则不粗壮，也不利于开花结果。

【栽植】

火龙果对土壤要求不严，但排水透气性一定要好，土质以沙质壤土为佳。盆栽时，使用腐叶土2份、河沙7份以及炭化稻壳1份混合配置，是一种良好的基质。如果使用一般的土壤作为盆栽基质，例如较黏的菜园土、水稻土、山泥等，可以向其混入约1/2量的河沙进去。

因为火龙果呈蔓性，茎节多而长，易出现头重脚轻的现象，所以盆栽时必须注意：一是要用大盆，盆径40厘米以上，使植株稳固不易倾倒，而且有足够的盆土让根系充分生长；二是要设立支柱，支柱可用钢水管，上部用钢筋焊接成圆形，以让茎从四周扩展；三是要随时进行绑扎。

栽植时，先在盆底放一层粗石砾或碎砖块以利于排水，然后再装上盆土，中间插入支柱，把3株种苗浅种在盆土上（火龙果为浅根性植物），把根覆盖住不露土即可，再用绳把植株与支柱绑紧，浇一次定根水。

【浇水与修剪】

火龙果耐旱忌涝，水多或者积水时极易导致茎基腐烂。在平时可等盆土表面约1/3深处干时再进行浇水，冬天则等盆土完全干时再进行浇水。经常进行松土工作，这对容易板结的土壤更显重要。

火龙果能在一枝条上开多朵甚至近30朵花，为保证结果及结好果，每个枝条保留1～2朵花让其结果即可，摘去多余的花朵。

对已结果的枝条要在收果后进行重修剪，将结果多的弱枝剪去，让留下的粗壮基枝重新长出新枝，以保证来年的挂果率。

【施肥】

在火龙果的生长期内，每个月施1次氮磷钾复合肥，冬天停止施肥。

【四季养护】

火龙果白肉型品种自花授粉亲和率可达98%，不需人工授粉。但有些红肉型品种自花亲和性较差，自花授粉亲和率少的只有10%左右，多的也只达约70%，所以需要用白肉型品种进行人工授粉，以增加其结果率。

【繁殖状况】

火龙果一般采用扦插的方法来进行繁殖。扦插时，从母株上切取25～40厘米长的茎节作为插穗，一定要从节处剪断，因节处硬实、伤口面积小且容易生根，把其放在阴凉通风处约2天以促使伤口干燥愈合，然后再进行扦插。干净的河沙是一种既便宜又效果良好的扦插基质。春夏季是火龙果扦插的好季节。

◇花友经验◇

Q：养植火龙果该怎样预防病虫害？

A：危害火龙果的病虫不多，苗期可能有蜗牛、蛞蝓、蚂蚁、毛虫等，在开花结果期可能有蚜虫危害。水过多易造成茎基腐烂，为保险起见，宁愿让盆土干些再进行浇水也问题不大。如果发生茎基腐烂，可把腐烂部分切去，等到切口干燥后再重新进行扦插即可。

观赏番茄

【花卉简介】

观赏番茄又叫樱桃番茄、迷你番茄，为茄科、番茄属一年生草本植物。番茄作为人们非常熟悉的一种蔬菜，生食或热食均可。番茄富含营养，每100克鲜果中含有碳水化合物2.5～3.8克，蛋白质0.8～12克，维生素C15～25毫克，胡萝卜素0.25～0.35毫克以及多种矿质元素。常吃番茄还能起到良好的保健作用，能够健脾开胃，除烦润燥，还能抵抗癌症尤其是肺癌，同时也能减少心血管病的发生。

观赏番茄的茎为半直立或蔓性。苗期植株直立，不分枝。主干出现顶生花序后，由于顶端优势的原因，花序下第一侧枝的长势最强，代替主茎继续延伸生长，而使顶生花序成为侧生，此后，以同样方式分生侧枝。

观赏番茄的叶形似复叶的大叶，实际上是由叶片缺刻深裂的多个大小不同的裂片组成的单叶（也有人认为是复叶）。叶片的形状有普通、皱叶和薯叶；叶色有深绿、淡绿或黄色。叶和茎表面密被短茸毛和油腺，油腺分泌带有特殊味道的绿色油分。

观赏番茄为聚伞花序，小果型品种为总状花序。小花黄色，自花授粉。根据花序着生的位置，连续着生的能力以及主轴生长的特性，可以把番茄分为有限生长型和无限生长型两大类。

观赏番茄的果实为肉质浆果。果实的颜色决定于表皮和果肉的颜色组合。表皮无色，果肉黄色，则果实为淡黄色；表皮黄色，果肉也黄色，则果实为橙黄色；表皮无色，果肉红色，则果实为粉红色；表皮黄色，果肉红色，则果实为大红色。番茄种子小，扁平，肾形，灰褐色，上有茸毛，千粒重约3克，有3年的使用期。

观赏番茄具有良好的观赏价值，16世纪番茄就是被作为观赏植物传入欧洲的，开始传入我国时也是作为观赏植物。目前在许多大城市宾馆酒店里，专门供生食用的所谓樱桃番茄，也属于观赏小番茄这一类。但是樱桃番茄植株高至1米多，在盆栽时需设立长支柱绑扎支撑。樱桃番茄的果实一般为鲜红色，也有黄色品种。在国外，早已培育出了专门用于盆栽观赏的一些矮生品种，有的还适合于吊盆栽种观赏。

【生长条件】

原产热带的番茄喜温暖环境，既不耐寒也不耐炎热。开花结果期以日温20℃～25℃和夜温15℃～20℃较为有利，夜温超过25℃，就会造成植株落花、落果。生长温度不宜高于30℃，在35℃以上时生长会受到严重影响，而且坐果率降低，而温度低于10℃时则会受到寒害。在我国南方地区，番茄一般难以度过夏天。番茄属于阳性植物，在阳光充足、通风良好的条件下，植株生长健壮，开花结果多，果实成熟快；相反，在弱光条件下加上通风不良，则茎节细长，叶片变薄，叶色淡绿，开花的质量不好，容易落花落果。

【栽植】

观赏番茄对土壤的适应能力较强，但用排水良好、富含有机质的壤土或沙壤土种植最好，土壤pH值以6.5～7.0为宜。盆栽时，如果使用一般的土壤作为基质，可向其混入约1/3量的富含有机质的材料，如泥炭、腐叶土、堆沤过的蘑菇渣、锯末等，能够改善盆土的疏松透气和保水保肥性，盆底再施入一些有机肥。这些措施对于番茄的生长和开花结果是十分有利的。

因为观赏番茄植株比较高大，花盆宜选用直径约25厘米以上的深性盆。矮生的观赏小番茄品种则可用较小的花盆或者吊盆。按照一般花卉上盆的方法即可。

【浇水与修剪】

观赏番茄对土壤水分的要求较高，幼苗期土壤湿度以60%左右最为适合，结果期则以80%左右最佳。果实成熟时，若土壤水分过多和干湿变化剧烈，易引起裂果。空气相对湿度则以45%～55%对番茄生长最为有利。

观赏番茄幼苗上盆栽植成活后，要摘心1次，使其产生分枝，之后仅留3个分枝作为主枝，其他侧芽则全部摘除。花穗通常自第七叶片着生，以下的侧芽需摘除。

在平时的浇水管理中，每次可等盆土表面约1厘米深处干时再进行浇水。

【施肥】

在观赏番茄的生长期内，每个月施1次氮、磷、钾比例为1∶1∶2的复合肥，如果偏施氮肥，则会使枝叶生长旺盛而不利于开花结果。

【繁殖状况】

播种：观赏番茄在华南地区春植常于12月至翌年1月播种，秋植于7～8月播种，种子发芽最适宜的温度为20℃～30℃。种子覆土约0.3厘米厚，保持土壤湿润，3～4天即可发芽。等幼苗具有5～6片真叶时进行上盆栽植。

扦插：观赏番茄也可用扦插法来进行繁殖。需要摘除的侧枝或者取第一花序以下的侧枝，除去基部3厘米以内的叶，来作为插穗。基部用20000倍的萘乙酸或10000倍的吲哚乙酸处理10分钟，以利于其根部生长。

◇花友经验◇

Q：观赏番茄什么时候易倒，又该如何养护呢？

A：当观赏番茄的植株高至20～30厘米时，容易发生植株倾斜，所以需要设立支柱进行绑扎或搭架。

山楂

【花卉简介】

山楂又叫红果子、棠棣子、酸梅子、山里红、胭脂果，为蔷薇科、山楂属落叶小乔木。盆栽山楂一般宜选择果实成熟晚、果形大、色泽鲜红、抗寒性强的品种，如山东大金星、红瓤绵、寒露红、豫北红、大旺山楂、西丰红等品种皆可。

【生长条件】

山楂为温带树种，耐寒力强，能较长时期地忍耐-15℃～-20℃的严寒，也能耐高温。山楂喜阳光，也较耐阴，但光照太弱则枝条生长细弱、叶片薄、色淡，开花结果差，果实变小且着色不良。所以，盆栽还是以置于阳光充足处为宜。

【栽植】

栽植山楂以微酸性的沙质壤土为佳。一般土壤pH值在6.0～7.5范围内可正常生长，在碱性太大及低洼处则生长不良，易出现枝条纤细，叶片发黄干枯，甚至根本不能生长。

可以用1份泥炭、1份厩肥土、1份炉渣，或1份蛭石、1份厩肥土、1份粗沙，或2份腐殖土、2份园土、1份沙混合均匀作为基质。

山楂为小乔木，根系发达，多分布在20～60厘米深的土层。盆栽时，花盆宜使用大而深的盆，盆径以30～40厘米为宜，深约30厘米。把生长健壮的嫁接苗，在春季2～3月萌芽前栽植上盆，及时浇上定根水，然后把盆株放在阴处约1周的时间，期间保持土壤湿润，之后再移至有阳光的地方进行正常的管理。

【浇水与修剪】

虽然山楂比较耐干旱，怕水渍，但以土壤稍微湿润为佳，尤其以果实发育期需较多的水分，缺水易引起果色变暗、果皮皱缩、果实变小甚至落果。所以，在生长期每次可等到盆土表面约3厘米深处干时再进行浇水，冬季休眠期可等盆土全干了或10～15天才浇1次水。

山楂耐修剪，盆栽山楂时修剪是很重要的管理工作。山楂顶端优势明显，成枝力弱，下部易衰弱光秃，所以对于幼树要多促发枝、控旺枝，长枝进行短剪，以促进植株尽快矮化成型，树形可采用曲干、直干、斜干、分层等多种形式，但一般大都采用自然疏散分层形。

在开花后还要注意进行疏花工作，以调节结果枝与营养枝的比例，结果枝和营养枝的比例可确定在1：（1～3）范围内，生长势强的应减少营养枝比例，生长势弱的应加大营养枝的比例。疏花以疏花序为主，首先疏除花序内单花数量少的、树冠内膛较弱的结果枝，然后疏除过密花序，使之在冠内均匀分布。

在山楂结果之后，应在春初换盆1次，结合换盆进行整形修剪，剪去重叠枝、交叉枝、过密枝、细弱枝及病虫枝，长枝短剪，使树形匀称，枝条疏密适当，也有利于通风透光。修剪时间也可先在冬季进行。

【施肥】

山楂也耐贫瘠，盆栽时，因为盆土有限，充分施肥能够保证植株生长和结果良好。每个月可施1次氮磷钾复合肥，冬季休眠期停止施肥。

【繁殖状况】

山楂的繁殖主要采用嫁接法。砧木可用播种实生苗，也可用老株的根蘖苗。当年

山楂

生苗不能用于嫁接，需经1次切断主根移植（以促发须根），再培育2～3年才可供嫁接用。嫁接时间可在4月初进行枝接，或8月初进行芽接。

◇花友经验◇

Q：如何用药物提高山楂的结果率？

A：为提高坐果率，在盛花期可喷洒30～60毫克/升的赤霉素，连续喷2～3次，间隔1周左右喷1次，可使山楂结出更多的果实。

香瓜茄

【花卉简介】

香瓜茄又叫南美香瓜茄、香艳茄、南美香瓜梨、香艳梨、人参果、凤果、寿仙桃、长寿果、梨瓜、仙果、艳果、草本苹果，为茄科多年生草本蔬菜、水果类观赏植物。

香瓜茄通常作为一种水果而栽培，但也可以作为一种蔬菜，还可以作为盆栽观赏。在哥伦比亚、厄瓜多尔、秘鲁、玻利维亚、智利等市场上，香瓜茄是一种普通的水果。

香瓜茄株高60～150厘米，根系发达，主要分布于地表下20～100厘米的土层中。腋芽萌发力强，全株自然分枝多，被覆有细小茸毛。茎具刺，近菱形或圆形，基部木质化，易倒伏而匍匐生长，茎节上易发生不定根。深绿色叶互生，长椭圆形或椭圆形，先端钝或短尖，全缘，波纹状，单出或3裂片或3出叶，叶面有茸毛。聚伞花序，每花序5～15朵小花。

香瓜茄的花为两性花，为白色、淡紫色至紫色，有条斑，花冠5裂，雄蕊5枚，花萼绿色，先端分裂。紫花较白花结实能力强。

香瓜茄的果实为浆果，卵形、椭圆形或圆球形，有长柄，果顶尖。未熟果白绿色，成熟后橘黄色，果皮带有紫、紫红或赤紫色斑纹，皮极薄，果肉淡黄色至黄色，肉厚多汁，富香气。单果重40～400克，具有果柄，果蒂5深裂。种子多数，黄色，千粒重约0.8克。

香瓜茄为热带类水果之一，以生食为主，清香独特，爽口多汁，口味似甜瓜但甜度较低，通常有点酸。果实的保健功能强，具有高蛋白、低糖、低脂等特点，果肉内富含维生素C、胡萝卜素及硒、钙、纤维素、果胶等。尤其含有被称为"生命火种、抗癌之王"的硒元素，除人参之外，香瓜茄的含硒量居所有水果、蔬菜之首，每百克鲜果含0.25毫克硒。

香瓜茄十分适合作为盆栽，观果与食果俱佳，成熟的果实留在植株上能保持2～3个月不掉或变质。盆栽时株高为30～60厘米，从栽植到开花需100～120天，从结果到成熟需60～70天。

【生长条件】

原产于南美洲的香瓜茄性喜温暖多湿，忌高温干燥，也不很耐寒。生长适温为18℃～25℃，气温高于30℃时生长衰弱，0℃时易发生冻害死亡。坐果适温为20℃左右，温度高于25℃或低于10℃时易落花落果。香瓜茄需充足光照，应当把盆株置于阳光下栽培才能生长和开花结果良好。果实成熟期如光照不足，果实的品质欠佳。

【栽植】

香瓜茄对土壤的适应性比较强，但以疏松肥沃、排水良好、弱酸至中性的壤土或沙质壤土为佳。使用黏性比较大的菜园土（必须3年未种过茄果类蔬菜）、水稻田土等作为盆栽基质时，宜混入部分河沙，这样能够改善土壤的排水透气性。盆底最好再施入一些有机肥。

盆栽香瓜茄时，直径约为20厘米的花盆可栽植一株，大盆可栽多株，花盆宜深。苗可以深栽一些，以利于茎部不定根的生长，还能多吸收水肥。幼苗上盆后及时浇上定根水，把盆株放置在阴处，期间要保持土壤湿润，但也不要过湿。约1周后，把盆株移至有阳光的地方再进入正常管理阶段。

【浇水与修剪】

香瓜茄较耐旱，不耐涝。浇水时，每次可等盆土表面干了再浇。雨后应及时倾倒盆内积水，防止根部受涝害。

植株长到约有30厘米高时要插竹进行绑扎，以防止倒伏，以后也要随时注意进行绑扎及进行造型。

当植株长到20厘米高时进行摘心，之后每株留健壮、长势优美的侧枝2～4个为宜，其余的侧枝要抹去或剪除。开花时每侧枝上可留2～3个花序，最上部花序抽生后留3～5个节位打去顶芽，另外叶腋间产生的分杈也要及时抹去。花期如遇高温会影响坐果，在每个花序有2～3朵花开放时，用30～50毫克/升的防落素液或番茄灵喷花，可提高坐果率。要求用手持式小型喷雾器对准花朵喷洒，尽量避免药水喷到叶片上，防止引起药害。坐果后，如果有新的花蕾出现，也需要疏去。

结果后，每个果序宜留果2～4个，其余果摘除，以使留下的果实能长得更大、品质更佳。留果时最好采取间隔留果，即疏去第一、三枚果，保留第二、四枚果。后期注意剪掉老叶、部分过多的叶子和影响株形的侧枝，使大部分果实能露在叶外，同时使株形更加紧凑，形成硕果累累的效果，这样就更具观赏性。

生食的果实要充分成熟，才具有瓜香气味，当果实的表皮颜色由白色或绿色转黄、紫褐色条纹明显时为成熟的标志。

【施肥】

在香瓜茄的生长期内，每20～25天施1次氮磷钾复合肥，注意不能偏施氮肥，特别在开花结果期。

【繁殖状况】

香瓜茄可用扦插和播种方式繁殖。

扦插：香瓜茄通常使用扦插来进行繁殖。扦插时剪取中熟枝条，再剪成每段12～15厘米长作为插穗，用泥炭和河沙混合作为扦插基质，在遮阴保湿条件下很容易生根。20～30天能发根，待根群生长旺盛后再上盆。插穗基部用0.1%的吲哚丁酸处理可促进生根。另外，用带有生长点的嫩枝也可以作为插穗。

播种：香瓜茄种子发芽适温为18℃～22℃。一般在春季进行播种，冬季温暖地区秋冬季也可进行播种。种子小，播后覆浅土并保持湿润，当真叶长至有5～7片时即可上盆栽植。

◇花友经验◇

Q：请问，香瓜茄易受哪些病虫害的危害？

A：在通风状况不是很好的时候，植株易患白粉病及易遭受红蜘蛛和蚜虫危害，要及时采取防治措施。

薄柱草

【花卉简介】

薄柱草又叫珊瑚珍珠、念珠草等，为茜草科、薄柱草属多年生草本植物。

薄柱草的植株很矮小，株高2～3厘米。茎细小呈匍匐生长，节处接触到土壤很容易生根。叶宽卵圆形或宽肾形，肉质，亮绿色，长6～8毫米。花钟形，淡黄绿色，径约3毫米，着生于叶腋。花期夏季，秋季结果，果期观赏可延至冬季。浆果球形，橙色或红色，内有2粒种子。冬季能够忍耐0℃低温。

薄柱草

薄柱草株形相当矮小，叶片小而密集，结果数极多，晶圆亮丽的红色浆果密铺盆面，十分引人注目，而且观赏期长，能保持数月不衰，因此是一种极好的微型盆栽观果植物。用薄柱草来装饰窗台、案头、书桌或居室，小巧精致，十分富有情趣。薄柱草呈苔匐状，也是制作瓶景的极好材料。

薄柱草属植物，除了薄柱草外，还有以下几种：橙黄薄柱草、缘毛薄柱草、肯氏薄柱草。

【生长条件】

原产于南美洲、新西兰、澳大利亚、墨西哥和中美洲地区的薄柱草喜冷凉的气候，气温在10℃～16℃时生长最好，虽然冬季可耐短期-3℃低温，但最好温度不低于5℃。3～10月温度宜为10℃～18℃，10月至翌年3月温度宜为5℃～10℃。薄柱草喜明亮的光照，但忌阳光直射，尤其忌强光暴晒。盆株需要放在有遮阴的地方，遮光率为60%～70%。如果光线太弱也不利其生长，会导致茎叶徒长，开花结果不良，以及将果实遮住，降低观果价值。

【栽植】

栽植薄柱草宜用肥沃、富含腐殖质和排水良好的沙质壤土。盆栽时基质以疏松透气、排水良好、保水保肥的培养土为佳，可用1份腐叶土、1～2份园土和1份河沙混合制成。薄柱草因植株矮小，根系浅，盆栽时宜使用小矮盆。扦插苗可几株一起栽于直径为8～10厘米的浅盆中，分株苗以数株为一丛进行栽种。

【浇水与修剪】

一般待表土约1厘米深处干时才再次浇水，在冬季短暂的休眠期也不要使盆土干燥，可待表土约3厘米深处干时再浇水。因为植株密铺盆面，不适宜直接向土壤浇水，所以浇水时最好采用盆底供水的办法，即在需要浇水时，把花盆浸在浅水中，等到盆土完全湿润时再移开花盆。

薄柱草也喜欢较高的空气湿度。当空气湿度低时，需要经常向植株进行喷水，尤其从开花至果熟期，但要注意叶面不要积水，以免导致茎叶腐烂。

【施肥】

在薄柱草的生长期内，每个月施1次低浓度的氮、磷、钾比例为1：1：2的复合肥。不要单施氮肥，特别在开花结果期间。

【繁殖状况】

薄柱草的繁殖方式有分株、扦插和播种。

分株：分株常结合换盆时进行。春季起出母株，抖落遗留在植株上的残果，散去部分泥土，以数株为1丛，株丛大小不少于5厘米为好，重新种植上盆即可。或者单株带根分开，将5～6株小株沿着盆缘栽种，几个月后即可长满盆。

扦插：春季剪取长2.5～4厘米的茎枝顶部作为插穗，插入沙床，插后20～25天可生根，之后再进行上盆。或者数枝插穗一起插在一个直径约5厘米的浅花盆内，基质由泥炭和河沙等量混合而成。如果插穗开始重新生长，表示已生根，此时再将其移到直径为8~10厘米的浅盆中，以后可以作为成熟株培养。

播种：取用成熟果实的种子，春季采用室内盆播，播后浇透水再盖上玻璃。种子发芽适温为13℃~16℃，播后15~20天可发芽，发芽后去掉玻璃。播种株生长缓慢，且容易发生变异。

◇花友经验◇

Q：如何对薄柱草进行人工辅助授粉？

A：薄柱草在开花时需进行人工辅助授粉，方法是在开花盛期，用软毛笔在花间来回轻扫，如此可使授粉率显著提高，结果多而均匀。结果之后，对于掩盖果实的枝叶以及沿盆过于密集的下垂匍匐枝条，可进行合理的修剪。

观赏南瓜

【花卉简介】

观赏南瓜为葫芦科、南瓜属一年生蔓性草本植物。观赏南瓜茎长，中空，节上会长卷须，供攀援之用。观赏南瓜叶子为单叶互生，宽卵形或卵圆形，浅裂，表面有毛，叶柄较长。观赏南瓜为雌雄同株异花，花冠金黄色。果形比一般的食用南瓜要小很多，因品种繁多，果形和果色多样。

观赏南瓜的果实虽可食用，但以观赏为主。果实不单可在植株上生长时供人观赏，而且其摘下后也久放不腐，可继续作为装饰品直接用于摆设，或者悬吊于厅室顶网格花架上进行观赏，趣味十足。

观赏南瓜也可作为盆栽观赏，特别是在天台上搭架栽培，既可以观赏果实，又能够起到遮阴的作用。

【生长条件】

观赏南瓜原产于亚洲、非洲和拉丁美洲的热带亚热带地区，所以具有喜温暖、不耐寒的习性。其最适宜的生长温度为25℃~30℃，15℃以下生长不良，10℃以下停止生长，5℃以下开始受害。观赏南瓜喜阳光，在弱光下生长瘦弱，节间长、叶片薄，开花和结果不良。

【栽植】

观赏南瓜对土质选择不严，但以富含有机质的沙壤土为佳。如果条件一般，也能选择普通土壤作为盆栽基质，向其混入约1/3量的富含有机质的材料，对观赏南瓜的生长发育具有良好的促进作用。

由于观赏南瓜的植株高，根系较强大，所以盆栽时需要用大而深的盆。

【浇水与修剪】

种子发芽期、幼苗期、抽蔓期和开花结果期是观赏南瓜的生命历程。种子播种发芽后，幼苗不断生长，节间逐渐伸长，主茎由直立生长变为攀援生长，腋芽开始抽发侧蔓。因此，随着植株的长高，要设立长支柱让其直立生长或者搭棚架。因植株叶多并且叶片较大，蒸腾作用强，容易出现缺水萎蔫现象，此时要注意及时进行浇水。在浇水时，每次可等盆土表面干了再进行浇水。

【施肥】

在观赏南瓜的生长期内，每个月施1次氮磷钾复合肥。

【繁殖状况】

观赏南瓜一般用种子进行繁殖，以春天播种为宜，种子发芽适温为20℃～25℃。种子宜采用直播，不进行移植。播后4～7天即可出芽。

◇花友经验◇

Q：如何提高观赏南瓜的挂果率？

A：观赏南瓜主蔓第一雄花着生在4～6节，主蔓第一雌花着生在6～13节，侧蔓第一雌花着生在1～4节，花朵每天早上6～9时开放，主侧蔓都结果。因其以主蔓结瓜为主，所以要将大部分侧枝及时摘除，并且要在上午开花期间进行人工辅助授粉工作，经过此番养护，观赏南瓜可以结出更多的果实。

🌿 巴西红果

【花卉简介】

巴西红果又叫棱角蒲桃、扁樱桃、番樱桃、毕当茄，为桃金娘科、番樱桃属半常绿或常绿灌木或小乔木。

巴西红果的植株可高达4～5米。枝条柔软下垂。叶对生，卵形至椭圆形，先端渐尖，长2.5～3.5厘米，全缘，浓绿色，背面灰白色，表面叶脉明显凹入，叶柄短。夏季至秋季边开花边结果，具细长的总花梗，花小，白色，芳香，单朵或2～5朵呈聚伞花序生于叶腋。果柄较长，浆果扁球状，直径1.5～2厘米，有8条纵棱，初为淡绿色，后变为黄色至橙红色，成熟时鲜红色。巴西红果有黄白色扁球形的种子。

巴西红果的叶子为碧绿色，新生嫩叶褐红色，而且自夏至秋开花不断，常常在一棵植株上既有花，又有绿、黄、橙红至红色的浆果。其果垂悬于枝叶丛中，宛如无数红色的小灯笼点缀其间，色彩丰富、晶莹可爱，是观叶、赏果俱佳的优良花卉种类。

【生长条件】

巴西红果原产于美洲热带地区，喜高温天气，生长适宜温度为23℃～30℃。有一定的抗寒能力，可忍耐短期-3℃～2℃的低温。但冬季温度最好能保持在5℃以上，温度低时会产生落叶。冬季如保持10℃以上的温度，虽然在12月初部分老叶会脱落，但仍可继续开花。巴西红果对光照要求不高，喜充足的阳光，耐半阴，在全阳光和半阴的条件下都能正常生长。但夏季高温时需适当遮阴，防止烈日暴晒。

【栽植】

盆栽巴西红果宜用稍大的盆。由于其根为直根性，细根甚少，移植上盆时应注意尽量不要损伤根系。对生长旺盛的植株应每隔2年翻盆一次。翻盆时去掉2/3的旧土，剪去过长的老根。巴西红果喜富含腐殖质、疏松肥沃、透气性良好的微酸性沙质土壤，基质可用腐叶土、园土、泥炭土和粗沙等材料配制。

【浇水与修剪】

在巴西红果的生长期间，要充分浇水，特别是夏季高温烈日之时，更需注意水分的供应。但忌排水不畅。花芽分化期应适当节水，以促进花芽分化。浇水时，要避免把水淋在花上；室外种植时应注意防雨，以免导致落花。冬季植株继续生长开花的，则需给予正常的浇水。

在观赏期过后，应摘去残留的果子，并对植株进行一次重剪。除剪去细弱枝、过密枝和病虫枝外，还要将留下的长枝短剪，让植株恢复良好的长势。修剪后要加强肥水管理，经20天左右即会有新芽长出。在新芽长至15～20厘米时要进行一次摘心，摘心后抽发的侧枝长长后再摘心1次，以控制枝条的长度，并形成花芽，从而达到多开花、多结果的目的和保持良好的树形。因巴西红果具有边开花、边结果的习性，为了使结果大小均匀，应尽量保留同一批果子。在果实达到一定数量时，应将以后形成的花蕾剪去，并疏去小果和过密的果实。

【施肥】

巴西红果不耐瘠薄，喜肥，但不喜浓肥，施肥应掌握"薄肥勤施"的原则。生长时每10～15天追施1次肥料，幼树及抽枝发叶时期所施肥料以氮肥为主，进入花芽分化期后应增施磷钾肥，以促进花芽分化与开花结果。当结果稳定后，应每7天左右喷施1次0.2%的磷酸二氢钾溶液，以有利于果实的长大和着色美丽。

【四季养护】

如在冬季开花，因没有昆虫可以授粉，应在每天上午进行人工辅助授粉，以增加结果量。

巴西红果很少有病虫危害，但有时有炭疽病和介壳虫、金龟子成虫、蝶类幼虫等病虫危害。

【繁殖状况】

巴西红果可用播种、分株、扦插法进行繁殖。

播种：在春、秋季种子成熟后随采随播，种子的发芽力可保持30天左右。播后保持苗床湿润，经20～40天发芽。经3～4年培育可结果。

分株：成年植株常会在根际萌生幼株，可挖起另行种植。

扦插：可用根插法，通常结合春季翻盆时进行。将健壮的粗根剪成长约10厘米的插穗进行扦插，成活率很高。

◇花友经验◇

Q：巴西红果为什么结果少?

A：巴西红果结果少主要有这几个原因：第一，光照过弱；第二，花芽分化期单纯施用氮肥；第三，没有在生长初期进行摘心；第四，没有经过人工辅助授粉。

柚子

【花卉简介】

柚子又叫文旦、沙田柚，为芸香科、柑橘属常绿小乔木。柚子株高可达5～10米，盆栽植株较矮小。小枝具棱，嫩梢被柔毛，有长而略硬的刺。叶大而厚，浓绿色，阔卵形至阔椭圆形，顶端圆或微凹，边缘具不明显的圆钝锯齿或全缘，叶柄具倒心形翅。3～4月开花，花单生或数朵簇生于叶腋，白色，有香味。果实大型，直径10～25厘米，梨形或半圆形，9～10月果熟，熟时黄色。

柚子的叶子常年碧绿，春季白花一片，芳香扑鼻；入秋结果硕大，金黄喜人，夺人眼球，是观赏价值很高的观果花卉。柚的植株能散发挥发油，具有较强杀灭空气中细菌的能力。盆栽柚子适宜布置阳台、厅堂等空间较大的地方。

【生长条件】

柚子性喜温暖，生长最适宜温度为21℃～29℃。能忍耐-7℃的低温，但盆栽植株的耐寒性减弱，越冬温度最好能保持在5℃以上。喜光，生长期间应给予充足的光照。

【栽植】

盆栽柚子时,一般可用口径16厘米的花盆,以后随着植株的长大,每隔1~2年翻盆1次,并换上大一号的花盆。8~10年生以上的大株,应控制根系的生长,不再扩大盆口,同时每2~3年翻盆1次。大苗翻盆时往往会损伤根系的生长而使当年停止开花结实。但小盆换大盆的,不会影响当年的开花和结实。柚子喜疏松肥沃、排水良好的微酸性沙质壤土,栽培基质可用园土、腐叶土、泥炭土、砻糠灰或珍珠岩等材料配制,另加足量的基肥。

【浇水与修剪】

因柚子的叶片硕大而需水量多,所以柚子喜湿润的土壤条件,不耐干旱。比较耐湿,但忌盆土过湿和积水,否则会导致叶黄脱落,甚至烂根死亡。浇水应掌握"不干不浇,浇则浇透,干湿相间而稍湿"的原则。生长与开花期的需水量较多,应及时浇水。越冬休眠时需控制浇水,只要保持盆土微湿即可。

在春季柚子萌芽前,需进行1次修剪,剪去枯死枝、病虫枝和过密枝,以改善植株内部的通风透光条件,从而有利其生长和开花结果。

入夏幼果苗壮生长时,应适当进行修剪,剪去生长过旺和不均匀的枝条,促使养分集中于幼果的生长上,从而有利于结果肥大。春天花瓣露色开放时,应适当摘除部分密集叠生的花朵,以使养分集中供给留存的花朵和幼果,有利于花壮果肥。

开花过盛时,不但会形成结果的大小年,而且还会由于结果过多而使果实瘦小,且损伤植株,影响今后的生长,因此结果后要进行疏果,第1次疏果一般每个果枝留1~2个幼果,疏去其余的。一般壮树可少疏,老树及生长衰弱的树要多疏。

摘果时要注意保全叶片,这样可以使果枝充实发育。当幼果长成鸡蛋大小、生长已牢固时进行第2次疏果,每个果枝保留1个果。由于柚果硕大而量重,当长成拳头大小时,需用竹竿支撑果实,以免折断枝条。

【施肥】

春天植株移至室外时,应每周追施1次萌芽肥,以使枝肥花壮,延迟和减少老叶脱落,并提高结果率。但新芽萌发、花蕾露色绽放时需停止施肥。花谢时应追施稳果肥,特别对老树及开花较多的盆树,追施稳果肥的效果明显。但需防止氮肥施用过多,否则会促发夏梢而消耗结果所需的养分,从而引起大量的落果。所以应看叶施肥,如枝叶生长正常,可减少施用或不施氮肥。由于果实硕大、果实生长需要大量的养分,此时应及时补充壮果肥;果实进入着色成熟期时,花芽再次分化,此时必须每7~10天施用1次氮磷钾结合的肥料。深秋移入室内前,应5~7天追施1次氮磷结合的肥料,促使植株积累越冬养分,并促进花芽分化,为第2年的开花做好准备。

【繁殖状况】

压条:用高压法,常于春梢萌发时至5月间进行。选取粗壮的2~3年枝条,作环状剥皮后,用塑料薄膜将基质包裹于环剥处。以后保持基质湿润,经50~60天可生根。

嫁接:枝接、芽接均可,枝接在早春萌芽前进行,芽接在生长期进行。砧木选用酸橘、广东柠檬等实生苗或枸橘。

扦插:是盆栽柚主要的繁殖方法,常在梅雨季进行。选择健壮、无病虫害的当年生半木质化,长8~12厘米、带有顶芽的枝梢作插穗,保留上部2~3片叶,并剪去叶片的1/2左右,然后插入盆内基质中。插后保持土壤温度18℃~20℃和空气相对湿度50%左右,并遮去50%左右的阳光,维持插壤湿润。插后2个月可生根。扦插前插穗基部如用0.01%~0.015%的萘乙酸溶液浸泡12~24小时,有利于扦插成功。

Q：柚子生长期施肥的原则是什么？

A：在柚子的生长期内，施肥应掌握"勤施、淡施"的原则，浓度不宜过高。

火棘

【花卉简介】

火棘又叫火把果、救军粮，为蔷薇科火棘属常绿灌木类植物。火棘生有短刺状侧枝，叶呈倒卵形，叶长1.6～6厘米，花为白色，果实为圆形，呈穗状，果色由橘红转至深红色。火棘的果实可以生鲜入食，并且含有丰富的有机酸、蛋白质、氨基酸、维生素等多种对人体有益的元素。现在，火棘已经被精明的商家制成饮品。其实，早在古代，火棘根可入药已经不是什么秘密了。经证实，火棘具有止泻、散瘀、消食等功效；叶可制茶，具有清热解毒、生津止渴、收敛止泻的作用。

【生长条件】

火棘原产于我国东部，主要分布在我国黄河以南及西南广大地区。火棘喜温暖、湿润和阳光充足的环境。耐寒，较耐阴，耐干旱，不耐潮。适宜在肥沃、疏松、排水性强的土壤里生长。

【栽植】

栽植火棘可以选择在秋末冬初的时期或早春进行，先在盆内水孔上面填放纱网或碎瓦片，以利通气和排水。然后铺上一层营养土，再把幼苗放入盆中，一面填土，一面用小木棒或竹片把盆土捣实。然后浇1次透水，放阴凉处缓苗几天，之后再逐渐恢复正常的管理即可。

由于植株生长快，大盆需要2年换1次，小盆需要1年换1次。换盆多在每年的春季2月到3月间进行，翻盆前应该对植株进行修剪整形，摘除果实。换盆时把植株从盆中取出，然后把植株四周和底部老根、老土剔除掉1/3，然后在盆底放入一些发酵过的动物蹄甲、骨头或过磷酸钙等磷钾肥做基肥。换过盆的火棘盆不可频繁搬动，以免对植株新根的生长造成损伤。

【浇水与修剪】

火棘喜湿润，怕积水，耐干旱，浇水应遵循"见干见湿"的原则，生长期内每天浇1次水，夏季每天早晚各浇1次水，入秋后每天2～3天浇1次水。冬季应控制浇水量。

萌发前对火棘进行短截，只保留小部分结果枝，并对过密枝和花葶进行疏剪。

火棘多在短枝上开花结果，坐果后把长枝剪短，无果的枝条和其他影响通风透光和株形美观的枝条也要剪去。如果坐果太多，也要剪去一部分，以达到果实疏密得当的效果。

冬季修剪时可对密生枝条进行疏剪，部分枝条可进行短截处理，这样既可以促进发枝又可以控制植株高度，还能增强火棘的观赏价值。

【施肥】

在移栽定植时要施足以豆饼、油柏、鸡粪和骨粉等有机肥为主的基肥，等定植成活3个月后，再施无机复合肥。

为促进植株尽早成形，应多施以氮肥为主的肥料。

在火棘成形后，可以每年在开花前，多施磷、钾肥，以便促进植株旺盛生长，也有利于植株开花结果。

在开花期间为了促进植株坐果，提高果实的质量和产量，可以施0.2%的磷酸二氢钾水溶液。

冬季停止施肥，有利于火棘度过休眠期。

【四季养护】

火棘果实成熟后虽然不再生长，但仍然需要消耗营养，对第二年结果不利。所以，除了保留春节期间观赏的果实外，可以在元旦过后对植株进行适当疏果，使植株得以休眠，保存营养。

越冬时，可以把盆栽火棘放到避风向阳的地方或移到室内养护。在冬季还要注意检查盆土，如果发现盆土过分干旱，寒流来临前可以在盆土干旱时浇1次透水防冻。室内养护要保持温度在0℃以上。

【繁殖状况】

火棘的繁殖方法主要有播种繁殖和扦插繁殖。

播种：宜在3月下旬到4月上旬间进行，把采收下来的种子去除果肉，洗净后播种，覆土厚度为种子直径的2倍便可，然后喷雾保持土壤湿润，大约经历30～50天即可出苗。

扦插：宜在2～3月间进行，把1～2年生枝条剪成10～15厘米，呈30°角斜插入土中，然后覆土踏实，进行适当浇水并遮阴。

◇花友经验◇

Q：如何防治火棘的病虫害？

A：火棘少有病虫害，偶尔有蚜虫危害植株。防治蚜虫可用3000倍敌杀死液喷雾，也可捕捉一些瓢虫用针划破翅后放在蚜虫较多的部位。

观赏小辣椒

【花卉简介】

观赏小辣椒是指那些主要用于观赏的小辣椒品种，为茄科多年生草本植物或亚灌木，但一般作为一二年生栽培。

观赏小辣椒的茎基部常为木质化，分枝多。单叶互生，多为绿色。花小，单生于叶腋或簇生于枝梢顶端，白色。浆果，有蜡质光泽。观赏小辣椒有很多品种，它们能结出大量的果实，果实有朝天与下垂的，果形有尖锥形、圆锥形、球形、纺锤形、卵形等，果色有黄、橙、红、紫、黑、白等。

【生长条件】

观赏小辣椒喜欢阳光充足和通风的环境，每天至少需要3～4小时的直射阳光。如果光照不足，叶、果就可能枯萎脱落。性喜温暖至高温，不耐寒，通常春天播种。如果作为多年生栽培，也可秋天播种，冬天盆株应当置于5℃以上的地方。观赏小辣椒喜湿润，不耐旱，也不耐积水。

【栽植】

观赏小辣椒可地栽、盆栽。如盆栽可用熟化田园土加入适量基肥作培养土，也可用园土、腐叶土、沙以5：4：1的比例进行配制。每盆栽小苗1～3株。如在盆中播种的可播1～3颗种子，播后浇透水，放置阳光充足、通风良好处养护。

【浇水与修剪】

通常等盆土表面一干就可浇水，空气湿度太低时可向叶面喷水，或把花盆置于装有石子和水的浅碟上。冬季温度低时，等盆土一半干时再浇水。

幼苗长至约10厘米高时摘心一次，以促发分枝、多开花。虽然可每年开花结果，结果后的老株可以通过短截或重剪来促进重新生长，但往往由于枝条分布不均而效果不佳，所以一般到果实不具观赏价值之后就把植株抛弃。

【施肥】

每半个月施1次氮∶磷∶钾＝1∶1∶1的复合肥。

【繁殖状况】

观赏小辣椒可用播种来进行繁殖，只要温度适合（如在热带地区），一年四季都可进行播种。通常在春天进行播种。

◇花友经验◇

Q：请问，观赏小辣椒如何越冬呢？

A：观赏小辣椒不耐寒，冬季应放置于8℃以上有散射光的室内观赏，保持盆土稍微湿润。只要不受冻害，叶片不发黄，可观赏到第二年春天。

第四章
仙人掌类花卉

金琥

【花卉简介】

金琥又叫象牙球、金桶球、黄刺金琥等，为仙人掌科、金琥属草本类花卉，原产于墨西哥中部热带沙漠地区。花期在春季，但极少开花。

茎球形，球体有纵棱约20条，沟宽且深，峰窄；刺窝非常大，金黄色硬刺呈放射状生长；顶端新刺座上有浓密的绵毛。花生在茎顶端，亮黄色，外瓣内侧带褐色。

金琥素有防电磁辐射卫士的美誉。在家庭

金琥

中或办公室里的电器旁边摆放一盆金琥，可以有效地减少各种电子产品产生的电磁辐射污染，使室内空气中的负离子浓度增加。

【生长条件】

金琥喜欢阳光充足的环境，非常喜欢"晒太阳"。养金琥，每天至少要给它6小时的太阳浴。因为它喜欢较为温暖、干燥的环境，所以适合其生长的温度为白天25℃，夜晚10℃～13℃；最低温度保持在4℃以上。

【栽植】

金琥宜在透水性良好、肥沃并含石灰质的沙壤土里生长。可以用壤土、腐叶土或泥炭土、骨粉、粗沙按照3：2：1：4的比例配制，或者用园土、粗沙、腐叶土、石灰质、碎瓦片按照3：3：2：1：1的比例混合，再加入少量过磷酸钙和木炭颗粒。

栽植之前，先在盆中铺上陶粒，为排水层，然后再加入基肥和培养土，基肥以有机性的腐熟牛粪堆肥最为适合。把球放到盆中，用培养土填埋，上盆后应将其放置在半阴处，7～10天后球体不萎缩，即成活。

每年换盆1次，在换盆时，要把其枯根或弱根剪除，然后晾晒等到伤口干后，再移栽到盆中。

【浇水与修剪】

金琥喜干燥、耐旱忌湿，所以每次浇水必须等盆土完全干燥后再浇，并且不要淋到球体上。夏季应适当增加浇水量。如果遇到干旱气候，要勤浇水，时间应选在清晨或傍晚，不能在炎热的中午浇过凉的水，以免让金琥"着凉"引发病害。一般情况下，金琥不需要修剪。

【施肥】

在春季、初夏和秋季，可以追施少量腐熟稀薄液肥和复合肥，要薄施勤施。盛夏气温升到38℃以上时，植株进入夏季休眠期，这时要停止施肥。冬季不要施肥。

【四季养护】

因为金琥不耐寒，所以冬季要及时搬进室内养护，如果室内温度较低，可以用旧棉絮铺在盆中，或者在夜晚盖住整个球。温度越低越要偏干，才能提高其抗寒能力，不要过多浇水。若冬季温度过低，球体上会有黄斑出现。

【繁殖状况】

金琥多用播种法繁殖，发芽比较容易，也常采用嫁接法繁殖。嫁接时，先选择2~3年生的三棱箭作砧木，取直径约为1厘米的金琥小球作接穗。嫁接成活后，要经过几年的培养，等球长得很大，砧木无法支持球的时候，再把球带一小段砧木切下，稍在太阳下晾一晾，然后再进行扦插。

◇花友经验◇

Q：家庭养金琥如何防治病虫害呢？

A：金琥的病虫害常有红蜘蛛、介壳虫、粉虱。红蜘蛛用40%乐果或90%敌百虫1000~1500倍液喷雾防治。介壳虫、粉虱可人工捕杀。

仙人掌

【花卉简介】

仙人掌又叫仙巴掌、仙人扇、仙肉，为仙人掌科、仙人掌属常绿灌丛状肉质植物。

仙人掌植株高可达2~8米。茎基部近圆柱形，稍木质，上部有分枝，节明显，叶状枝扁平，倒卵形、圆形或长椭圆形，长15~30厘米，肉质，深绿色，外被蓝粉，其上散生多数小瘤体，每一小瘤体上簇生长1.2~2.5厘米的利刺和多数倒生短刺毛。叶退化成钻状或针状，青紫色，生于刺囊下。夏季开花，单生于近分枝顶端的小瘤体上，花直径约7厘米。浆果肉质，有黏液，卵形或梨形，长5~7厘米，紫红色，有刺。

仙人掌可吸收甲醛、乙醚等装修产生的有害气体，对电脑辐射也有一定的吸收作用。此外仙人掌还是天然氧吧，这类植物肉质茎上的气孔白天关闭，夜间打开，在吸收二氧化碳的同时释放氧气，增加室内空气的负离子浓度。因此，将这类具有"互补"功能的植物放于室中，可平衡室内氧气和二氧化碳浓度，保持室内空气清新。

【生长条件】

原产于南美地区的仙人掌生性强健，甚耐干旱，冬季要求冷凉干燥。对土壤要求不严，在沙土和沙壤土中皆可生长，畏积涝。我国西南、华南及福建、浙江南部皆可露地生长，其他地区可在盆里养植。

【栽植】

室内盆栽仙人掌，以选择小型、多毛或者毛刺带颜色

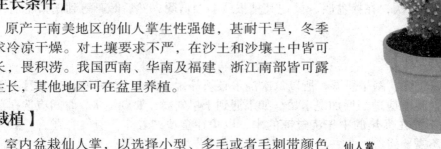

仙人掌

的种类为宜，如白毛掌、红毛掌、黄毛掌等。栽植仙人掌时不要太深，以植株根茎处与土面相平为宜。

1.仙人掌科植物或多浆植物扦插操作很简单，关键是选择大小合适的插条。

2.将插条放置48小时左右直至切口干燥。

3.如图所示，将插条插入盆栽土中，不需要使用植物生长素。

【浇水与修剪】

仙人掌栽培管理简便，主要是掌握好浇水。每年早春进行换盆，换盆时要剪去一部分老根，晾4~5天再栽植。

新栽的仙人掌不要马上浇水，每天喷水雾2~3次即可。半月后可少量浇水，1月后新根已长出时，再考虑慢慢增加浇水量。冬季休眠期要节制浇水，保持盆土不干为宜，在取暖条件较好的室内，在晴天上午可正常浇水。由春至夏，随着温度升高，浇水次数、浇水量都可逐步增加。炎热的三伏天过后，天气转凉再恢复正常浇水。

4.柱状仙人掌一般只有一根茎，不太可能分权。通常可切下顶部5~10厘米的茎作为插条。扦插前放置约48小时直至切口处干燥。

5.长有扁平茎的仙人掌容易生根但不易取放，在进行扦插繁殖时可参考图中方法。

6.图中的两种插条分别取自柱状仙人掌（左边花盆）和长有扁平茎的仙人掌（右边花盆）。

仙人掌科植物的扦插繁殖

【施肥】

在仙人掌的生长季节，每10天或半月施1次腐熟的稀薄饼肥水，冬天不必施肥。

【繁殖状况】

仙人掌既可用扦插繁殖，也可用嫁接繁殖、播种繁殖，一般家庭栽培多用扦插繁殖。

播种：可采用人工辅助授粉法获得浆果。除去浆果皮肉后，留下种子备用。种子播种前2~3天浸种。播种时间以春夏为好，一般在24℃左右发芽率较高。播种用仙人掌盆栽用土即可。

扦插：扦插繁殖的时间一年四季都可进行，但以夏季较好。方法是选择生长良好的茎节剪下，晾晒几天，待切口稍干，呈收缩状时可插入沙土中，浇水不能过多，沙土干时适当浇水，或仅喷水，置于蔽阴处，一个月左右可生根，此时则可按正常方法浇水养护。

嫁接：一般于春季进行，夏季高温病菌繁殖力强，最好不要嫁接。以仙人掌作蟹爪兰等附生型仙人掌的砧木，用劈接法进行嫁接，此法操作简单，对初学者来说不难掌握。嫁接后，若砧木上长出分枝，应及早将其剪除，以保证养分集中于接穗，使其生长良好。

◇花友经验◇

Q：如何做好仙人掌的"春天出室"工作？

A：仙人掌养护还需注意春天出室这一关。春天时暖时冷，气候多变，仙人掌盆栽不要过早出室，更不要在早春浇水，一定要到谷雨前后，气温稳定了，再搬至室外，进行正常的养护。

🌿 绯牡丹

【花卉简介】

绯牡丹别名红灯、红牡丹等，为仙人掌科裸萼球属的多年生肉质类植物，原产于南美洲地区。绯牡丹是点缀阳台、案几和书桌的佳品。以绯牡丹为主体，配以各色多肉植物加工成组合盆景，颇有情趣。

【生长条件】

绯牡丹性喜温暖、干燥和阳光充足的环境，不耐寒，怕高温和光线不足，耐干旱，怕积水。生长于肥沃、疏松和排水良好的腐叶土中。

【栽植】

可选用腐叶土、泥炭土和少量河沙配制而成的基质来栽植绯牡丹。每年4～5月换1次盆，生长季节每旬施1次腐熟饼肥水，或向盆土中放碳酸氢铵长效颗粒肥3～5粒。

【浇水与修剪】

浇水不宜过多，以能维持盆土湿润为度。在高温的夏季，一般早晨浇1次透水，傍晚盆土干时再补浇1次水。冬季室温低时要控制浇水，经常保持盆土偏干些为好。低温加上盆土过湿易造成根部腐烂。

【施肥】

绯牡丹天性喜肥，生长季节需施液肥，冬季应控制施肥。

【四季养护】

因为绯牡丹喜光，所以在其生长期内要保障充足的光照条件，如果长期光照不足则球体颜色变淡，并失去光泽，同时要注意，因为绯牡丹怕强光直射，所以夏季应适当遮阴，并注意通风，以防球体灼伤。

在寒冷的冬天，应把绯牡丹放在朝南窗台上，夜晚再用塑料袋连盆一起罩上，第二天太阳出来后再去掉塑料袋。越冬期间，如果室内光照不足应适当增加灯光照明，以满足其对光照的需要。

由于绯牡丹不耐寒，所以在冬季，室内温度不得低于10℃，如果温度降到5℃左右时，植株即处于休眠状态，一旦室温下降到0℃左右时，其球体和三棱箭都有被冻坏至死的危险。

在炎热的夏季，应把绯牡丹放在室内窗台上，并注意改善通风条件，中午前后要挂上窗帘遮阴，每隔1～2天往球体上喷水1次，则球体更加清新鲜艳。

【繁殖状况】

嫁接是栽养绯牡丹最常用的繁殖方式。嫁接常选用2年生的量天尺作砧木，采用平接法进行嫁接。嫁接时间选室温达25℃～28℃的时段为宜。因为在这样的温度条件下嫁接愈合快，成活率高。并且，嫁接宜选择晴朗天气，因阴雨天湿度大，伤口愈合慢，易染上病害，导致腐烂，使嫁接失败。

嫁接具体方法为：先从绯牡丹的母株上剥下径粗1厘米左右的健壮子球，并将其底部用锋利洁净的刀片削平。同时，将砧木顶端削平，并立即将子球安放在砧木切口上，使子球切口中心对准砧木中心髓部，再用细线或橡皮筋绑扎好，绑扎时松紧要适当，过松容易移位；过紧会将接穗小球勒坏，均影响其成活。接后放半阴处，不要再随意移动，以防绑扎物松动，影响成活。暂停浇水，更不能向球体上喷水，在室温25℃~28℃条件下，接后7~10天可松绑，如接口愈合得紧密完好，接穗小球仍新鲜，表示已经成活。如果嫁接处变黑或出现裂缝，则表示嫁接没有成功。

◇花友经验◇

Q：我想在家栽养绯牡丹，但不知道养什么品种，绯牡丹常见品种有哪些呢?

A：绯牡丹的品种主要有：黄体绯牡丹，球体呈金黄色；绯牡丹锦，球体上镶嵌红色斑块，色彩斑斓；蛇龙丸，茎扁平半球形，直径7~8厘米，顶部凹陷，绿色，花白色；罗星丸，茎短圆筒形，直径约6厘米，12棱，花紫红色；九纹龙，茎扁球形，直径10~15厘米，花白色；多花玉，茎为扁球形，直径约12厘米，10~15棱，生有淡红色小花。

🌿 松霞

【花卉简介】

松霞又名银松玉，原产墨西哥。植株娇小玲珑，丛生自然成景。小花漏斗状，黄白色。果实鲜红，经久不落。

【生长条件】

喜温暖干燥和阳光充足的松霞较耐寒，耐干旱，怕强光。喜肥沃、排水良好的沙质土。冬季养护温度不低于5℃。

【栽植】

盆栽土壤以肥沃的腐叶土加粗沙为宜，基质排水性要好。生长过程中盆土以稍干燥为好，切忌过湿，否则根部极易腐烂。生长期每半月施肥1次。栽培3~4年需重新分株更新，以保持球、刺清新，长势旺盛。

【浇水与修剪】

松霞比较耐旱，不宜频繁浇水。当盆土变干的时候浇水即可。松霞在生长期内基本不需要修剪。

【施肥】

全年施肥3~4次，以春、秋季为主。生长过程中基质以稍干燥为好，切忌过湿，否则根部极易腐烂。生长期每半月施肥1次。

【四季养护】

春秋季的养护相比其他两个季节更重要。春季要谨防病虫害的侵害，为了确保苗芽期的生长，最好进行盆栽播种。秋季养护以肥料到位为关键环节。

【繁殖状况】

松霞繁殖常用播种、扦插、分株和嫁接法。还可用幼苗、茎块、茎髓等材料进行组织培养繁殖。

播种：4~5月进行，种子细小，采用室内盆播，播后10天左右发芽，幼苗秋季可分栽。

扦插：以5~6月进行为宜，直接用母株上剥下的子球，扦插于沙床，约2周后生根。

分株：可在早春结合换盆进行分株繁殖。将过于拥挤的母株扒开直接分栽。

嫁接：用量天尺做砧木，由于松霞属软质茎，操作时需谨慎，嫁接成活率低于硬质茎。

Q：如果自己养植的松霞出现了炭疽病或者斑枯病，状况每况愈下，怎么办？

A：可用75%百菌清可湿性粉剂800倍液喷洒。松霞虫害常有红蜘蛛危害严重，可用20%三氯杀螨砜可湿性粉剂1000倍液喷杀。

量天尺

【花卉简介】

量天尺又叫霸王花、三棱箭、剑花、三角、三角柱仙人掌，为仙人掌科、量天尺属多年生附生类多肉攀援植物。量天尺茎节如鞭，因向上蓬勃生长似量天的尺子而得名。夏夜时开花朵大、素雅而清香，因而有"月下美人"之称。量天尺的果实硕大，色彩红艳，产果期可长达半年之久，熟果在植株上不会自然脱落。量天尺是观赏性很强的观茎类花卉品种。

【生长条件】

量天尺喜欢20℃～30℃的较为温暖适宜的环境。量天尺不耐寒，低于10℃时生长停止，若长期低于8℃植株会受寒害变黄。量天尺耐热，能在夏季高温条件下正常开花。量天尺喜光，但也不能长时间晒太阳，5～9月应给予遮阴。量天尺作观花、观果用时不宜阴，光照不足会引起植株徒长，并影响开花结果，但应遮去中午前后的强烈阳光。10月至翌年4月应给予充足的阳光。量天尺耐干旱，怕浸渍。

【栽植】

盆栽量天尺应选择大型盆钵，以口径25～35厘米的为佳，每盆栽1～2株苗。量天尺喜肥沃、排水良好的酸性沙质壤土，盆栽基质宜用腐叶土、干牛粪和粗沙等材料配制。每1～2年翻盆1次，翻盆时要对老根进行短剪。如根有大小不等、表面粗糙的瘤状物，说明已受线虫危害，要及时把受害部分剪去。剪根后要置阴凉处，待伤口晾干后再进行种植与浇水。

【浇水与修剪】

在量天尺的生长期间，应尽量避免土壤积水，这是保护植物根系的最好方法。如发现烂根，应立即脱盆，并用利刀割除腐烂部分，直到健康处为止；然后将其置干燥凉爽处数天，待伤口干燥后重新栽植。冬季要节制浇水，盆土只要稍湿润即可。

作观果栽植时，要对植株进行整形修剪，一般每株留3根枝条。如一盆2株，则宜留5根枝条，剪去过多的枝条。花果盛期要疏去过多的花蕾，每根枝条上只需保留花1～2朵，疏花时间应控制在现蕾后的8天内进行。产季结束后，要剪去垂到地面的枝条、过度密集的枝条及结果的老枝。

量天尺

【施肥】

在栽植量天尺之前要施足基肥，生长期每半月追施1次肥料。生长初期的施肥应以氮为主，开花结果时的施肥要以磷钾为主。观果盆株的施肥最好用有机肥，这样可以提高果实的品质。冬季则停止施肥。

【四季养护】

白肉型品种的自花授粉率可高达98%以上，可不用人工授粉。但有些红肉型品种的自花授粉率差，低的只有10%，需要用白肉型品种进行授粉，以增加座果率。所以种植时最好红肉、白肉品种隔株或隔行混种。

量天尺常有茎腐病、灰霉病、腐烂病、线虫病和介壳虫等病虫危害。植株受冻或受其他外伤时，易患腐烂病而导致茎干腐烂。

【繁殖状况】

扦插：春至秋季均可进行，但以春夏季扦插为最宜。选择粗壮饱满、长20～30厘米长的茎段，剪下后置阴凉干燥处数天，待伤口干燥后插入基质。以后保持基质湿润，经20～40天即可生根，成活率极高。室温超过35℃或低于15℃时不宜扦插，高温多湿切口易腐烂，低温则不易生根。

播种：播种繁殖主要用于杂交授粉后选育新的品种。

◇花友经验◇

Q：量天尺被冻坏后上面的接球还能活吗？

A：量天尺的弱点是怕寒冷，到了严寒的冬天，如果没有增温设备，量天尺往往容易被冻伤。但是量天尺被冻伤后，上面嫁接的球还能成活。挽救的方法是：先把球从量天尺上用锋利的刀切取下来，放在暖和的室内干藏。球的耐寒能力较强，等到第二年春天的后期气温升高后，可以把它重新嫁接在量天尺或其他砧木上，其仍然可以继续生长。

🌿 鸟羽王

【花卉简介】

鸟羽王原产于墨西哥，属于仙人掌科鸟羽王属。是仙人掌家族中的经典种类，植株肉质柔软、形态奇特，扁圆球形，球径8～9厘米，体色青绿色，观赏价值很高。初始单生，老株易丛生。有肥大肉质直根。刺座上无刺。附生黄白色软毛。春夏季节顶生白色钟状花，花径约2厘米。

【生长条件】

鸟羽王的叶片已退化成针刺状，加上角质化的外皮，能有效防止水分蒸发。每当雨季来临，根系能大量吸收水分，干瘪的茎干这时"肿胀"起来，使水分得以大量贮存。

【栽植】

冬季保持盆土稍干可耐0°C以上低温。

【浇水与修剪】

鸟羽王宜多晒太阳，少浇水，用沙土或者煤渣，透气性好的土，干透浇透，掌握不好可以在花盆插一根竹签，干透了再浇水。

【施肥】

施肥以磷钾肥为主。春季多施肥料，冬季一般不用施肥。

【四季养护】

鸟羽王的生长期在春、秋季，肥大的直根怕渍水，除生长期保持土壤湿润外，其他时期要控制浇水，浇水掌握"不干不浇，浇则浇透"的原则。夏季高温时植株生长缓慢，要求通风良好，避免闷热、干燥，否则易受红蜘蛛危害，还会产生锈病或茎腐病。冬季置室内阳光充足处，夜间最低温度在10℃左右，并有一定的昼夜温差，可正常浇水，若植株遭遇低温，则要严格控制浇水。

【繁殖状况】

该属开花多，易结果，可播种繁殖。但多数栽种者通常习惯采用切顶促生仔球嫁接的方法繁殖。鸟羽王和量天尺不亲和，最好采用仙人球或卧龙柱当砧木，嫁接成活率高，长势良好。我国南方栽种者习惯用量天尺当砧木，可先嫁接上仙人球，然后再嫁接上鸟羽王，这种双重嫁接法不但可提高嫁接成活率，而且接穗生长健康。

◇花友经验◇

Q：在家居室内摆放鸟羽王有什么好处？

A：在居室内摆放鸟羽王能够帮助你更好的调节空气。鸟羽王喜温暖、干燥和阳光充足的环境，怕积水，耐干旱和半阴，鸟羽王要求有较大的昼夜温差，所以用其装饰居室时需注意盆栽的摆放位置和养护方法。

水晶掌

【花卉简介】

水晶掌又叫宝草，百合科、十二卷属草本植物。花期夏季。水晶掌叶色翠绿，叶肉半透明，十分赏心悦目，同时它具有一定的净化空气、防辐射的功效。

【生长条件】

原产于非洲南部的水晶掌喜温暖、不耐寒、较耐旱、喜光照，适宜生长在排水良好的土壤。水晶掌的生长适温为20℃～25℃。

【栽植】

盆栽水晶掌可用园土或沙土掺少量腐叶土。因为水晶掌的根系很浅，所以，应采用比较小的浅盆栽植。

【浇水与修剪】

新栽植的水晶掌不宜多浇水，以防烂根，待新根长出后，再转入正常浇水。夏季高温天气，要向植株周围洒水。在浇水时，不要把水浇在叶片上，如果不小心溅上要用纸巾擦干，否则会引起水晶掌烂叶。

【施肥】

水晶掌对肥料要求较少，平时只需较淡的肥料。在生长旺季，每月施1次稀薄的复合肥液即可满足其生长需要。在施肥时，肥液不要沾到叶片上，否则容易造成叶片腐烂。

【四季养护】

平时养护水晶掌，应将其放在室内光线明亮处，冬、春季可接受一些阳光，入夏后要注意遮阴，否则受到阳光直射后，叶片会由绿变红。

水晶掌的病虫害较少，一般不需要特别养护，但是要注意，如果气温超过32℃且通风不良时，嫩叶易得腐烂病，此时应注意通风，并将养护温度保持在20℃～25℃为宜。

【繁殖状况】

水晶掌多用分株法繁殖，一般在早春时结合换盆进行。将生长过密的株丛切割成2～3株为一丛，分别栽在新的培养土中，每丛苗都要多带根须，以利于较快地成活生长。上盆后可将其放置在荫蔽处养护，需保持盆土微湿。

◇花友经验◇

Q：水晶掌的叶面由绿变红是怎么回事？

A：这主要是由于光照的关系，水晶掌虽喜光照，但忌阳光暴晒，若被阳光直晒，叶片即由绿变红，因此，夏季水晶掌养护要注意遮阳。

巴西龙骨

【花卉简介】

巴西龙骨又叫圆龙骨柱、龙骨，为仙人掌科、龙神属多浆植物。巴西龙骨为多浆植物。植株呈三棱状，多分枝，蓝绿色，高4～5米，棱边有小刺，刺极短。花期在6～8月，花开4～9朵，丛生于巴西龙骨上部的刺座上，白天开放，夜晚闭合。浆果圆形，蓝紫色，可食用。巴西龙骨能昼夜吸收二氧化碳，释放氧气，所以将巴西龙骨摆放于客厅、卧室、书房、会议室等处为宜。

【生长条件】

巴西龙骨喜光，但夏季气候炎热，光照过强，最好不要让强光直射，以免巴西龙骨被灼烧，其他季节皆可直接接受光照。

【栽植】

栽植巴西龙骨时，盆土可用1/2河沙和1/2壤土混合物，并用2%高锰酸钾水浇入，既做了土壤消毒，又浇了水，植株高的可用支棍绑缚固定。

【浇水与修剪】

因为巴西龙骨耐旱，喜干燥土壤，所以只要土壤不是特别干燥，就尽量不要浇水，即使浇水也不能浇太多。

【施肥】

少施肥，特别是冬季，温度低，巴西龙骨处于休眠期，可不用施肥。

【四季养护】

巴西龙骨易受红蜘蛛的危害，可以用1000～2000倍液氧化乐果进行喷杀，要注意用量不可过大，以防止巴西龙骨顶部腐烂。

【繁殖状况】

巴西龙骨可单株扦插繁殖，也可多株集中扦插繁殖。两种扦插繁殖的方法为：一种是将巴西龙骨切段进行扦插，扦插时将上下切口都用草木灰封闭，插穗长度以

20～25厘米为宜；另一种是从龙骨枝上取下分枝，稍加晾晒后即可扦插，这种扦插生根快，切口比较小。

◇花友经验◇

Q：养好巴西龙骨有什么经验？

A：巴西龙骨的管理相对要粗放些，因为它对土壤的要求不高，但忌黏性较大的土壤，这样的土壤排水性差，极易引起龙骨的根部病变。而掺入河沙的土壤排水性好，比较适合龙骨的生长。平时浇水也要适量，不可过多，等盆土稍微干燥后再浇水，否则过于湿润的土壤会引发根部腐烂。

昙花

【花卉简介】

昙花又叫月下美人、琼花，为仙人掌科、昙花属多年生附生多肉类植物。昙花夜晚开花，花形硕大，花色素雅，花香奇异。开放时的花朵好似仙女在空中飘游。因为昙花的开花时间极短，所以才有"昙花一现"的说法。

【生长条件】

昙花性喜温暖，生长最适宜温度为13℃～20℃。不耐寒，5℃以上即可安全越冬，但以维持10℃～14℃为最好。昙花喜半阴，忌强光暴晒。阳光过强会使叶状枝萎黄，并影响其生长与开花。昙花也忌过于荫蔽，否则植株徒长、不开花或少开花。喜干燥，怕水湿水涝。

【栽植】

昙花宜用富含腐殖质、排水好、疏松、肥沃的微酸性沙质土壤栽种。盆栽用土可按腐叶土：园土：沙土＝4：4：2的比例来配制。配制好盆土后，一定要在太阳下暴晒杀菌。种植时，在盆底放一层碎瓦片或砖片，以增加盆土的透气排水性能。每年春季移出室外时进行翻盆。

【浇水与修剪】

浇水应掌握"宜干不宜湿"。盆土湿涝会使叶状茎干瘪倒伏、根部腐烂，从而影响植株的生长和日后的开花，甚至导致植株死亡。春季可增加浇水量，但不要使盆土过湿。夏季高温时水分蒸腾快，也应增加浇水量，以保证植株的旺盛生长和正常开花。昙花含苞待放时如遇阴雨，可用塑料纸包上，以免淋雨损花；或及时侧盆倒水，盆土积水容易造成烂根。花后适当减少浇水。冬季要减少浇水次数。

晚秋长出的细弱叶状枝，应及时剪除。植株长高后，应设立支撑，以防叶状枝倒伏。

【施肥】

春季昙花开始生长后，应每半月追施1次以氮为主的肥料。昙花在6～9月可开花多次，必须供给充足的养分。肥水充足，不但可使植株多次开花，而且开花数量增多。大的植株开花时，一次可开几十朵花，如养分不足，则植株不易开花或开花少。所以在6月植株进入开花期前，应追施以磷钾为主的肥料，当叶状枝边缘的深凹处出现黄色芝麻状小

昙花

点时，说明花蕾开始形成，再经20多天即可开花，这时要停施氮肥，多施磷钾肥，以促使花多朵大。氮肥多时，植株的营养生长旺盛，但不开花或开花少。花谢后则需追施1～2次氮肥，以促使良好的营养生长。如植株生长旺盛而不开花时，应控制肥水的供应。施肥时，如在肥液中加入0.2%硫酸亚铁，能使叶状枝的颜色变得浓绿发亮。10月后停施氮肥，追施1～2次磷钾肥。冬天的时候无须施肥。

【四季养护】

高温且通风状况不佳时，昙花易发生介壳虫、腐烂病、炭疽病和红蜘蛛等病虫危害，所以平时应注重防治。

【繁殖状况】

扦插：宜在春、秋进行。选择2年生健壮的叶状枝，剪成长15～20厘米的小段，伤口涂上硫黄粉或木炭粉，阴干后插入基质。插后保持湿润和半阴条件，经20～30天可生根成活。扦插苗需培育2～3年开花。

播种：春季进行。播后覆薄土或不覆土。发芽适温为18℃～24℃，在播种后3周内会发芽。播种苗需培育4～5年开花。需人工授粉才能收到种子。

嫁接：宜在春天温度升至20℃～25℃时进行。用叶仙人掌做砧木，采用劈接法，成活率较高。

◇花友经验◇

Q：怎样才能让昙花在白天开花呢？

A：其实，我们可以通过环境的改变，使昙花在白天开放，并延长开花时间。在花蕾膨大到10厘米左右并开始向上翘时，每天上午7时用黑罩罩住整株，下午7时把黑罩除去，使昙花不接受自然日光。天黑后将其放置于100～200瓦电灯下照射。经过7～10天的昼夜颠倒处理，昙花就能在白天开放。

蟹爪兰

【花卉简介】

蟹爪兰又叫蟹爪莲、蟹爪，为仙人掌科、蟹爪兰属附生型仙人掌类植物。蟹爪兰常呈悬垂状，嫩绿色，新出茎节带红色，主茎圆，易木质化，分枝多，呈节状，刺座上有刺毛，花生于茎节顶部刺座上。常见栽培品种花色有大红、粉红、杏黄和纯白色。因茎节连接形状如螃蟹的副爪，故名蟹爪兰。花期1月前后，浆果，卵形，红色。

蟹爪兰

蟹爪兰对二氧化硫、氯化氢的抗性较强。在晚上亦能吸收二氧化碳，放出氧气，增加室内空气中负离子含量，有净化空气的作用。

【生长条件】

蟹爪兰原产于巴西，喜温暖湿润和半阴环境，不耐寒，怕烈日暴晒。喜肥沃的腐叶土和泥炭土，怕生煤火、煤灰。最适宜的生长温度为15℃～25℃，夏季超过28℃，植株便处于休眠或半休眠状态。冬季室温以15℃～18℃为宜，温度低于15℃时易落蕾。

【栽植】

盆栽蟹爪兰盆土宜选用疏松、肥沃、排水良好的微酸性土壤，盆底应放些腐熟肥、鸡粪等作基肥。

【浇水与修剪】

一般每隔4～5天浇水1次。夏季气温高，虽然遮阴，盆土仍易干，一般1～2天浇水1次。还可用喷雾器经常向叶面喷水，既能防暑降温又能使植株生长良好。

蟹爪兰是在当年生茎的顶端开花，花凋谢后需将茎的尖端修剪掉3～4节，以利翌年开花。

【施肥】

秋季开花前9～10月和春季开花后4～6月可进行施肥。每隔7～10天施浓度为20%腐熟人粪尿及饼肥水。秋季施肥为使花芽分化，以磷肥为主；春季施肥为促使多发新枝，以氮肥为主；夏季不宜施肥，盛夏应停止施肥，否则易引起腐烂。施肥前停止浇水，使盆土稍干，这样施肥效果明显。

【四季养护】

盆栽蟹爪兰平时宜放在通风良好的窗台、阳台或走廊里，夏季要注意遮阴、避雨。天气炎热，阳光强烈，对其生长极为不利，稍微受阳光暴晒或放在闷热的场所会使植株受到灼伤，引起叶萎黄、脱落甚至死亡。

蟹爪兰冬季畏寒，室内温度低于5℃时生长不良，甚至会受冻害。10℃左右生长正常，15℃左右即可开花。所以在晴朗的白天，宜将盆株放在朝南能接受阳光的窗台处。严寒之夜摆放在离窗口较远的地方，室内温度特别低的夜晚，可用大塑料袋套住植株，待天明有阳光时再揭去。

蟹爪兰是短日照植物，在短日照条件下，2～3个月即开花，如想让其在国庆节开花，可在8月初用不透光的黑色塑料薄膜罩对植株进行短日照处理，每天见8小时阳光，这样9月底可开花。出现花蕾时，盆土不要太干，否则花蕾易脱落。开花时，将盆株移到比较凉爽（12℃～15℃）的房间里，这样可延长开花时间。

蟹爪兰常发生炭疽病、腐烂病和叶枯病，危害叶状茎。特别在高温高湿环境下发病尤为严重。发病严重的植株应拔除，集中烧毁，还可以在病害发生初期，用50%多菌灵可湿性粉剂500倍液每10天喷洒1次，共喷3次。

【繁殖状况】

蟹爪兰繁殖主要有扦插和嫁接2种方法。

扦插：春末剪取1年生以上的成熟枝条（片状茎），阴干数日后直接插入培养土中盆栽，深度为枝条的1/3～1/2，每盆数支，保持盆土稍干和半阴的环境，2～3周即可生根。因扦插繁殖的蟹爪兰幼苗生长缓慢、开花迟，一般多采用嫁接法繁殖蟹爪兰。

嫁接：常在春、秋两季进行。蟹爪兰嫁接砧木应选择生长饱满、健壮、肥大的当年生仙人掌新掌片，接穗选择生长组织充实的3～5节茎节为宜。茎节多的成型快，嫁接时将选定的砧木顶部削成"V"型缺口，然后将接穗下部两面薄薄地削去皮层，露出中部的维管束后插入砧木中，插入深度以达到接穗茎节的2/3以上为好，如果是小的接穗要全部插入。除V形缺口外，还可斜切、横切。

接穗插入后，要用仙人掌刺插入砧木加以固定，以防止接穗滑落。斜切和横节的可用木夹或竹夹固定，防止切口在成活过程中因形成愈伤组织而膨胀裂开。嫁接后接口用甲基托布津600倍液或草木灰涂抹，以防腐烂。嫁接工作完成后，要给花盆浇足水并放在半阴且湿度大的地方，防止接穗过度失水，20天之后即可成活。

◇花友经验◇

Q：怎样防止蟹爪落蕾、落花呢？

A：蟹爪兰落蕾、落花的原因多半为养料不足、寒流侵袭、盆土过干过湿引起的。所以在养护蟹爪兰的过程中，要注意合理浇水和施肥，冬季来临时，要注意避免寒流侵袭。一般每年10月要入室养护。

令箭荷花

【花卉简介】

令箭荷花又叫红孔雀、荷花令箭、孔雀仙人掌，为仙人掌科、令箭荷花属附生型仙人掌类植物。

令箭荷花的株高50～100厘米，多分枝，叶退化。茎扁平，披针形，形似令箭。基部圆形，鲜绿色，边缘略带红色，有粗锯齿，锯齿间凹入部位有细刺。中脉明显突起。花生于茎的先端两侧，花大美丽，不同品种花径差别较大，小的有10厘米，大的可达30厘米。花外层鲜红色，内面洋红色，栽培品种有红、黄、白、粉、紫等多种颜色，花期在4～5月之间。

【生长条件】

原产中美洲墨西哥的令箭荷花性喜温暖多湿，耐干旱，不太耐寒，适宜生长于肥沃、排水良好的沙质土壤里。冬季要求温度10℃～15℃，温度过高，变态茎易徒长，在3～6月温度要求13℃～18℃，气温过低，影响孕蕾。

【栽植】

令箭荷花在北方多作盆栽，盆栽土壤要求含丰富的有机质。令箭荷花每年或每2年换盆1次，一般每隔一年于春季或秋季换盆1次。换盆时，去掉部分陈土和枯朽根，补充新的培养土，可用腐叶土4份、园土3份、堆肥土2份、沙土1份混合配制，并放入骨粉作基肥。

【浇水与修剪】

夏季令箭荷花要放在通风良好的半阴处，并节制浇水，春秋则要求阳光充足，充分浇水。花蕾出现后，浇水不宜过多，否则易落蕾。开花时，盆土不宜太干，以延长花期。栽培中要注意7月前尽量培养出肥厚的茎，8月以后减少浇水，促使花芽分化。

令箭荷花生长期间要及时剪除过多的侧芽和基部枝芽，以减少养分消耗。另外，令箭荷花的叶状茎柔软，应及时立支架，以防折断，也有利于通风透光，达到株形匀称的目的。

【施肥】

令箭荷花喜肥，生长季节每20天施用腐熟液肥1次，现蕾后增施1次磷肥，以促使花大色艳。

盆栽中常有生长十分繁茂而不开花的情况，这往往是因放置地点过分荫蔽或肥水过大造成的，只要节制肥水，尤其避免氮肥施用过量，并使植株稍见一些阳光，另外在孕蕾期增施磷、钾肥，即可得到改善。

【四季养护】

春、秋、冬三季，可将令箭荷花置于室内有阳光直射的窗边或者客厅内养护，夏季应适当避光，可摆放在背阴处养护。

【繁殖状况】

扦插：在开花前后均可进行。选择生长充实肥大的叶状茎，剪取顶端6～8厘米作插穗，晾2～3天，待切口干燥后，插入素沙土盆中三分之一。切勿浇水，但应少量洒些清水，放半阴处，经常保持较小的湿度，25～35天即可生根。

嫁接：在春季进行。选用生长良好的三棱箭（又称量天尺、三角柱）作砧木，自顶端中心纵切3厘米左右深的接口。接穗从令箭荷花的叶状茎顶端截取，长约10厘米，在其下端两侧各削一刀，切成扁平楔形，然后将接穗插入砧木的切口内，扎紧，这个过程越短越好。嫁接后要防止有水流进切口和碰动接穗。15天后即可成活。

◇花友经验◇

Q：令箭荷花茎叶发黄是什么原因？
A：叶状茎如果发黄，则往往是阳光太强所致。

🌿 秘鲁天轮柱

【花卉简介】

秘鲁天轮柱又叫鬼面角，为仙人掌科、天轮柱属大型柱状多肉植物。秘鲁天轮柱的植株高可达10米，圆柱形，直径10～20厘米，基部分枝成丛生状，暗绿色，有棱5～8个，棱的刺座上具褐色毡毛，并具刺5～6根，中刺1根，红褐色。夏季开花，花单生，白色，喇叭形，长可达20厘米。浆果椭圆形，长达10厘米，紫红色。

同属相似花卉有：大轮柱又名大花天轮柱，茎粗10～15厘米，棱6～8个，棱直，深绿色，刺座排列较稀，具刺6～8根，中刺1根，灰褐色，花为漏斗形，白色。

牙买加天轮柱，高约10米，粗10～15厘米，有棱4～10个，绿色，刺20根，花朵为白色。

【生长条件】

秘鲁天轮柱天性喜温，生长最适宜温度为18℃～24℃。稍耐寒，冬季要维持4℃以上的温度。耐高温，夏季没有半休眠现象。喜阳，也耐半阴。整个生长期间应尽量保持稳定的光照。

【栽植】

秘鲁天轮柱的培养土宜用肥沃疏松和含石灰质的土壤，基质可用园土、腐叶土、粗沙和少量石灰质等材料配制。因植株高大，需用大盆栽植。

【浇水与修剪】

秘鲁天轮柱极耐干旱，浇水应掌握"宁干勿湿"的原则。如能保证合理的水分供应，则对植株的生长有利。冬季应节制浇水。整个生长期的浇水应尽量均匀，不要时干时湿。

植株长高后，应设立支柱，还要防止碰撞倒伏。

【施肥】

秘鲁天轮柱对肥料要求不高。生长期间每月追施1次肥料，夏季因无休眠期，应维持正常的肥水管理。秋季停施氮肥，可以施1次或者2次的磷钾肥，以帮助其抵抗即将到来的寒冷气候。切忌在长期不施肥的情况下，骤然大量施肥。

【繁殖状况】

播种：4～5月在室内进行，发芽适温为20℃～22℃，播后10～12天发芽。

扦插：春至秋季均可进行。选取充实、健壮的茎干，截成长约20厘米的小段，待伤口晾干后插入苗床。插后30～40天愈合生根，并从上端的切口处生芽。

◇花友经验◇

Q：秘鲁天轮柱肉质茎粗细不均，棱谷间裂开形成纵向伤口，是怎么回事？

A：出现以上情况主要有以下几个原因：第一，光照忽阴忽阳；第二，浇水时干时湿；第三，施肥时多时少，甚至有时不施肥，有时又施肥多而浓。找到原因后，及时改善。

多棱球

【花卉简介】

多棱球又叫多棱玉，为仙人掌科植物。这是一种扁球形的球体，草绿色，棱80～100条，棱脊薄，棱缘呈波状弯曲。刺座稀，辐射刺7～9根，刺长而扁平，黄褐色。花生在球的顶端，呈钟形，有紫色脉，春季开花，果具纸质鳞片，纵裂，种子黑色。多棱球是仙人掌爱好者收集的珍贵品种之一，宜用于盆栽，点缀书桌、茶几和窗台等处。

【生长条件】

原产于墨西哥地区的多棱球，喜温暖、干燥和阳光充足的环境。不耐寒，耐干旱和半阴，不耐水湿和强光，喜沙质壤土。夏季防止强光直射，以免球体灼伤。

【栽植】

盆栽多棱球宜用腐叶土、粗沙、培养土和石灰质材料的混合基质。

【浇水与修剪】

生长期除浇水外，还要注意多喷水，以保持适当的空气湿度，有利球、刺的生长。冬季温度不高时，球体进入休眠期，盆土保持稍干燥为宜，多见阳光，减少浇水。嫁接球体棱容易老化，嫁接苗长到一定大小时，将砧木切除。

【施肥】

在多棱球生长期间，每15天施肥1次。

【繁殖状况】

播种：5～6月采用室内盆播，发芽适温20℃～22℃，播后9～11天发芽。

嫁接：以6～7月为好，砧木用量天尺，用平接法，接穗可选取从母株切顶后萌发的子球。一般对接后30～40天可愈合。

◇花友经验◇

Q：多棱球常见品种有哪些？

A：多棱球的品种主要有：

太刀岚，植株扁球形，暗绿色，有棱30条，棱缘波状弯曲，球顶具少量绵毛，刺为红褐色。小花黄或白色，花瓣有红色中脉。

雪溪，植株球形或筒状，密被白色绵毛与细长黄刺，美丽小花白色，漏斗形。

绀碧玉，棱35条，棱脊高而薄，棱缘波状，刺座带白色短绵毛，辐射刺10～25根，中刺1～4根，花白色。

千波万波，棱180条，中刺黄白色。

秋阵营，植株单生，球形，密被白色绵毛，30～40棱，刺白色，尖端暗褐色，中刺细长，黑褐色，花为乳黄色。

彩云球

【花卉简介】

彩云球别名彩云，为仙人掌科多浆肉质类植物，原产于中美洲的西印度群岛。彩云球的茎为单生，呈球形，一般有14～20条棱，棱脊上有刺，花座为紫红色。花朵为鲜红色。彩云球通常被用来装饰宾馆、商厦、空港等公共场所，幼年球体适合摆放在家庭窗台、阳台等处。

彩云球品种有以下几种：

蓝云：球体高17厘米，直径约14厘米，表皮天蓝色。根粗大有分枝，棱9～10个，棱脊薄而高，刺座卵形，直径约0.7厘米，长1.4厘米，中刺1或3根，较细小，周刺7根，长4厘米，刺灰白色，刺尖深褐色。花为红色或胭脂红色。

卷云：球体深绿色，径粗14厘米。棱10条，并生有辐射刺7～9根，中刺1～2根，黄褐色。花座高5厘米，花朵为玫瑰红色。

赏云：初为扁球形，后呈圆锥球，直径最大达10厘米，棱10～12条，棱脊低，棱幅宽，表皮暗绿色，刺座间隔1.5厘米，刺5～7根，锥形，长0.5～2厘米，先端略弯曲，紫红色至灰色，花座高约4厘米，直径约8厘米，上着粉红色花朵。

飞云：球体暗绿色，棱10～20条，辐射刺7根，弯曲，白色，中刺2根。

层云：植株球形，呈蓝绿色，12棱，长1.6厘米。刺都是锥状直出，红色至红褐色，花座宽而扁平，厚厚的白色茸毛中夹有细刺。花长2.5厘米，淡红色。

龙云：扁球形至球形，蓝绿色，直径15厘米。棱11～19条，周围刺5～8根，长2.5～3厘米，中刺1根，长3厘米，红褐色，锥形。花座小，具褐色刚毛，花小，呈红色。

白云：正圆球，高和直径均在14厘米左右，初为蓝绿色，后变淡灰白绿色，棱11条，刺座圆形，刺8根，1.1～1.5厘米长。花座直径7厘米，很高，白色短绵毛密集。花长约2厘米，红色。

赫云：球体径粗30厘米，绿色，棱11～15条，辐射刺12～15根，中刺4根，红褐色，花淡红色。

【生长条件】

彩云球喜温暖、干燥、阳光充足环境，较耐寒，耐干旱，耐高温。土壤以肥沃、疏松和排水良好的沙壤土最好。冬季温度不低于5℃。

【栽植】

因为彩云球的根系较浅，所以盆栽宜用浅盆。每年春季换盆，新加基质用肥沃的腐叶土和粗沙的混合土加入少量干牛粪。

【浇水与修剪】

夏季可多浇水，盛夏增加喷水或喷雾，以提高空气湿度，对球体生长有利。冬季应保持充足光照和盆土稍干燥，忌过度浇水。

【施肥】

在彩云球的生长期内，每半月施肥1次。

【繁殖状况】

播种：春季室内盆播，在20℃左右最容易发芽，播后14～16天发芽。

嫁接：用4～5年生植株，采用截顶法促其萌发子球，再以量天尺为砧木，应用平接法进行嫁接。

◇花友经验◇

Q：如何防治彩云球的病虫害？

A：茎腐病、灰霉病为彩云球的常见病害，如有发现，可用70%甲基托布津可湿性粉剂1000倍液喷洒。虫害有红蜘蛛和介壳虫危害，可用40%氧化乐果乳油1500倍液防治。

山吹

【花卉简介】

山吹又叫黄体白檀，为仙人掌科、白檀属多年生肉质植物。山吹的球体黄色鲜丽，又可开出红色的花朵，开花时红黄相映，显得娇艳万分，较易栽养，是深受人们喜爱的种类之一。如将其与球体鲜红色的绯牡丹合栽一盆，则更是相得益彰、美不胜收。

【生长条件】

山吹喜温暖，最适宜的环境温度是15℃～25℃。不耐寒，越冬温度应保持在10℃以上。喜阳，但忌强烈阳光的暴晒。夏季要注意遮阴以免球体被灼伤。能耐半阴，但过阴时球体会变长变尖，从而丧失美感。春、秋、冬季应给予充足的光照。宜在干燥的土壤环境里生长，怕积水。

【栽植】

山吹喜肥沃疏松和排水良好、含石灰质的沙质壤土，基质可用腐叶土、粗沙等材料配制，并加入少量石灰质材料和牛粪。因茎叶长而形细，置放时要避免触摸，搬动也应小心，以免碰掉。

【浇水与修剪】

在山吹生长期间，给山吹浇水应掌握"干湿相间而偏干"的原则，防止盆土过湿。冬季休眠期内应控制浇水，保持盆土较为干燥的状态为宜。低温而盆土过湿时，砧木易腐烂。

夏季应经常向植株和周围喷水，以利增湿降温，还能减少红蜘蛛的危害。

【施肥】

入冬后，不需施肥。生长季每月追施1次氮磷钾结合的肥料。9月后停施氮肥，改施磷钾肥。

【四季养护】

夏季干燥、炎热和通风不良时易发生红蜘蛛危害，使被害部分呈红褐色，严重时观赏价值丧失殆尽。这时只能切顶另生小球后重新培养新株。有时还会患褐斑病，如发现应及时防治。

【繁殖状况】

因山吹的体内没有叶绿素，因而不能自营生长，必须经嫁接繁殖，让砧木提供生长发育所需的养分。嫁接宜在5～10月进行，砧木用三角柱，取植株旁边生出的健壮、色纯、茎粗约1厘米的小球为接穗，用平切法嫁接。在25℃左右的室温下，嫁接后7～10天可愈合成活。

◇花友经验◇

Q：请问，山吹的球体变细、变尖是什么原因引起的？

A：通常是光照不足所引起，出现这种情况时，应及时改善光照条件。

山影拳

【花卉简介】

山影拳原产于墨西哥地区，又叫仙人山、山影等，为仙人掌科、天轮柱属多浆多肉类花卉。多肉植物畸形石化变异后，生长点分生不规则，使整个植物呈错乱、不规则生长，从而成形成参差不齐的岩石状，但表面颜色与刺的长短保留着原种的特点。20年以上的山影拳才会开花，花为喇叭状或漏斗型，为白色或粉红色。

常见的栽培品种有：

山影拳锦：这是山影拳的斑锦品种。茎表面深绿色，镶嵌着黄色大斑块，但生长点处为绿色。

岩石狮子：株高20～40厘米。茎表面深绿色，刺座上有淡褐色细刺。夏季开花，花漏斗状，白色，长10～16厘米。

岩石狮子锦：为岩石狮子的斑锦品种。全株呈黄色，偶尔长出灰绿色的疣突。

【生长条件】

山影拳喜阳光充足且温暖、干燥的环境，耐半阴、较耐寒。生长期需充足的阳光，在炎热夏季应该稍加遮阳，但光线不足时，很容易导致植株生长细长，影响姿态。山影拳最适生长温度为15℃～32℃，怕高温闷热，在夏季温度升到33℃以上时便会进入休眠状态，冬季温度需保持在5℃。

【栽植】

宜在3～4月晴好的天气进行栽植。在盆底先垫上一层陶粒，作为排水层，然后再放入基肥，添加培养土，最后放植株填土埋根，上完盆后如果植株根系没有修剪的可以浇透水一次，如果根系有损伤，要少浇水，保持盆土稍湿润便可。在栽植过程中，为了防止被植株刺伤，可以用胶皮手套或泡沫块来辅助栽植。

每年换盆1次，成形株3～4年换盆1次。换盆时间一般在春季气温稳定在10℃以上时进行。换盆前，停止浇水，使盆土干后把山影拳从盆中脱出，抖掉盆土，露出根系，剪去枯根、死根或断根，留少量健壮的根便可，然后晾1～2天待伤口干结后再上盆栽植，栽植完后放在室内通风处遮阴养护，暂时不用浇水，等6～7天后稍微浇些水，保持盆土偏干，1个月以后再逐渐增加水分供应。

【浇水与修剪】

山影拳不适宜种于过分潮湿的土壤中，最适宜的空气相对湿度为40%～60%，浇水宜少不宜多，一般保持盆土稍干为宜，可每隔3～5天浇1次水，这样可以促使其生长速度减慢，保持优美株形。冬季气温越低，盆土应越干燥。

如果植株上长出柱状的茎干，会破坏整体造型，应及时用利刀将其切除，切除部位尽量要低，并尽量靠近交叉处。

【施肥】

养山影拳的重点是保持其形状，不要片面追求生长速度，故一般不施肥。只需每年在换盆时，在盆底放少量碎骨粉做基肥即可。基肥多用腐熟的饼肥、牛粪等，施用量为盆土的1/20，还可以在基肥中加入适量的骨粉。

【繁殖状况】

山影拳很容易繁殖，一般采用扦插法繁殖。扦插全年均可进行，以在4～5月间进行为好。选取山影拳的小变态茎，剪下来后，放在半阴处晾晒1～2天，等切口收干后，再插入插床，插后暂时不浇水，可以适当喷一些水保持湿润。维持温度在14℃～23℃的条件下，大约经过20天，插条便可生根移植。在梅雨季节和炎夏暑天不宜扦插，因为高温高湿的环境容易导致扦插失败。

◇花友经验◇

Q：请问，山影拳如何越冬呢？

A：山影拳在冬季要移入室内越冬，可以将其放置在向阳地方养护，室温维持在5℃左右，便可安全越冬。如果遇到气温骤降情况，可罩上塑料袋保暖。

第五章

多肉类花卉

大苍角殿

【花卉简介】

大苍角殿为百合科苍角殿属植物，原产于亚热带地区，为多年生肉质草本植物。植株具大型肉质球茎。最大直径可达20～30厘米，表皮浅绿色，有光泽。球茎顶端簇生石刁柏状绿色枝条，缠绕攀援，枝上有细小绿色线状叶，叶和枝旱季脱落。花绿白色，很小。

【生长条件】

大苍角殿喜欢湿润或半燥的气候环境，要求生长环境的空气相对温度在50%～70%。

【栽植】

选一适当大小的花盆，盆的底孔用两片瓦片或薄薄的泡沫片盖住，既要保证盆土不被水冲出去，又要能让多余的水能及时流出。瓦片或泡沫上再放上一层陶粒或是打碎的红砖头，作为滤水层，厚约2～3厘米。排水层上再放有机肥，厚约1～3厘米，肥料上再放一薄层基质，厚约2厘米，以把根系与肥料隔开，最后把植物放进去，填充营养土，离盆口约剩2～3厘米即可。

【浇水与修剪】

浇水时应掌握"干湿相间，宁干勿湿"的原则。盆土过湿，植株易烂根。

在冬季植株进入休眠或半休眠期，要把瘦弱、病虫、枯死、过密等枝条剪掉。也可结合扦插对枝条进行整理。

【施肥】

对于盆栽的植株，除了在上盆时添加有机肥料外，在平时的养护过程中，还要进行适当地肥水管理。春、夏、秋三季是大苍角殿的生长旺季，肥水管理应勤快些。

【四季养护】

在深秋、早春季或冬季播种后，遇到寒潮低温时，可以用塑料薄膜把花盆包起来，以利保温保湿；夏季高温时需注意通风和光线，必要时可给于遮阴，冬季低温时需注意防寒，可放置于室内，避免冻伤。

【繁殖状况】

播种前首先要对种子进行挑选，种子选得好不好，直接关系到播种繁殖能否成功。

最好是选用当年采收的种子，种子保存的时间越长，其发芽率越低。其次，选用籽粒饱满、没有残缺或畸形的种子。最后，选用没有病虫害的种子。

◇花友经验◇

Q：为什么家里养的大苍角殿，在花期过后容易出现枝蔓枯萎的现象？

A：开完花后，枝蔓会渐渐枯萎，此时开始慢慢进入休眠期，逐渐减少给水，至休眠期时完全不要给水，植株可维持原样放于盆内（种植时鳞茎需2/3露出地表），置于阴凉处，待生长期来临。

马齿苋树

【花卉简介】

马齿苋树又叫银杏木、银公孙树、金枝玉叶、小叶玻璃翠、玉叶，为马齿苋科、马齿苋属肉质常绿亚灌木。

马齿苋树的植株高可达4米，其茎干为肉质，基部稍木质化，多分枝，近水平生长，新茎红褐色，老茎灰白色，节间明显。单叶对生，倒卵形，长约1.2厘米、宽约1厘米，全缘，亮绿色，肉质。5～7月开花，花小，淡粉红。

马齿苋树茎干肥厚膨大，叶片小巧而有趣，极像马齿苋的叶片，并极富古树苍劲古朴之风韵；习性强健，养护简便。除可作盆栽观赏外，也是制作树桩盆景的良好植物种类。

【生长条件】

马齿苋树喜温暖，生长最适宜温度为20℃～25℃。不耐低温，越冬温度应维持在10℃以上，温度低时会引起落叶。也不耐酷暑，夏季高温时植株呈半休眠状态，应加强通风，多向环境喷水，以降低温度。同时，避免闷热潮湿的环境，否则会因根系腐烂而落叶。

马齿苋树喜充足的阳光，即使是炎热的夏天也需要接受直射的阳光，每天最好能接受4小时以上的直射光。在阳光充足条件下植株株形紧凑，叶片小而厚，观赏价值高。耐半阴，在半阴条件下枝叶生长虽较茂盛，但容易徒长、枝叶松散不紧凑、茎节变长、叶片大而薄，导致株形不美，嫩枝变成绿色；斑叶马齿苋树叶片上的斑锦色彩也会减退，致使观赏性降低。如置放处光照不足，可给予12小时的人工补光，也可生长。

【栽植】

马齿苋树从春季到秋季均可栽种。每年春天翻盆1次。喜排水良好的沙壤土，基质可用腐叶土、泥炭土、粗沙或砻糠灰等材料配制。

【浇水与修剪】

因马齿苋树的枝叶为肉质，植株体内贮有较多的水分，所以喜偏干的土壤环境。浇水时应掌握"干湿相间，宁干勿湿"的原则，盆土过湿易导致植株烂根。5～6月正值植株生长旺盛时期，应充分浇水，但要防止盆土过湿。在南方，梅雨季的雨后要及时检查，倒去盆中的积水。秋季天气转凉，又是植株适宜生长时期，应充足供给水分，保持盆土湿润而不过湿。

由于马齿苋树生长较快，茎干的分枝较多，而且枝条的生长很不规则，因此在生长过程中可随时进行修剪与整形，以保持优美的株形。

【施肥】

春、秋生长期间，每15~20天追施1次稀薄的氮肥。叶面有斑纹的种类应增施磷钾肥，以使叶色更鲜丽。

【繁殖状况】

马齿苋树常用扦插和嫁接法繁殖，但一般用扦插法繁殖。

扦插通常在4月或9~10月进行。选取健壮充实、节间较短、长约1厘米的茎干作插穗。剪后先晾几天，待剪口干燥后再行扦插。插后保持插壤稍干燥的状态，经15~20天生根，成活率很高。

另外，斑叶马齿苋树还可以用嫁接法繁殖。截取当年生的斑叶马齿苋枝条作接穗，接穗不宜过长，把接穗基部两边斜削成鸭嘴状；选择苍老的马齿苋树作砧木，并把所有的侧枝短截，截下的枝条可用于扦插；然后在砧木顶端部分的截面纵切1刀，深度1~2厘米，把接穗插入砧木的切缝中；最后用塑料薄膜绑扎接口处。接后的植株置半阴避雨处，浇水时不要让水进入嫁接处，10~15天之后即可成活。

◇花友经验◇

Q：马齿苋树夏季栽培应采取什么养护措施？
A：夏季半休眠时应控制浇水，加强通风。高温、高湿极易引起烂根。

沙漠玫瑰

【花卉简介】

沙漠玫瑰又称天宝花、矮性鸡蛋花，为夹竹桃科、天宝花属小型多肉植物。

沙漠玫瑰植株矮小，灌木状，树形古朴苍劲，茎基和主根膨大肥硕近似酒瓶状，花期长，每年花开2次，花朵喇叭状，花色艳丽多变，极具观赏价值，非常适于做盆花观赏，同时由于它根茎膨大，状似古树，还适于做盆景栽培，因而一直以来为园艺爱好者所重视和喜爱。

【生长条件】

原产于非洲肯尼亚、坦桑尼亚等热带沙漠地区的沙漠玫瑰喜高温干燥、阳光充足的环境；耐酷暑，不耐寒，冬季温度不应低于10℃，耐干旱，忌水湿；喜富含钙质疏松透气、排水良好的中性至微碱性沙质壤土。

【栽植】

栽植沙漠玫瑰宜用疏松透气，排水良好的钙质壤土，栽培基质可用腐叶土、蛭石、粗沙、石灰石粒按照4：2：3：1的比例混合调制，在蒸气锅炉中高温消毒后方可使用。使用前加入适量三元复合肥作基肥，最好选用缓释型复合肥。

【浇水与修剪】

夏季是沙漠玫瑰的生长旺盛期，要保证充足的水分供应，每1~2天浇水1次。

整形对沙漠玫瑰的商品性起着关键性的作用。由于沙漠玫瑰枝条柔软，自然分枝力差，并且只有在枝条生长区才长有叶片，因此，要想获得理想的株形，通常要通过嫁接来进行培育。另外还可以通过修剪，对过长的枝条进行短截以促进分枝，使其具有较丰满的树冠。

【施肥】

沙漠玫瑰不喜大肥，生长期间以氮肥为主，磷钾肥为辅，比例约为2：1：1，一般每10天追施1次稀薄的复合液肥。

【繁殖状况】

沙漠玫瑰主要用播种、扦插法繁殖，但建议用播种法繁殖。

播种：沙漠玫瑰成年树花后结实，因其自花不孕，所以除了依靠虫媒授粉外，生产中主要进行人工授粉。种子成熟后应及时采收。沙漠玫瑰的种子无休眠期，采后应立即播种，发芽适温为22℃～35℃，育苗土用草炭、蛭石和珍珠岩按6：2：2比例混合，消毒后使用。播种容器以6×12厘米育苗盘为好，先将苗土装入盘中，平整压实，浇1次透水，再进行点播，覆土厚度以刚好看不见种子为宜。播后应充分见光，一般7天左右出苗，苗期不要浇水太勤，保持育苗土湿润即可。切勿施肥，否则易发生猝倒病。当小苗长到7～10厘米高，苗径1～2厘米时可移入口径为15厘米的小盆内继续培养。

扦插：通常在春秋两季剪取1～2年生、长8～15厘米的枝条，伤口蘸上草木灰，晾干后插于苗床内，约20～30天生根。扦插繁殖方法简单，易生根，适于大量繁殖，但植株茎基不膨大，观赏性降低，所以最好用播种法繁殖。

◇花友经验◇

Q：沙漠玫瑰的种子如何采收？

A：沙漠玫瑰自花不育，需人工授粉。果实成熟后自行开裂，种子易散失，故应在成熟前套袋，并及时采收，于荫蔽处晾干后贮藏。种子不宜久藏，一般贮藏时间不应超过3个月，否则会影响发芽率。

龟甲龙

【花卉简介】

龟甲龙是薯蓣科薯蓣属植物，原产于墨西哥。因为外形上表皮龟裂，块根浅褐色，幼苗时呈球型，成株后表皮有龟裂，形成许多独立小块，类似龟甲而得名。种类上主要分为南非夏眠型和墨西哥冬眠型两种。

【生长条件】

龟甲龙喜欢生长在中等肥力、排水良好的沙质土壤中。如果掺些草木灰效果更好。因为原生地夏季相当干燥，故于冬季生长，夏季休眠，为"冬型种"。但是，有一种原产于墨西哥的龟甲龙，其茎干性状几乎和龟甲龙相同，却于夏季生长，冬季休眠，为"夏型种"。两者的生长习性刚好相反，故栽培前需仔细区别。

【栽植】

在生长期内，需水量较少，在每年4月左右，龟甲龙的叶片会开始变黄，随后掉落，开始进入休眠期。此时，可从基部将蔓茎切除，只留下软木塞状的瘤块，放于凉爽的半阴处，逐渐减少给水，甚至可以不用给水。待初秋开始，约9月左右之后，新的芽会冒出来，蔓茎会逐渐伸长，叶片也会逐渐长大，此时可开始逐步增加浇水量。

【浇水与修剪】

冬季要正常浇水，如果能保持15℃以上，并有充足的光照，植株就能继续生长。

10℃左右时植株生长停滞，但不落叶，水分、养分消耗减少，要停止施肥，浇水也要谨慎，并选择温度相对较高的晴天中午浇水，用水也不能过于冷凉，以手伸进去不感到过于冰冷为宜，白天多见阳光，夜晚注意保温，尽量不让其落叶，这样茎干会越长越大，并更加充实坚硬。当温度继续下降时，植株就会落叶，此时要严格控制浇水。

【施肥】

待龟甲龙茎长10厘米以上时，可施用好康多园艺植物通用配方的长效肥，搭配施用花宝2号，稀释1500倍，一个月2次，当水浇洒，增加肥力。

【繁殖状况】

播种方法和仙人掌差不多，播种初期需特别注意湿度，可于穴盘上覆透明玻璃或塑料布，保持在高湿度的状态，约10～14天左右发芽。

◇花友经验◇

Q：龟甲龙多久会出现龟裂的现象？

A：栽培时可将1/2的茎干埋入土中，这样容易保持湿度和吸收养分，茎干的生长也会比较快速。约4～5年后茎干会开始出现裂痕。

麒麟掌

【花卉简介】

麒麟掌又叫麒麟角、玉麒麟，为大戟科、大戟属多肉多汁植物。

麒麟掌的全株富含乳汁，茎呈不规则的鸡冠状或掌状扇形，绿色，后逐渐木质化而呈黄褐色，茎上密生瘤状小突起，变态茎顶端及边缘密生叶片。叶子为倒卵形，绿色，先端浑圆，全缘，两面无毛，托叶皮刺状宿存。开黄绿色的花，杯状聚伞花序。

麒麟掌是装饰性很强的观赏植物，十分适宜室内栽养，宜置窗台或几桌观赏。因茎叶中的白色乳汁有毒，要谨慎防毒。

【生长条件】

原产于印度东部地区的麒麟掌喜温暖气候，在20℃～30℃时最易成活。不耐寒，如果将其放置在低于10℃的地方，叶片会变黄脱落。但在5℃左右的条件下，植株仍可安全越冬，至翌年春天继续生长并长出新叶。耐高温，在夏季高温条件下能正常生长。除夏季高温、光照强烈时需进行遮阴外，其余时间均应给予充足的阳光。光照不足时，枝叶易徒长，且常会出现返祖现象。

【栽植】

麒麟掌喜欢疏松、排水良好的沙质壤土，基质可用腐叶土、园土与素沙等材料配制。

【浇水与修剪】

因麒麟掌贮有水分，所以能耐干旱，忌积水，生长期间的浇水不宜多，要掌握"干湿相间而偏湿"的原则。浇水多时易导致返祖，严重时引起烂根死亡。冬季时尽量减少浇水次数。低温而湿度大时，更易发生根系腐烂。在低温而落叶后，尤其要节制浇水，以使其安全越冬。

如果植株长出原种柱状肉质茎时，应剪掉，并给予充足的光照和控制肥水，以使植株正常生长。

家庭养花 实用宝典

【施肥】

麒麟掌不喜大肥，施肥应掌握"薄肥少施"的原则，生长期每月追施1次稀薄液肥即可。

【繁殖状况】

麒麟掌可用扦插法繁殖。4~6月选生长健壮的变态茎，用利刀割下，伤口以小为好。因有白色乳汁流出，可在伤口处覆上草木灰或木炭粉或用纸吸干，然后置干燥阴凉处晾数天，待伤口稍干缩后插入基质，深度为3~4厘米，插后不需浇水，只要在干燥时喷些水即可，在稍湿润和20℃~25℃温度条件下，经1个月左右可生根。

◇花友经验◇

Q：麒麟掌受介壳虫的危害时，该如何防治呢？

A：麒麟掌受介壳虫危害时，除应将其移至通风透光处之外，还可用牙刷将虫体刷除并用洗衣粉250倍液喷洒。

🌿 佛肚树

【花卉简介】

佛肚树又叫麻疯树、珊瑚油桐、玉树珊瑚、珊瑚花、葫芦油桐，为大戟科、麻疯树属肉质落叶小灌木。

佛肚树的株高一般为40~50厘米，茎干基部膨大呈卵圆状棒形，犹如老佛爷突出的肚皮，所以叫"佛肚树"。茎皮粗糙，常外翻剥落呈麻疯状，所以也有麻疯树之称。

佛肚树长有红色小枝，多分枝，似珊瑚，故又称为珊瑚花和玉树珊瑚。叶6~8枚，簇生于分枝顶端，具长柄，盾状，近圆形，3~5裂，长、宽均为15~18厘米，叶面绿色、光滑，略具蜡质白粉，叶背粉红色。一年四季开花不断，聚伞花序顶生，花瓣圆状倒卵形，鲜红色。蒴果椭圆形，种子黑褐色。

佛肚树花果同存，互相争妍，特别是在冬季落叶后，光光的茎干上盛放着鲜红的花朵，非常可爱。

【生长条件】

佛肚树性喜温暖、干燥以及阳光充足的环境，耐半阴，在室内散射光的条件下也能生长良好。

【栽植】

当佛肚树的幼苗长至高约5厘米时，可移入盆中，1年后进行翻盆；成苗每2年于开花后翻盆1次。佛肚树对土壤适应性强，但喜排水良好的沙质壤土。基质排水不良时，植株易烂根。基质可用腐叶土、园土、泥炭土、珍珠岩或粗沙等材料配制。

【浇水与修剪】

佛肚树的幼苗期需要较多的水分，待进入生长期后逐渐减少浇水。因茎干中能贮藏大量的水分，故喜干燥，耐干旱，不耐湿。生长期的浇水要防止盆土过湿和积水。夏季需防止雨淋，否则会造成茎干腐烂。冬季特别是低温落叶的植株更需节制浇水，以保持盆土干燥的状态为宜，低温高湿更容易引起烂根致死。应到春季萌出新叶后才恢复正常的浇水。

【施肥】

春天植株萌生新叶后，每半月追施1次肥料。由于开花期比较长，在施肥上要注意搭配，以使开花硕大而色艳。施用钾肥还有利于茎部的肥大，可提高植株的观赏性。冬季不需施肥。

【繁殖状况】

佛肚树可用播种、扦插方式繁殖。

播种：种子贮藏过久会丧失发芽力，故成熟采收后应随时播种。全年不分季节均可进行，以春播为好。因种子大而坚硬，播前应先用清水浸泡1天，然后点播于盆中。穴距约3厘米，每穴1粒。发芽适宜温度为25℃～30℃，发芽较缓慢，约1个月才能出苗。

扦插：宜在6月进行。选择当年生顶端的分叉嫩枝，制成长10～15厘米的插穗，待切口晾干或用草木灰涂抹后插入基质，以后保持室温22℃～24℃和苗床湿润，经2～3周可生根成活。

◇花友经验◇

Q：佛肚树如何防治病虫害？

A：浇水过多或连日雨淋时，易产生腐烂病，可在发病初期刮除腐烂面，用木炭粉或硫黄粉涂抹伤口，并停止浇水，放阴凉处，待伤口干燥后再恢复常规养护。另外佛肚树还有茎枯病和粉虱、红蜘蛛、蚜虫、介壳虫等病虫危害，应及时采取相应的灭杀措施。

仙人笔

【花卉简介】

仙人笔又叫七宝树、竹节肉菊，为菊科、千里光属多年生常绿多肉植物。

仙人笔的株高一般为30～60厘米，全株被白粉。茎短圆柱状，具节，节处较细，节间膨大，每节长5～15厘米，粉蓝色，顶端密生肉质小叶。叶扁平，深绿色，提琴状，羽状3～5深裂。长5厘米，叶柄与叶片等长或更长。冬、春开花，头状花序，花径1.2厘米左右，黄色，花期在7～10月之间。

仙人笔的株形奇异独特，挺立向上的茎干犹如一支支笔头向上的笔杆，似乎在书写着动人的诗章；上面着生的纤小叶片又似一架架微型的提琴，仿佛在奏响着动听的音乐，趣味十足。

【生长条件】

仙人笔喜冬季温暖、夏季凉爽的气候，生长最适宜温度为15℃～22℃。不耐寒，冬季需维持4℃以上的温度。夏季炎热时植株呈半休眠状态，但在凉爽的条件下，茎叶仍可继续生长。夏季应采取遮阴等措施，营造凉爽小环境。在散射光充足的条件下生长最好，忌强烈阳光直射。除夏季之外的三个季节应给予充足的直射阳光。

【栽植】

仙人笔喜疏松而排水良好的沙质壤土，基质可用腐叶土和河沙配制。

【浇水与修剪】

仙人笔喜干燥的土壤环境，耐干旱，不耐湿。即使在春、秋生长旺盛时，也只需维持盆土稍微湿润即可，并必须在盆土干燥的情况下才能浇水，以满足盆土湿润而偏干的要求，防止植株生长过快而影响株形优美。夏季高温时应节制浇水，否则极易发生茎腐病而使茎部腐烂。冬季气温低于10℃时基本不浇水，只在阳光充足而盆土十分干燥时才适量浇些水。

生长期如仙人笔植物生长过密，可进行适当疏剪，以保持良好的通风透光条件，并保持匀称的株形。如果仙人笔长高后东倒西歪而株形不美，可进行整形修剪，由于植株再生能力强，故在较短时间内即可恢复观赏性较好的株形。栽养2～3年的老株，其生长势开始变弱，应重新栽植。

【施肥】

仙人笔不喜大肥大水，耐贫瘠。只需在春、秋季生长旺盛期每月追施1～2次稀薄肥料，即能满足仙人笔对养分的需要。不宜施肥太多，特别要避免施用过多的氮肥，以防止植株徒长，影响株形的匀称、优美。9月停施氮肥，追施1～2次磷钾肥，以利于植株安全越冬。夏季半休眠及冬季休眠时，应停止施肥。

【繁殖状况】

仙人笔可用分株、扦插法繁殖。

分株：4～5月结合翻盆进行。将满盆的植株分成数丛后分别栽植，种植后不要多浇水。

扦插：4～6月或秋季进行。从母株上摘取健壮、充实的肉质茎段，晾干后插于苗床或盆中，插后7～10天生根成活。

◇花友经验◇

Q：仙人笔同属相似花卉主要有哪些？

A：其同属相似品种主要有以下两种：一种是箭叶菊，叶片极似仙人笔，但叶柄粗，且向叶片处逐渐扩展，茎被白粉，蓝绿色，高约45厘米，叶箭头状，有3个尖角，叶缘内弯，叶柄表面有沟，叶长6～8.5厘米。另一种是泥鳅掌，肉质灌木，茎具节，圆筒形但两头尖，匍匐性，接触土面即生根，每节长可达30厘米，直径1.5～2厘米，茎表皮灰绿或带红褐色、深色的纵向线条纹，叶线形，圆筒状，约0.2厘米长，夏季脱落。花梗垂直向上，头状花序直径3厘米，花橙红或血红色。

翡翠珠

【花卉简介】

翡翠珠又叫佛珠、绿串珠、绿之铃、一串铃，为菊科、千里光属多年生常绿肉质蔓性草本植物。翡翠珠的茎很纤细，能匍匐于地面生长。叶互生，圆球形，大小如豌豆粒，先端有微尖刺状突起，深绿色，并有一条弦月状的透明纵纹。叶子极似珠子，一条枝条就好像一串珠子。能开花，但花期不定，常见于秋、冬季。花梗细长，顶生头状花序；可生长出灰白色小花。

【生长条件】

原产于非洲西南部的翡翠珠天性喜光，但夏秋季忌强烈阳光直射。翡翠珠通常用吊盆栽种悬挂观赏，通常悬挂在阳台里阳光直接照射不到的地方。翡翠珠喜冷凉至温暖的气候，生长适温为15℃～22℃。翡翠珠怕高温，夏季温度太高时植株会呈

翡翠珠

半休眠状态，所以夏季养护力求通风凉爽。不耐寒，冬天温度宜保持在5℃以上。在北方冬季温度也不宜太高，最好保持在13℃以下的低温，让其休眠。

【栽植】

栽植翡翠珠时，把多株苗靠近吊盆边缘均匀地进行栽种，随着茎蔓的生长下垂，整盆才显得均匀好看。否则，把几株栽种在盆中心，造型不佳。

【浇水与修剪】

翡翠珠具有强的耐旱能力，忌水湿。尤其夏季高温呈半休眠状态时，基质不可过湿，否则容易造成叶脱落、茎腐烂。在春季和秋季，等盆土表面约2厘米深处干时再浇水；夏季高温以及冬季低温休眠时，至少要等到盆土全部干后再浇水。

家庭养花 实用宝典

【施肥】

在春季和秋季，每隔20天左右施1次氮、磷、钾比例为1∶1∶1的复合肥，夏季高温以及冬季低温休眠时停止施肥。

【繁殖状况】

翡翠珠通常用扦插法繁殖。可在春季把枝条茎段切成5~6厘米长，摘去下部叶子，插入基质中，然后置于阴处，避免阳光直射。扦插期间浇水也不要太频繁，只要保持基质不完全干掉即可，约20天可生根。

◇花友经验◇

Q：养护翡翠珠有什么秘诀？
A：不管是在夏季还是冬季，都要特别注意浇水不能太频繁，否则容易引起烂根。

🌿 王玉珠帘

【花卉简介】

王玉珠帘别名串珠草，为景天科、景天属多年生肉质植物。王玉珠帘形态优雅、精致，可用珠圆玉润来形容，可以摆放于书房或者卧室中。王玉珠帘的叶子近圆形，浅绿色，顶端钝圆，呈串珠状排列，没有茎，分枝直接从基部抽出，匍匐或下垂。王玉珠帘的顶部生有伞房状花序，能生长出紫红色花朵。

【生长条件】

王玉珠帘喜光，最佳的生长温度为15℃~25℃，冬季不能低于7℃，耐干旱，宜在肥沃、疏松的土壤里生长。

【栽植】

栽植王玉珠帘时，应选择排水良好的沙壤土。

【浇水与修剪】

王玉珠帘较耐旱，怕积水，春、秋两季可1周浇水1次，夏季也不宜多浇水；冬季要控制浇水，一般每月浇1~2次即可。

【施肥】

给王玉珠帘施肥宜少不宜多，生长期每月施1次腐熟的饼肥水或几粒复合肥即可。

【繁殖状况】

　　王玉珠帘一般采用扦插法进行繁殖。扦插时，可将叶子或枝采下来插进基质中，气温保持在20℃左右，半个月左右即可生根。

　　◇花友经验◇

　　Q：王玉珠帘的叶子爱脱落是怎么回事？

　　A：其实，王玉珠帘本身叶子就很容易脱落，基本上是一碰即掉，如果不是这种原因，那就要看看是不是光照的原因了。如果将植株长期放置于阴暗处或者不接受阳光照射，其茎叶就很容易徒长，从而容易脱落，所以只要不是夏季，其他季节都应将其摆放在阳光充足的地方。

落地生根

【花卉简介】

　　落地生根又叫灯笼花，为景天科、伽蓝菜属多年生常绿肉质草本植物。落地生根能在叶片边缘的锯齿间生出小的植株，奇特而有趣，是儿童最喜爱的花卉之一，特别适宜点缀儿童的卧室和书房。其花序硕大，花期时间较长，可作盆栽观赏。

　　落地生根的同属花卉有：

　　宽叶落地生根：又名大叶落地生根、墨西哥斗笠、花蝴蝶。株高50～80厘米。茎光滑无毛，中空，直立，灰褐色。叶对生，下部叶片大，披针状矩圆形，基部有耳，常抱茎，背面绿色有紫色斑，边缘有粗齿，在齿间着生小植株。

　　棒叶落地生根：又名肉串钟、锦蝶、细叶落地生根、棒叶伽蓝菜。茎有绿褐色或紫褐色斑块。叶轮生或对生，细长棒状，绿色，带有褐色斑纹，先端有小齿尖，在齿隙生有小植株。

　　花叶落地生根：叶蓝绿色或灰绿色，光滑，边缘粉红色，倒卵形或卵状椭圆形，边缘齿隙生有红色小植株。

【生长条件】

　　落地生根喜温暖，生长最适宜温度为14℃～28℃。落地生根不太耐寒，越冬温度应不低于5℃。落地生根喜充足的阳光和明亮的散射光，不耐荫蔽的环境。过阴时植株的长势变缓，甚至死亡，但光照强烈时应适当遮阴。冬季及春、秋季应给予充足的光照。落地生根耐旱，不耐水湿，喜湿润而偏干的土壤。

【栽植】

　　3～4月是栽植落地生根的最佳时节。落地生根喜疏松、排水良好的酸性土壤，基质可用腐叶土、园土、砻糠灰或粗沙等材料配制。

【浇水与修剪】

　　栽养落地生根，即使是生长最旺盛的阶段，也不宜浇水过多。生长期间的浇水应掌握"不干不浇"的原则。冬季休眠时更应注意控制浇水，保持盆土较为干燥的状态。

　　小苗时要摘心，以控制高度和促发分枝。落地生根的最佳观赏期在小苗定栽后的2～4年，之后植株的生长势变差，植株的形态不美，需予以淘汰，重新育苗培植。

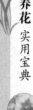

【施肥】

落地生根对肥料要求不高，生长旺期每月追施1次薄肥即可。施肥多时，特别是施用氮肥过多时，会导致植株徒长，影响株形。

【繁殖状况】

落地生根常用不定芽繁殖、扦插、播种等方式进行繁殖。

不定芽繁殖：植株叶片的缺刻处常着生不定芽，可在母株上长叶、生根，到一定大小后会自行脱落。可在幼株落地后分植于盆中，让其长大成苗。

扦插：4～6月进行枝插或叶插。枝插，剪取长8～10厘米的枝梢作插穗，待剪口干燥后插于基质，1周后可生根。叶插，将成熟老叶平铺于湿润的基质上，见干喷水，经过4～6周可在老叶周围长出很多小的植株，稍大后各自栽植。

播种：因为种子又细又小，播后不需覆土。种子在20℃左右的条件下，经12～15天可发芽。

◇花友经验◇

Q：落地生根茎干细瘦柔弱，节间长，叶片变小，是什么原因？
A：一般情况下是光照过弱所致，应该加强光照。

趣蝶莲

【花卉简介】

趣蝶莲又叫趣情莲、双飞蝴蝶、杯状伽蓝菜，为景天科伽蓝菜属多年生常绿肉质草本植物。

趣蝶莲的株高20～30厘米，茎较短，叶为肉质，对生，宽阔肥厚，倒卵形，叶面深绿色、平滑光亮，长25～30厘米，两边内弯，边缘具锯齿状缺刻，叶缘呈红色。叶腋横生匍匐枝，顶端着生不定芽，不久可发育成带根的小植株。花小，白色或淡粉红色，春季为花期。

趣蝶莲株形奇特，叶片宽大肥厚，特别是匍匐茎上的不定芽犹如一群张开翅膀的蝴蝶在翩翩飞舞，十分有趣。宜布置窗台、几桌，如作悬挂装饰，更令人赏心悦目。

【生长条件】

趣蝶莲喜温暖的环境，其生长最适宜温度为18℃～25℃，不耐寒，最低温度不能低于5℃。夏季高温时应加强通风，以防闷热环境对植株产生伤害。喜充足的光照，耐半阴。趣蝶莲忌强光直射，7～9月光照强烈时需给予遮阴，或置散射光充足处。养趣蝶莲也不宜过阴，否则叶片会变得柔软、变形而不挺拔，叶色变成暗黄色，影响植株的观赏。趣蝶莲耐干旱，怕水涝。

【栽植】

趣蝶莲喜肥沃而排水良好的酸性壤土，不可用太黏重的土壤栽种。基质可用腐叶土和粗沙混合配制。盆宜大，吊盆可用口径15～20厘米的花盆。

【浇水与修剪】

养趣蝶莲不宜过多浇水，盆土过湿会导致根系腐烂。夏季高温时虽水分消耗大，但也需适当节水，以防根系腐烂。冬季植株进入休眠状态，宜少浇水。

夏季天晴而干燥时，应经常向枝叶及四周环境喷水，以提高空气相对湿度和降低温度。

生长期内，要注意给趣蝶莲整形修剪，让对生的叶片和叶腋长出的匍匐枝均匀分布，以形成群蝶飞舞的生动景象。

【施肥】

趣蝶莲对肥料要求不多，生长时期每月追施1次氮磷钾结合的肥料，这样植株会生长得更好，并使叶缘红色更为鲜丽。秋天的时候只施磷钾肥即可，以利植株越冬。施肥时要防止肥液溅到叶片上，否则会出现难看的斑点，冬季停止施用肥料。

【繁殖状况】

趣蝶莲常用扦插、分株法繁殖。

扦插：用叶插法，通常3～4月进行。将成熟、充实的叶片切下，待伤口晾干后插入基质。插后只需保持基质稍湿润的状态，不要太潮湿，经20～25天可生根成活，几周后可长出小芽。待小植株稍大时，即可上盆栽植。

分株：春、秋两季最好。成株叶腋处长出的匍匐枝会顶生不定芽，可在不定芽长至适当大小时，剪下直接进行盆栽。

◇花友经验◇

Q：请问，我养的趣蝶莲叶片暗黄色，叶缘褐色，是什么原因引起的？
A：可能由以下原因引起：第一，长不良；第二，光照过弱；第三，温度过低。

鬼脚草

【花卉简介】

鬼脚草又叫皇后龙舌兰、积雪、姬乱雪、维多利亚剑麻、厚叶龙舌兰，为舌兰科、龙舌兰属多年生常绿肉质草本植物。

鬼脚草株高可达50厘米左右。无茎，叶呈莲座状基生，叶数多，大株可达100片以上；叶片三角状锥形，长20～30厘米，基部宽4～5厘米，腹面扁平，背面圆形，微呈龙骨状突起，尖端有0.3～0.5厘米长的黑褐色坚硬刺，厚肉质，绿色，有不规则的白线条，中心的几片幼叶并合在一起呈圆锥形。通常栽培30～40年才能开花，夏秋抽出花葶，长可达4米，圆锥花序顶生，小花淡黄绿色。蒴果。鬼脚草叶色美丽醒目，是著名的观叶花卉之一。

【生长条件】

鬼脚草喜温暖，生长最适宜温度为18℃～24℃，其中白天21℃～24℃，夜间18℃～21℃。忌低温，越冬温度最好能保持在5℃以上，但能忍耐短期的0℃低温。鬼脚草喜充足的阳光，耐半阴，生长期间应给予充足的阳光。鬼脚草耐干旱，宜在偏十的土壤里生长。

【栽植】

栽植鬼脚草时，盆土要求排水良好、富含石灰质的沙质壤土，基质可用腐叶土、园土和粗沙配制。由于叶片革质，所以要补充一些钙肥，应在基质中加入适量的骨粉、贝壳粉等石灰质材料。所使用的骨粉必须腐熟，不然会在腐熟发酵的过程中释放大量热，从而烧伤根系。新栽植的植株常发根比较困难，常常种后1～2个月都不见发出新根，所以培养土在配制后需加上一些水，使基质湿润后再上盆，同时在种植前要注意对老根进行充分修剪，将干枯的部分修剪干净，这样才能促使新根的生长。另外新根的萌发还需较高的温度，30℃左右甚至40℃的高温有利于新根的生长。

【浇水与修剪】

如果浇水过多时，鬼脚草的叶片会变黄。但生长旺盛期宜充足浇水，才能满足植株对水分的要求。冬季应控制浇水量，较为干燥的环境更利于植物过冬。

【施肥】

由于鬼脚草生长缓慢，对肥料的要求不多。只需在春、秋生长旺盛期追施2～3次以氮为主的肥料即可。由于叶片革质，根外追施的效果较差，故施肥从根部施入为好。幼苗期养护宜用速效性肥料，但成株则宜施用缓效、长效的有机肥。

【繁殖状况】

鬼脚草的繁殖以分株法为主，也可用播种和扦插法繁殖。

分株：多在3～4月进行，但植株仅在开花、植株即将死亡时才会在根的周围萌生小株。

播种：3～4月于室内进行盆播。发芽适温为21℃～25℃，播后14～21天发芽。

扦插：常于5～6月进行。将植株拦腰切下，稍晾干后插入沙床，经30～40天可愈合生根。截去上端的基部会萌生不定芽，长大后也可用作扦插材料。

◇花友经验◇

Q：鬼脚草的叶尖枯萎了，是怎么回事？

A：出现这种情况的原因有：第一，根系受损；第二，根在盆中长得太满，或根茎处长出的吸芽太多，使浇水时不能充分浇灌盆土。第三，阳光太强烈；第四，室温太高；第五，介壳虫危害而使植株生长衰弱。

第五篇

花言花语：
每种花都有自己的内涵

第一章
花卉轶趣与赏花

关于牡丹的故事

有国色天香之称的牡丹，长期以来被人们视为富贵吉祥和繁荣兴旺的象征。牡丹花自南北朝成为观赏花卉以来，一直是皇家园林的重要花木，深受帝王后妃的宠爱，并留下了许多逸闻趣事。

据说，隋炀帝杨广继位后，于东都洛阳建西苑。隋炀帝好奇花异石，尤喜牡丹。他曾三下江南搜寻，并派人将各地收集来的名贵牡丹种植于西苑中。据唐代的《海山记》记载，隋炀帝辟地二百里为西苑，诏天下进花卉。易州进二十箱牡丹，中有飞来红、袁家红、醉颜红、云红、天外红、一拂黄、延安黄、颤风娇等名贵品种。

众所周知，唐朝皇帝李隆基是一位多才多艺的风流皇帝，关于他喜爱牡丹的故事流传很多。当唐玄宗李隆基听说民间有一位种植牡丹的高手宋单文时，便将他召至宫中为自己管理牡丹。宋单文在骊山植牡丹万余株，并培育出许多新品种，其中有一株能开出1200朵花来，而且花色极为绚丽。唐玄宗非常高兴，赏赐宋单文千两黄金。唐玄宗还让人在兴庆宫沉香亭旁广植牡丹，花开之时，便带宠妃杨贵妃前去欣赏。唐玄宗还专门赐杨贵妃的哥哥杨国忠数株牡丹花以示宠信，杨国忠将其视为珍宝，植于家中。

我国历史上唯一的女皇帝武则天酷爱牡丹。据舒元舆《牡丹赋序》说："天后之乡，西河也，有众香精舍，下有牡丹，其花特异，天后叹上苑之有缺，因命移植焉。"这说明，武则天的家乡早有牡丹，而且品种比皇家园林中的还好，是武则天下令将其移植到宫中的。后来，武则天在洛阳建立武周神都时，又将长安的牡丹带到洛阳来，洛阳的牡丹相传从此得以发展。

宋徽宗是历史上著名的昏庸之君，但他却是酷爱艺术且成绩卓著的皇帝。他广造园林，收集奇花异石，尤喜牡丹。当时有彭州花农将牡丹名品叠罗红、胜叠罗嫁接到一起，使一株牡丹开出不同形状与颜色的花，轰动了京城。花农将此花献给了徽宗，徽宗见之，大为惊叹，称其"艳丽尊荣"，"造化密移如此"，并作诗《二花牡丹》大加赞美，还用瘦金体书之。

清朝末年，垂帘听政的慈禧太后对牡丹青睐有加，在故宫御花园、颐和园、圆明园都种有大量的名贵牡丹，以供她随时观赏。此外她还喜欢画牡丹花，她画的牡丹花雍容典雅，具有一定的水平，流传下来的有好几幅。慈禧在她主政期间，还将牡丹定为国花。

牡丹姚黄、魏紫名字的由来

姚黄和魏紫是牡丹花中的两个古老名贵品种，至今已有1000多年的历史。北宋时，姚黄和魏紫被视为牡丹中的极品，姚黄被称为"花王"，魏紫则为"花后"。那时，这两种牡丹花极为珍稀。据记载，当时洛阳城中，每年也只能见到三四朵姚黄花，许多人不远千里赶来欣赏。洛阳城里的人们，更是倾城而出前往观看。北宋著名文学家欧阳修就特别珍爱姚黄和魏紫，他在《洛阳牡丹记》中对姚黄和魏紫作了专门介绍。他还作诗赞曰："姚黄魏紫腰带鞓，泼墨齐头藏绿叶。鹤翎添色又其次，此外虽妍犹婢妾。"在欧阳修眼中，只有姚黄魏紫最美艳，其他品种虽美也只能做"花王""花后"的婢妾。以致后来，姚黄魏紫成了赞美花卉名品的成语。

关于姚黄和魏紫的来历，经专家考证，姚黄是宋朝洛阳北邙山下白司马坡的姚氏家培育出来的。此花初开乳黄，盛开黄白，花瓣像涂了一层蜡，光泽照人，清香扑鼻，每朵花有花瓣300多片，而且花朵出于叶丛上，具有傲骨豪气之态，显得典雅高贵。魏紫原为寿安山上的野生牡丹，由樵夫发现，被五代时后周宰相魏仁溥买下植入园中，其花为粉紫色，基部有黑紫晕斑，花瓣多达600多片，花朵层叠高耸呈圆柱形，绚丽多姿，艳美无比。

从古至今，姚黄和魏紫一直深受人们的推崇和喜爱，也流传下来许多动人的传说。

从前，宋代邙山脚下住着一户人家，家中只有母子俩，靠儿子黄喜打柴维持生计。黄喜每天上山打柴时，都要经过一眼清泉。清泉的背后立有一石人，其旁有一株美丽的紫色牡丹花。黄喜每次经过这里时，总要在石人跟前停一停，或休息一会儿，或吃点干粮，然后捧几捧泉水浇浇紫花牡丹。

有一天，黄喜打了很多柴，挑在肩上感到有点吃力。这时，从后面来了一位美丽的姑娘，说要帮他挑柴，不由分说地将柴挑起就走。黄喜急忙在后面追赶，却怎么也赶不上。回到家中，黄喜的母亲见儿子带回一个这么勤劳漂亮的姑娘，非常高兴，便和姑娘拉起了家常。姑娘说，她叫紫姑，家住邙山山腰，父母早亡，只剩她一人。黄喜的母亲说："既然你家中已无别人，就在我这住下，做我的儿媳妇吧！"姑娘爽快地答应了。黄喜自然是喜出望外，乐上眉梢。

黄母急着要给儿子办喜事，紫姑却说要100天后才能成亲。原来，紫姑有一颗宝珠，她和黄喜要轮流含在嘴里100天才能结婚，否则成不了夫妻。从那以后，黄喜和紫姑便轮流含着这颗宝珠。到了第99天时，黄喜照常上山砍柴。当他走到石人旁时，石人忽然说话了，说紫姑是个花妖，就是那株紫花牡丹变的，那珠子会把他的元气吸干，今天是最后一天，明天他就没命了；要想活命，今天必须把珠子吞下去。

黄喜半信半疑，回到家中想了想，还是信了石人的话，将珠子咽了下去。在一旁的紫姑见黄喜将宝珠咽了下去，大吃一惊，急忙问他为什么要将宝珠吞下去。黄喜便将石人所说的话讲了出来。

紫姑听了，知道是石人在使坏，便向黄母和黄喜说了实情。原来那石人是一个石头精，一直想霸占紫姑，但因紫姑有护身宝珠而不能得逞。只要黄喜和紫姑将宝珠含在口中坚持100天，石头精就无法再捣乱了，他们就可以结为夫妇。如今失去了宝珠，两人都会死去。

黄喜听了后悔莫及，提起斧头，上山将石人砍了个粉碎。过了不久，黄喜腹痛难忍，口渴似火，他跑到泉边去喝水，但仍然止不住疼痛，最后他跳进了泉中。紫姑赶来后，也随黄喜一起跳了进去。

后来，人们在清泉旁发现了两株牡丹，一株开黄花，一株开紫花，花姿美丽，清香怡人，人们都说，这是黄喜和紫姑变的。这两株牡丹在清泉旁相依生长了很长一段时间，后分别被洛阳城里的姚家和魏家移进了花园。移入姚家的那株黄牡丹，被人称作"姚黄"，移到魏家的紫牡丹，被人唤作"魏紫"。于是，人间就有了姚黄、魏紫这两种名贵牡丹品种。

关于魏紫牡丹的由来，还有两个传说。

一个叫魏璞的书生进京赶考归来，在洛阳城外一条小溪旁见到一株无人照看的牡丹。这株牡丹姿态不凡，但生得极为瘦弱，显然是缺水少肥。书生甚是怜悯，决心带回家去精心护养，便小心地将其连土挖起，装入盆中。当他走到半路时，天色已晚，不小心被一块巨石绊倒，将花盆摔碎。他急忙用手去拿，只觉得地上湿漉漉的。他怕牡丹受伤，便用手挖了个坑，将牡丹埋入其中。待到天亮，才发现自己的腿受了伤，

流了很多血，那湿漉漉的地就是他的鲜血浸润而成的。后来，这株牡丹长得特别茂盛，紫红色的花开得又大又艳。人们说这是魏璞的血滋润的结果，所以便把这株紫色的牡丹命名为"魏紫"。

另一个传说是这样记述的：有一年，朱元璋带着军师刘伯温及一班文武大臣来曹州观赏牡丹花。朱元璋在一处牡丹园中看到各色牡丹争奇斗艳，香气袭人，竟胜过他的御花园。于是，他马上下了一道圣旨，要将全园的牡丹都移植到御花园去。这时刘伯温却悄悄地对着朱元璋的耳朵嘀咕了几句，朱元璋马上改口，说只把园门前的那一株牡丹挖走。花农赵义大喜，心想满园的牡丹总算保住了，可赵义的妻子魏花却哭得死去活来。赵义急忙问她为何如此伤心，魏花只得道出实情，说："我本是这里的牡丹花仙，见你勤劳、善良，便和你结为夫妻。没想到今天被刘伯温识破，要将我带走，但他带走我的人，却带不走我的心，带不走我的根。我已身怀六甲，这根我就留在树下。"说罢，一阵风起，魏花已不知去向。

朱元璋等人带着牡丹浩浩荡荡回京去了。赵义想到平日夫妻恩爱，今日见妻子突然离去，不胜悲伤，扑倒在花坑前痛哭不止。

没想到，到了第二年春天，在被挖走的那株牡丹的花坑里，竟然长出一株新的牡丹，并很快开出美丽的紫红色花朵，花开得又大又美，花瓣多达六七百片，香气袭人，引得四周的村民都赶来观看。大家都说这是牡丹仙子魏花的孩子，于是便叫这花为"魏子"，因花是紫色，"紫"与"子"又谐音，所以，后来就改称"魏紫"了。

这些美丽动人的传说，其实都是勤劳善良的中国人对生活美好祝愿的一种表达形式，在赏花的同时，读一读这些有趣的故事，可以帮助我们更深入地了解牡丹。

关于兰花的故事

兰花是高洁的象征。我国古代著名思想家孔子曾赞叹兰香为"王者香"，赞叹芝兰"生于深林，不以无人而不芳"。从此，兰花便有了君子、品德、高贵的寓意。

孔子称兰香为"王者香"，是在他游历各国四处碰壁后，自卫国返回鲁国时所说。当时他与众弟子路过一个幽谷时，见到草丛中兰花盛开，孔子触景生情，喟然叹曰："夫兰当为王者香，今乃独茂，与众草为伍。臂犹贤者不逢时，与鄙夫为伦也。"意思是说，兰花是王者之香，怎么能与杂草生长在一起，这不就像圣贤之人不逢时，与鄙夫在一起一样吗？孔子还急忙停下车来，拿出琴，对着兰花弹了一曲《猗兰操》。

东汉著名文学家蔡邕在他的《琴操》一书中记载，孔子的这首曲子如泣如诉，把孔子当时的心情抒发得淋漓尽致。后来，《古今乐录》、《艺文类聚》、《太平御览》、《乐府诗集》等都收录了这一琴曲。

人们常说的"如入芝兰之室，久而不闻其香"的句子，也是孔子说的。有一次，孔子对弟子曾子说："我死了以后，子夏的道德修养将越来越好，而子贡的道德修养将日见丧失。"曾子问这是为什么。孔子说："子夏喜欢和比自己贤明的人在一起，而子贡喜欢同才智比不上自己的人在一起。"为此，孔子列举了一系列的比喻，来说明交友和环境对人品性格的影响。最后他用"与善人居，如入芝兰之室，久而不闻其香，即与之化矣"和"与不善人居，如入鲍鱼之肆，久而不闻其臭，亦与之化矣"作例子，来说明要成为一个有道德修养的人，必须重视交友和环境。所以，从此，"芝兰之室"就成了结交良师益友的代名词。

关于莲花的传说

关于莲花，还有一个有趣的神话故事。从前，陈塘关总兵李靖的小儿子哪吒，从小就神通广大。有一次，哪吒在与东海龙王敖广的三太子交手时，不慎将其打死，并

抽了他的筋，闯下了大祸。

敖广要为子报仇，兴风作浪，逼李靖交出哪吒。李靖也因哪吒闯下大祸而怒气难消，为此，哪吒手提宝剑，先去一臂，后自剖腹，剜肠剔骨，还了父母骨肉，一命归天。哪吒的灵魂飘飘荡荡来到了乾元山，遇到了太乙真人。太乙真人用两枝荷花和三片荷叶，为哪吒造了一个莲花身。

哪吒借着荷花的神力复活了，且神采奕奕，威力无比。后来，哪吒与父亲重归于好，并助姜子牙灭了商纣，立下大功，修得正果，其莲花身的形象也成了他的特征。

在印度也有一个关于莲花的美丽传说。说很久很久以前，有一只美丽的梅花鹿因吃了仙人的食物而怀胎，生下了一个漂亮的女孩。仙人将女孩抚养长大，长大后的女孩聪明无比，且美丽动人。更为神奇的是，她每走一步，地上就会有一朵莲花长出来。这就是人们所说的"步步莲花"。后来，女孩嫁给了乌提延王为妻，被称为莲花夫人。她为乌提延王生了500个王子，很受乌提延王的宠爱，但遭到大夫人的嫉妒和仇视。大夫人在乌提延王面前百般诋毁莲花夫人，时间一久，乌提延王相信了大夫人的谗言，将莲花夫人贬出宫廷，将500个王子掷入河中。后来，500个王子被萨耽菩王救起，他将他们养育成人，并把他们培养成了力大无比的大力士。萨耽菩王率领这500名大力士去攻打乌提延王。乌提延王招架不住，节节败退，于是他去找仙人求救。仙人告诉他，那500位大力士就是他和莲花夫人所生之子，只要他承认错误，请回莲花夫人，那500个王子自然就会停止进攻。乌提延王按照仙人的指点，请回了莲花夫人。果然，那500位大力士停止了进攻，并回到了他的身边。战争停止了，国家又富强起来了。这个传说在印度流传很广。

关于水仙花的故事

关于水仙花的来历，有很多有趣的传闻轶事。

据《蔡返乡张氏谱记》中记载：在宋朝，有一个福建籍的京官告老还乡，当他乘船南返，将要回到家乡漳州时，见河畔长有一种水生植物，叶色翠绿，花朵黄白，清香扑鼻，便叫人采集一些，带回培植，这就是漳州水仙的来历。

关于崇明水仙，还有一个传说。在唐代，女皇武则天要百花同时开放在她的御花园。于是，花神命令福建的水仙花六姐妹北上长安，最小的妹妹不愿独为女皇一人开花，行经长江口时，见江心有块净土，就悄悄留下，这块净土就是崇明岛。所以，如果福建商务水仙五朵花一起开时，崇明水仙肯定会开放一朵。

在外国也有关于水仙花的传说。据传，水仙原本是一个英俊的男子，任何一个女人都不能赢得他的爱慕之心。有一次，这个美男子在一个山泉边喝水，就在他见到水中自己的影子时，竟然对影子产生了爱情。当他扑向水中拥抱自己的影子时，灵魂便与肉体分离，化为一株漂亮的水仙。

据《内观日疏》中记载：从前，姚姥住在长寓桥，十一月夜半大寒，她梦见观星堕地，化为水仙花一丛，甚香美，摘食之，醒来生下一个女儿。

上述这些虽然只是传说，但足以表明，自古以来，水仙花就备受人们喜欢。事实上，早在宋代水仙就已受推崇。《漳州府志》记载：明初郑和出使西洋时，漳州水仙花已被当作名花而远运外洋了。所以，古人也为我们留下了很多赞美水仙花的诗词名句。

关于桂花的故事

郤诜是一位才子，很得晋武帝的赏识。据《晋书·郤诜传》记载，邵诜累迁雍州刺史，武帝在东堂会为其送行时，问他自以为如何。郤诜答道："臣举贤良对策，为天下第一，犹桂林之一枝，昆山之片玉。"后来的读书人非常推崇他的这个比喻，待科举考试出现后，"桂林一枝"便被用来指科举考试中的出类拔萃者。古代科举考试的乡试、会试一般都在农历八月进行，这正是桂花盛开的季节。所以，八月又称"桂月"，考试也美其名曰为"桂苑"，考生考中被喻为"折桂"，登科及第的考生也美称为"桂客""桂枝郎"。因神话传说中，月中有仙桂，有蟾蜍，所以"折桂"又称"月宫折桂""蟾宫折桂"。唐代大诗人白居易考中了进士，后得知堂弟白敏中也考中进士第三名，便写诗祝贺道："折桂一枝先许我，穿杨三叶尽惊人。"意思是说，蟾宫折桂中我先中了进士，你名列第三更令人惊羡。

正因如此，古时人们非常喜欢在书院、文庙和贡院种植桂花树，取其"双桂当庭""两桂流芳"之寓意。安徽歙县雄村是曹氏宗族所居之地，村中建有竹山书院。宗族曾立有规约，凡曹氏子弟中举之后，都可在书院之中种一株桂花树，取"蟾宫折桂"之意。为此，书院中先后种下了52株桂花树，这是曹氏子弟中52位中举者亲手种植的。现在书院的清旷轩里还保留下来几十株古桂花树，因此，清旷轩又有"桂花厅"之称。

民间还流传着许多与科举考试相关的古桂花树趣事。江西庐陵周孟声与其子周学颜都是当地很有名气的读书人，家中种有两株桂花树，枝繁叶茂，树阴可遮两亩地。在元末社会动乱时，树被烧死，树枝也被人砍去做了柴薪，只留下光秃秃的树干。没想到，明初天下安定后，老树又重新发芽，没几年就长得高大粗壮、郁郁葱葱了。不久，周学颜的儿子就考中了进士。人们都说，这是古桂花树枯树复荣带来的好运气。

关于琼花的故事

很久以前，琼花是最美的花，后其种失传。有一个道号为蕃厘的仙姑，有一次来到扬州，向人们述说琼花的奇特之处。老百姓不信，她即取下白玉一块，掘土埋下，须臾之间长成大树，开出洁白如玉的花朵，微风吹过，香飘十里。仙姑去后，人们特在此地建造寺观，取名蕃厘观，因种玉得花，此花故名琼花。

传说中的琼花，花瓣大如玉盘，香味沁人心脾，每隔一个时辰，花就变一种颜色，而且花落不着地，随风飘落，犹如仙女翩翩起舞。琼花在蕃厘观茁壮成长，后来，有人将蕃厘观改称琼花观。扬州从此有了琼花异树，琼花观和种植琼花的琼花台至今还在，是扬州著名的旅游景点之一。

关于琼花还有一个故事。在隋朝，扬州东门外住着一个名叫观郎的男青年。一天，他在河边散步时看到一只受伤的白鹤，心地善良的观郎将它带回家中并为它疗伤，痊愈后又将它放生。后来，观郎成婚时，白鹤从西方飞来表示祝贺，并衔来一粒种子。种子种下后，长出一棵琼花，花形美丽，花色奇异，每隔一个时辰，花就变一种颜色。隋炀帝听说后要来观赏，便令人开凿大运河。运河修成后，隋炀帝乘龙舟浩浩荡荡来到扬州。谁知琼花似乎不愿意面见昏君，很快就凋零了。隋炀帝大怒，拔剑砍之，琼花立刻化为一道白光，随一只白鹤飞走了。

还有一个故事说，隋炀帝有个妹妹叫杨琼，出落得十分美丽。荒淫无耻的隋炀帝觊觎妹妹的美色，最后杨琼被逼无奈上吊自尽。隋炀帝为掩盖其罪行，把杨琼的遗体送到扬州安葬。奇异的是，杨琼被埋葬后不久，其墓地上长出一棵花树，开出许多洁白如玉的花，花香袭人。以前无人见过此花，便称之为琼花。隋炀帝听说后，前来一探究竟。谁知隋炀帝一到，琼花随即凋谢。隋炀帝大怒，以剑砍之。人们说，琼花是杨琼的化身，洁白如玉的花朵正是她高洁品质的象征。隋炀帝死后第二年，琼花老根上又长出新枝，不久又花满枝头了。

另外，民间还有将琼花与王朝兴亡相连的传说。南宋高宗皇帝时，金兵南下侵略中原，攻占了扬州，琼花观中的琼花遭到毁坏。可是过了一年，琼花又发出了新芽，经观中道士唐大宁的精心养护，琼花恢复了勃勃生机，花开繁密，芳香四溢。令人称奇的是，1276年，即宋朝灭亡时，观中原本长势旺盛的琼花突然枯死了。于是有人就说，琼花有情有义，同宋代共存亡。

🌸 茉莉花的故事

关于茉莉花茶的来历，流传着很多有趣的传说。

在明末清初时，苏州虎丘一带住着一户茶农。茶农家有三个儿子，老人在外谋生，三个儿子各自种有一块茶田。有一年，老人回家，带回了一捆花树苗，种在大儿子的茶田里。隔了一年，花树开满了雪白的小花，香味浓烈，传遍了整个茶田。开始时它并未引起人们的注意，只是觉得这花很素雅，香味很清幽。后来，大儿子惊奇地发现，他茶田里的茶叶上也有了小白花的香气。于是，他悄悄摘了一筐茶叶，拿到苏州城里去叫卖。没想到，这带有香味的茶叶很受人们欢迎，被一抢而空，卖了一个好价钱。这一年大儿子靠卖香茶发了财。两个弟弟知道后，去找哥哥算账。他们认为，哥哥的香茶叶是父亲种的香花形成的，哥哥应该把所得拿来平分。兄弟们为此闹得不可开交。

后来兄弟三人去找村里一位德高望重的老隐士戴逵评理。戴逵听了他们的诉说后，对他们说："你们三兄弟应该团结，怎么能为眼前这点利益闹得四分五裂呢？你大哥发现香茶，多卖了钱，这是件好事，全家都应该高兴，这说明财神进了你家。你们赶紧将你大哥地里的香树繁殖、栽培到自己的茶田里，不也就发财了吗？何必要吵闹呢？你们要团结一致，不要自私自利，要把大伙的利益放在前面。我给这香花起个名字，就叫它'末利花'，意思就是为人处世要把个人的私利放在末尾。你们看好吗？"三兄弟听了很感动，表示一定按戴逵所说的去做。于是，三兄弟和睦相处，齐心种好花茶，日子都富裕了起来。

从此，人们根据三兄弟种植花茶的经验，发明了用茉莉花熏制茶叶的办法，制作出了清香扑鼻的茉莉花茶。

茉莉花本生长在玉皇大帝的御花园里，那时的茉莉花又香又大又艳丽，深受玉皇大帝的宠爱。为此，茉莉花遭到了其他花仙的嫉妒和疏远。茉莉花仙感到委屈，也很寂寞，于是产生了下凡的念头。终于有一天，她跑出了御花园，来到了人间。

在一个美丽的山麓，她发现了一位英俊的青年。青年白天下地干活，晚上在家秉烛夜读，茉莉花仙深深爱上了他。于是，她化作一位农妇，趁青年下田劳作之时，来到他的家中，帮着打扫卫生，烧菜做饭。傍晚，青年回到家中，发现家中被收拾得干干净净，桌子上还摆放着热腾腾的饭菜。正当青年感到诧异时，忽见一美丽的女子向他走来。茉莉花仙向青年说明了自己的身份和来意。青年自是喜出望外，于是两人结为夫妻，此后过着男耕女织、恩爱无比的生活。后来，此事被玉皇大帝知道了。玉帝大怒，立即命雷公电母将茉莉花仙捉拿回来。

御花园的百花仙子得知这一消息后，决心设法救助茉莉花仙。她赶在雷公电母之前，找到了茉莉花仙，让她在山坡前现出原形。然后，百花仙子掏出身上的白绫帕，抖动着往花枝上一抹，硕大艳丽的鲜花顿时变成了无数雪白的小花。当雷公电母率大兵赶到时，只见满山遍野都是小白花，并没有他们要找的茉莉花仙。于是他们调头去捉拿花仙的丈夫。百花仙子见花仙的丈夫危在旦夕，便又施展法术，令其钻入地下躲了起来，想等到危险过后，再将他从地下救出。

没想到此事被玉皇大帝发现了，他解除了百花仙子的法力。花仙的丈夫再也无法回到地面，花仙也永远成了白色的小花。后来，人们发现在花仙丈夫钻入地下的地方，长出大片的茶林。更奇怪的是，那小白花浓烈的香味总是不停地飘向茶林，人们说这是茉莉花仙在向丈夫传情。

久而久之，茶林的茶叶变香了。后来，人们干脆将小白花和茶叶放到一起熏制，让他们夫妻团圆，于是就有了茉莉花茶。

关于茉莉花茶还有另一个传说，很久以前，北京有一个叫陈占秋的茶商。有一年他到南方购茶，在客店里遇到一位孤苦伶仃的少女。少女的父亲去世了，却无钱殡葬。陈占秋深表同情，便送给她一些银两，帮助她安葬了父亲，又安排她投靠自己的亲戚。那少女千恩万谢而去。三年后，陈占秋再去南方时，客店老板转交给他一小包茶叶，说是三年前被他救助的那位少女送给他的，陈占秋收下后便一直保存着。

有一年冬天，陈占秋邀来一位品茶大师，研究北方人喜欢喝什么茶。这时，他想起了南方少女送给他的那包茶，便拿来冲泡品尝。令他们惊奇的是，冲泡此茶的碗盖一打开，先是异香扑鼻，接着在冉冉升腾的热气中，他们看到一位美丽的姑娘，姑娘手里捧着一束茉莉花。随后，她便随着热气消失了。知识渊博的品茶大师告诉陈占秋，这是茶中的绝品"报恩仙"，过去只听说过，今日得以亲眼所见，实在是幸事。大师问茶从哪里得来，陈占秋讲述了前后经过。

品茶大师说，这茶是珍品、绝品，制这种茶须耗尽人的精力，估计制作此茶的姑娘已不在人世了。陈占秋说，是的，客店老板告诉过他，那姑娘已去世一年多了。两人感叹了一番，品茶大师忽然说："为什么她独独捧着茉莉花呢？是否是提示说，茉莉花可入茶？"陈占秋觉得大师言之有理。

第二年，他便将茉莉花加到茶中，果然制出了芬芳诱人的茉莉花茶。此茶深受北方人喜爱，陈占秋也因此名声大作。

丁香花的传说

很久以前，有个年轻英俊的书生赴京赶考，天色已晚，书生投宿在路边一家小店。店家父女二人，待人热情周到，书生十分感激，留店多住了两日。店主女儿看书生人品端正、知书达理，便心生爱慕之情；书生见姑娘容貌秀丽，又聪明能干，也十分喜欢。于是二人月下盟誓，拜过天地，两心相倾。接着，姑娘想考考书生，提出要和书生对对子。书生应诺，稍加思索，便出了上联："冰冷酒，一点，二点，三点。"姑娘略想片刻，正要开口说出下联，店主突然来到，见两人私订终身，气愤之极，责骂女儿败坏门风，有辱祖宗。姑娘哭诉两人真心相爱，求老父成全，但店主执意不肯。姑娘性情刚烈，当即气绝身亡。

店主后悔莫及，只得遵照女儿临终所嘱，将女儿安葬在后山坡上。书生悲痛欲绝，再也无法求取功名，遂留在店中陪伴老丈人，翁婿二人在悲伤中度日。

不久，后山坡姑娘的坟头上，竟然长满了郁郁葱葱的丁香树，繁花似锦，芬芳四溢。书生惊讶不已，每日上山看丁香，就像见到了姑娘一样。一日，书生见有一白发老翁经过，便拉住老翁，叙说自己与姑娘的坚贞爱情和姑娘临死前尚未对出的对联一事。白发老翁听了书生的话，回身看了看坟上盛开的丁香花，对书生说："姑娘的对子答出来了。"书生急忙上前问道："老伯何以知道姑娘答的下联？"老翁捋捋胡子，指着坟上的丁香花说："这就是下联。"书生仍不解，老翁接着说："冰冷酒，一点，两点，三点；丁香花，百头，千头，萬头。你的上联'冰冷酒'，三字的偏旁依次是，'冰'为一点水，'冷'为二点水，'酒'为三点水。姑娘变成的'丁香花'，三字的字首依次是，'丁'为百字头，'香'为千字头，'花'为萬字头。前后对应，巧夺天工。"

书生听罢，连忙施礼拜谢："多谢老伯指点，学生终生不忘。"

老翁说："难得姑娘对你一片痴情，千金也难买，现在她的心愿已化作美丽的丁香花，你要好生相待，让它世世代代繁花似锦，香飘万里。"

话音刚落，老翁就无影无踪了。从此，书生每日挑水浇花，从不间断。丁香花开得更茂盛、更美丽了。

后人为了怀念这个纯情善良的姑娘，敬重她对爱情坚贞不屈的高尚情操，从此便把丁香花视为爱情之花，而且把这幅"联姻对"叫作"生死对"，视为绝句，一直流传至今。

丁香树被人们当作"幸福之树"，这里面还有一个美丽的传说。

相传在很久以前，青海高原的日月山下，居住着一家人。父亲年纪很老了，三个儿子相

继都娶了媳妇，长子在家耕田，次子外出经商，三子在私塾教书，全家过着幸福的生活。

在这家人住的四合院里，正中长着一棵碗口粗的轮柏树，也叫丁香树。树已百年有余，仍然枝繁叶茂，花团锦簇。老人常对全家人讲，"我们家全托这棵丁香树的福，才有今天的好日子。"全家人都视树如神，修剪浇水，分外殷勤。一天，老人把三个儿子叫到身边，语重心长地说："人老了总有一死。我死了以后，你们兄弟三人要和睦相处，谁也不许提分家。要想分家，除非院子里的丁香树枯了。"不久，老人就死了。

老人去世后的第三年，丁香树突然枯了。兄弟三人以为是天意要他们分家，但想起老父的嘱托，便跪在树前抱头痛哭。一连哭了七天七夜，忽然，"轰"的一声从树干里蹦出一枚乌黑的大铁钉，而且不偏不倚正落到老二媳妇面前。众人见此情景，十分惊疑，都盯住老二媳妇看。在众人逼问下，她只好说出了其中缘由。

原来，老二媳妇见自家男人常年在外经商，挣回的银两却归全家人用心中早已不满。听了老人临终叮嘱，便暗生异心，要设法弄死丁香树。起初她给丁香树浇脏水，倒污物，想把树沤死。谁知这一年丁香树不但没死，反而更加茂盛，花色更美更艳了。老二媳妇气极了，便用刀悄悄砍伤了丁香树的全部枝条。没想到顽强的丁香树第二年春天，又长出了更多的新枝叶，紫色的花朵开得更大更香了。这下，老二媳妇更气恼了，她一不做，二不休，又偷偷找了一枚五寸长的铁钉，把它钉入树干。就这样，丁香树果然被摧残得枯死了。

现在，自己害死丁香树的事既已被大家知道，老二媳妇也自觉羞愧，当众承认错误，愿意悔改，恳求全家人饶恕，也请求丁香树饶恕，发誓今后与大家一起好好过日子，永不再提分家的事。全家人商量之后决定原谅她。从此，兄弟姐妹和睦相处，全家人又团团圆圆过着幸福生活。

不久，丁香树又发出了新芽，抽了新枝。而且从这一年起，年年春秋两季开花。

苏铁名字的由来

铁树又叫苏铁。关于这个名字还有一段故事。我国宋代著名文学家苏轼能诗善画，为人正直刚强，做官清正廉明，为此得罪了朝中的奸臣，他63岁那年，被朝廷革去官职，发配到海南岛。

苏轼带着小儿子苏过，渡过大海，来到荒凉的海南岛。当地老百姓很尊敬他，帮他解决生活中的困难。有一天，一位老者给苏轼送来一棵铁树，并对他讲了一个动人的传说。

有只金凤凰被一官家逮住了，把金凤凰关在笼子里，喂它最好的东西吃，想方设法让金凤凰展开美丽的翅膀，让金凤凰为他跳舞鸣唱，可金凤凰坚决不从。那官家恼羞成怒，燃起一堆大火，要烧死这只金凤凰，金凤凰在火中很从容，大火熄灭之后，在火的灰烬中长出了一棵小树。人们赞叹凤凰铁骨铮铮，不屈淫威的精神，这树的枝干像铁打的一般，为此就把它称作铁树。

苏轼把老者赠送的铁树，栽到院子里，经过精心管理，这棵铁树竟奇迹般地开了花。不久，传来了皇帝赦免苏轼的旨令。

苏轼把那棵铁树从海南岛带回了中原，自此以后，铁树才在我国北方繁衍开来。因铁树是苏轼由海南带回的，所以人们把铁树又称为"苏铁"。

天女木兰的传说

据说，天女木兰本是木兰仙女的化身。木兰仙女是天宫王母娘娘花园中专司木兰的仙女。一天，她私自离开天宫到人间游玩，被人间的美景所吸引而流连忘返。王母娘娘到花园赏花时，不见木兰仙女接驾，得知她下凡游玩未归，十分恼怒，当即召其回天宫。此时木兰仙女已深深恋上了人间美景，执意不再回天宫。王母娘娘一怒之下，便将她化为木兰花。木兰花保持了仙女那冰清玉洁、超凡脱俗的气质，因此有了"天女木兰"的美名。

关于天女木兰还有一个传说。从前，天女木兰是一位心地善良、歌声动人的美丽姑娘的化身。在汤河源头的深山里有一座村庄，村庄里有一户姓田的人家，田家老两口有一个女儿，女儿既漂亮又能干，歌也唱得好，村里的人都喜欢她，称她为田女。有一天，田女到河边洗衣裳时，发现一条大黑鱼正在追逐一条小鲫鱼。小鲫鱼游到田女的脚下，向她点头求救。田女立即拿起洗衣槌砸向黑鱼，黑鱼被赶跑了，得救的小鲫鱼在田女脚下游了几圈之后，恋恋不舍地离去。晚上，田女做了一个梦，梦见小鲫鱼对她说："你救了我的命，我要报答你，我告诉你一个消息：三天后这里要发生山洪，村庄将被淹没。你和你父母要趁早逃命，但千万不要告诉别人。"田女醒来后，将梦里的事告诉了父母。父母听后，立即决定带着女儿逃走。但女儿坚持要将消息告诉村里其他村民，让大家一起躲过这场劫难。结果，全村的人都得救了，田女却因泄露了天机而被雷电击中。山洪过去之后，人们发现田女已经死去，但她依然那么美丽，像仙女一样端坐在山上，向着人们微笑。人们敬佩她舍己救人的精神，将她隆重地安葬在山顶之上。不久，人们发现在安葬田女的地方长出一棵木兰，木兰很快长大，开出许多洁白如玉的花朵，还散发着清香。花儿在风中摇曳，人们都说它是田女的化身，于是便称这棵木兰为"天女木兰"。

另一个传说是这样的：以前，在一个小村子里，有一个叫木兰的姑娘与母亲相依为命。木兰长得如花似玉，后被远嫁到千里之外的他乡。木兰非常思念自己的母亲和养育她的故乡，常常自言自语地说："我多想再见见母亲呀，多想再回到家乡，喝一口家乡的水，闻一闻家乡泥土的清香。"由于长时间的日思夜想，木兰终于病倒了。在她临终时，一颗晶莹的泪珠从她眼中流了出来，随即变成了一粒种子。木兰的夫家派人将这粒种子送回了木兰的家乡，木兰的老母亲将它种在了院子中。几年后，它长成了一棵美丽的大树，开出洁白如玉、清香扑鼻的花朵。老母亲知道，这是女儿的化身，是女儿又重新回到了自己的身旁，因此木兰得名"天女木兰"。

枸杞名字的由来

关于枸杞，在民间有很多传说。战国时期，在秦国有一对年轻夫妻，二人尽心奉养着老母亲。他们生活在现在的宁夏一带，靠种田为生，丈夫小名叫狗子，妻子姓杞，勤劳贤惠。夫妻俩日出而作，日落而息，日子过得倒也充实。当时秦国正处在拓疆征战、并吞六国的时期，国中的男丁都征调去作战、戍边，狗子也被征去戍边。

几年之后，狗子戍边归来，见家乡正在闹饥荒，田园荒芜，饿殍遍地，活着的人也都个个骨瘦如柴。狗子十分担心，不知家中的老母和妻子情况如何。待他回到家中，看到老母亲身体依旧硬朗，妻子也面色红润，甚是惊异，便问妻子，如何在饥荒之年身体能如此健康。妻子回答说，她去山上摘了一些红果，与老母亲一起充饥度日。邻里乡亲得知后，也纷纷上山采摘红果食之，从而度过了荒年。后来，人们便用他夫妻二人的名和姓，称这种红果为"狗杞"，后改为"枸杞"。

关于枸杞，相传在唐朝时，一队西域商人走在丝绸之路上，傍晚在客店投宿时，发现一个年轻女子正在训斥、责打一老者。商人上前责问她为何对长者不敬，那女子说："我是在教训我的曾孙子。商人大吃一惊，问后才知道，这女子已三百多岁，那老汉确实是她的曾孙，之所以责打他，是因为他不愿意服用草药，以致未老先衰。"

商人们惊奇不已，忙问是何仙药让她长生不老。女子告诉他们说，这药并不神奇，一般在山上都可采到。它有五个名称，可以在不同的季节服用。春天采其叶，名为天精草；夏天采其花，名叫长生草；秋天采其果，名叫枸杞子；冬天采根皮，名叫地骨皮，又称仙人杖。四季服用，就可使人与天地同寿。

后来，枸杞传到中东和西亚，被称作东方神草。明朝李时珍在《本草纲目》中也记载说，有一长者常年服用天精草、长生草、枸杞子、地骨皮配制的丸药，结果"寿百岁，行走如飞，发白返黑，齿落更生，阳津强健"。

相传四川有一位叫李青云的老人，他50岁那年进山采药时，遇到一位老者。老者在深山大岩之上健步如飞，李青云怎么也赶不上他。后来，他又见到这位老者，便跪地向老者求教。老者拿出一些红果给他看，说自己就是吃了这些红果，身体才这样健康的。李青云一看，这不是枸杞吗？于是他按长者的说法，每天坚持吃一些枸杞，结果真的变得身轻体健，后来活到了100多岁。

🌿 金银花的传说

从前，在河南省巩县、密县、登封三县交界的五指岭的山腰里，住着一个姓金的采药老汉。他和山下一位姓任的老中医合伙，在山下开了一家中药铺。

金老汉老伴早已去世，跟前只剩一个女儿，叫银花，生得聪明秀丽，从小就跟着爹爹上山采药，再由她每天把采到的中草药送到山下的药铺里去卖。任老医生也是个淳厚善良之人，又有一手高明的医术。他一面操持药铺，一面给人看病，还经常免费给村里穷苦人看病，所以，深受大伙儿的爱戴。

任老医生跟前只有一个儿子，因是冬天生的，故名叫任冬。小伙子勤劳勇敢又淳朴聪明，从小跟着父亲学了医术，15岁时又去登封少林寺习过武。可以说，是个文武双全的好青年。由于两家交往密切，任冬和银花从小就非常要好，长大后由两小无猜变成了一对恋人。两家的老人也看出了两个年轻人的心事，就给他们订了终身。从此两家关系更密切了。

据说在这个五指岭上，有一种叫金藤花的名贵草药，能解邪热、除瘟病。一天，金老汉和女儿银花正在山上采药，突然，乌云翻滚，狂风大作，吹得五指岭上飞沙走石，叫人睁不开眼睛。接着，黑云中出现一个怪物，伸出魔爪将银花一把抢走，一时间就不知去向了。

原来，这是一个名叫瘟神的妖怪，它本是北海边的黑熊精所变。这瘟神不知从哪儿听到，说是从五指岭上的一百株金藤花上采摘一百斤花苞，用一百斤天河水，煎熬一百个日夜，就可以熬成膏丹，服了这些膏丹就可以长生不老。所以这瘟神就跑到五指岭来，想采花制药。这天，瘟神听小喽啰禀报说山下有两个人来采摘金藤花，瘟神便发怒了，他想占山为王，不许任何人来采摘金藤花。可等他出洞来到山上一察看，却看见一个老汉带着一位美丽的姑娘。瘟神顿起歹意，便卷起狂风，喷出黑雾，掀起飞沙走石，乘金老汉和银花不备，一下将银花抢走。

金老汉忽然不见了女儿，只看见一股妖风盘旋而去，心里猜想女儿定是被妖风卷走，就拼了老命在妖风后面追赶。一直追到一条黑黝黝的深谷，也没找到女儿，却只见一阵瘴气迎面扑来，老汉顿觉头晕目眩，胸闷想吐，不觉昏倒在地。待他醒来，已是薄暮时分。金老汉见深谷之中根本没有女儿踪影，只好摸索着回家，并寄希望于女儿也许没事早已回家等他去了。

瘟神把银花抢到洞中，就威逼她成亲，但银花宁死不从。后来，瘟神用尽了各种手段，见实在无法制伏银花，就令小喽啰给银花戴上铁锁链，囚进一间石牢里。

这瘟神还有个恶习，就是每日里吞云吐雾，散放瘴气，传播瘟疫。自打他来到五指岭后，五指岭一带的老百姓染上疫病的便越来越多。

在山下开药铺兼治病的任老医生，发现近来病人陡然增多，并且害的都是很厉害的瘟疫，就觉得情况有点不妙。加上一连好几天不见金家父女下山来送药，不知是怎么回事，实在放心不下，就嘱咐儿子说："冬儿，咱们这儿患瘟疫病的人越来越多了，要给乡亲们治好瘟疫，必得用金藤花。你即刻上山去找你金大伯和银花妹妹，一是看看他们父女可好，我怪不放心的，二是帮着多采些金藤花回来。"

任冬听了此话，马上直奔五指岭。任冬来到金大伯家，只见那匹白玉飞龙马拴在后院里吃草，却不见银花和金大伯。原来，这几天金老汉每天都是一大早就起来赶上五指岭去寻找女儿。任冬猜想父女俩一定上山去了，便也马上进山寻找。可奇怪的是，在平日父女俩常去采药的地方，怎么也找不到金家父女。任冬不死心，他翻过一座又一座的山梁，蹚过一条又一条的溪流，穿过一条又一条的深谷，终于找到了金大伯，不过，金大伯这时正躺在草地上，人已昏迷不醒。

任冬上前呼唤，过了好一会儿，金老汉才睁开眼睛，清醒过来。他见是任冬找来了，忙拉着他的手急切地说：“冬儿，五指岭来了个瘟神，抢走了你的银花妹妹，你一定要设法除掉瘟神，救出银花啊。”

任冬急忙把金大伯背回家中，请父亲照看，自己又返身回到五指岭。他心中发誓一定要除掉瘟神，救出银花。

任冬来到黑黝黝的深谷，只见路越走越陡，山谷越来越深。突然，他看见峭壁上出现一个黑雾笼罩的洞口，里面隐隐约约传来女子的哭声。仔细一听，正是银花的声音。任冬抓住崖壁上的藤条，攀上了洞口，到洞里找到了被囚禁的银花。他砸开石牢门，只见银花妹妹满脸泪痕，面容憔悴地躺在潮湿肮脏的石板上，便立即跑过去，抱住银花说：“银花妹妹，我救你来了。”同时，他为银花砸开锁链，抹去泪痕，并还要说什么。银花急忙摆手不让他多说，拉上任冬就赶忙往洞外跑。两人出了洞口，顺着青藤滑下谷底，涉过山涧，爬过了座座山梁，终于回到了银花家。

这时，银花才喘了口气，急忙对任冬说：“冬哥，我爹呢？”任冬告诉她金大伯已在他家治病，银花放了心。银花又着急地说：“冬哥，我在洞中听瘟神说，他要散布瘟疫，让千家万户都染上瘟病，这样他就可以长期霸占一方，胡作非为了。”任冬点点头说：“我爹正为此事犯愁呢。可又没法子治他。”银花说：“任冬哥，我曾听见洞中的小喽啰说，他们的大王本领大，瘟病一般人治不了。要治瘟病除非金藤花。要想拿住他们大王，除了药王谁也没办法呢。”任冬想到金大伯和银花被瘟神欺侮，更想到那些被瘟疫缠身的乡亲们，他发誓要除掉瘟神，解救他们。想到这儿，他便问银花可知道药王住在哪里，银花说，听老辈人说药王住在蓬莱仙岛的灵芝洞里。

听后，任冬便立刻去后院牵出那匹白玉飞龙马。他们两人刚刚骑上，那马就一声嘶鸣，直奔蓬莱仙岛而去。任冬和银花刚要走近蓬莱仙岛，突然间只见黑云翻滚，狂风大作。银花一看这情形跟上次一样，心里明白这是瘟神追来了，急忙对任冬说：“瘟神追来了，怎么办？”任冬果断地说：“银花，我留下挡住他，你一个人去请药王。快去！”说完就跳下马背。银花怎么放心得下，也勒住马要留下。任冬说：“银花，瘟神马上就到了，再说咱俩骑一匹马也跑不快。如果我不留下来抵挡瘟神，只怕咱俩都走不脱。请不来药王，怎么降服瘟神，拯救乡亲们呢？”任冬说罢，就朝马屁股上猛抽了一鞭，只见那马带着银花闪电一般的飞驰而去。

银花刚走，瘟神就驾着黑云赶来了。任冬一见仇人怒从心头起，举起随身带的朴刀就向瘟神砍去。瘟神想不到任冬竟敢与他对战，也就降下云头，急忙招架。二人恶战一场。瘟神善弄魔法，个头又黑又大，任冬虽然会些武艺，但也难敌妖法，奋战了十几个回合，终是被瘟神拿住了。瘟神逼问银花下落，任冬当然是至死不说。瘟神无奈，只好暂且把任冬押回五指岭的石洞中。

银花骑着白玉飞龙马，日夜兼程，翻过了九十九座山，涉过了九十九道川，历尽千辛万苦，终于来到蓬莱仙岛的灵芝洞前。见了药王，银花把事情的前后经过讲了一遍，最后请求药王去制伏瘟神，为五指岭的百姓除害。药王见银花年纪这么小，却如此勇敢，且有爱民之心，就满口答应了银花的请求，同时从他身边挂的葫芦里倒出两粒仙丹，说：“银花姑娘，你辛苦了，先吃了这个解解乏吧。”银花服了仙丹，顿觉饥饿疲劳全部消失，精神立时焕发起来。接着，药王牵出梅花鹿，带着沉香龙头拐杖、药葫芦和白玉杯，然后让银花骑上白玉飞龙马，用那根龙头拐杖在马肚子下面画了个“八卦”，接着往马背上猛击一掌，只见一道金光一闪，那白玉飞龙马立刻腾空而起，驾上一朵祥云，紧跟着药王骑的梅花鹿，一起向五指岭奔去。

药王和银花一到五指岭，瘟神就知道大事不好。他先把受尽折磨、宁死不屈的任冬推下背影潭里，然后张开血盆大口，要把五指岭上所有的金藤花都吞进肚子里去。

正在这时，药王和银花赶到。只见药王手起杖落，打得瘟神连声惨叫，急忙驾起一团黑云，往西南方向逃去。药王急忙追上，瘟神被打得连连求饶，却又一边继续往西南逃跑。

再说任冬被瘟神推进背影潭淹死了，但他的尸体就是不往下沉，总是直立在水中，乡亲们发现之后，便把他的尸体打捞上岸，葬在山坡上。

银花回到家中，父亲已经死去，任老医生也因思儿心切去世了。后来，她又听说任冬也已被瘟神害死，不禁悲愤交加，痛不欲生。她来到父亲和任老伯坟前祭拜，之后，又来到任冬坟前。她一见任冬的坟墓，想到不久前两人分手时的情景，忍不住痛哭起来。止不住的泪水如同串串珍珠滴洒在任冬的坟冢上，意想不到的是坟上顿时长出了一丛丛茂密的金藤花蔓。可是银花一点也没觉察到。她太悲痛了，只是痛哭不已，眼泪哭干了，哭出了滴滴鲜血。殷红的鲜血洒在金藤花蔓上，藤蔓上就开出了金灿灿的花朵。到后来，银花实在太悲痛了，便一头碰死在任冬坟前的岩石上。

乡亲们听到银花惨死的消息，无不悲痛万分，大家把她和任冬合葬在一起。合葬刚刚完毕，奇迹突然出现了。乡亲们看见整个五指岭漫山遍野都开满了金藤花。花儿金灿灿、银闪闪、一簇簇、一丛丛，光彩夺目，如云似霞。接着，当地凡是患了瘟疫的病人，喝了金藤花茶，立刻都痊愈了。

等到药王从追赶瘟神的千里之外返回五指岭后，听到了银花已经死去的消息，非常惋惜地来到五指岭上，看到满山盛开的金藤花，对乡亲们说："这些花是任冬和银花的化身哪！"说着，他拿出白玉杯，倒上一杯水，把两朵金藤花放进杯内。药王把杯子端到乡亲们面前说："看，两朵花儿在抖动，是因为两个年轻人还放心不下啊！"说完就对着玉杯念了几句，告知说五指岭的乡亲们病都治好了。杯中的花朵立刻安定地直立于杯中。

后来，人们为了纪念银花和任冬这两个为人民献身的年轻人，就把金藤花叫作"金银花"。

含羞草名字的由来

含羞草有两个特性：一是叶子白天展开，夜间闭合；二是用手稍触叶子便立即闭合下垂。

含羞草原产热带地区，那里常有大风暴雨，含羞草这种灵敏的感应性，可以避免或减轻狂风暴雨的伤害，是它们祖先遗传下来的一种适应环境的本能，是保护自己的特有本领。我国流传着一个关于含羞草的美妙动人的传说。

从前，有个很俊俏的小伙子，在荷花塘边遇见了一位织绸的荷花仙女，来来往往，俩人产生了爱慕之心。两人飞到天边成了亲，小伙子打猎，荷花女织绸，过着美满甜蜜的生活。

天长日久，丈夫发现荷花女不像先前那样光彩了。有一天，丈夫外出到山里打猎，他用荷花女送他的那枝带有神气的花骨朵，驱赶了老虎和狼群。他抛弃了自己的妻子，与妖女成了亲。荷花女曾前去救他，他们逃出山洞。但丈夫不听荷花女的话，又被妖女擒去，最终被妖女吃掉了。善良的妻子荷花女把丈夫的衣裳和骨头收拾起来，埋在小屋的旁边。

过了一段时间，荷花女路过小伙子的坟边时，看见坟上长出一棵羽叶小草，她用手指一触它，那小草含羞似的把小叶并拢起来，垂下叶柄。荷花女心里明白，丈夫向她认错了。第二年春天，到处都长出了这种小草，后来，人们都叫它"含羞草"。

第二章
花意花语与送花礼仪

血型与花卉

O 型血

O型血的人既现实又浪漫，崇尚能力、善恶分明，同时对友情、爱情的重视超乎平常人想象。对于自己选定的人会认为对方是无可指责的，过分放大其优点。

幸运花卉：向日葵。传说向日葵是迷恋太阳神阿波罗的水泽仙女化身而成，她每日追着太阳的身影，不管阳光是灿烂还是暗淡。

A 型血

A型血的人崇尚完美，因此注定具有双重性格。一方面，心思缜密，无论做什么事都会小心谨慎，不愿出一点差错；另一方面，天生的猜疑心使他们无法真正相信他人，因此在别人眼中显得格外自我。不过，一旦信任对方，他们就会彻底放下猜疑与戒心。

幸运花卉：满天星。满天星象征清雅，表示"清纯、浪漫、婉约"，能够让坚硬的心变得柔软，敞开心扉接纳他人。

B 型血

B型血的人被称为非理性的行动家，做事常凭直觉与印象，一股脑地做下去，即使得到的结果并不尽如人意也并不在乎，因为在他们的字典里，过程比结果更重要。这种处世态度，使B型血的人心理年龄往往小于生理年龄，在很多方面都表现出天真的一面。

幸运花卉：雏菊。传说中雏菊是淘气鬼——森林妖精贝尔蒂丝的化身，纤弱的花瓣就是她的翅膀，灵巧的茎干则是她的双腿。虽然不太起眼，但看上去充满了灵气，带给人愉快、幸福，象征纯洁、天真与坚强。

AB 型血

AB型血的人是和平主义者，但在社会交往上充满了矛盾。AB型血的人往往过于自信，认为自己所做的都是正确的，也由此给人留下傲慢的印象。AB型血的人对于自己所讨厌的人同样会笑脸相迎，也尽量避免不必要的争吵，将温和主义贯彻到底。

幸运花卉：紫罗兰。紫罗兰代表了春回大地。表面看上去香气逼人、美颜灼人，实际上却充满了平和之感，带给周围人舒爽的感受。

花卉的花意花语

山茶——不变的誓言，美德。白色代表完美；粉红色代表克服困难；红色代表谦让。

蜡梅——富于慈爱，依恋。

梅花——高洁。白色的庄严美丽；粉红的鲜艳。

玫瑰——纯洁的爱。红色代表热恋；粉红色代表初恋，我爱你；橙红色代表美丽，充满青春气息；黄色代表道歉；白色代表尊敬，崇高。

牡丹——富贵，繁荣，昌盛。粉红色代表相信我；红色代表我将珍惜你的爱；白色代表珍重。

银芽柳——生命中的闪光。

金橘——有金有吉，大吉大利。

杜鹃——生意兴隆，爱的快乐，思乡，忠诚。

一品红——祝福你，我的心在燃烧。

桂花——富贵，友好，吉祥，高华，珍贵，瑞福，长寿，坚强，品德馨香，爱国，高贵荣誉。

茉莉花——优美，幸福，亲切，友情。

桃花——爱的幸福，生意兴隆。

石榴花——多福多寿，生机盎然。

海棠花——温和，美丽。

合欢——夫妻的爱恋，欢情，友谊，美的象征。

夹竹桃——男女爱恋，永远常相随。

紫薇——鲜艳热烈，表示才华出众，也是思念友人的象征。

凌霄——壮志，进取之花。

樱桃——娇艳，珍贵。

荔枝——大利，一本万利，顺利。

木香——芬芳心语。

女贞——忠贞，清质，温柔，芳香。

木槿——朴素的美丽与爱，不竭的生命力。

葡萄——丰收、胜利、喜悦的象征。

木瓜——爱情与友谊的象征。

山茱萸——长寿、嘉祥、驱邪的象征。

石楠——怀念的情谊。

红豆树——相思，回忆，憧憬，召唤，红泪莹莹。

红枫——如火般的真爱，怀念。

茶梅——骄傲，娇美。

南天竹——长寿，繁盛。

竹——吉祥，平安，长寿，清逸，高雅，虚心，立场坚定，不屈。

金钱松——健康，寿福。

罗汉松——苍古的气韵。

水杉——伟岸，坚韧不拔。

圆柏——严正、庄肃，追忆，长青、长寿。

五针松——生命永存，老而不衰。

白玉兰——冰清玉洁，与海棠、牡丹组合，表示金玉满堂。

洋常春藤——忠诚友情，友谊长存，永不分离。

发财树——大吉大利，发财致富。

佛手——吉祥福禄，与桃、石榴一起，表示多子、多寿、多福。

木绣球——莹洁，纯净如玉，仪态端庄。

富贵竹——富贵吉祥。

非洲菊——神秘，兴奋，追求丰富人生，有毅力。

大丽花——感谢，大吉大利，吉祥鸿运，华丽，优雅。粉红色代表在你身边我很幸福，充满喜悦。红色代表你的爱使我感到幸福。白色代表亲切。杂色代表我只关心你。

唐菖蒲——康宁，坚固，步步高升。

忘忧草——忘记忧愁。

君子兰——宝贵，高贵，有君子之风度。

蟹爪兰——锦上添花，鸿运当头。

石蒜——高傲，庄重。

晚香玉——清香含情的代语。

秋海棠——忠贞的爱情，热爱祖国的深情。

瞿麦——象征智巧的心灵。

康乃馨——母爱，清纯的爱慕之情，浓郁的亲情，女性之爱。深红色代表热烈的爱；粉红色代表我热爱你；白色代表纯洁的友谊；黄色代表友谊更深。

郁金香——爱的告白，荣誉。黄色代表没有希望的恋情；紫色代表永不磨灭的爱情；粉红色代表迷人；带斑纹的代表美丽的双眸。

百合——纯洁、庄严、神圣，事业顺利。白色代表纯洁，甜美，淑女；黄色代表虚伪；橙红色代表轻率。

马蹄莲——清纯，气质高雅，清秀挺拔。白色代表纯洁，充满青春活力；黄色代表志同道合；粉红色代表有诚意。

红掌——热情，心情开朗，热心。

鹤望兰——幸福，快乐，自由；热恋中的情人。

水仙花——自尊，自我陶醉，幽雅，冰清玉洁。

勿忘我——不要忘记我，理想的恋情，不凋的友谊。

满天星——思恋，纯情，梦境。

金鱼草——傲慢，丰盛，有金有余。

芍药——惜别。

荷包花——招财进宝，财源滚滚，发财吉祥。

向日葵——憧憬，光辉；爱慕，凝视。

荷花——无邪的爱，坚贞，高雅。

鸡冠花——永不褪色的恋情，痴情，永生。球状代表圆满幸福；羽状代表燃烧不息的情感。

紫罗兰——永恒的美，努力，同情，相信，盼望。

仙客来——害羞，客气，内向。

风信子——胜利，竞技，喜悦。蓝色代表感谢你的好意；红色代表你的爱让我感动；粉色代表倾慕，浪漫。

蝴蝶兰——幸福，快乐，我爱你。粉红色代表有才能，活泼可爱；白色代表庄严，圣洁的美人。

芭蕉——清雅品格。

万年青——吉祥，长青不老。

吉祥草——长寿，持久，吉祥。

绿萝——青春常在。

睡莲——清纯的心，纯真。

长寿花——美好幸福。

鸢尾（爱丽丝）——鹏程万里，前途无量；使人生更美好，友谊永存。

白鹤芋——一帆风顺。

卡特兰——欣欣向荣，兴旺发达。

蕙兰——高贵，祥和，丰盛。

石菖蒲——祝愿父母亲永葆青春、健康、长寿。

菊花——高洁，隐逸，爱国。

蜀葵——清秀可人。

报春花——春天的使者，希望的使者。

送花原则

送花是一门学问，送花也是一门艺术。我们只有很好掌握和领悟各种花的寓意，才能以无声的语言传递感情、抒发胸臆，更好地表达送花人的内心。

送给老人的花，要有祝愿其健康长寿之含义，或颂扬其德高望重之情感。给老人祝寿，宜送长寿花或万年青，长寿花象征着"健康长寿"，万年青象征着"永葆青春"。

看望有才学的老人，可以送兰花，表示品质高洁、德高望重；送菊花，表示保持晚节、情操高尚；送红枫，表示老有所为、老当益壮。还可以送牡丹、万寿菊、龟背竹、寿星桃、寿星草（虎刺）、枸杞、吉庆果、寿星鸡冠、五针松、雀舌松、翠柏、地柏、飞白竹、麒麟竹等，都能表示祝老人长寿幸福。

送给母亲的花，常用红石竹、康乃馨，代表深深的母爱。也可以送萱草、茉莉花，反映母亲奉献操劳的一生。但白石竹不能随便送，只限于母亲逝世后用。

送给父亲的是红莲花、石斛兰，表示纯净深沉的父爱。

爱人之间，常用玫瑰、月季、蔷薇、海棠、桃花、碧桃花、山茶花等，代表爱情、相爱。还可赠合欢花，此花的叶长，两两相对，晚上合抱在一起，象征着"夫妻永远恩爱"。

送恋人，一般送暖色的玫瑰、百合、郁金香、香雪兰、扶郎花或桂花。这些花美丽、雅洁、芳香，是爱情的信物和象征。

送友人，宜送吉祥草和月季，都能表达幸福吉祥的心愿。

给病人送花很有讲究，一般送兰花、水仙、马蹄莲等，或选用病人平时喜欢的品种，有利于病人怡情养性、早日康复。同时给病人送花也有很多禁忌，如一般不要送整盆的花，以免病人误会为久病成根；香味很浓的花对病人不利，易引起过敏、咳嗽；颜色太浓艳的花，会刺激病人的神经，激发烦躁情绪；山茶花容易落蕾，被认为不吉利。

另外，要注意一些忌讳。比如在广东、香港等地，因方言谐音关系，探视病人时切勿带剑兰（唐菖蒲），因"剑兰"与"见难"谐音（意思是再见面难了）；更忌吊钟花（倒挂金钟），因"吊钟"与"吊终"谐言，因此这些花都不宜送病人。

结婚庆典时，送颜色鲜艳的花为佳，如玫瑰、百合、郁金香、香雪兰、扶郎花等，要增进浪漫气氛，还可添加唐菖蒲、大丽花、风信子、舞女兰、石斛、嘉特兰、大花蕙兰等。新娘子披纱时的捧花，如果适当加入两枝满天星，将显得更加华丽脱俗。

孩子出生时，宜送色泽淡雅而略带清香的花卉，以表示温暖、爱抚，婴儿满月了，则最好送各种鲜艳的时花和香花。

祝贺亲戚朋友的乔迁之喜时，可以送稳重高贵的花木，如唐菖蒲、玫瑰或盆景，表示隆重之意；也可以送巴西铁、鹅掌叶、绿萝、彩叶芋等观叶植物，能够吸收新装修房屋的有害气体，会很受人欢迎。

当朋友的公司或店铺开张时，可以送月季、紫薇，这类花花期长，花朵繁茂，寓意"兴旺发达，财源茂盛"。还可以送繁花集锦的花篮或花牌，以祝贺生意兴隆，财源广进。

庆贺生日时，送诞生花最贴切，玫瑰、雏菊、兰花也挺好，可以表达永远祝福之意。相对而言，友人的生日，只要属喜庆的花均可相赠，但对于长辈就应选百合花、万年青、报春花等具有延年益寿含义的花草为好，如能赠送国兰或松柏、银杏、古榕等盆景则更能表达崇敬的心意。

看望好友时，宜送吉祥草，祝愿"幸福吉祥"；朋友远行时，宜送芍药，因为芍药含有难舍难分之意；朋友感情受到挫折时，宜送秋海棠，因为秋海棠又名相思红，寓意苦恋，以示安慰。

悼念死者时，适合用白玫瑰、白莲花或其他素色花，以表示惋惜怀念之情。

另外，不同花卉组合，也有不同的含义，因此在送花时都要了解这方面的知识。

表达友情的花束，可用玫瑰、康乃馨、非洲菊、火鹤、满天星、郁金香、排草、银芽柳、虎眼万年青。

花束中心祝福是：愿朋友青春常驻，前程似锦。

花束的花语：满天星——清纯、思念；排草——青春永驻；非洲菊——追求丰富多彩的人生；玫瑰——真挚的感情；虎眼万年青——友谊长存，青春永驻。

为老人祝寿的花束，可以选用唐菖蒲、百合、菊花、玫瑰、鹤望兰、康乃馨、荚蕉、花毛茛。

花束的祝福是：祝长者福如东海，寿比南山。

花束的花语是：菊花——长寿；鹤望兰——自由幸福；百合——顺利、如意；荚蕉——青春永驻。

表达情深意长的花束，可选用满天星、紫罗兰、百合、风信子、勿忘我、玫瑰、六出花、蝴蝶兰、火鹤、朱顶红。

花束的祝福是：愿你的每个生日都有我在你的身边。

花束的花语是：火鹤——一颗火热的心；蝴蝶兰——我爱你；风信子——浪漫、倾慕；朱顶红——成双成对；百合——百年好合、万事如意；勿忘我——常相思、长相随。

表达一帆风顺的祝福花束，可选用芍药、康乃馨、白掌、菊花、玫瑰、火鹤、百合、马蹄莲、满天星。

花束的祝福是：旅途平安，一帆风顺。

花束的花语是：白掌——一帆风顺；芍药——送别；满天星——思念、清纯。

🌿 花与中外节日习俗

元旦送花礼仪

每年的1月1日是元旦，它是新年的开始。在元旦这天，应该用色彩艳丽的花卉装点居室，或馈赠亲朋好友。通常用满天星、香石竹等花卉增添欢乐吉祥的气氛；也可用蛇鞭菊、玫瑰、菊花及火鹤等花卉来表达万事如意，好运常伴的寓意，此外还可用金鱼草来表达红运当头，喜庆有余的气氛。

春节送花礼仪

春节是我国民间传统的盛大节庆，俗话说"过年要想发，客厅摆盆花"。此时也是扩展人际关系的最佳时机，客户、同事、上司、亲朋好友等，都可把花当作馈赠的礼物，以花传达情意，以增进感情。此时选赠以贺新年、庆吉祥、添富贵的盆栽植物为佳，如四季橘、秋海棠、红梅、水仙、牡丹、桂花、杜鹃花、报春花、状元红、发财树、仙客来及各种兰花类、观叶植物组合盆栽等，再装饰一些鲜艳别致的缎带、贺卡等，以增添欢乐吉祥的气氛。

元宵节送花礼仪

每年的农历正月十五是我国的元宵灯节，火树银花，喜庆祥和。选赠火鹤、炮仗花来表达红火，吉祥，充满喜庆、祥和与希望的气氛是最合适不过的了。

妇女节送花礼仪

每年的三月八日是国际妇女节。在这个女性的节日里，选赠鲜花有兰花、满天星、康乃馨、百合及银莲花等，代表女性优雅、高贵的气质，传达温馨浪漫的气氛。

清明节送花礼仪

四月五日是我国的传统节日清明节，在这一天，人们会以扫墓、祭祖等活动来表达对死者的思念及哀悼。通常选一些素洁的花朵来表达哀思之意。可送的花卉有松柏枝条、三色堇、菊花等。

母亲节送花礼仪

每年5月的第二个星期日是母亲节，母亲节通常以大朵粉色康乃馨作为节日的用花。它象征慈祥、真挚的母爱。因此，有"母亲之花""神圣之花"的美誉。

不同颜色的康乃馨表示不同的含义，红色康乃馨祝愿母亲健康长寿；黄色康乃馨代表对母亲的感激之情；粉色康乃馨祈祝母亲永远美丽；白色康乃馨是寄托对已故母亲的哀悼思念之情。除了康乃馨之外，还可以送忘忧草，它的花语是"隐藏的爱，忘忧"，其意非常贴切地比喻伟大的母爱，送给母亲，也很相宜。

端午节送花礼仪

每年的五月初五是纪念伟大的爱国主义诗人屈原的日子，在这一天，人们用包粽子、赛龙舟等多种形式纪念他。通常也会把茉莉花、银莲花、蓬莱松、鹤望兰、唐菖蒲、菊花等花扔进江中，来追怀爱国诗人屈原。这些花的花语是：唐菖蒲——叶形似剑可以避邪；茉莉花——清净纯洁，朴素自然；鹤望兰——自由，幸福；银莲花——吉祥如意。

儿童节送花礼仪

六月一日是国际儿童节，在儿童节，一般用多头的小石竹花作为儿童节礼物，常挑选浅粉色和淡黄色的花朵，以体现儿童的稚嫩和天真烂漫的特点。另外，可选送的花卉还有金鱼草、非洲菊、火鹤花、满天星、飞燕草和玫瑰等，代表快乐、无忧无虑的童年。

父亲节送花礼仪

六月的第三周星期日是父亲节，为了表达对父亲的爱，在这一天不妨用鲜花来表达一下孝心，通常以送秋石斛为主，秋石斛具有刚毅之美，花语是"父爱、喜悦、能力、欢迎"，被称为"父亲之花"。另外菊花、君子兰、文心兰、向日葵、百合等也是不错的选择，其花语均有象征"尊敬父亲""平凡也伟大"的意义。如果是一位年纪较大的老人，最好送以代表健康、长寿的观叶植物或小品盆栽，如梅、枫、柏、人参榕、万年青等。

中秋节送花礼仪

中秋节是我国传统的三大民间节日之一，"每逢佳节倍思亲"，人们习惯用月饼、礼盒来馈赠亲友、联络感情。但近年，有许多人改赠"花卉"，已成为时尚。通常用兰花来表达思念之情。兰花可用花篮、古瓷或组合盆栽，兰花的花期长，姿色高贵典雅，非常受欢迎。

重阳节送花礼仪

九九重阳登高望远，饮酒赏菊，抚今追昔。重阳节也是全家团聚的日子。此时，常以菊花、非洲菊作为走亲访友的礼物。菊花象征高洁、长寿，非洲菊代表吉祥如意，追求丰富多彩的生活。

教师节送花礼仪

每年的九月十日是教师节，通常用木兰花、月桂树、蔷薇花来表达对师恩的感激之情。木兰花代表灵魂高尚；蔷薇花冠代表美德；月桂树环代表功劳、荣誉。

圣诞节送花礼仪

12月25日是西方的圣诞节，在这个节日里，通常以一品红作为圣诞花，一品红花色有红、粉、白色，状似星星，十分得体。

第三章

温暖的亲情

康乃馨

色彩丰富、花期长、装饰效果好，是康乃馨的特点，因此颇受人们的欢迎。公元前300年，希腊诗人犹奥弗拉斯图称康乃馨为"神圣之花"。16世纪波斯的陶器及瓦片上常绘有重瓣石竹类花卉。早期康乃馨盛行栽培于露地作花坛观赏，后由于水养期长，逐渐应用于室内插花，形成了切花产业。1907年美国费城的安娜·查维小姐在母亲的逝世周年纪念会上，将白色的康乃馨佩戴在襟上。从此康乃馨就象征为"母亲之花"，成为母亲节必送之花。

康乃馨的花语有"爱、热情、真情、温馨、慈祥、神圣、尊敬之情"等。康乃馨代表温馨的情感，适于表达亲情之爱，儿女多送康乃馨给自己的父母。送花时，以花色鲜艳，茎干粗壮挺直，叶片无焦斑和黄褐斑的植株为好。

菊花

菊花被人们赋予了"吉祥、长寿"的美好意愿，也是清净、高洁的象征。

在我国，菊花是秋天的使者。农历九月九日是传统节日重阳节，在我国，人们有重阳赏菊的习俗，称之"菊花节"，九九意味着"长久"，也就是"长寿"的意思。菊花以其凌风傲寒的劲节和不与众花争艳的清品，成为刚直不阿、不流俗的象征。

菊花因为颜色不同也有不同的寓意。比如，红色、粉红和紫色菊花代表"喜庆"；黄色菊花表示"微笑、淡淡的爱"。黄菊和白菊在一起表示"肃穆、哀悼"。

在外国，菊花也有不同的寓意，比如：在土耳其，白菊花意为"赤诚、坦白"，黄菊花表示"单相思"，紫菊花的花语是"恼恨、愤怒"，粉菊花代表"企求、盼望"。在意大利和拉丁美洲，菊花则有"悲伤"的寓意。

菊花是天蝎星座的守护花，是12月9日出生者的生日之花。紫红色菊花是12月13日出生者的生日之花，白菊花是10月14日出生者的生日之花，红菊花是10月1日诞生者的生日之花。

在重阳节那一天，可以向长辈赠送色彩艳丽的菊花，借此来表达对长辈的尊重和祝福。另外，菊花也是在老人生日上送上祝福的最佳选择，可以表达"快乐、长寿"的美好祝愿。但是生活中，有些菊花不能送人，比如，黄、白菊花只在葬礼时才使用，不可轻易送人；探望病人时也忌用黄、白色菊花。

满天星

在满天星的代表含义中，思念是很重要的内容。此外，它还代表对家人的关怀。

对于出门在外闯荡的年轻人而言，满天星是最好的向故乡的亲朋好友传递思念与感恩的信物。

满天星初夏白色小花不断，花朵繁盛细致、分布匀称。犹如繁星，朦胧迷人；又好似满树盖雪，清丽可爱，非常适合在居室内种植。

鲁冰花

鲁冰花为多年生草本植物，有掌状复叶，多为基部着生，叶呈披针型至倒披针型，叶面平滑，背面有粗毛。花为尖塔形，花色丰富艳丽，常见花色有红、黄、蓝、粉等，小花萼片2枚，唇形，侧直立，边缘背卷；龙骨瓣弯曲。鲁冰花的果实为荚果，长3～4厘米，种子较大，褐色有光泽，形状扁圆。

在古罗马时期，鲁冰花种子是男女老幼都喜爱的食品，常作为礼物赠送别人。但是，鲁冰花种子带有苦味，人吃后流露出难受的表情，所以有"悲伤"的寓意。鲁冰花原产于荒原地带，且拉丁属名源自"野狼"，所以鲁冰花也有"贪欲"的花语。但人们多把鲁冰花作为母爱的象征。鲁冰花是11月2日出生者的生日之花，也双子星座的守护花。

每逢母亲节，可赠送给母亲一束鲁冰花，是表达感恩之心的最佳礼物。

忘忧草

忘忧草别名黄花菜、宜男草、萱草，为百合科萱草属多年生草本植物。在我国古代，人们把忘忧草当做一种象征美好的吉祥花草，寓意为"忘忧""隐藏起来的心情""因爱忘己"等。忘忧草有"欢乐""宣告""妩媚"等花语。另外，忘忧草是3月13日出生者的生日之花。

在母亲节这一天，宜用忘忧草、常春藤、杜鹃花送给母亲，来表达"谨祝亲爱的母亲永葆青春，吉祥如意"的美好祝愿，既得体又温馨。

送花时要注意：因为忘忧草在黑夜花朵闭合，切忌夜间赠送。另外，也不要送不新鲜或带有病虫害的忘忧草，否则会影响对方的心情。

红橘

红橘有着"吉利""吉祥""如意""喜悦"等花语，所以在南方，春节时人们纷纷购买红橘，就是为了讨个吉利，盼望第二年财源滚滚。盆栽红橘结果累累，是"吉祥、喜庆"的象征。橘能治多种疾病，又有"消灾""镇宅避邪"的寓意。

在西方，橘是"希望之果"。因洁白的橘花代表"纯洁"与"天真"，19世纪初，法国人和英国人把橘子花作为婚礼上新娘的装饰物。红橘还是9月7日和9月24日出生者的生日之花。挂果满树的红橘盆栽常作春节的花礼，宜赠长辈，可以表达"吉祥如意"的祝福。将橘花与月季花、石榴组合在一起赠送老师，意为"祝他事业兴旺发达，后继有人"的美好祝愿。

送红橘时有一个忌讳要注意：在我国的广东和香港地区，红橘忌送他人，意为"把吉祥送给人家，自己反而变得不吉利了"。因此，送红橘时入乡随俗，要考虑到当地的风俗习惯。

杜鹃花

杜鹃又叫映山红、艳山红、山石榴，为杜鹃花科杜鹃花属常绿或落叶灌木类花卉。美丽的杜鹃花有"吉祥""如意""美好""幸福""甜蜜""思乡""鸿运当头"等花语。在日本，杜鹃花寓意为"这太让人高兴了"。在欧美，杜鹃花则表示"节制""克制""爱的喜悦"和"爱的快乐"。

杜鹃花与牡丹、合欢的组合宜赠长辈和老人，祝愿"合家欢乐、万事如意、生活幸福"。杜鹃花宜赠海外同胞，寓意"祖国亲人对海外赤子的关心和思念"。杜鹃花与常春藤、萱草的组合宜赠母亲，谨祝母亲"永葆青春、吉祥如意"。

赠送杜鹃花时也有忌讳：第一，不要用一盆中有3种花色的杜鹃赠人，因为这表示你"三心二意"。第二，不要送无花或花朵萎蔫的杜鹃，否则会影响对方的心情，甚至还可能引发误会，所以一定要注意。

石斛

石斛又叫石斛兰、石兰等，被称为"父亲之花"。常见的品种有金叉石斛、鼓槌石斛、密花石斛、樱花石斛、蝴蝶石斛等。色彩美丽的石斛的花语是"欢迎您，亲爱的。"但不同花色的石斛，代表着不同的花语，粉红色的代表"真心"，白色的代表"纯洁、洁癖"，乳黄色的代表"体贴"，紫色的代表"迷惑"。

石斛具有秉性刚强、祥和可亲的气质，许多国家把石斛作为"父亲节之花"，所以在父亲节那天，最适合赠送父亲。可以用石斛、非洲菊、圆形桉树叶制成胸花，佩戴在父亲的胸前，表达"养育之恩"。对年长的父辈宜用石斛、雪松枝、玫瑰组成的花束，可表达"长寿安康"的美好祝愿。

富贵竹

富贵竹又称万寿竹、开运竹、富贵塔。富贵竹名字吉祥，叶片青翠细长，极富竹韵，迎合了文人雅士之风，备受人们喜爱。富贵竹具有富贵、吉祥的寓意，春节在居室中摆放一盆翠绿盎然的富贵竹，不仅青翠欲滴，十分诱人，还会带来好运和财气。如今，富贵竹的造型层出不穷，有塔形、笼形、瓶形、筒形、船形等，再加上漂亮的容器，扣上绚丽的人造丝带，标上好听的名字，因此常作为礼物赠送给别人。

相送老人和长辈作礼物时，可以选择富贵竹，借此祝愿他们永葆青春。造型的盆株或弯曲造型的茎干，宜送亲朋好友，祝贺他们吉祥如意、财源滚滚。

送富贵竹给老人或长辈们时也有忌讳：不要送缺枝和黄叶的富贵竹，否则老人或长辈会误解你。

鹤望兰

鹤望兰又叫极乐鸟花、天堂鸟，原产于非洲等地区。鹤望兰有橙黄色花萼、深蓝色花瓣、洁白色柱头，它象征着"自由、快乐、吉祥、幸福"。由于鹤望兰色彩绚丽，与天堂鸟的羽毛相似，姿态酷似欲展翅高飞的鸟儿，给人美好的憧憬。

在美洲，鹤望兰是"胜利之花"。鹤望兰是美国洛杉矶市的市花。在亚洲，由于鹤望兰的整个花序宛似伸颈远眺的仙鹤，而仙鹤是长寿的象征，所以，由鹤望兰组成的花束、花篮馈赠亲朋好友，可以表达"长命百岁"的美好祝福。

如今，人们将鹤望兰奉为"长寿之花"。不过，色彩瑰丽的鹤望兰也有"为恋爱打扮得漂漂亮亮的男子"和"花花公子"的花语。鹤望兰是射手星座的守护花。近年来，鹤望兰又普遍用于婚车装饰，常作为车前和车顶的主花，两枝鹤望兰构成"比翼双飞"的图案，为喜庆之日增添欢乐的气氛，充满温馨、浪漫的情怀。

鹤望兰宜赠亲朋好友，有"幸福、快乐、吉祥和自由"的美好寓意。鹤望兰适合在寿辰中赠送给家中的老人，祝他们"似仙鹤般长寿"。

送鹤望兰的忌讳是：千万不要送单枝的鹤望兰。

第四章

浪漫的爱情

水仙

水仙是一种观赏性很强的花卉。水仙别名金盏银台，花如其名，绿裙、青带，亭亭玉立于清波之上。素洁的花朵超尘脱俗，高雅清香，格外动人，宛若凌波仙子踏水而来。元程棨《三柳轩杂识》谓水仙为花中之"雅客"。水仙花语有两说：一是"纯洁"；二是"吉祥"。水仙因为种类的不同也有不同的寓意。比如：

中国水仙：多情、想你、表示思念、团圆。

西洋水仙：期盼爱情、爱你、纯洁。

黄水仙：重温爱情。

山水仙：美好时光、欣欣向荣。

此外，在西方，水仙花的意译便是"恋影花"，花语是坚贞的爱情。

玫瑰

玫瑰别名赤蔷薇、徘徊花、金花等，为蔷薇科蔷薇属灌木类花卉。玫瑰是爱情的信物，象征着美丽和爱情。由于玫瑰花茎多刺，因此又象征着严肃和严谨。在西方，玫瑰花是"凡人之爱""永恒智慧""生之欢乐""完美"的象征。在我国，玫瑰代表着"美好""幸福""吉祥"。在我国古代，就有用玫瑰花作为礼品互相馈赠的习俗。

玫瑰是爱情的象征。玫瑰花瓣宜撒向婚礼中新娘和新郎的头上，表示"新婚快乐、幸福美满"。同时，玫瑰是热恋男女传递爱情的最佳选择。而且，不同数量的玫瑰花朵寓意也不同。

1朵玫瑰表示：你是唯一。

2朵玫瑰表示：你浓我浓。

3朵玫瑰表示：我爱你。

4朵玫瑰表示：誓言、承诺。

5朵玫瑰表示：无怨无悔。

7朵玫瑰表示：喜相逢。

8朵玫瑰表示：弥补。

9朵玫瑰表示：坚定的爱。

10朵玫瑰表示：完美的你，十全十美。

11朵玫瑰表示：一心一意，最美。

12朵玫瑰表示：心心相印。

17朵玫瑰表示：好聚好散。

20朵玫瑰表示：此情不渝。

21朵玫瑰表示：最爱。

22朵玫瑰表示：成双成对。

24朵玫瑰表示：思念。

33朵玫瑰表示：我爱你，三生三世。

36朵玫瑰表示：我心属于你。

44朵玫瑰表示：至死不渝。

50朵玫瑰表示：无悔的爱。

56朵玫瑰表示：吾爱。

57朵玫瑰表示：吾爱吾妻。

66朵玫瑰表示：情场顺利，真爱不变。

77朵玫瑰表示：有缘相逢。

88朵玫瑰表示：用心弥补。

99朵玫瑰表示：长相守。

100朵玫瑰表示：白头偕老，百年好合。

101朵玫瑰表示：唯一的爱。

108朵玫瑰表示：求婚。

111朵玫瑰表示：无尽的爱。

144朵玫瑰表示：爱你生生世世。

365朵玫瑰表示：天天想你。

999朵玫瑰表示：天长地久。

1000朵玫瑰表示：永远相伴。

牵牛花

在西方，人们把牵牛花作为"勇气和能量"的象征。同时，牵牛花还有"爱情""钟情""喜悦""平静""善变""爱情永固"的花语。

牵牛花在我国象征爱情忠贞不渝。农历七月初七，赠给情人一盆牵牛花，表示"浪漫、情意绵绵和对爱情坚贞不渝"。其蔓茎努力向上攀登，不断进取，所以，牵牛花还有"上进"的花语。

由于牵牛花朝开暮谢的短暂生命和缠绕的特性，又有"渺茫的爱""依赖性"等花语。

牵牛花的组合花语也非常丰富：

牵牛花与百日草、牡丹组合，可表达"祝你步步高升，兴旺发达"的意愿。

牵牛花与玫瑰、红菊组合在一起，可表达"我对你一见钟情"的感觉。

牵牛花与橘、樱桃、槐组合，有"祝学业有成，金榜题名"的美好祝福。

牵牛花与竹、牡丹、樱桃组合，可表示"芝麻开花节节高"的美好祝福。

牵牛花与翠菊、月季花组合，则表示"标新立异，步步春风"的美好祝福。

送花忌讳：因为牵牛花为蔓生草本，采切后即刻凋萎，一般不作礼仪花卉馈赠。此外，牵牛花具有一定毒性，当牵牛花完成自己的使命后，不能随意丢弃，应妥善处理。

百合

自古以来，百合就是文人墨客们吟咏的对象，一般人对它喜爱有加，无论是栽植于庭园或瓶插于室内，百合都会散发出一股清纯高雅的气息，至于百合名称的由来，则因其鳞茎由许多白色的鳞片层抱而成，状以白莲，取其"百年好合"之意，故称"百合"。

素有"花中仙子"之称的百合有"高贵、祝福、顺利、心想事成"的花语。在西方，因百合的外表看起来高雅纯洁，天主教将其作为圣母玛利亚的象征，梵蒂冈、法国将其作为国花，象征民族独立、经济繁荣。

在我国，百合有"百年好合、百事合意、美好家庭、伟大的爱、深深的祝福"之寓意，自古被视为婚礼必不可少的赠送花卉。在朋友婚礼上送上一束美丽的百合，既可以表达美好祝愿，又可以增添几分喜庆气氛。

蔷薇

我国古人用蔷薇赋予对唯美爱情的无限憧憬。在西方，蔷薇也被视为恋爱的起始与爱的誓约，象征着美好的爱情与无穷的思念。

不同颜色的蔷薇有不同的含义，送给恋人或爱人时，一定要选对颜色：

红蔷薇代表"热恋"。

粉蔷薇代表"爱的誓言"。

白蔷薇代表"纯洁的爱情"。

黄蔷薇代表"永恒的微笑"。

深红蔷薇代表"只想和你在一起"。

粉红蔷薇代表"我要与你生生世世"。

圣诞蔷薇代表"追忆的爱情"。

野蔷薇代表"浪漫的爱情"。

蝴蝶兰

美丽的蝴蝶兰有"爱情、纯洁、美丽"的花语。我国人民喜爱红色和深粉红色蝴蝶兰。欧美人和日本人偏爱白色蝴蝶兰，尤其是白花红唇或白花黄唇蝴蝶兰更受青睐。如今，亚洲的日本、韩国等，把蝴蝶兰视为婚礼中不可缺少的花卉，象征着"幸福、纯洁、丰盛、快乐、满足、吉祥、长久"，衬托出高贵的气质。

不同颜色的蝴蝶兰有不同的含义：

粉红色的蝴蝶兰代表"活泼可爱""有才能"。

白色的蝴蝶兰代表"不被诱惑""庄严的美人"。

蝴蝶兰在情人节宜赠优雅美丽的女友，以示"纯洁美丽"。

由于蝴蝶兰花姿轻盈，花色纯洁、高雅，是人见人爱的洋兰，在礼俗中未见忌用之处。

送人蝴蝶兰时要注意：千万别送残缺不齐或花朵萎蔫的蝴蝶兰。

郁金香

郁金香是爱情的象征，不同颜色的郁金香有着不同的寓意：

红色的代表"我爱你""爱的告白"。

黄色的代表"没有希望的恋情"。

白色的代表"失恋"。

紫色的代表"追求""不灭的爱"。

斑纹的代表"美丽的眼睛"。

郁金香在不同国家有不同的花语，我国的寓意为"纯洁的心"，欧美寓意为"胜利"，法国寓意为"思念"，土耳其寓意为"美好的爱情"。所以，送花必须因地因人而异。

郁金香与不同鲜花组合，也有不同的寓意：

红色郁金香与黄色紫罗兰、白色百合花、紫丁香花组成的花束宜送恋人或女友，意为"甜美的女孩，请允许我向你表达我最初的爱恋，请你接受这些爱情花束"。

红色郁金香和金银花组合的花束赠女友，表示"我对你忠贞不渝"。

红色和紫色郁金香宜赠恋人，表示"相爱"。

送人郁金香时要注意：对失恋的人忌送黄色郁金香、紫色风信子和银叶天竺葵组合的花束，意为"每当我想起那无望的感情，便悲从中来"，容易给人带来不快。

紫罗兰

紫罗兰象征永恒的美和青春永驻，深受各国人民的喜爱，尤其为意大利人所喜爱，并推举它为国花。在欧美地区有"请相信我""永恒""清凉"的花语。

紫罗兰花姿亭亭玉立、幽香轻拂，集姿、色、香于一身，给人留下了美好的印象，有"美好""诚实""忠实""恩惠"的寓意。恋人之间发生误会是常有的事，而紫罗兰是化解误会的最佳花卉，当你被恋人误会时，送对方一束紫罗兰，误会可迎刃而解。

不同花色的紫罗兰代表着不同花语：

红色的寓意"相信"。

白色的表示"努力""包容"。

粉红色的代表"盼望"。

淡黄色的寓意"寂寞""同情"。

黄色的寓意为"爱情的花束"。

所以，送花时要留意花的颜色，不要产生误会。

如果用紫罗兰和玫瑰花束赠送女友，意为"祝你永远漂亮"。情人节用紫罗兰赠送男友，表达爱情的"贞洁"。用紫罗兰和玫瑰装饰婚车，则表示"爱情坚贞不渝"。

送花忌讳：送人紫罗兰时，尽量别送单枝紫罗兰。

千日红

在我国有一个风俗：在传统的婚嫁当天，男方必须奉上由千日红花朵和扁柏枝叶组合成的花盘，在女方家祭祖拜神后，才能娶回新娘。

千日红宜赠新婚夫妇，祝其"白头偕老、一生幸福"。宜恋人互赠，以示"花开长久、人亦长久"。在结婚纪念日，夫妻互赠千日红，表示"爱情天长地久、婚姻幸福、美满"，此外，千日红宜在开业庆典等喜庆场合使用，表达"喜气洋洋、财源滚滚"之意。

千日红象征着"吉祥""美满"。千日红具有历久不变的花色，有"永恒的爱""不变的恋情"，也有"不朽""不灭"等花语。

三色堇

三色堇的品种比较多，除了一花三色的品种外，还有白、黄、紫、黑等色。三色堇有"沉思""反省"的花语，还有"请思念我""忧虑""爱的表示""使命""追求""失恋""美丽的眼眸"等寓意。三色堇在欧洲受到特别崇拜，意大利人将三色堇视为"思慕"和"想念"之物，尤其少女特别喜爱，花店常用"姑娘之花"来招揽生意。三色堇是摩羯座的守护花，黄色三色堇是5月17日出生者的生日之花，粉色三色堇是4月16日出生者的生日之花，紫色三色堇是1月8日出生者的生日之花。

三色堇适合送给初识的恋人，以表达"心中的好感"。送人三色堇时要注意忌讳：因为三色堇花瓣似猫儿脸，不宜赠送给上司或与自己闹过别扭的友人，否则会让人误解。

第五章
真挚的友情

君子兰

　　君子兰花姿优美舒展，花色艳丽多彩，令人赏心悦目，象征着幸福美满，富贵吉祥。君子兰的叶片直立如剑，代表着幽静、素雅的崇尚美德，也象征着坚强刚毅，威武不屈的高尚品格。

　　在我国，君子兰被赋予了"高雅至上"的正人君子之风，人们崇尚它君子之大度，君子之骨气。君子兰还有"横看一把扇、竖看一条线、立似美人扇、散如凤开屏"的赞誉，集"阳刚""阴柔"两性美德于一身。君子兰在缺水、缺肥、缺阳光等恶劣条件下能生存，被称之为有顽强生命力的"长命花"。君子兰叶片对称而生，给人在心理上产生一种平衡和谐的美感。

　　在节日里，馈赠新人或亲朋好友们一盆开花的君子兰，象征着友好、完整、和谐、美满，并有祝其"吉祥、富贵"的美好祝愿。

　　如果有长辈过生日，我们可以送上一盆盛开的君子兰，可以表达"高贵、幸福"的祝愿。另外，我们还可以用君子兰与牡丹、美人蕉组合送给女友，表示"你天生丽质、端庄而典雅"。

　　君子兰是友谊之花，君子兰、菖蒲、竹、兰花一起送人，表明"您不愧为君子！朴实、无华、淡泊名利"。

　　如果好友的生意开张，我们可以送上厚润翠绿的君子兰，以表达"事业兴旺发达，大鹏展翅"的美好祝福。

　　但是，送君子兰也有忌讳：比如在香港和广东地区，不能随便乱送君子兰，因为有的人怕"夹箭"，有不吉利、做生意容易失败等坏兆头。

万寿菊

　　万寿菊名为"万寿"，这对中国人来说是非常吉利的花卉，所以有"万寿无疆""长寿"的花语。在欧洲和美洲，因为万寿菊的花色为红黄，所以人们把它视为"艺术"与"高贵"的象征。在西班牙，万寿菊有"富贵和荣耀兼得""辉煌与光明"的花语。在英国，万寿菊有"悲哀""忧愁"的花语。另外，在欧美地区，万寿菊还有"嫉妒""自卑""永驻的青春""甜蜜的爱情"等花语。

　　万寿菊宜在长辈寿辰或重阳节时赠送，祝其"长寿"。

　　万寿菊与冬青、常春藤的组合花语为"祝你青春常驻，长生不老！"这样的花束、花篮宜送亲朋好友。

　　送人万寿菊时也有忌讳：第一，不要送万寿菊与康乃馨、金盏菊组成的花束或花篮，意为"你的嫉妒伤了我的心"。第二，不要用万寿菊与李花、石竹的组合，花语为"猜疑和妒忌令人厌恶"。第三，不要送花序下垂的万寿菊，因为它代表"悲哀"，容易引起误会。

常春藤

绿色的常春藤有"长寿""青春永驻"的寓意。常春藤是1月21日和4月8日出生者的生日之花，凡是受到常春藤祝福而生的人，寓意其具有了不起的感化力，能够影响其他人；宜做向日葵、铃兰等花的衬材，送给朋友，表示"友谊长青"。

常春藤与万寿菊、菖蒲组合成花束宜送长辈与老人，可以表达"延年益寿，富贵吉祥"的美好祝愿。

常春藤与月季花、长寿花、杏花、桂花组成花束宜赠好友，可以祝福朋友"青春永驻，一生好运"。

需要注意的是，不要送叶片萎蔫或缺叶过多的常春藤的枝蔓和盆栽常春藤。

桂花

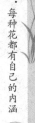

桂花正好在中秋节开放，美丽的花姿和甜甜的花香增添了节日的气氛。同时，桂花也是馈赠朋友的理想花卉。

桂花象征着"友好""吉祥""尊贵"。在战国时期，燕、韩两国曾互赠桂花表示"友好往来"。广西有些少数民族的青年男女，还喜欢用桂花赠予意中人，以表"倾慕之情"，所以才有"一枝桂花一片心，桂花林中结终身"的诗句。

在安徽省，人们认为桂花是瑶台仙种，家家种植，长命富贵，每逢农历八月十五日就有折桂拜月和正月初一、十五吃桂花糖、桂花元宵、饮桂花酒的习俗。

在台湾地区有一个传统习俗，女方必须准备盆栽桂花和石榴各一盆，一起陪嫁到男方家，以祝福新人"早生贵子、多子多孙"。

在古代，人们常用桂花做吉祥图案，桂花和莲花的图案表示"连生贵子"，桂花与桃花的图案表示"贵寿无极"，桂花与兰花画在一起，意为"兰桂齐芳，子孙昌盛显达"，桂花与芙蓉图案寓意"夫荣妻贵"。桂花的不同种类其寓意也不同，金桂意为"你为人高洁"，丹桂寓意"你真高雅"，银桂则寓意"名誉""初恋"。

桂花与瑞香、合欢的组合宜赠父母亲，意为"祝福合家欢乐，吉祥如意"。

桂花宜送给产妇，表示"吉祥如意，祝福喜得贵子"。

桂花与米兰、垂笑君子兰的组合宜赠老师，表达"老师对我的慈爱，我永远都不会忘记"。

桂花宜赠恋人，表示"爱情像桂花一样甜蜜美好"。

送桂花给人时要注意：不要送人花朵掉落或萎蔫的花枝。

南天竹

南天竹的叶子和果实有较高的观赏价值。我国民间常用南天竹、蜡梅、松枝瓶插，点缀厅堂、书房，具有浓厚的文化气息。在江南古典庭园和民宅中，常栽植于庭前屋后、墙角背阴处和山石池畔，更显古朴典雅。如今，南天竹被广泛用于盆栽或制作盆景，装饰窗台、镜前和门厅、客厅，根茎弯曲，枝叶稠密，宁静而含蓄的枝，秀丽而光润的叶，鲜红而圆滑的果，都给人一种自然的美感。

在我国民间，南天竹是一种消灾避祸的植物，所以被人们视为一种非常吉利的花卉。

每逢春节来临，人们常用南天竹的盆栽或用南天竹、蜡梅瓶插摆放厅堂，有"吉祥如意、大吉大利"的寓意。

春节宜用南天竹和蜡梅的组合赠送亲朋好友，以祝"丰盛祥和、大吉大利"。宜向长辈或老人赠送南天竹和松枝的组合，以表达"健康长寿"的祝愿。圣诞节宜用南天竹与非洲菊、银柳的花束送好友，可以表达"幸福、财源兴旺"的美好祝愿。

送南天竹时要注意：尽量不要送无果的南天竹，否则会引起误会。

栀子花

栀子花冬季孕育花苞，到夏末才开放，含苞期越长，花香越久远，栀子树的叶子常年在风霜雨雪中翠绿不凋谢，因此，栀子花被视为纯真、坚强的象征。

栀子花因其洁净、脱俗、香气非凡，在我国被视为"吉祥如意、祥符瑞气"的象征。栀子花在唐代被视为和平、友好的使者，东渡扶桑以缔结友好关系。由此，我国把栀子作为"和平、友好"的象征。在陕西汉中和江南民间，都有插栀子花的习俗，特别是在端午节，妇女们常将花插于发髻或戴于胸前，飘散着幽雅的清香，有"吉祥幸福"的寓意。

在欧美地区，纯洁典雅的栀子花有"清净""高兴""非常喜悦""贤淑优雅""纯洁幸福"等花语。

栀子花宜与红月季搭配，做新娘捧花，有"雍容华贵、纯洁无瑕"的寓意。栀子花宜赠亲朋好友，寓意"高雅纯洁的友谊"。把栀子花送给少女，意在赞扬女孩"纯洁、美丽"。

蒲包花

蒲包花又叫荷包花，为玄参科蒲包花属草本植物。蒲包花的花形酷似荷包，由两块囊状花瓣构成，上小下大，相互扣接，像一个个塞满银子的荷包，圆鼓鼓地铺在绿叶之上，有"招财进宝"的吉祥之意。蒲包花有"愿将财富奉献给你""财源滚滚""富贵"等美好花语，是一种最常见的馈赠礼仪用花。

蒲包花是3月27日出生的人的生日之花，是天蝎星座的幸运之花，还是射手星座的守护花。

蒲包花寓意吉祥，象征着"金银满袋"。

蒲包花宜赠送给做生意的商人，意为"荷包鼓鼓，财源滚滚"。

新春佳节，把蒲包花送给亲朋好友，祝愿他们生活美满富足，恭喜他们来年发财，十分得体。

如果朋友的生意开业、建设工程竣工，你可以送上几盆蒲包花贺喜，以表达"财源滚滚、带来好运"的美好祝福。

但是送蒲包花也有讲究：比如在蒲包花的原产地安第斯山地区，人们认为蒲包花是不顺心的"鼓气袋"，故对蒲包花十分反感。而对喜花者、求财者以及希望通过自己的智慧和劳动使自己富足起来的人来说，赠送蒲包花的意义便截然不同，所以，送花时要先了解对方的情况，以免造成尴尬。

卡特兰

卡特兰的花朵很大，雍容华贵，花色娇艳多变，芳香馥郁，在国际上有"洋兰之王""兰之王后"的美誉。因此备受人们喜爱，也成为节庆佳日馈赠亲朋的重要花卉之一。

送一盆雍容华贵的卡特兰给亲朋好友也十分时尚，表达"友谊""亲切"之情。盆栽卡特兰宜作为礼物送给女友以表"倾慕""惊艳""你很美"之意，但必须是红色、粉红色、橙红色或紫红色的。卡特兰也非常适合做新娘捧花和头饰，但必须是红色的或粉红色的，表示"高贵华美"之意。

赠送卡特兰要注意花色，不要送黄色花和白色花的卡特兰，黄色卡特兰表示"怀疑""没有信心"，而白色卡特兰表示"哀悼一份感情"。不同颜色的卡特兰有不同寓意，送花之前要了解这些常识。

家庭养花 实用宝典